C O N T

세계 해수어 1600

WORLD SALT WATER FISH

WELCOME to MARINE AQUARIUM WORLD

1853년 런던에 세계최초의 아쿠아리움이 만들어졌는데 약 170년 전으로 우리나라는 조선시대 였다. 우리나라도 이제는 경제대국이 되었지만 아직도 이러한 문화수준과 자연 분류학에 있어서는 많이 노력해야 하는 위치에 있다.

많은 선진국에서 아쿠아리움은 기부금을 받고 멸종위기종을 보호하며 번식을 통한 연구와 교육을 진행하는 국가적인 기관으로서 운영되고 있다. 우리나라도 불과 몇 년 전에는 제 1 종 박물관으로서 이러한 방향성을 가지고 있었지만 기부문화가 없는 국내에서는 수족관들의 상업 의존도가 높아 지면서 좁은 사육장과 체험이 많아지며 동물을 학대 한다는 질타와 오명을 받았고 이러한 일들을 방지하고자 2023년 "동물원 및 수족관의 관리에 관한 법률" 이 새롭게 시행되었다.

앞서 이야기한 유럽과 미국의 기준은 이미 완성단계에 있기 때문에 국내에서 유럽과 미국의 기준을 적용하여 만들어지고 있는 또는 말들어질 법률로 수족관의 전시문화가 발전되는 것은 당연해 보인다. 하지만 사육장이 커지고 체험이 적어지게 된다면 상업적 의존도를 낮추고 보전, 연구, 교육의 가치를 높여야 한다는 것인데 이러한 방향에 전환에는 기부문화가 없는 국내에서 국가에서 건립을 하는 방법이나 국가가 수족관에 지원을 하는 방법이 절대적으로 필요하다고 생각된다.

미래에 있어서 동물과 식물은 단순한 개념이 아닐 것이다. 중국의 판다 정치처럼 동물을 단순히 전시하기 위해 수족관이 있는 것이 아니다. 법률에 정의되어 있듯이 아쿠아리움은 야생동물을 보전 및 증식하거나 그 습성과 생태를 조사 및 연구하여 전시를 통한 교육의 장소가 되어야 한다.

국내 수족관들도 조금씩 발전되고 있지만 기술에는 절대적인 시간이 있어서 점프하듯이 앞질러가는 것은 어렵다. 그러나 우리 민족은 빠른 속도로 발전하였고 머리도 좋기 때문에 지금의 아쿠아리움들이 밑거름이 되어 자연과학과 관련산업도 많은 발전을 이루게 될 것이라 기대해 본다.

이 책은 바다에 살고 있는 동물과 식물을 분류하는 책으로서 학자 또는 사육사들의 기초적인 자료가 되기를 희망하며 만들었다.

아라마루 아쿠아리움   대표   김 승 민

E N T S

인도양산

0001

옹달샘돔(임페리얼 엔젤피쉬)
학명 / *Pomacanthus imperator*
분포 / 인도양-태평양 | 크기 / 40cm

유어사진

태평양산

해수어를 즐기는 데 있어서, 그 중심이 되는 존재가 엔젤피쉬의 종류이다. 산호초 지역을 중심으로 전 세계의 연안부에 서식하며 종류도 많다. 크기도 다양한데 대형 수조에서도 충분 히 그 존재감을 어필하는 포마칸투스속의 대형종부터, "피그미"의 이름을 사용하는 켄트로피게속의 소형종까지, 매우 다양성이 풍부하다. 물론, 대형종이라고 해도 수입되는 크기가 다양하기 때문에 물고기의 크기를 선택하면 소형의 수조부터 사육은 가능하다. 대형종의 엔젤피쉬는 대부분 독특한 유어 무늬를 가지고 있으며 성장함에 따라 변화하는 체색도 즐길 수 있다.

바다에서 성어는 산호초 외연의 수중절벽에 있는 균열 등을 집으로 삼아 일정한 영역을 유지하면서 살고 있으며 유어는 약간 파도가 약한 내만이나 산호초원의 고인 물에서 관찰되기도 한다. 다이버와 같은 침입자를 만나면 다른 물고기처럼 한눈에 도망쳐 버리는 것이 아니라 조금 거리를 두고는 그 모습을 관찰하고, 조금 떨어지는 것을 반복하는 등의 호기심이 가득한 동작을 보여준다. 동종 간에는 싸우는 면도 있으므로, 종류나 사이즈 등을 고려하여서 합사하는 것이 중요하다. 의외로 다른 물고기와의 합사는 비교적 문제없다.

인도양산

유어

블루 링 엔젤피쉬
학명 / *Pomacanthus annularis*
분포 / 인도양-서태평양 | 크기 / 40cm

0002

옹달샘돔

"임페리얼 엔젤피쉬"의 이름으로 사랑받는 해수 수족관의 역사 속에서 예전부터 인기가 높은 종류로서 '황제'라는 학명이 어울리는 수족관의 주인공적 존재로 자리매김하고 있다. 본 속 중에서도 가장 넓게 분포하고 있는 종으 로 국내에서는 제주도 암초역이나 산호초 역에 서식한다. 형태적으로는 태평양형과 인도양형의 2종류가 있으며, 인도양형의 경우에는 등받이 후연부가 길어지지 않고, 색채도 태평양형보다 옅은 색조가 나타난다. 사육에 관해서는 유어와 성어 모두 먹이에 예민하지 않고 대부분 잘 먹기 때문에 먹이 붙임에는 고생하지 않는다. 다만, 소심한 면이 있어 합사 되어있는 조합에 따라서 먹이를 충분히 먹지 못하는 경우가 있다. 또 동속 타종에 비해 아질산염 농도에 민감한 면이 있어서 수질관리를 게을리하면 컨디션을 떨어지기 쉬우므로 주의가 필요하다. 주로 필리핀과 인도네시아에서 수입된다.

블루 링 엔젤피쉬

분포는 인도양·서부 태평양이지만, 그 중에서도 동부 인도양과 인도네시아 주변에 많다. 자연에서는 경계심이 강하고 산호초 지역의 수심 30m 의 절벽 주변에 쌍이나 단독으로 서식하고 있 나. 동속 타종에 비해 나소 체고가 있으며 돌출 도 많지 않고 정사각형에 가까운 체형을 하고 있다. 평균적인 개체는 5~6cm 정도에서 유어 에서 모양이 바뀌기 시작하고, 10cm 정도에서 거의 성어의 모양이 되는 경우가 많다. 완전한 성어는 입하 후 2~3일은 경계심으로 인해 먹이를 섭취하지 않는 것이 있지만 일단 안정 되면 무엇이든 잘 먹게 된다. 동속 타종과의 합사에 있어서는 밀리더라도 내구력이 있어 매우 강건한 모습을 보여주며 발색이 퇴색되는 현상도 적기 때문에 장기 사육에 특히 적합한 종이다. 주로 스리랑카나 인도네시아에서 유어 에서 성어까지 수입되고 있으며 유어는 1월~2월경 스리랑카에서 수입된다.

코란 엔젤피쉬

대형 엔젤피쉬 중에서 가장 인기 있는 종으로 대표적인 존재감이 있다. 성어는 산호초역이나 암초역의 절벽 등을 영역으로 하고, 보통 단독

0003

유어

코란 엔젤피쉬
학명 / *Pomacanthus semicirculatus*
분포 / 인도양-태평양 | 크기 / 40cm

준성어

으로 서식 하고 있으며 유어는 내만이나 고인물 등의 온화한 장소에서 서식한다. 전종과 같이 광역에 분포하는 종으로서 태평양산과 인도양산 에서 는 형태적으로는 색조에 약간의 차이가 보이는데 인도양산 유어의 블루라인은 담청색 이며 태평양산보다 밝은 느낌이 있다.

튼튼한 종류로서 유어 및 성어 모두 인공 사료에도 빨리 적응하기 때문에 사육하기가 쉽고 엔젤끼리의 합사시에도 강한 모습을 보여준다. 유어에서 성어로의 성장도 즐길 수 있는 종류로서 주로 필리핀과 인도네시아에서 수입된다.

0004

옐로우바 엔젤피쉬
학명 / *Pomacanthus maculosus*
분포 / 동아프리카-홍해, 페르시아 크기 / 35cm

준성어

유어

준성어

0005

코란 옐로우바 엔젤피쉬
학명 / *Pomacanthus semicirculatus X maculosus*
분포 / 동아프리카-홍해, 페르시아 크기 / 35cm

옐로우바 엔젤피쉬
본 속 중에서도 대형이 되는 종류로서 성장하면 전체 길이 50cm를 넘는 개체가 있다고도 하지만 실제로는 전체 길이 35cm 정도가 평균적인 사이즈라고 생각된다. 성어는 등 지느러미등이 길어지며 매우 우아한 모습이 된다. 유어는 코란 엔젤피쉬를 닮았지만, 약간 백선이 가늘고, 꼬리 지느러미가 황색이 나는 점으로 구별된다. 사육에 관해서는 코란 엔젤피쉬와 같고, 성장에 따른 모양의 변화도 충분히 즐길 수 있는 종이지만 어두운 곳에서 성어를 장기간 바탕색의 청자색이 회색으로 퇴색하는 경우가

준성어

0006

아라비안 엔젤피쉬
학명 / *Pomacanthus asfur*
분포 / 홍해-아덴만주변 크기 / 30cm

유어

0007

유어

마제스틱 엔젤피쉬
학명 / Pomacanthus navarchus	
분포 / 서부태평양	크기 / 28cm

유어

0008

식스바 엔젤피쉬
학명 / Pomacanthus sexstriatus	
분포 / 서부태평양	크기 / 50cm

0009

블루페이스 엔젤피쉬
학명 / Pomacanthus xanthometopon	
분포 / 인도양-서부태평양	크기 / 40cm

있다. 이러한 경우에는 자연광이나 메탈등의 사용을 고려할 필요가 있다. 홍해 주변지에서 수입되었으나 최근에는 대만에서의 양식 개체도 수입되어 지고 있다.

아라비안 엔젤피쉬
홍해와 아덴만에 서식하는 고유종으로, 예전에는 루트적인 문제와 희소성으로 인해서 가격이 높은편으로 형성되어있다. 우아한 모습과 아름다운 색채로 인해서 본 속 중에서도 가장 인기가 높은 종류이다. 유어에서 성어로의 모양의 변화가 동속 중에서도 매우 빠르며 4cm 전후의 유어에서도 이미 성어의 모양이 되어 있는 것이 많고 각 지느러미가 길어지는 것도 다른 종에 비해 빠르다. 자연에 서는 내만의 모래 진흙 및 수온이 높은 장소를 좋아한다고 알려진다. 여름의 사육이나 수송에 있어서 다른 엔젤에 비해 비교적 건강하고 강한 모습을 보여주지만 반대로 겨울에 수온의 저하 에서는 컨디션을 떨어뜨리는 원인이 되어 25℃이하에서는 주의가 필요하다.

코란 옐로우바 엔젤피쉬
코란 엔젤피쉬와 옐로우 밴드 엔젤의 교잡종.

마제스틱 엔젤피쉬
본속 중에서 가장 화려한 색채를 발하는 본종은 예전부터 알려지는 종으로, 아름다운 색채를 가지고 있으며 마제스틱의 이름이 부끄럽지 않는 인기를 자랑하고 있다. 서부 태평양 지역중 인도네시아 주변이 가장 많이 분포하고 있지만 마닐라에서도 수입되는 경우가 있다. 자연에서는 경계심이 강한 물고기로, 특히 산호 류가 많은 곳 중 수류가 있고 맑은 장소에서 단독으로 서식한다. 먹이는 걱정이 없지만 합사에 있어 서는 동속 타종등에 비해 섬세한 면이 있기 때문에 합사 시에는 신경을 써주어야 한다. 합사등을 고려해서 우위의 입장을 유지시켜주는 것도 사육 조건의 하나이다.

식스바엔젤피쉬
본속의 엔젤피쉬류 중에서 평균적인 성어 전체 길이가 가장 대형화되는 종류이다. 서부 태평양 지역 여러곳에 서식하고 있다. 생태적으로는

전종과 같다. 아쿠아리움의 물고기로서 예전부터 알려지고 있지만 수수한 색채 때문인지 인기는 높지 않은 엔젤피쉬이다. 그러나 대형 개체가 가진 블루의 반점은 그 바탕색에 비례하여 매우 빛나고 인상적이다. 유어기의 문양은 블루페이스 엔젤피쉬와 닮아서 알아보지 못하는 경우가 많다. 먹이를 잘먹는 강건한 종류이므로, 특별한 주의점은 없지만 성장이 빠르기 때문에 미리 넓은 수조에서 사육하는 것을 추천한다. 필리핀 인도네시아에서 수입되지만 입하 수는 적다.

블루페이스 엔젤피쉬
사랑받고 있는 인기있는 엔젤이다. 인도네시아에서 수입은 거의 없으며 주로 필리핀에서 수입된다. 블루와 옐로우를 주체로 한 색채는 아름답고 인기가 높은 엔젤이라고 할 수 있을 것이다. 튼튼한 종으로 약간의 수질 변화로는 영향을 받지 않는 강인한 종이다. 또 다른 엔젤이나 대형 물고기와의 합사에서도 문제가 없기 때문에 장기 사육에 적합한 종류이다.

유어

준성어

프렌치 엔젤피쉬
학명 / *Pomacanthus paru*

분포 / 대서양   크기 / 40cr

유어

준성어

그레이 엔젤피쉬
학명 / *Pomacanthus arcuatus*

분포 / 대서양   크기 / 50cm

0011

프렌치 엔젤피쉬
분포 영역이 상당히 넓은 종으로 브라질 주변 및 남 대서양의 어센션 섬, 그리고 멀리 서아프리카 해안에서 확인된 기록도 있다. 학명인 paru 는 "연애" 를 의미하고 있는데 자연에서 성어 경우 대부분 페어로 관찰되고 있다. 매우 활동성이 있는 엔젤로서 그 행동반경이 1km 정도

유어

0012

코르테즈 엔젤피쉬
학명 / *Pomacanthus zonipectus*

분포 / 동부태평양 　　　크기 / 45cm

이며 그 안에서 모든 종류의 먹이를 먹는다. 수조에서도 활발한 물고기로 적응하면 먹이를 요구하는 애교를 부리는 물고기이다. 기본적으로는 먹이를 잘 먹기 때문에 사육하기 쉬운 엔젤이지만 아질산염 농도의 상승이나 고수온 등에서 컨디션을 떨어뜨리기 쉽기 때문에 주의가 필요하다. 합사시에는 비슷한 엔젤등에게 치이는 모습을 보이며 동속과의 장기 사육에서도 서서히 열성이 되는 경우가 있기 때문에 가능한 한 쌍 또는 단독으로 사육하는 것을 추천하다. 유어부터 성어까지 비교적 용이하게 수입이 가능한 종류이다.

그레이 엔젤피쉬
전종의 프렌치 엔젤과 체형적, 생태적으로 매우 닮은 본종은 학술적인 기재가 모든 엔젤 중에서도 가장 오래된 종중 하나이다. 분포 영역은 프렌치 엔젤과 거의 비슷하지만 남북으로 더 길게 분포하는데 남쪽으로는 브라질 리오 주변부터 북쪽으로 뉴욕까지 북상하는 개체가 있다. 성어의 체색은 다양하다. 프렌치 엔젤의 성어는 비늘의 중심에 황갈색의 색채가 들어가지만 본종은 검은 색채가 들어가 있기 때문에 구별은 용이하다. 성어는 단독인 경우가 많고 섬세한 면이 있어 사육시에도 약간 주의가 필요하다.

코르테츠 엔젤피쉬
본속중 동부태평양 지역에 분포하는 유일한 엔젤이다. 동부에서는 산호가 적고 암초역이 많은데 동속이 대부분 산호초역에 서식하는 것에 비해 다소 생태적으로 고립되어 있는 느낌이 있다. 성어는 성숙하면 머리에 혹이 돌출되는 독특한 모습을 보여준다. 유어기에는 몸에 선명한 코발트 블루 라인이 들어가며 클리너 피쉬로서도 유능하다. 일단 안정되면 매우 튼튼한 엔젤이지만 수입 시 영양상태가 좋지 않은 경우가 많고 특히 작은 사이즈 등은 극단적으로 상태가 떨어져서 회복시키기가 어려운 경우가

준성어

0013

골드테일 엔젤피쉬
학명 / *Pomacanthus chrysurus*

분포 / 서부인도양(아프리카연안)　크기 / 33cm

많다. 구입한다면 4~5cm정도의 사이즈가 면역성이 있어 무난하다. 멕시코에서 채취된 개체가 미국을 경유하여 수입된다.

골드테일 엔젤피쉬
통상 크리스루스라는 불리는 경우가 많은 동부 인도양을 대표하는 대형 엔젤로서 산호가 풍부한 장소의 수심 1~25m 정도에 서식한다. 충분히 성장한 개체는 몸의 체형이 두껍게 되며 검은색을 기본으로 한 색조로인해 매우 중후한 느낌을 준다. 본 속 중에서도 가장 박력이 있는

유어

모습을 가지고 있다. 느긋한 움직임이나 형상, 피부의 느낌등이 옹달샘돔과 비슷한 면이 있으며 사육 요령도 비슷한 점이 많다. 대형 개체는 식성이 특수화되어 있는지 먹이를 먹지 않는 경우가 많기 때문에 사육에 있어서는 15cm 이하의 개체가 먹이 붙임도 좋고 순응성도 높다. 케냐 등으로부터 수입되고 있다.

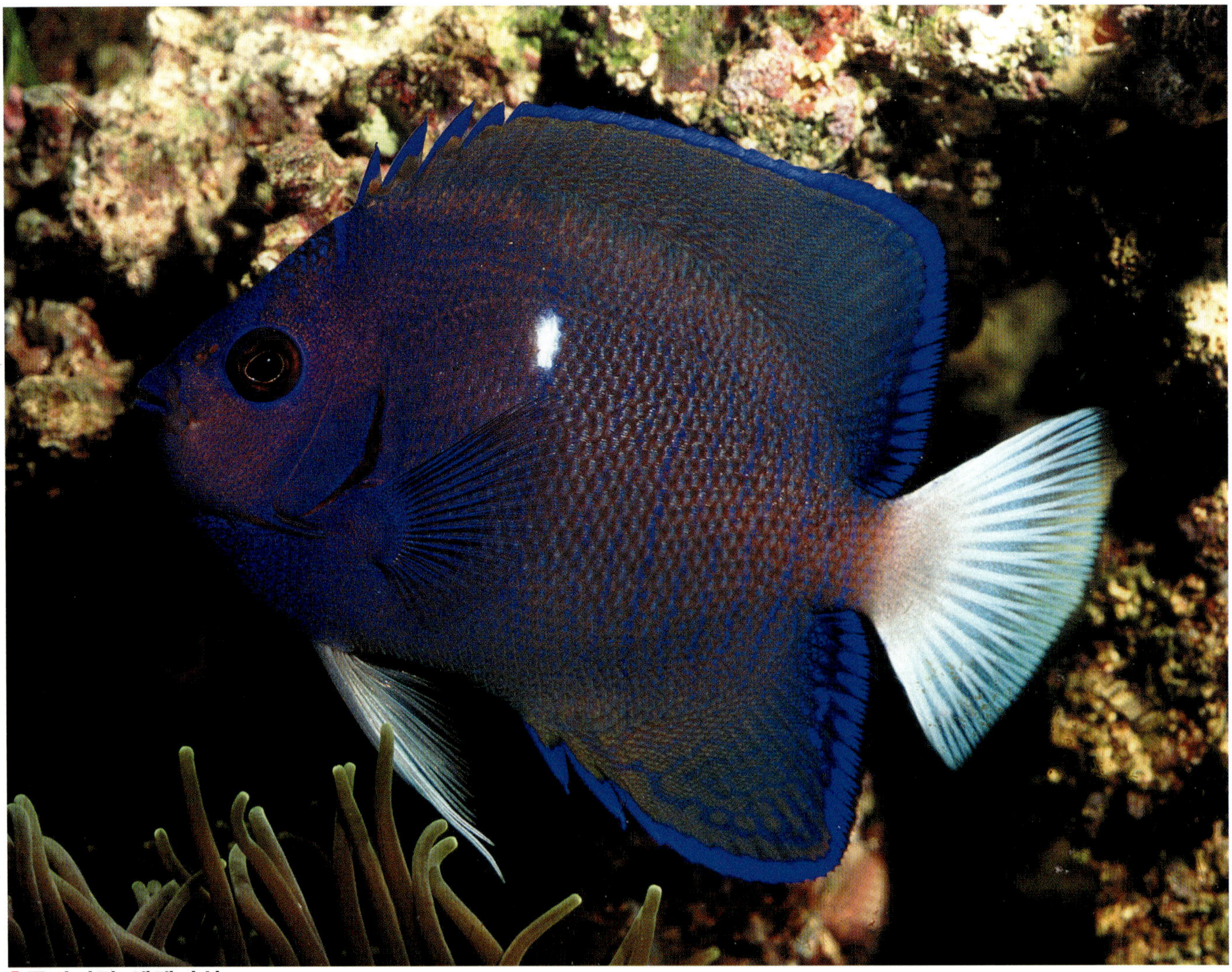

0014

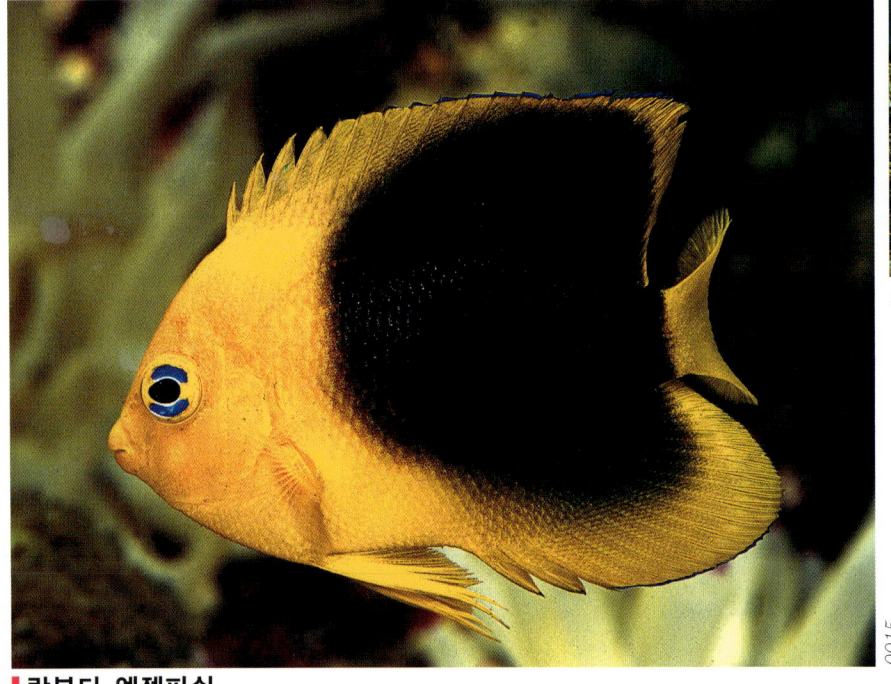

클리퍼턴 엔젤피쉬

학명 / *Holacanthus limbaughi*

분포 / 중부태평양 | 크기 / 12cm

0015

락뷰티 엔젤피쉬

학명 / *Holacanthus tricolor*

분포 / 대서양 | 크기 / 20cm

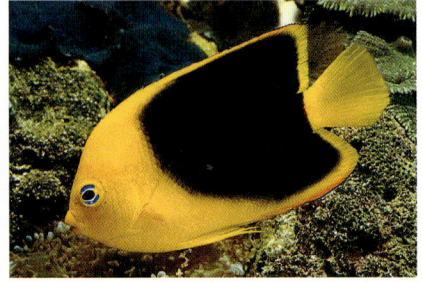

왼쪽 준성어, 위쪽 성어

클리퍼튼 엔젤피쉬

1963년에 기재된 엔젤피쉬로, 코스타리카의 해안 2,560km에 떠 있는 고도 프랑스령 클리퍼턴 섬에 서식한다. 내부에서 퍼지는 아름다운 코발트 블루의 색채는 특히 유어부터 젊은 개체에 걸쳐 강하게 나타난다.또한 체고도 있고 성어에서는 기품이 넘치는 박력을 가지기 때문에 세계적으로 인기가 높아 수입되고 있지 않은 보기 어려운 종이다.

락뷰티 엔젤피쉬

본종은 산호초 지역뿐만 아니라 암초역에도 많고 대서양역에서 가장 보통종으로 서식하고 있는 엔젤피쉬이다. 3cm정도까지의 유어는

킹 엔젤피쉬(색채변이)
학명 / *Holacanthus passer*
분포 / 동부태평양   크기 / 25cm

0016

0017

킹 엔젤피쉬
학명 / *Holacanthus passer*
분포 / 동부태평양   크기 / 25cm

준성어

유어

서아프리칸 엔젤피쉬
학명 / *Holacanthus africanus*
분포 / 서아프리카 연안   크기 / 40cm

0018

눈과 닮은 안상반으로 생각되는 블루링의 흑반이 있는데 전체 길이 5~6cm정도까지 남아 있다. 기조색은 변화하지 않지만 성장에 따라 검은 부분의 면적이 많아지고 유어와는 인상이 많이 다르게 변한다. 자연에서이 머이는 해면류, 조류, 해초, 말리잘등으로 잡식성이지만 사육시에는 먹이의 붙임이 어렵고 모든 면에서 섬세하기 때문에 합사어를 잘 고려하여 조용한 환경을 만들어 주어야 한다. 수조 내에 발생하는 조류도 좋은 식량원이 되기 때문에 사육시에 중요한 포인트가 된다. 사육의 용이성을 위해서라면 작은 개체부터 시작하는 것이 쉽다. 유어에서 10cm정도의 개체가 수입되며 최근에 는 패턴이 약간 다른 브라질산 개체도 수입된다.

킹 엔젤피쉬
캘리포니아 만에서 갈라파고스 제도에 걸쳐 서식하는 엔젤로서 성숙한 것은 조류가 강하고 열린 장소에서 큰 무리를 만들어 행동하며 먹이 등을 구하기 위해서 상당한 거리를 이동한다. 어린 개체는 오렌지 몸에 블루의 가로 줄무늬가 들어가지만 성어가 되면 이 줄무늬는 사라진다. 유어 및 어린개체는 내만의 비교적 온화한 장소에서 혼자 서식하고 있다. 문헌에 의하면 배지느러미의 색으로 성별이 구별되는

데 백색이 수컷, 황색이 암컷을 나타낸다고 한다. 매우 강인하고 튼튼한 엔젤로서 먹이의 선택 취향도 나쁘지 않고 섭취 의욕도 왕성하다. 또 타 엔젤의 합사시에도 도퇴되는 것이 거의 없고 오히려 힘을 발휘한다.

킹 엔젤피쉬(색채 변이)
색채 변이로 몸 전체의 황색 발색이 강하다.

서아프리칸 엔젤피쉬
동부 대서양을 주 분포지로 하는 유일한 엔젤피쉬 특히 서아프리카 연안 일대에 많이 분포하고 있다. 동부지역은 산호초 지역이 적고 암초

역이 대부분인데 성어는 수심 8~30m정도에 있는 크랙이나 구멍 주변을 영역으로 하여 페어 또는 단독으로 서식하고 있다. 2~3cm사이즈에서는 블루가 기본색이지만 5cm정도 부터는 성체의 발색을 나타내기 시작한다. 아가미 뚜껑에 있는 반점은 유어에서 성어까지 공통으로 사라지지 않는다. 먹이는 문제 없지만 비교적 낮은 수온(21~24℃)에 있기 때문에 일시적으로는 가능하지만 장기 사육에는 냉각 설비가 필요하다. 동부지역은 정기적인 루트가 없기 때문에 특별히 채집된 것 이외에서는 수입이 없다.

13

퀸 엔젤피쉬

학명 / *Holacanthus ciliaris*

분포 / 대서양 | 크기 / 40cm

유어

벨리즈산

퀸 엔젤피쉬

대서양 열대지역을 대표하는 것으로 앞서 프렌치 및 그레이 엔젤과 함께 예전부터 기재되어 있는 유명한 대형 엔젤피쉬로서 화려한 색채와 우아한 모습으로 특히 인기가 높은 종류이다. 성어의 발색에는 지역에 따라 몇 가지 돌연변이가 있으며 최근에는 온몸이 파란색으로 물드는 아름다운 지역 변형의 개체도 수입되고 있다. 또 이 외에 먹이가 되는 해면의 종류에 따라서도 약간의 색채 변이를 보인다고 한다. 하지만 아쉽게도 이 아름다운 몸 색깔 및 미묘한 색조는 수족관에서 퇴색하는 경우가 많다. 인공 사료를 포함하여 무엇이든 잘 먹는 튼튼한 엔젤피쉬지만 수질 변화 특히 치료약에 따른 급변에 충격을 일으키기 쉽기 때문에 주의를 요한다. 유어로부터 성어까지 많이 수입되지만 특히 아름다운 오렌지 타입이나 전신이 블루에 물드는 타입의 성어는 보기가 어렵다. 최근에는 브라질에서도 수입되는 경우가 있다.

타운샌드 엔젤 피쉬

블루 엔젤과 퀸 엔젤의 자연 교잡종으로 예전에는 별종으로서 취급되었다. 수가 적었기 때문에 퀸이나 블루 엔젤과 비교하여 고가로 거래되고 있다.

카리브산

타운샌드 엔젤피쉬
학명 / *Holacanthus bermudensis x ciliaris*
분포 / 태평양(카리브제외) | 크기 / 40cm

유어

블루 엔젤피쉬
학명 / *Holacanthus bermudensis*
분포 / 태평양(카리브제외) | 크기 / 40cm

유어

준성어

클라리온 엔젤피쉬
학명 / *Holacanthus clarionensis*
분포 / 동부태평양 | 크기 / 20cm

색채에 대해서는 개체에 따라서 블루 엔젤이나 퀸 엔젤에 가깝게까지 보이지만 이것은 교잡종인 타운젠트 엔젤과의 재교잡에 의한 것이라고 생각된다.

블루 엔젤피쉬
본종은 색채를 제외하고 체형적 및 생태적으로 퀸 엔젤과 매우 비슷한 점을 가진 엔젤피쉬이다. 프렌치와 그레이의 관계와 비슷하다고 말할 수 있지만 닮은 2종류의 근연종이 오랫동안 독립적인 종으로서 같은 서식지에 분포하는 것은 매우 흥미로운 일이다. 체색은 퀸에 비해 상

당히 수수하다고 할 수 있지만 20cm 정도의 성장한 개체가 보여주는 모습은 다르다. 자연에서는 퀸 엔젤과 교잡하는 일도 있어서 예전에는 별종으로서 분류되어 H.townsendi라는 학명으로 분류된 적도 있었다. 수입되어 오는 개체 중에도 두 종의 특징을 겸비한 개체가 드물게 보이기도 한다. 퀸 엔젤과 함께 수입되지만 유어나 어린개체가 많고 대형의 성어 개체는 그다지 수입되지 않는다.

클라리온 엔젤피쉬
멕시코의 태평양 연안으로 본토에서 700km

이상 떨어져있는 클라리온 섬과 그 주변을 중심으로 서식하는 엔젤피쉬. 전술한 킹 엔젤과 같이 동속 중에서 Plytops 아속으로 분류되어 습성이나 생태 등이 유사 한 점이 많다. 그 강렬한 색채는 수족관계에 소개되었을 때부터 주목을 받았다. 매년 연말이 채집 시즌이지만 국지 분포종으로 현재는 멕시코 정부에 의한 보호 규제가 더욱 엄격해지고 있어서 일반적인 관상어용 수족관 무역으로는 수입이 어렵다.

유어

유어

쓰리스폿 엔젤피쉬
학명 / *Apolemichthys trimaculatus*

분포 / 인도양-태평양 ｜ 크기 / 20cm

골드프레이크 엔젤피쉬
학명 / *Apolemichthys xanthopunctatus*

분포 / 중부태평양 ｜ 크기 / 20cm

아미티지 엔젤피쉬
학명 / *Apolemichthys trimaculatus x xanthurus*

분포 / 인도양 ｜ 크기 / 15cm

쓰리스폿 엔젤피쉬
본종은 관상어로서 예전부터 알려지고 있어서 매니아에게는 친숙한 엔젤피쉬 중 하나이다. 본속은 전술한 호라칸서스 속에 가깝고 그 습성이나 식성 등이 유사점이 많다. 산호가 풍부하고 순환이 좋은 깨끗한 장소를 선호한다. 또한 본속 중에서 가장 광역적인 분포종으로 일본 남부에서도 관찰되고 있다. 유어는 등 지느러미 핀 근처에 아이마크와 정수리의 반점을 가지며 몸에 불명확한 줄무늬가 있다. 먹이는 특별히 문제가 없지만 수질 관리에는 주의가 필요하며 청정한 상태를 유지하지 않으면 피부병 등을 일으키기 쉽다. 또 수조 안에서도 활발한 물고기로 유영 공간을 많이 확보해주면 좋다. 필리핀 인도네시아에서 유어에서 성어까지 비교적 일정하게 수입이 가능하다.

골드프레이크 엔젤피쉬
미크로네시아 캐롤라인제도의 환초중 최남단인 카핑아마랑이 환초에서 최초의 개체가 채집된 후 길버트 피닉스 라인의 각 제도에서도 분포 가 확인되었다. 산호초 지역내 고인지역과 수로 같은 장소에서 단독 혹은 소그룹을 형성해 서식하고 있다. 유어는 쓰리스팟엔젤과 같이 밝은 색조를 하고 있으며 10cm를 넘어가면서 바탕색이 가라앉기 시작해서 금비늘의 발색을 보여주는 것에서 골드프레이크의 이름이 만들어 졌다. 사육에 대해서는 전종과 거의 같다. 중부 태평양 지역에서 채취된 개체가 하와이 경유로 수입되지만 매우 보기 어렵다.

아미티지 엔젤 피쉬
스리랑카 항공편으로 매우 드물게 수입되는 종이다. 쓰리스팟엔젤과 인디언 옐로우 테일 엔젤 피쉬의 하이브리드로 종으로 색채도 두종의 중간적인 특징을 가진다. 개체에 따라서 색채의 정도에는 변이가 보이고 일부는 부모와의 구별이 거의 보이지 않는 것도 있다.

그리피스 엔젤피쉬
중부 태평양의 피닉스 제도에서 최초의 개체가 채집되어 1981년에 기재된 종으로 본 속에서는 비교적 새로운 종류이다. 그 후 길버트 제도 라인 제도 칼로린 제도 동부 나울 파푸아 뉴기니 주변에 넓은 분포역을 가지는 종류임이 알려졌다. 통상 40m이상에서 서식한다고 하지만 장소에 따라서 10~30m정도를 서식 수심으로 한다. 자연에서 경계심이 적은 엔젤피로서 수조에서도 매우 튼튼하고 먹이도 무엇이든 잘 먹는다. 겉보기 수수한 색채이지만 안정된 개체는 머리가 옅은 보라색으로 물들어 깊은 멋을 보여준다. 중부 태평양에서 채취된 개체가 하와이 경유로 극히 드물게 수입되며 고가이다.

그리피스 엔젤피쉬
학명 / *Apolemichthys griffisi*

분포 / 중부태평양 | 크기 / 20cm

밴디드 엔젤피쉬
학명 / *Apolemichthys arcuatus*

분포 / 하와이 제도 | 크기 / 18cm

옐로우테일 엔젤피쉬
학명 / *Apolemichthys xanthurus*

분포 / 인도양 | 크기 / 15cm

옐로우이어 엔젤피쉬
학명 / *Apolemichthys xanthotis*

분포 / 홍해-아라비아만 | 크기 / 15cm

밴디드 엔젤피쉬
하와이 제도의 고유종으로 본속 중에서는 쓰리 스팟엔젤과 함께 가장 오래전에 기재된 종으로 알려져 있다. 특히 인기가 높은 종으로 세련된 색조로 인해서 질리지 않는 매력이 있다. 자연에서는 수심 25~50m정도의 비교적 깊은 곳에서 영역 내 숨은 장소를 좀처럼 떠나지 않고 서식하고 있다. 하와이 제도의 카우아이섬에서는 보통 종으로 얕은 곳에서도 관찰된다. 자연에서는 오로지 해면류를 먹는다. 본 속 중에서도 특히나 섬세한 물고기로 나름의 사육 환경(낮은 수온 합사어 깨끗한 물)을 만들어 줄 필요

가 있다. 이전에는 수입되던 엔젤이지만 최근에는 채집할 수 있는 지역이 적어지면서 수입이 더욱 어려워 졌다.

옐로우 테일 엔젤피쉬
크로시텐의 애칭으로 사랑받고 있는 엔젤피쉬로서 기재된 것은 1832년으로 오래전부터 알려진 종류이다. 주 분포는 서부 인도양 지역이지만 동부 인도양에서도 서식하고 있다. 산호가 풍부한 장소의 수심 5~20m 정도에서 단독 또는 페어로 서식하고 있다. 본 속 중에서는 소형의 종류로서 성장해도 전체 길이 15cm 정도이다. 동 속 타종에 비해 상당히 강한편으

로 식욕이 왕성하고 수조 안을 활발하게 헤엄친다. 또 타 속 엔젤과의 합사에 있어서도 내구력이 있고 섬세한 면도 그다지 없다. 주로 스리랑카로부터 수입된다.

옐로우이어 엔젤피쉬
본종은 명료한 색조와 약간 둥근 체형을 제외하면 전종과 많이 닮은 엔젤피쉬이다. 연산호 및 경산호가 풍부한 장소에서 쌍 또는 작은 그룹으로 서식하고 있다. 식성은 조류 해면류 무척추 동물류의 잡식성이며 진 종과 마찬가지로 사육하기 쉬운 엔젤피쉬이다. 홍해에서는 드물지 않지만 거의 수입되지 않는 종류이다.

청줄돔(블루스트립 엔젤피쉬)
학명 / *Chaetodontoplus septentrionalis*	
분포 / 서부태평양(제주)	크기 / 20cm

청줄돔(블루스트립 엔젤피쉬)(대만)
학명 / *Chaetodontoplus septentrionalis*	
분포 / 서부태평양(제주)	크기 / 20cm

오렌지페이스 엔젤피쉬
학명 / *Chaetodontoplus chrysocephalus*	
분포 / 서부태평양	크기 / 20cm

암컷

블랙벨벳 엔젤피쉬
학명 / *Chaetodontoplus melanosoma*	
분포 / 서부태평양	크기 / 18cm

블루스포티드 엔젤피쉬
학명 / *Chaetodontoplus caeruleopunctatus*	
분포 / 필리핀(세레베스섬)	크기 / 14cm

수컷

퀸즐랜드 옐로우테일 엔젤피쉬
학명 / *Chaetodontoplus meredithi*	
분포 / 서부태평양	크기 / 23cm

청줄돔

본 종은 드물게 온대에 적응한 종류로서 제주도 주변에서도 볼 수 있는 엔젤피쉬이다. 성어는 암초역의 수심 15~20m정도에 단독으로 서식하고 있으며 유어는 연안의 극히 얕은 곳에 있는 경우가 많다. 유어의 색채는 동 속이 보통 나타내고 있는 검은색의 발색에 아가미 뚜껑에 걸리는 노란색 가로대의 라인이 들어가며 5cm를 넘어가면서 성어의 특징인 블루의 세로 줄무늬를 나타내기 시작한다. 온대 적응종이다보니 여름철의 고수온에 약하기 때문에 냉각 설비가 있는 것이 좋다. 이전에는 대만에서 수입되었지만 최근에는 베트남에서 얼굴의 푸른 빛이 강한 개체가 수입되고 있다.

오렌지페이스 엔젤피쉬

오랫동안 블랙벨벳 엔젤피쉬와 청줄돔의 교잡종이 아닌가 하는 논란을 있던 종으로 양자의 특징을 겸비한 모양을 가진다. 수심 15~20m의 암초역이나 내만의 전석지대 등에서 볼 수 있지만 청줄돔과 비교하면 수가 적고 드문 종이다. 무늬에는 개체마다 차이가 보이는데 사진의 개체처럼 푸른 무늬가 몸의 절반 이상에 들어가는 개체도 있지만 블랙벨벳 엔젤에 가까운 특징을 가지는 것이 많아 블랙벨벳 엔젤과의 구별은 어렵다. 일반적으로는 턱에서 배 지느러미까지

황색이 들어가는 개체를 본종으로 구별하고 있는 것 같다.

블랙벨벳 엔젤피쉬
본 속 중에서 비교적 넓은 지역에 분포하는 종류. 본 종에는 2종류의 돌연변이가 보이는데 사진의 개체와는 별도로 전신에 검은색의 발색을 보이고 꼬리 지느러미 전체가 황색을 나타내는 것이 있다. 까다로운 모습은 보이지 않고 성격적으로도 온화한 편으로서 성격이 강한 엔젤피쉬나 식욕이 왕성한 물고기와의 합사는 가능하면 피하는 것이 좋다. 또한 편향된 먹이를 주면 마르는 경향이 있으므로 식물질을 포함한 균형 잡힌 먹이를 자주 줄 필요가 있다. 필리핀 인도네시아에서 수입된다.

블루스포티드 엔젤피쉬
분포지역은 세레베스해와 세부섬을 중심으로 한 필리핀 제도로서 비교적 좁은 분포역의 엔젤피쉬이다. 성장해도 전체 길이가 15cm에 못 미치는 본 속에서 가장 소형의 종류이다. 기재는 1976년으로 비교적 새롭기 때문에 상세한 생태 상황은 알려지지 않고 있다. 분포도 좁기 때문에 귀한종이지만 마닐라편으로 수입되어 온다. 유어기는 전종과 닮은 검은 체색의 엔젤피쉬로 보이지만 성장하면서 특징인 블루 스폿이 명료하게 되며 한층 더 전신이 옅은 블루의 빛으로 감싸지는 멋진 모습이 된다.

퀸즐랜드 옐로우테일 엔젤피쉬
퍼소니퍼의 이름으로 사랑받고 있는 종으로서 최근에 호주 동부와 서부의 종류가 별종이라고 알려지면서 예전부터 알려진 서부에 분포 하는 타입을 personifer종으로 하고 동부에 서식하는 것을 meredithi종으로 다시 수정 분류되었다. 차이로는 꼬리 지느러미의 형상과 색채에 근거하고 있지만 그다지 많이 다르지는 않다. 통상적으로 자연에서는 암초역이나 바위또는 산호가 산재하는 열린 장소 수심 35m이하에서 단독 혹은 페어로 서식하고 있다. 사육에 관해서는 기본적으로 블랙벨벳 엔젤과 다르지 않지만 약간 낮은 수온을 좋아한다.

컨스피큐어스 엔젤피쉬
본종은 남쪽으로는 로드하우섬 노픽섬 등 그리고 북쪽은 그레이트 배리어 리프 남부 및 뉴 칼레도니아 섬에 걸친 해역에 분포하고 있다. 성어는 산호초 지역의 수심 20~40m정도에 서식하며 유어는 초호내의 매우 얕은 수심에 있다. 유어기의 색채는 다른 동속의 종과 같이 전체적으로 검은색이 강하며 3cm 정도의 개체부터 성어의 특징을 나타내게 된다. 사육에 대해서는 기본적으로 블랙벨벳 엔젤등과 비슷하지만 고수온에 약하기 때문에 냉각설비가 필요하다. 최근 수입된 타입은 사진 오른쪽과 같은 색채를 가지고 있지만 과거에는 사진 위와 같이

컨스피큐어스 엔젤피쉬
학명 / *Chaetodontoplus conspicillatus*
분포 /뉴칼레도니아(로드하우섬) | 크기 / 25cm

0036

스크리블 엔젤피쉬
학명 / *Chaetodontoplus duboulayi*
분포 / 호주동부 | 크기 / 28cm

0037

꼬리 지느러미 전체가 노랗게 물든 개체도 수입된 적이 있는데 이 개체가 단순한 지역 변이인지 동속 타종과의 하이브리드인지는 불분명하다. 드물게 로드하우 섬 등에서 채취된 것이 호주에서 수입되는 경우가 있지만 매우 소수이기 때문에 고가이다.

스크리블 엔젤피쉬
전 페이지에서 소개한 퀸즐랜드 옐로우 테일 엔젤피쉬와 함께 호주를 대표하는 엔젤피쉬지만 약간 북쪽에 서식하며 분포지역이 뉴기니까지 퍼지고 있다. 동속 타종에 비해 체형이 둥근 모습을 하고 있는데 특히 암컷 개체에서 이 특징 이 뚜렷하다. 이 종류가 보이는 특징적인

입과는 약간 다른 입모습은 약간 이질의 존재를 생각하 게 한다. 색채는 유어와 성어가 차이를 거의 보이지 않지만 성장과 함께 체측의 스크리블 모양이 변하게 되어 개체 차이를 명확하게 하는 지표가 된다. 이 특징적인 스크리블 패턴은 성숙한 수컷 개체에는 스트라이프 형태로 변화하고 암컷 개체에서는 불분명해진다. 보통 스리랑카에서 수입된다. 서식 환경 등은 옐로우테일 엔젤 피쉬와 비슷하며 고수온등에도 강하기 때문에 동속 타종에 비해 비교적 사육하기 쉬운 엔젤피쉬라고 할 수 있지만 성격이 예민한 면도 있어 수입 직후의 개체는 먹이 붙임에 어려운 면을 보이기도 한다. 호주에서 수입된다.

로얄 엔젤피쉬
학명 / *Pygoplites diacanthus*

분포 / 인도양-태평양　　크기 / 25cm

버미큘레이트 엔젤피쉬
학명 / *chaetodontoplus mesoleucus*

분포 / 서부태평양　　크기 / 14cm

로얄 엔젤피쉬

본종은 엔젤피쉬 중에서 유일한 1속 1종의 독립된 존재로서 분류되고 있다. 상당한 광역 분포종임에도 불구하고 종의 분화가 진행되지 않고 단일 종만으로 형성된다는 점은 매우 흥미롭다. 그러나 사진에서도 알 수 있듯 색채적인 변이는 있는데 인도양과 홍해에 서식하는 것은 복부측이 황색을 나타내고 한층 더 화려한 느낌이 있다. 두 종류 모두 어린 물고기에서는 등 지느러미의 후단부에 흰색으로된 진한 안상반이 명확하게 있다. 수족관의 관상어로서 예전부터 등장해 그 화려한 색채로 인해 인기가 높은 엔젤피쉬이다. 성어가 되면 식성이 특수화(해면류등)되는 것인지 대형 개체의 수입시에는 먹이를 먹지 않아서 사육하기 어려운 엔젤피쉬라고 하는 정평이 있었지만 최근에 유어의 수입되며(10cm이하) 먹이 붙임이 결코 어려운 물고기가 아니라는 인식으로 바뀌었다. 수질 악화에는 매우 민감하여 즉시 병이 나거나 하는 면이 있으므로 수질 관리에 신경을 써서 청정한 수질을 유지해 줄 필요가 있다. 일반적인 타입은 필리핀 인도네시아에서 수입되어 오지만 스리랑카에서 수입되어 오는 인도양의 유형은 드물다.

버미클레이트 엔젤피쉬

본 속에서는 가장 오래전부터 기재되어 수족관 관상어로서 친숙한 엔젤피쉬이다. 광역에 분포하는 종류로 가까운 일본 류큐열도의 산호초지역에서 인도지역까지 분포한다. 색채 돌연변이인지 인도네시아나 뉴기니에서는 꼬리 지느러미가 유백색 타입도 볼 수 있다. 본 속의 대부분은 유어와 성어가 컬러 패턴이 다른 종이 많지만 본종은 유어와 성어가 같은 색채를 가진다. 자연에서의 주식은 조류 해면류등 다양한 것을 먹지만 사육시에는 섬세하고 음식도 잘 먹지 않는 경향이 있어서 장기 사육이 어렵다는 정평이 있다. 무척추동물수조 등의 조용한 환경에서 사육하는 것이 이상적이다.

레몬필 엔젤피쉬

레몬 필의 애칭으로 사랑받는 소형 엔젤피쉬. 눈 주위에 블루의 색채가 있기 때문에 아이세도우의 애칭으로 불리기도 한다. 5cm정도까지의 유어는 체측 중앙에 블루 링이 있어서 특히 인기가 높다. 분포는 서부 태평양 지역보다 중부 태평양 지역에 많으며 산호초 지역의 얕은 물에서 산호가 풍부한 맑은 장소에 단독 또는 할렘적인 식민지를 형성하고 있다. 조류를 주식으로 한 종류로서 수조내에서도 양질의 조류를 제공

몬필 엔젤피쉬

명 / *Centropyge flavissimus*

포 / 중부태평양 　　크기 / 12cm

발색차이종

바이칼라 엔젤피쉬

학명 / *Centropyge bicolor*

분포 / 서부태평양 　　크기 / 15cm

수 있으면 이상적이다. 작은 개체는 더 적응시키기가
ㅏ. 마살과 중부 태평양산 개체가 하와이 경유 등으로
l된다.

l칼라 엔젤피쉬

속 중에서는 가장 오래전에 기재(1787년)되어 수족관
ㅏ어로서 인기 있는 존재로 알려져 있다. 산호초역
l는 매우 보통종으로서 복잡하게 얽힌 산호사이나
ㅕ 구멍을 영역으로 하고 거의 그 주변에서 행동하고
ㅏ. 이 종류에서는 대형이 되는 종으로 충분히 성장한
ㄴ 본 속이라고는 생각되지 않는 박력을 보여준다.
ㅋ 초기에는 다소 섬세하지만 일단 진정하면 상당히
ㅏ한 면도 볼 수 있다. 작은 개체는 보다 적응시키기
ㄱ 인공 사료에도 빨리 익숙해지게 된다. 필리핀과
ㅔ네시아에서 다양한 크기의 개체가 수입되고 있다.

르크 엔젤피쉬

ㅣ트와 레드가 선명한 페퍼민트 엔젤과 같은 시기에
ㅑ 장소에서 발견된 소형 엔젤피쉬로서 약간 체고가
ㄱ 등 지느러미의 가시가 발달한다. 노란색은 컨디션
ㅏ라 약간이지만 푸른 빛을 보일 수 있다.

홀 엔젤피쉬

ㅎ과 같이 벨벳과 같은 질흑의 봄 중앙의 순백이 열쇠
ㅕ과 같은 모습이 있고 배 지느러미와 등 지느러미의
ㅕ이 악센트가 되어 매우 세련된 인상을 주는 소형
ㅖ피쉬이다. 이 칠흑의 체색은 각도에 따라 남색으로
ㅑ 아름답다. 아주 작은 어린 시절에는 열쇠 구멍은
ㅕ을 나타낸다. 나름의 매력을 가지는 종류이지만
ㅜ식 외에 식성에 특수성이 있는지 먹이 붙임이 어려
ㅔ 엔젤피쉬이다. 필리핀 인도네시아에서 수입된다.

드나이트 엔젤피쉬

ㅑ한 색채를 가진 엔젤피쉬 중에서 단색으로 통일되어
ㅡ 것은 본 종뿐이다. 학명의 nox는 밤을 뜻하고 있는
수조에서도 어두운 벽에 붙어 있으면 구별하지 못 할
ㅗ이다. 산호가 풍부한 깨끗한 장소를 선호한다. 사육
있어서는 약간 먹이 붙임이 어려운 면이 있다. 필리핀
ㅔ네시아에서 수입되어 오는데 이 종류에 비해서
ㅏ지 수는 많지 않다.

나르크 엔젤피쉬

학명 / *Centropyge narcosis*

분포 / 남태평양 쿡제도 　　크기 / 7cm

키홀 엔젤피쉬

학명 / *Centropyge tibicen*

분포 / 서부태평양 　　크기 / 15cm

미드나이트 엔젤피쉬

학명 / *Centropyge nox*

분포 / 서부태평양 　　크기 / 10cm

0045

블랙테일 레몬필 엔젤피쉬
학명 / *Centropyge flavissimus × vroliki*	
분포 / 중부태평양	크기 / 12cm

0046

포터즈 레몬필 엔젤피쉬
학명 / *Centropyge flavissimus × potteri*	
분포 / 중부태평양	크기 / 25cm

피지산

옐로우 엔젤피쉬
학명 / *Centropyge heraldi*	
분포 / 서부태평양	크기 / 10cm

0047

에이블리 엔젤피쉬
학명 / *Centropyge eibli*	
분포 / 인도양-서부태평양	크기 / 15cm

0049

펄스케일 엔젤피쉬
학명 / *Centropyge vrolikii*	
분포 / 중-서부태평양	크기 / 10cm

블랙테일 레몬필 엔젤피쉬
레몬필 엔젤피쉬는 비교적 교잡종이 많이 보이는 종으로 에이블리 엔젤과 펄스케일 엔젤피쉬와의 교배종이 알려져 있는데 특히 나메라엔젤피쉬와의 교배종이 많이 보인다. 예전에 레몬필 엔젤피쉬의 이름으로 교배종이 많이 수입되어 온 적도 있었다.

포터즈 레몬필 엔젤피쉬
꼬리 지느러미의 모양으로 포터스 엔젤피쉬와의 교잡종이라고 생각이 된다. 전 종의 나메라엔젤피쉬와의 교잡종은 많이 보이지만 이 교잡종은 적다.

옐로우 엔젤피쉬
레몬필 엔젤피쉬와 닮은 색채를 가지는 소형 엔젤피쉬이지만 본종은 서부 태평양 영역에 주로 분포로 하고 있다. 서식 환경이나 사육에 대해서는 레몬필 엔젤피쉬와 거의 같다. 자연에서는 사진의 개체처럼 눈 뒤에 암색반을 보이지만 수조 사육시에는 사라져 버린다. 또한 피지산의 개체는 색채에 변이가 보이고 등의 뒤쪽이 검은색을 나타나는 특징이 있다. 필리핀 인도네시아 에서 수입되고 있으며 피지산은 수입이 적다.

0050

콜린스 엔젤피쉬
학명 / *Centropyge colini*	
분포 / 서부태평양	크기 / 9cm

0051

골든 엔젤피쉬
학명 / *Centropyge aurantius*

| 분포 / 인도네시아, 그레이트 배리어리프 | 크기 / 12cm |

0052

옐로우핀 엔젤피쉬
학명 / *Centropyge flavipectoralis*

| 분포 / 스리랑카-몰디브 | 크기 / 10cm |

0053

더스키 엔젤피쉬
학명 / *Centropyge multispinis*

| 분포 / 인도양-홍해 | 크기 / 10cm |

에이블스 엔젤피쉬

펄스케일 엔젤피쉬와 비슷한 근연종으로 산호가 풍부한 장소와 암초 지역의 비교적 얕은 수심에 서식하고 있는 소형 엔젤피쉬이다. 평균적으로 성체는 펄스케일 엔젤피쉬와 비교해 약간 대형이 되며 큰 개체는 배측이나 등지느러미에 오렌지 모양이 화려해지는 것을 볼 수 있다. 비교적 튼튼하고 기르기 쉬운 엔젤피쉬로 먹이붙임도 그리 어렵지 않다. 스리랑카와 인도네시아에서 수입되고 있다.

펄스케일 엔젤피쉬

수족관 관상어로서 예전부터 많이 수입되고 있는 소형 엔젤피쉬이다. 산호초 지역의 산호가 풍부한 장소에 서식한다. 앞서 언급 한 레몬필 엔젤피쉬 에이블리 엔젤 등과 분포가 겹치는 해역에서는 교잡하는 경우가 많다. 인공 사료에도 잘 익숙해지는 기르기 쉬운 엔젤피쉬 로 필리핀에서 수입된다.

콜린스 엔젤피쉬

1974년에 코코스(키링)제도에서 최초의 개체가 발견되었다. 그 후 팔라우, 괌, 피지 등에서 서식이 확인되었으며 현재는 필리핀 주변에서도 채취되어 수입되고 있다. 사육에 있어서는 섬세한 엔젤피쉬이기 때문에 조용한 환경을 제공하여 친화시키면 좋다.

골든 엔젤피쉬

1975년에 기재되었다. 초기에는 그레이트 배리어 리프나 파푸아뉴기니에 서식하는 희귀종으로 알려졌지만 인도네시아 주변의 산호초 지역의 얕은 물에도 많이 서식하는 것이 확인되었다. 체색은 밝은색에서 어두운색까지 개체에 따라서 상당히 변이가 심하다. 검은 테두리가 있는 오렌지 눈이 특징으로 산호의 폴립을 즐겨 먹지만 적응하면 다른 먹이도 먹는다.

옐로우핀 엔젤피쉬

더스키 엔젤과 마찬가지로 인도양에 분포하는 소형 엔젤피쉬로서 색채가 비슷하기 때문에 잘

0054

러스티 엔젤피쉬
학명 / *Centropyge ferrugata*

| 분포 / 서부태평양 | 크기 / 10cm |

혼동되어 취급되고 있었지만 본종은 가슴 지느러미가 노랗게 물들기 때문에 구별은 쉽다. 또 본종은 스리랑카, 몰디브등 분포 지역이 좁은 종류로서 비교적 산호가 적은 전석지대 등에 서식하고 있다. 다소 먹이 붙임이 어렵다.

더스키 엔젤피쉬

주 분포는 서부 인도양 지역으로 본 속에서 유일하게 홍해에도 분포하고 있다. 또 이 종류 중에서는 체고가 있는 편으로 중후한 느낌이 있는 물고기로서 드물게 황변 개체가 출현하는 일도 있다. 옐로우 핀 엔젤피쉬가 노란 가슴 지느러미를 가지는 반면 본종은 배 지느러미의 주 가시조가 블루로 물든다. 스리랑카에서 수입되지만 입하수는 많지 않다.

러스티 엔젤피쉬

예전부터 인기 있는 종으로 알려져 있다. 아주 작을 때에는 등쪽 뒷부분에 안상반을 가지고 있지만 성장하면서라 사라지며 푸른 선형 패턴이 등쪽 지느러미 배지느러미 후단에 나타난다. 이 패턴은 수컷 개체에서 특히 두드러지며 몸 쪽 오렌지의 색채는 지역에 따라 약간의 차이가 보인다.

일반종

색상변이종

프레임 엔젤피쉬
학명 / *Centropyge loriculus*
분포 / 중-서부태평양　　크기 / 10cm

코랄뷰티 엔젤피쉬(색상변이종)
학명 / *Centropyge bispinosus*
분포 / 인도양-서부태평양　　크기 / 12cm

코랄뷰티 엔젤피쉬
학명 / *Centropyge bispinosus*
분포 / 인도양-서부태평양   크기 / 12cm

망고 엔젤피쉬
학명 / *Centropyge shepardi*
분포 / 마리아나제도 주변   크기 / 6cm

포터즈 엔젤피쉬
학명 / *Centropyge potteri*
분포 / 하와이   크기 / 10cm

멀티컬러 엔젤피쉬
학명 / *Centropyge multicolor*
분포 / 중부태평양   크기 / 9cm

프레임 엔젤피쉬

특히 인기가 높은 소형 엔젤피쉬로 지역적으로 체색의 농담 및 밴드에 변이가 보인다. 주 분포 지역인 중부 태평양에서 서부지역 개체는 주홍색이 되며 크리스마스 섬이나 하와이 제도의 중부지역 쪽으로 가면 붉은색이 강해진다. 특히 하와이산의 개체는 하와이안 울트라 프레임의 명칭으로 불리는데 불타는 듯한 진한 붉은색으로 인해 인기와 가격이 높다. 쿠시히팝스 아속에 포함되는 이 종류는 기본적으로는 튼튼하지만 자연에서 조류가 있는 깨끗한 지역을 선호하는 종이 많기 때문에 수질 변화 등에 민감하다. 특히 황산구리 등의 치료약에 대해서 쇼크를 일으키기 쉽기 때문에 약품류의 사용에 있어서 주의가 필요하다.

코랄뷰티 엔젤피쉬

본 속 중에서는 가장 광역에서 분포하는 종으로 변이도 다양하게 나타나 각각 별종을 생각하게 하는 느낌이 든다. 그 중에는 왼쪽 사진처럼 보라색이 거의 빠져 선명한 오렌지색이 나타나는 색채 변이 개체도 조금이지만 수입되고 있다. 산호초 지역에서도 내만과 초호 내에 많으며 하렘을 형성해 서식하고 있다. 성장에 따라 등 지느러미 배지느러미 뒤쪽이 길어지며 우아한 모습이 된다. 먹이 붙임도 좋고 매우 튼튼해서 인기있는 종으로 필리핀 인도네시아에서 수입되고 있다. 가격적으로도 저렴하다.

망고 엔젤피쉬

1979년에 기재된 비교적 새로운 종류로서 마리아나 제도나 필리핀에 서식하는 소형 엔젤피쉬로 대부분 필리핀으로부터 수입된다. 알려진 것보다 분포지역이 넓을 것으로 예상된다. 색채는 러스티 엔젤피쉬와 프레임 엔젤의 중간적 느낌으로 이들 3종의 상관관계가 있을 것으로 추정된다. 자연에서는 산호초 지역에서 죽은 산호 등이 쌓여있는 듯한 장소를 찾아서 서식하고 있다. 튼튼한 엔젤피쉬이다.

포터스 엔젤피쉬

하와이 고유의 소형 엔젤피쉬이다. 자연에서는 산호초역뿐만 아니라 암초역이나 돌이 많은 장소 등에도 서식하고 있다. 수컷 개체에는 몸 후반부의 블루 무늬가 더 강하게 나타난다. 본 종에 외에도 일반적으로 하와이의 고유종은 다소 고수온에 약한 경향이 있으므로 고려할 필요가 있다. 또한 대형 개체는 경계심이 강하고 먹이 붙임이 어려운 경우가 많다.

멀티 컬러 엔젤피쉬

마샬 제도 카로린 제도에 많이 서식하는 아름답고 튼튼해서 인기가 높은 소형 엔젤피쉬이다. 수입되어 오는 개체는 빠지는 듯 보이는 흰색의 기본색이 아름답지만 강한 조명 아래에서는 몸이 갈색을 띠는 경우도 있다. 산호초 외연부의 비교적 깊은 20~90m 수심에 서식하고 있다. 동속 타종과 분포역이 중복되는 마샬제도 등에서는 레몬필 엔젤피쉬 등과는 혼생하고 있지만 근연종인 프레임 엔젤과는 만나지 않고 서로의 생태적 지위를 확보하고 있는 것 같다. 마샬이나 중부 태평양에서 채취된 개체가 수입되지만 만날 기회는 적고 가격은 고가이다.

0061

디벨리우스 엔젤피쉬
학명 / *Centropyge debelius*
분포 / 서부인도양(모리셔스섬) 크기 / 9cm

유어

0062

옐로우헤드 엔젤피쉬
학명 / *Centropyge joculator*
분포 / 인도양(크리스마스섬) 크기 / 9cm

유어

블랙이어 엔젤피쉬

학명 / *Centropyge hotumatua*

분포 / 남태평양(이스터섬) | 크기 / 9cm

나하키 엔젤피쉬

학명 / *Centropyge nahackyi*

분포 / 하와이(존스턴섬) | 크기 / 12cm

재패니즈 엔젤피쉬

학명 / *Centropyge interruptus*

분포 / 일본남부, 하와이 북서부 | 크기 / 18cm

유어

디벨리우스 엔젤피쉬

1990년에 기재되었다. 본 속에서는 가장 새로운 엔젤피쉬로서 현재는 모리셔스 섬과 근처의 레위니옹섬에서 서식이 확인되고 있다. 현지에서도 드물고 암초역의 험한 절벽형태인 장소 48~90m정도의 깊이에 녹조가 밀생한 곳에서 서식하고 있다. 아름다운 색채로 인해서 인기가 높지만 모리셔스로부터의 루트는 수입이 어렵기 때문에 보기도 어렵고 매우 고가이다.

옐로우헤드 엔젤피쉬

국지성으로 서식하는 종이다. 산호초 지역의 외연부와 바위가 있는 장소 수심 15~70m 곳에서 단독 또는 4~5마리의 그룹을 형성해 서식하고 있다. 고가이지만 먹이 붙임도 좋고 튼튼해서 충분히 장기 사육이 가능한 엔젤피쉬이기 때문에 인기가 높다. 산호수족관에서 키우는 것이 좋고 이 종류로서는 비교적 대형이 되는 종으로 주로 호주 등에서 수입되고 있다.

블랙이어 엔젤피쉬

1969년에 최초의 개체가 이스터섬에서 채집되었고 그 후의 조사에 의해 핏케언 제도나 라파이티섬 등에서도 서식이 확인되었다. 산호나 바위등의 크랙이나 구멍등을 집으로 사용하고 있다. 형태적으로는 옐로우헤드와 닮았지만 성장해도 등지느러미, 배지느러미 뒷부분이 길어지지 않는 것과 꼬리 지느러미의 양엽 끝이 약간 뾰족한 점 등에서 독자성이 구분되고 있다. 상태 좋게 채취 및 케어된 개체는 먹이붙임이 용이하다. 튼튼한 엔젤피쉬지만 고수온에는 약하기 때문에 냉각설비가 꼭 필요하다. 특수한 장소에 서식하는 종으로 특별하게 채집되지 않는다면 보기가 어렵다.

나하키 엔젤피쉬

1989년에 신종 기재된 소형 엔젤피쉬로 하와이 제도에서 남서쪽으로 약 900km에 위치한 존스턴 섬에 서식하고 있다. 옐로우 헤드에 매우 가까운 엔젤피쉬로서 생태적으로도 같은

환경에 서식하는 옐로우 헤드와 매우 비슷하여 본종도 그룹에서 행동하는 것으로 알려져 있다. 수입이 가장 어려운 켄트로피게 종이라고 할 수 있을 것이다.

재패니즈 엔젤피쉬

온대 적응종으로 일본에 많이 서식하는 소형 엔젤피쉬로서 동속 중에서는 가장 대형이 되는 종류이다. 독특한 보라색 색채는 많은 애호가들에게도 높은 인기를 자랑하고 있다. 성장하면 소실되지만 4~5cm정도까지의 유어기에는 등지느러미 후부에 안상반을 가지고 있다. 수컷은 색채가 보다 짙고 등지느러미 와 배지느러미 후단의 블루의 선형 모양이 진해진다. 잡식성으로서 조류나 해면류 등이 주식이지만 다른 물고기의 배설물등을 먹는 특수성도 있다. 유어는 뭐든 잘 먹기 때문에 먹이 붙임에는 문제가 없지만 대형 성어는 감압에 따른 영향으로 사육하기 어려운 개체가 있다. 냉각 설비는 꼭 구비하는 것이 좋다.

체럽 엔젤피쉬

카리브해를 중심으로 멕시코 만 버뮤다 남쪽은 베네수엘라까지 분포한다. 영명은 제2계급에 속하는 아이의 천사에서 만들어 졌는데 그 이름과 같이 이 물고기는 확실히 활발한 소형 엔젤피쉬다. 수조 안에서도 시종 이끼를 쪼우면서 헤엄치는 모습을 볼 수 있다. 튼튼한 종류로 충분히 장기 사육할 수 있는 엔젤피쉬이지만 황산동등의 약품에는 약한 면이 있으므로 주의를 요한다.

오렌지 엔젤피쉬

하와이의 고유종으로 오아후섬 근처에서는 보통 수심 30m이상에서 서식하지만 마우이섬 근처 몰로키니에서는 비교적 얕은 수심에 서식하고 있다. 체색은 몇개의 변이가 보인다. 사육은 비교적 쉽고 먹이붙임도 문제가 없지만 하와이에서 수입이 되어야 하다보니 입하수는 많지 않다.

체럽 엔젤피쉬

학명 / *Centropyge argi*

분포 / 대서양 | 크기 / 7cm

오렌지 엔젤피쉬

학명 / *Centropyge fisheri*

분포 / 하와이 | 크기 / 6cm

피그미 옐로우테일 엔젤피쉬
학명 / *Centropyge flavicauda*
분포 / 중-서부태평양 　크기 / 8cm

프레임백 피그미 엔젤피쉬
학명 / *Centropyge aurantonotus*
분포 / 카리브해 남부 　크기 / 6cm

레스프레덴스 피그미 엔젤피쉬
학명 / *Centropyge resplendens*
분포 / 중부태평양(어센션섬) 크기 / 6cm

오렌지백 피그미 엔젤피쉬
학명 / *Centropyge acanthops*
분포 / 서부태평양 　크기 / 7cm

레스프렌던스 피그미 엔젤피쉬
대서양에 있는 영국령 어센션 섬에만 서식하는 국지적 분포종으로서 매니아적인 엔젤피쉬이다. 암초 지역과 바위 지역에 조류가 특히 조밀한 환경에서는 집단적으로 서식하는 밀도가 높다. 한정된 장소에 서식하는 종류이기 때문에 수명이 그리 긴 물고기라고는 생각되지 않지만 사육시에는 7년 이상이나 사육된 기록이 있다. 전체 길이는 10cm가까이 자라고 수 조에서의 산란 사례도 알려지고 있다. 수입은 매우 적다. 수조에서 사육시에는 무척추동물을 메인으로

배치한 수족관에서의 사육이 적합하다.
피그미 옐로우테일 엔젤피쉬
동아프리카 연안에서 동부 호주를 포함한 서부태평양 지역까지 분포하는 광역 분포종이다. 체색은 돌연변이도 많고 푸른색을 나타내는 것 전체적으로 갈색 또는 남색 머리만 갈색인 것 등 다양하다. 산호초 지역의 연안부와 바위가 있는 수로 등에 서식한다. 필리핀 인도네시아 외에 가끔 스리랑카 등에서도 수입된다.
프레임백 피그미 엔젤피쉬
아프리카 피그미 엔젤의 근사종으로 대서양에

분포하는 소형 엔젤피쉬이다. 이전에는 환상의 종이었지만 서식지의 남하에 따라 채집지가 늘어나면서 서서히 수입되게 되었다. 오렌지백 피그미 엔젤보다 다소 작으며 오렌지백 피그미 엔젤은 꼬리 지느러미까지 오렌지색이지만 본종은 오렌지 밴드가 꼬리 지느러미까지 계속되지 않고 꼬리 지느러미는 남색이므로 구별이 용이하며 몸 쪽의 파랑도 남색에 가깝다. 또 통상은 수심 25m정도까지 서식하는 종류이지만 때로는 200m의 심해에 도달할 수 있다. 사육은 체렙 엔젤피쉬에 준한다. 미국과 브라질 루트에서 수입되고 있다. 약간 신경질이 되는 면이 있지만 안정된 환경에서 사육하면 기르기 쉽다.
오렌지백 피그미 엔젤피쉬
"프레임백"의 통칭명으로 알려진 인기가 높은 소형 엔젤피쉬이다. 케냐 해안과 그 주변에서는 상당히 서식수가 있어 산호초역 또는 암초역에서 조류의 밀생된 전석지대 등에 콜로니를 형성하고 있다. 본종도 물고기만의 수조에서의 사육보다 산호등의 수족관의 일원으로서 사육되는 것이 많다. 케냐의 루트 등으로 수입이 가능하지만 만나기는 어렵다.
멀티바드 엔젤피쉬
퍼플마스크 엔젤피쉬보다 예전부터 알려져 있고 기재는 1911년이다. 넓은 범위에 서식하는 엔젤피쉬이다. 자연에서의 서식 상황은 퍼플마스크 엔젤피쉬와 거의 같지만 수심 20~70m로 약간 심도가 깊다. 또 퍼플마스크 엔젤피쉬보다 경계심이 강해서 다이버 등이 한 치 가까이 가면 절벽에서 나오지 않아 거의 관찰할 수 없다. 이 때문에 식성이나 습성에 대해 불명한 점이 많다. 사육은 퍼플마스크 엔젤피쉬와 같지만 먹이기 어려운 개체는 페퍼민트 엔젤과 같이 새우 알을 주면 잘 먹는다. 다만 이런 미세한 먹이를 주는 경우에는 일시적으로 필터를 멈추어서 나머지 먹이가 필터에 흡입되지 않도록 주의하면서 한

마샬산

멀티바드 엔젤피쉬
학명 / *Centropyge multifasciata*
분포 / 서부태평양   크기 / 10cm

0072

0073

페퍼민트 엔젤피쉬
학명 / *Centropyge boylei*
분포 / 남태평양 쿡제도   크기 / 8cm

0074

유어

퍼플마스크 엔젤피쉬
학명 / *Centropyge venusta*
뷰포 / 필리핀   크기 / 10cm

번에 먹을 수 있는 양을 소량씩 주는것이 좋다 분포역에서 퍼플마스크 엔젤피쉬와 겹친 장소에서는 드물게 교잡종이 발견되기도 한다

페퍼민트 엔젤피쉬

1989년에 발견되고 나서 매우 빠르고 그 화려한 색채로 인해서 아쿠아리스트에 충격적인 인상을 준 엔젤피쉬이다. 드롭 오프한 사면의 수심 60~120m 정도에 있는 절벽 등에 숨어서 서식하고 있다. 수입 당초에는 정보가 적고 먹이도 고생했지만 새우 알을 즐겨 먹는 것이 알려지면서 산호수족관등에서 장기 사육에 성공하고 있다. 이러한 산호수에서는 비유산호

등 두꺼운 산호의 공육도 즐겨 먹고 있다. 또한 그 중에는 수조 내에서 산란 행동이 이루어진 예도 보고되어 있다. 처음으로 수입된 직후는 적으면서도 잔잔한 수가 수입이 되었지만 최근에는 1~2년에 몇 마리 정도밖에 보이지 않는다. 사육에 있어서는 냉각 설비를 이용해 20~23℃ 정도로 유지해 줄 필요가 있다.

퍼플마스크 엔젤피쉬

최초의 개체는 일본에서 채집되어 일본의 고유의 종으로 알려졌지만 이후에 필리핀 등에서 서식이 확인되었다. 경계심이 강한 엔젤피쉬로 산호초 외연의 수심 15~30m정도에 있는

절벽 주변에 단독 또는 쌍으로 서식하고 있다. 주식은 해면류로 알려지고 있지만 별로 정확하지 않고 사육시에도 특히 무언가를 좋아하는 것이 발견된 적이 없다. 섬세한 엔젤피쉬이므로 조용한 환경을 제공해주고 브라인 슈림프나 생선, 새우, 알 등 여러가지 먹이를 꾸준하게 줘보는 것이 좋다. 무척추동물수조 등 에서 발생하는 부착생물 등을 자연섭취시키면서 사육할 수 있으면 이상적이다. 적당한 환경에서 컨디션이 좋아지면 보라색 부분이 빛나는 아름다운 색채를 보여준다. 필리핀에서 5~8cm 정도의 것이 수입되고 있다.

수컷

암컷

수컷

암컷

마스크드 스왈로테일 엔젤피쉬
학명 / *Genicanthus semifasciatus*

분포 / 남일본, 필리핀 | 크기 / 18cm

0075

암컷

0076

수컷으로 변하는 암컷

블랙스트라이프 엔젤피쉬
학명 / *Genicanthus lamarck*

분포 / 인도양-서부태평양 | 크기 / 20cm

마스크드 스우왈로테일 엔젤피쉬

영명 재패니즈 스와로라고 불리는 대로 일본이나 대만에 많이 서식하고 있는 엔젤피쉬로서 이즈 반도의 암초역에서도 발견되고 있으며 그 서식 심도는 100m 정도까지 도달할 수 있다. 암컷은 이전에 쿠마드리엔젤피쉬(G.fucosus)라고 불리며 별종으로 여겨졌다. 사육에 대해서는 유영할 수 있는 넓은 공간을 준비하고 어느 정도의 수류를 만들어 주는것이 좋다. 먹이는 어느정도 작은 크릴등을 수류에 흘려준다. 필리핀에서 수입은 가능하지만 입하수는

블랙에지드 엔젤피쉬
학명 / *Genicanthus watanabei*

분포 / 중-서부태평양 | 크기 / 18cm

0077

매우 적다.

블랙에지드 엔젤피쉬

예전에는 남일본과 대만에 분포 되어 있었지만 이 후의 조사에서 중부 태평양 지역에도 분포하는 광역종인 것으로 나타났다. 이 종류는 산호초 가장자리의 조류가 강한 장소에서 할렘형 그룹을 형성하고 동물성 플랑크톤을 주식으로 하고 있다. 사육에 대해서는 가능한 한 넓은 유영공간을 만들어 주고 강한 수류로 산소 공급량을 늘리는 것이 중요하다. 암컷 개체는 잘 먹지만 대형 수컷 개체는 친화성이 부족한 면이 있다. 필리핀이나 인도네시아에서 수컷, 암컷 모두 수입되지만 수는 매우 적다.

블랙스트라이프 엔젤피쉬

본 속에서도 가장 오래전에 기재된 종으로서 수족관에서도 잘 알려진 대중적인 엔젤피쉬이다. 성별의 차이가 뚜렷한 본 속에서 본종은 색채의 변화가 적기 때문에 구분이 어려운면이 있는데 차이로 보자면 수컷은 배지느러미가 흑색을 나타내고 꼬리지느러미의 양 끝이 검지 않은 점이다. 기본적인 사육은 동속 타종에 준하지만 인공 사료 등에도 잘 적응하는 튼튼한 종류이다. 전체 길이 10cm정도까지의 암컷 개체는 필리핀과 인도네시아에서 수입되지만 수컷은 별로 수입되지 않는다.

수컷

암컷

스팟브레스트 엔젤피쉬
학명 / *Genicanthus melanospilos*
분포 / 서부태평양   크기 / 18cm

0078

수컷

암컷

0079

스팟브레스트 엔젤피쉬

인기있는 엔젤피쉬이다. 본종도 예전에는 암컷이 별종으로서 취급되고 있었던 적이 있다. 서식 싱황등은 동속 타종과 다르지 않지만 하렘을 형성하는 이 종류들 중에서 페어로 생활하고 있는 모습을 보인다. 보통 이 종류는 자연에서 성전환 기간이 6주 정도로서 입하 개체 중에도 그러한 특성을 보이는 일노 있다. 필리핀과 인도네시아에서 수컷과 암컷 모두 수입된다.

마스크드 엔젤피쉬

하와이 제도의 고유종으로서 1975년의 기재 시점에서는 암컷을 기준으로 특징인 블랙 마스크를 바탕으로해서 페르소나타스(가면)의 학명이 붙여졌다. 체색은 순백으로 한번 보면 잊을 수 없는 인상이 있다. 하와이 남부에서는 드물지만 북서부에서는 비교적 많이 보인다. 자연에서의 식성은 플랑크톤 외에 새우 유생과 조류등을 섭취하고 있다. 사육시에는 넓은 수조와 냉각 설비가 필요하다. 거의 수입되지 않는 종이며 수입되면 거의 모두 대형 개체이다.

마스크드 엔젤피쉬
학명 / *Genicanthus personatus*
분포 / 하와이   크기 / 20cm

암컷

수컷

0080

0081

오네이트 엔젤피쉬
학명 / *Genicanthus bellus*

분포 / 중-서부태평양 크기 / 15cm

하프밴디드 엔젤피쉬
학명 / *Genicanthus semicinctus*

분포 / 뉴질랜드(로드하우섬) 크기 / 20cm

암컷

수컷

0082

0083

핏케언 엔젤피쉬
학명 / *Genicanthus spinus*

분포 / 핏케언제도 주변 크기 / 35cm

제브라 엔젤피쉬
학명 / *genicanthus caudovittatus*

분포 / 홍해, 동아프리카 크기 / 20cm

오네이트 엔젤피쉬
통칭명 "벨스"로 알려진 아름다운 엔젤피쉬. 타히티를 포함한 소시에테 제도를 시작으로 인도양의 코코스 제도, 마리아나 제도, 필리핀과 각곳에 점재하는 분포 형태를 나타내고 있다. 통상의 서식수심은 45~97m로 약간 깊으며 이종류에서는 드물게 단독으로 있는 일도 있다. 처음에는 타히티산의 개체가 하와이 경유로 수입되는 희귀종이었지만 필리핀의 개체가 수입되기 시작하면서 가격적으로 만나기가 쉬워지고 있다. 이 속의 종에서는 종종 볼 수 있지만 수컷과 암컷의 컬러 패턴은 마치 별종과 같은

차이를 보이는데 특징적인 컬러 패턴으로 인해 암컷이 인기가 높다.

하프밴디드 엔젤피쉬
로드하우 섬과 뉴질랜드 케르마덱 제도에만 서식하는 좁은 분포역의 엔젤피쉬이다. 암초역의 수심 10~100m정도에 서식하지만 통상은 35m이하에서 많다. 분포 해역으로 볼 때 사육시에는 냉각 설비가 필요하다고 생각된다. 그외 특성등에 대해서는 잘 알려지지 않고 있다.

핏케언 엔젤피쉬
1975년에 기재된 엔젤피쉬로 동속중 최대의 종류이다. 수컷의 개체는 전종과 같이 몸 쪽에

하프 밴드를 가지지만 암컷은 사진의 개체와 같이 옅은 블루의 단색이다. 암초역과 산호초역의 수심 30~60m정도에 서식한다.

제브라 엔젤피쉬
홍해가 주 분포지역이지만 모잠비크의 동아프리카 해안에도 서식하는 것으로 알려져 있다. 암컷의 색채는 얇은 블루 그레이를 기초로 꼬리지느러미 등지느러미는 블루가 있는 흰색이 특징이다. 수컷은 전술한 스팟브레스트 엔젤피쉬와 색채적으로 매우 닮은 엔젤피쉬로서 명료한 가로 줄무늬 모양과 등지느러미의 검은 점으로 구별할 수 있다. 국내는 거의 수입되지 않는다.

ARAMARU AQUARIUM

IN SACHEON

아라마루 아쿠아리움
ARAMARU AQUARIUM

미국 조지아 수족관

파도를 물속에서 본다면 느낌이 어떨까? 특히 산호의 숲
에서 말이다. 이 장면을 실제로 보기 위해서는 다이버를
배우고 조금은 위험한 산호숲에 들어가야 한다. 하지만
어느 아쿠아리스트가 이것을 수조로 재현하였고 실제 산
호를 식재하여 번성시키는 기술도 가지고 있다. 한동안
멍하니 바라보게 만드는 작품과도 같은 수족관이다.

Text. 김 승민 / Photo. 김 세윤

BUTTERFLY FISHES

준성어

0084

로트아이언 버터플라이피쉬

학명 / *Chaetodon daedalma*

분포 / 일본	크기 / 8cm

맑은 물과 천혜의 태양빛에 의해 발달하는 산호초. 그 바닷속의 꽃밭이라고도 할 수도 있는 환경에 다채로움을 더해주는 것이 나비고기의 종류이다. 동서를 불문하고 같은 뉘앙스의 이름을 기긴 물고기는 드물지 않다. 그만큼 이 종들이 가진 선명한 색채나 독특한 얼룩무늬가 사람들이 빠져들기 쉽게 뽐내고 있다. 확실히 개성적이고 매력적인 종류가 많이 존재하며 그 복잡한 몸에 무늬는 창조주의 위대함 대자연의 묘함를 느끼게 하는 것도 적지 않다. 이름에도 반영되어 있어 바다의 달 "우미즈키"나 우젠 직조에서 온 "유우젠"등은 그 예시라고 할 수 있다. 처음부터 관상어로 태어났다고 생각 되어 진다. 체구가 있는 몸과 눈을 가리는 밴드무늬를 갖춘 얼굴 온화한 성질, 해수어로서 이렇게

안성맞춤인 존재는 없을 것이다. 바닷속에서 이 물고기를 만날 확률은 꽤 높다. 일부는 무리를 이루는 것도 있지만 그것은 그들의 식성에 기인하는 바가 크다. 산호초 어류이기 때문에 식성에 편향이 있는 경향도 있고 산호의 폴립을 주식으로 하는 종류도 존재한다. 당연히 그런 종류의 물고기사육에는 어려움이 따르는 것이지만 또 그것이 즐겁다는 의견도 많다. 다양한 물고기를 사육한 경험과 지식을 살려 사육이 어렵다는 물고기에 도전하는 것은 해수어 사육에서의 즐거움중 하나일 것이다.

유어

쓰레드핀 버터플라이피쉬
학명 / *Chaetodon auriga*

분포 / 인도양-태평양 | 크기 / 20cm

라인드 버터플라이피쉬
학명 / *Chaetodon lineolatus*

분포 / 인도양-태평양 | 크기 / 30cm

위 / 유어　　아래 / 성어

스팟네이프 버터플라이피쉬
학명 / *Chaetodon oxycephalus*

분포 / 인도양-태평양 | 크기 / 25cm

도티드 버터플라이피쉬
학명 / *Chaetodon semeion*

분포 / 인도양-태평양 | 크기 / 20cm

토트아이언 버터플라이피쉬

성어는 산호초의 가장자리나 암초지역의 물이 깨끗한 장소에서 10~20마리 정도의 무리를 만들어 꽤 넓은 활동범위를 가지고 있고, 서식 수심은 7~15m 정도이다. 잡식성으로 먹이도 잘 먹는 나비고기지만 고수온에 약하기 때문에 여름철에는 냉각설비가 필요하다. 수는 적고 고가의 나비고기 중 하나이다.

쓰레드핀 버터플라이피쉬

비교적 대형이 되는 나비고기로 성장하면 등지느러미의 연결부분이 길어져 우아한 모습을 하게 된다. 잡식성으로 사육하기 쉬우며 작은 개체라면 바로 배합사료 등에 익숙해진다. 또 영역 의식이 강하기 때문에 민감한 나비고기와의 합사는 피하는 게 좋다. 광역 분포종으로 홍해형에서는 변이가 나타난다.

베가본드 버터플라이피쉬
학명 / *Chaetodon vagabundus*

분포 / 인도양-태평양 | 크기 / 20cm

블랙웨지드 버터플라이피쉬
학명 / *Chaetodon falcula*
분포 / 인도해 　　　 크기 / 17cm

라인드 버터플라이피쉬
본속 중에서는 가장 대형이 되는 나비고기로 큰 개체는 몸이 두껍고 부피가 크고 엔젤피쉬 못지 않은 박력을 보여준다. 큰 성어 개체는 친화하기 어려운 면이 보이지만 어린 물고기는 먹이 붙임이 좋아 사육하기 쉬운 종이다. 주로 유어가 수입된다.

스팟네이프 버터플라이피쉬
라인드 버터플라피쉬와 매우 비슷한 대형의 나비고기로 약간 작다. 특히 유어기는 두 종 모두 흡사하여 판별하기 어렵지만 본종에서는 눈을 통과하는 블랙 라인이 일단 끊어져 상부에 독립된 블랙 스팟이 되기 때문에 구별할 수 있다. 광역분포의 라인드 버터플라이에 비해 본 종은 오히려 점점이 분포하고 있다. 서식 환경이나 사육 등에 대해서는 라인드 버터플라이와 거의 비슷하다. 주로 스리랑카나 인도네시아에서 수입되지만 입고 수는 적다. 또 개체로서는 비교적 대형의 것이 많다.

도티드 버터플라이피쉬
쓰레드핀 버터플라이와 새들 버터플라이와 마찬가지로 등지느러미의 연조가 실 모양으로 길어지는 비교적 대형이 되는 아름다운 나비고기이다. 성장하면 눈을 통과하는 블랙라인의 윗부분이 메탈릭 블루를 띠어 매우 아름다워진다. 성어는 산호가 풍부하고 조수가 잘 통하는 깨끗한 장소에 단독이나 쌍으로 서식하고 있다. 사육은 새들 버터플라이와 유사하다. 볼 만한 종류이지만 서식수가 전체적으로 적은지 별로 입고되지 않는 종류이다. 드물게 필리핀 등에서 수입된다.

베가본드 버터플라이피쉬
스레드핀 버터플라이와 나란히 예전부터 알려진 대중적인 나비고기이다. 본종도 광역분포종으로 태평양 연안에서는 초여름~가을초입에 걸쳐 어린물고기를 많이 볼 수 있다. 산호초 시역에서도 매우 흔한 종으로 곳곳에서 볼 수 있으며 때로는 하구 부근의 탁한 부근에서도 볼 수 있다. 잡식성으로 먹이도 잘 먹고 인공 사료에도 익숙해지는 나비고기이지만 쓰레드핀 버터플라이에 비해 약간 신경질적이고 예민한 면이 있다. 필리핀과 인도네시아에서 수입된다.

블랙웨지드 나비고기
입부 분의 길이가 특징적인 나비고기이다. 퍼스픽 더블새들 버터플라이피쉬의 인도양의 대응종으로 몸쪽 안장무늬는 더욱 선명하다. 성어는 산호가 풍부한 비교적 얕은 곳에 쌍이나 10마리 단위 그룹으로 서식하고 있다. 퍼스픽 더블새들 버터플라이피쉬와 마찬가지로 튼튼한 나비고

인디안 베가본드 버터플라이피쉬
학명 / *Chaetodon decussatus*
분포 / 인도해 　　　 크기 / 18cm

퍼스픽 더블새들 버터플라이피쉬
학명 / *Chaetodon ulietensis*
분포 / 대평양 　　　 크기 / 15cm

기로 인도네시아편 외에 스리랑카에서 수입되어 오는데 수는 적고 거의 성어 개체이다.

인디언 베가본드 버터플라이피쉬
스리랑카 등에서는 산호초지역뿐만 아니라 암초지역이나 바위지대에도 많이 분포하는 가장 흔한 나비고기로 알려져 있다. 색채 이외는 거의 배가본드 버터플라이와 다를 바 없지만 본종은 성장하면 체형에 약간 둥근기가 생기고 각이 진다. 성어의 체색은 연한 보라색이 나타난다 사육은 배가본드 버터플라이에 준하며 스리랑카와 인도네시아에서 수입되고 있다.

퍼스픽 더블새들 버터플라이피쉬
내만이나 산호초호수와 같은 극히 얕은 수심에 서식하는 나비고기로 잡식 경향이 강하고 서식권이 넓은 종류로 남쪽 섬에서는 쓰레기 버리는 장소에서도 먹이를 찾기도 한다. 단독이나 쌍으로 있기도 하지만 통상은 그룹을 형성하고 있는 경우가 많다. 튼튼하고 세련된 아름다움이 있기 때문에 아쿠아리움 피쉬로서의 인기가 높다. 잡식성으로 먹이주기가 좋고 인공사료 등에도 쉽게 익숙해져서 합사에도 적합한 종류이다. 필리핀과 인도네시아에서 수입된다.

0093

스팟테일 버터플라이피쉬
학명 / *Chaetodon ocellicaudus*
분포 / 서부태평양 　크기 / 14cm

0095

새들 버터플라이피쉬
학명 / *Chaetodon ephippium*
분포 / 인도양-태평양 　크기 / 14cm

0096

소말리 버터플라이피쉬
학명 / *Chaetodon leucopleura*
분포 / 서부인도양-홍해 　크기 / 10cm

0097

래티스드 버터플라이피쉬
학명 / *Chaetodon rafflessi*
분포 / 인도양-태평양 　크기 / 15cm

블랙백 버터플라이피쉬
학명 / *Chaetodon melannotus*
분포 / 인도양-서부태평양 　크기 / 15cm

스팟테일 버터플라이피쉬
블랙백 버터플라이피쉬에 극히 가까운 종류로 배지느러미등의 색채 외 가슴지느러미의 연조의 수의 차이로 두종이 구별되고 있다. 또한 이 종은 성장해도 꼬리지느러미의 기저부에 있는 눈모양의 반점이 사라지지 않는다. 성어에서는 바탕색이 약간 푸르스름한 흰색을 띠며 주위의 레몬 옐로우와 어울려 매우 아름답다. 생태나 사육에 관해서는 후종과 같다.

블랙백 버터플라이피쉬
대중적인 나비고기로 광역에 분포하는 종이다. 이종은 산호초지역에서 매우 흔한 종류로 아크로포라 산호가 있는 곳에서 많이 볼 수 있다. 자연에서의 주식은 산호라고 알려져 있지만 사육시 냄새가 강한 인공 사료에 곧 익숙해진다. 식욕이 왕성한 나비 고기로 특별히 신경 쓰지 않아도 장기적으로 사육할 수 있는 튼튼한 종이다. 필리핀이나 인도네시아로부터 수입 되고 있다.

새들 버터플라이
본종도 쓰레드핀 버터플라이피쉬나 베가본드 버터플라이와 같이 초여름~가을에 걸쳐 유어가 태평양 연안 등에서도 채집되지만 다른 나비고기에 비해 다소 탁한 듯 한 항구의 부두 등에서 볼 수 있다. 자연에서도 매우 활발한 나비고기로 식성도 산호나 갑각류 등의 무척추동물 조류 해면류 어란 등과 같은 다양한 잡식성이다. 이 때문에 사육할 때 성어도 개체에 따라 서는 편식화가 진행되어 순화되지 않는 것도 있다. 어린 물고기라면 조개 등으로 간히 먹일 수 있지만 편식 경향이 있으므로 장기적으로는 다양한 먹이에 익숙해지는 것이 중요하다.

소말리 버터플라이피쉬
동부 아프리카 연안 주변이 주 분포역이지만 홍해 남부와 아라비아해에서도 서식하고 있다. 보통 수심 40~80m로 산호초 지역의 깊은 곳에 서식하는 종류이지만 케냐부근에서는 비교적 얕은 곳에 있는 경우가 많다. 성어는 등 부분의 비늘이 빛나 꽤 볼만하다. 튼튼하고 먹이를 잘 먹는 나비고기이지만 다소 영역 의식이 강하다. 이 종은 수입이 드문 종으로 가끔 케냐에서 수입되어 혼재 될 수 있다.

옐로우헤드 버터플라이피쉬
학명 / *Chaetodon xanthocephalus*
분포 / 인도양 ｜ 크기 / 20cm

화이트페이스 버터플라이피쉬
학명 / *Chaetodon mesoleucos*
분포 / 홍해중부-아덴만 ｜ 크기 / 13cm

유어

꼬리줄나비고기(홍콩 버터플라이피쉬)
학명 / *Chaetodon wiebeli*
분포 / 서부태평양(동중국해) ｜ 크기 / 10cm

나비고기(오리엔탈 버터플라이피쉬)
학명 / *Chaetodon auripes*
분포 / 서부태평양-제주남부 ｜ 크기 / 18cm

래티스드 버터플라이피쉬

대중적인 나비고기로 산호초 지역에서 볼 수 있는 보통종 중 하나이다. 자연에서는 산호류나 말미잘류 등을 주식으로 하지만 사육시에는 튼튼하고 먹이주기 쉬운 나비고기로 특히 유어기에는 냄새가 강한 인공 사료 등에 곧바로 익숙해진다. 필리핀과 인도네시아에서 4~7cm 정도의 유어가 일정하게 수입되고 있다.

옐로우 헤드 버터플라이피쉬

"산토스"의 애칭으로 사랑받고 있는 나비고기. 새들 버터플라이와의 유연관계가 보이고 분포역이 겹친 곳에서는 교잡종도 보인다. 매우 품위있는 색조를 띠고 있으며 성격은 새들 버터플라이피쉬만큼 활발하지 않고 단독으로 몰래 먹이를 찾는 경우가가 많다. 기본적으로는 튼튼하지만 수입해서 도착했을 때 상태가 좋지 않은 경우가 많고 마른 것이 눈에 띄므로 개체 선정에 주의해야 한다. 스리랑카에서 수입된다.

화이트 페이스 버터플라이피쉬

홍해의 중부 이남에 많은 나비고기로 독특한 색조를 가져 인기가 높은 종류이다. 예로부터 알려진 종류로 기재는 1775년이다. 산호초 지역의 비교적 얕은 장소에 쌍을 이루고 있지만 현지에서도 비교적 드문 종으로 서식수는 그다지 많지 않은 것 같다. 식성이 매우 좋은 나비고기이지만 피부 트러블을 일으키기 쉬운 면이 있으므로 사육 초기에는 다소 비중을 높여 주면 좋다. 또 영역 의식이 강하기 때문에 예민한 나비고기와의 합사은 하지 않는 것이 좋다.

꼬리줄나미고기(홍콩 버터플라이피쉬)

"나비고기(오리엔탈 버터플라이피쉬)"와 마찬가지로 온대에 적응한 나비고기지만 국내에서는 드물고 대만에 많이 서식하고 있다. 5~6cm의 유어는 밋밋하지만 충분히 성장한 개체는 차분한 금색에 오렌지 라인이 나와 있어 볼만한 가치가 있다. 식성은 조류 등을 포함한 잡식성. 필리핀 등에서 극히 드물게 수입된다.

나비고기(오리엔탈 버터플라이피쉬)

온대 적응종으로 태평양 연안에서 가장 흔하게 서식하는 나비고기이다. 유어기에는 등지느러미 연조부에 눈모양의 반점을 가진다. 이른바 수족관 무역으로는 거의 취급되지 않고 개인의 자가채집으로 사육되고 있다. 백점병에 걸리기 쉽기 때문에 채집 후는 잠시 트리트먼트 탱크 등에서 사육하는 것이 무난하다. 필리핀에서 골드 라인이라고 명칭해 입고되는 경우가 있지만 극히 적다.

유어

라쿤 버터플라이피쉬
학명 / *Chaetodon lunula*

| 분포 / 인도양-태평양 | 크기 / 20cm |

레드씨 라쿤 버터플라이피쉬
학명 / *Chaetodon fasciatus*

| 분포 / 홍해-아덴만 | 크기 / 22cm |

블랙 버터플라이피쉬
학명 / *Chaetodon flavirostris*

| 분포 / 그레이트 배리어리프 | 크기 / 20cm |

블랙스포티드 버터플라이피쉬
학명 / *Chaetodon nigropunctatus*

| 분포 / 아라비아해 | 크기 / 13cm |

레드테일 버터플라이피쉬
학명 / *Chaetodon collare*

| 분포 / 인도양-서부태평양 | 크기 / 18cm |

필리핀 버터플라이피쉬
학명 / *Chaetodon adiergastos*

| 분포 / 서부태평양 | 크기 / 15cm |

라쿤 버터플라이피쉬
독특한 얼굴과 무늬를 가진 대중적이고 친숙한 나비고기이다. 매우 광역에 분포하는 종류로 수는 적지만 갈라파고스 제도에도 서식한다. 산호초지역 암초지역 모두 흔히 볼 수 있는 종류이다. 낮에는 소그룹으로 파도 사이에 떠돌며 야간이 되면 먹이 찾는 행동을 시작해 갯지렁이류, 조류, 산호의 폴립 등을 먹는 잡식성이다. 튼튼한 종류이지만 생먹이를 포함 다양한 먹이가 좋다. 필리핀, 인도네시아에서 수입된다.

레드씨 라쿤 버터플라이피쉬
비교적 오래전부터 기록된 종으로 홍해와 아덴 만에 서식하는 고유종이다. 라쿤 버터플라이피쉬와 많이 닮았지만 몸 쪽의 선형 무늬가 보다 명료하고 어깨띠 무늬가 들어가는 방식에 차이가 있다. 유어기에는 라쿤 버터플라이피쉬에게도 볼 수 있는 등지느러미의 눈모양 반점이 명료하다. 튼튼한 나비고기로 사육은 쉽지만 입고 당초는 약간 비중이 높은 것이 좋다.

블랙 버터플라이피쉬
주요 서식지역은 그레이트 배리어 리프이지만 피토케안 제도까지의 남태평양 일대에도 분포 하고 있는 나비고기이다. 유어기는 몸 빛깔이 엷은 회색이지만 성어는 검은색이 진해져 매우 중후감이 있다. 산호초지역뿐만 아니라 암초지역 하구 부근에도 서식하고 있는 적응력이 높은 잡식성의 나비고기이다. 튼튼한 종류로 인공사료등에도 잘 적응한다.

8010

블루체크 버터플라이피쉬
학명 / *Chaetodon semilarvatus*

분포 / 홍해　　　크기 / 25cm

블랙스포티드 버터플라이피쉬
산호초 지역의 얕은 물에 서식하는 나비고기. 사진에서는 잘 모르지만 주둥이에 특징적인 흑점을 가진다. 해역에 따라 약간의 색채변이가 보이고 페르시아만의 개체에서는 보다 어두운 색을 나타내지만 오만만의 개체는 황갈색이 강하고 가장자리 검은색이 더 두드러진다.

레드테일 버터플라이피쉬 콜라레
1787년에 기재된 예전부터 알려진 종류로 그 색채에는 독특한 멋이 있다. 성어는 산호가 풍부한 비교적 얕은 장소에서 20~30마리의 그룹을 형성하여 행동하고 있다. 산호외 폴립을 주식으로 하고 있기 때문에 성어에는 좀처럼 먹지 않는 것이 많지만 5~6cm이하의 유어라면 조개등으로 시작해 순차적으로 인공사료도 먹일 수가 있다. 그 경우 가능하면 여러 개체로 사육하는 것이 먹이에 익숙해지기도 빠르다. 인도네시아외에 스리랑카에서도 3~10cm 사이즈까지의 개체가 수입되고 있다.

필리핀 버터플라이피쉬
통칭 "판다 나비고기"의 이름으로 사랑 받고 있는 종류로 둥근 체형이 특징적이다. 유어기에는 다른 종에서도 볼 수 있는 등지느러미 연조부에 눈모양반점이 있다. 산호초 지역에서 쌍으로 서식하고 있으며 연산호주변에서 자주

관찰되고 있다. 먹이는 저생동물이지만 사육시에는 다소 신경질적이며 식욕이 약하다. 입이 작기 때문에 자주 먹이를 주고 조용한 환경이 필요하다. 필리핀외에도 인도네시아에서 수입된다.

블루체크 버터플라이피쉬
홍해와 아덴만의 대표적인 존재인 이 종은 가장 인기있는 나비고기 중 하나이다. 매우 대형이 되는 종류로 성장한 개체는 중량감이 있어 엔젤 못지않다. 아주 작은 유어기는 눈박이가 선형을 나타내고 있다. 예전에는 매우 비싸고 귀중한 것이었지만 현재는 홍해 경로가 안정화로 이곳에서 가장 많이 수입되고 있는 나비고기이다. 산호가 풍부한 비교적 얕은 곳에 쌍이나 작은 무리로 행동하고 있으며 낮에는 산호 그림자 등에서 휴식을 취하다가 오후 늦은 시간부터 먹이 찾기를 시작한다. 수입 직후의 개체는 피부에 상처나 비늘이 일어나 있는 경우가 있다. 구매를 해야 한다면 반드시 약욕등의 검역 또는 처치를 필요로 한다. 일단 진정이 되면 매우 튼튼한 나비고기로 생먹이나 인공사료까지 가리지 않는다. 또 입이 크기 때문에 덩어리 모양의 먹이도 무리 없이 먹는다. 가능하면 여러 개체로 기르는 것이 좋으며 적응과 안정성에도 도움이 된다.

6010

메일드 버터플라이피쉬
학명 / *Chaetodon reticulatus*

분포 / 중-서부태평양　　　크기 / 16cm

메일드 버터플라이피쉬
흰색과 검정을 기조로 한 독특한 색채를 가진 나비고기로 중부 태평양에서 많이 발견되는 종이다. 산호초가 풍부하고 조류가 잘 통하는 맑은 곳을 선호하며, 성어는 항상 쌍으로 행동한다. 본 종도 품위 있는 색조로 인기가 높지만 산호의 폴립뿐만 아니라 다른 조직도 먹이로 사용하기 때문에 합사어에도 주의가 필요하고 환경에서도 주의가 필요하기 때문에 사육은 어려운 편이다. 필리핀과 호주에서 수입되지만 비교적 수는 적다.

라쿤스페클 버터플라이피쉬
학명 / *Chaetodon lunula x citrinellus*
분포 / 중부태평양　　　크기 / 12cm

0110

라쿤스레드핀 버터플라이피쉬
학명 / *Chaetodon lunula x auriga*
분포 / 중부태평양　　　크기 / 12cm

0111

멀티밴드 버터플라이피쉬
학명 / *Chaetodon multicinctus*
분포 / 하와이　　　크기 / 12cm

0112

특이발색

선셋 버터플라이피쉬
학명 / *Chaetodon pelewensis*
분포 / 중-서부태평양　　　크기 / 12cm

0113

0114

스페클 버터플라이피쉬
학명 / *Chaetodon citrinellus*
분포 / 인도양-태평양　　　크기 / 13cm

0115

포스팟 버터플라이피쉬
학명 / *Chaetodon quadrimaculatus*
분포 / 중-서부태평양　　　크기 / 16cm

0116

페퍼드 버터플라이피쉬
학명 / *Chaetodon guttatissimus*
분포 / 인도양　　　크기 / 12cm

라쿤스페클 버터플라이피쉬
라쿤버터플라이와 스페클버터플라이의 교잡개
체로 같은 수역에 여러 종류가 혼합되어 있기
때문에 매우 드문 경우지만 하이브리드개체가
발생한다. 사육에 있어서는 부모의 특징을 반
영할 것으로 보이지만 개체수도 적어 자세한
정보는 불분명하다.
라쿤스레드핀 버터플라이피쉬
본종도 나비고기의 하이브리드 개체로 그 모양
에서 라쿤버터플라이와 스레드핀 버터플라이
의 하이브리드 개체라고 생각된다. 이 밖에도

0117

스팟밴드 버터플라이피쉬
학명 / *Chaetodon punctatofasciatus*

분포 / 중-서부태평양	크기 / 12cm

지금까지 몇 가지 조합의 하이브리드 개체가 수입되고 있지만 그 대부분은 특별히 구별되지 않고 믹스로서 수입되어 온다.

멀티밴드 버터플라이피쉬
다음에 나오는 스팟밴드 버터플라이와 이전에 혼동되었던 시기가 있었다. 실제로는 하와이 제도와 존스턴 섬에만 서식하는 종류로 암초호 안의 산호가 풍부한 장소에 쌍이나 소그룹을 형성하고 있는 경우가 많다. 주식은 산호류의 폴립으로 그 밖에 작은 새우나 갯고둥류를 먹고 있다. 섬세하고 조용한 나비고기로 조개와 브라인슈림프, 새우알 등에 먹이를 먹이지만 식욕은 약하다. 합사하는 종류를 선정하고 조용한 환경을 주는게 좋다. 유어에서 성어까지 하와이편으로 수입된다.

선셋 버트플라이피쉬
전종과 매우 유사한 종류로 본종은 보다 남쪽에 분포 서식하고 있다. 양종의 분포역이 접하는 경계부근에서는 교잡종인지 어느 쪽도 닮지 않는 무늬를 가진 개체가 있는 경우가 있다. 산호 초호안의 깨끗한 장소를 좋아하고 산호가 많은 장소에 서식하고 있다. 식성은 잡식성으로 저생동물을 비롯해 조류 산호의 폴립 등을 먹고 있다. 사육은 작은 개체라면 비교적 쉽고 먹이외

에 냄새가 강한 인공 사료에도 잘 익숙해지며 일정하지는 않지만 인도네시아에서 수입된다.

스페클 버터프라이피쉬
아쿠아리움피쉬로서 예전부터 친숙한 해수어이다. 넓은 분포역을 가지는 소형의 나비고기로 산호초지역에서는 보통종으로 알려지고 있다. 언뜻 보면 수수 한 나비고기지만 그 이름의 유래가 되고 있는 모양은 컨디션이 좋으면 블루로 빛나서 아름답다. 산호초호 내나 내만의 얕은 물 등의 탁트인 곳에 많으며 보통 짝을 지어 행동하고 있다. 약간 예민한 면이 있으나 잡식성이므로 상태가 좋은 작은 개체라면 냄새가 강한 먹이에 바로 반응하기 때문에 비교적 먹이를 주기 쉬운 나비 고기라고 할 수 있을 것이다. 필리핀과 인도네 시아에서 많이 수입되는 종이다.

포스팟 버터플라이피쉬
영명 학명 모두 그 특징을 나타내고 있다. 중서부 태평양의 광역 분포종이며 하와이 등에서는 극히 보통종이다. 성어는 암초지역에서 비교적 얕은 곳의 잔잔한 파도사이에 단독 혹은 쌍으로 서식하고 있다. 식성은 특수화된 면이 있어 꽃산호의 폴립을 전식하고 있다. 작은 유어 개체 라면 조개 등으로 비교적 잘 먹일 수

있지만 입 고되는 개체가 8~10cm 정도의 크기가 많기 때문에 먹이주기가 다소 어려워진다. 하와이에 서 함께 수입된다.

페퍼드 버터플라이피쉬
스팟밴드 버터플라이피쉬의 인도양형에 대응하는 종류로 성어에서는 체형적으로 다소 몸통이 긴 느낌이 있는 나비고기이다. 등지느러미, 배지느러미의 연조부가 약간 푸르고 차분하고 깊은 색조를 갖는다. 생태적으로는 포스팟 버터플라이피쉬와 거의 같지만 쌍 외에 소그룹을 형성하고 있는 경우도 많다. 사육에 대해서는 전종과 같다. 인도네시아 스리랑카에서 수입되고 있지만 입고 물량은 그다지 많지 않다.

스팟밴드 버터플라이피쉬
필리핀과 팔라우 제도 주변 지역의 산호초에 많이 서식하고 있는 소형 나비고기이다. 선셋 버트플라이피쉬와 매우 비슷하지만 암초호 안의 산호가 풍부한 깨끗한 장소를 좋아하며 보통 쌍을 이루는 경우가 많다. 식성은 잡식성으로 저생동물을 비롯해 조류, 산호의 폴립 등을 먹는다. 작은 개체라면 먹이를 주는 것도 비교적 쉽고 생먹이 외에 냄새가 강한 과립형태의 인공 사료에도 잘 적응한다. 필리핀에서 4~7cm 사이즈가 수입되고 있다.

43

0118

펄스케일 버터플라이피쉬
학명 / *Chaetodon xanthurus*

| 분포 / 서부태평양 | 크기 / 14cm |

0120

아톨 버터플라이피쉬
학명 / *Chaetodon mertensii*

| 분포 / 서부태평양 | 크기 / 12cm |

크라운 버터플라이피쉬
학명 / *Chaetodon paucifasciatus*

| 분포 / 홍해 | 크기 / 14cm |

0119

펄스케일 버터플라이피쉬

대중적인 나비고기로 본종을 포함해 아시안 버터플라이피쉬, 아톨 버터플라이피쉬 마다가 스카르, 크라운 버터플라이피쉬의 5종은 유연 관계에 있으며 얼굴 빛깔 외 등지느러미의 가시조나 배지느러미의 발달등 공통된 특징을 갖추고 있으며 블루스트립 버터플라이피쉬, 브라운버니 버터플라이피쉬를 더한 7종으로 Rhombochaetodon 아속을 형성하고 있다. 산호초 지역의 비교적 얕은 물에 단독 또는 쌍을 이루고 있다. 잡식성의 활발한 나비고기로

0121

블루스트립 버터플라이피쉬
학명 / *Chaetodon fremblii*

분포 / 하와이　　　　크기 / 13cm

약간 강한 면도 있다. 상태가 좋은 개체라면 냄새가 강한 건조크릴이나 인공사료에도 바로 반응해 준다. 주로 필리핀에서 수입된다.

크라운 버터플라이피쉬
홍해 및 아덴 만에 고유한 나비고기로 나비고기 중에서는 드물게 깊이 있고 뚜렷한 붉은 색을 나타내는 매우 아름다운 종류이다. 산호류가 풍부한 장소 외에서도 볼 수 있으며 쌍이나 소그룹으로 행동하고 있다.

아톨 버터플라이피쉬
전종과 닮은 색채의 나비고기로 보다 넓은 분포역을 가지고 있지만 시부 태평양 지역에시는 비교적 드물고 오히려 중부 태평양 지역에 많은 종류이다. 생태적으로 거의 전종과 같지만 서식 수심에 폭이 있어 때로는 120m 정도의 깊이에까지 도달한다. 사육 등에 대해서는 전종과 동일하다. 드물게 인도네시아 등에서 수입이 다.

블루스트립 버터플라이피쉬
하와이 제도의 고유종으로 색채적, 체형적으로 매우 특이한 존재의 나비고기이다. 그 색채에서 "아오타테"의 속칭이 있다. 성어는 암초지역에 단독 또는 소그룹을 형성해 행동하고 있으며 유어는 4월부터 9월까지 암초의 얕은 물에서 지내고 있다. 먹이는 물고기알과 갯고둥류 산호

0122

아시안 버터플라이피쉬
학명 / *Chaetodon argentatus*

분포 / 서부태평양　　　크기 / 15cm

의 폴립, 갑각류로 다양하다. 예민한 나비고기로 수조에 넣자마자 어두워지거나 발색이 일어나지 않는 경우가 많지만 식성을 고려할 때 먹이를 먹지 않는 종은 아니다. 가능하면 냉각 설비도 갖추어서 수온을 23~25℃로 유지하면 이상적이다. 하와이편으로 수입이 가능하다.

아시안 버터플라이피쉬
이름처럼 대부분의 아시아 지역에 서식하는 나비고기이다. 먹이를 잘 먹는 나비고기이지만 수질에 민감하고 피부 트러블등을 일으키기 쉽다. 일반적으로 필리핀에서 수입되지만 필

0123

브라운버니 버터플라이피쉬
학명 / *Chaetodon blackburni*

분포 / 인도양　　　　크기 / 13cm

스케일 버터플라이피쉬등에 비하면 입고수는 적다.

브라운버니 버터플라이피쉬
블루 스트라이프드 나비고기와 형태적, 색채적으로 비슷한 점이 많은 나비고기로 성어는 산호초지역 또는 암초지역의 외연부 수심 15~55m에 단독 또는 쌍으로 서식하고 있다고 알려지고 있다다. 몸 뒤쪽 절반이 검게 물드는 독특한 컬러 패턴을 가지고 있다. 식성이나 사육에 대해서는 블루스트립 버터플라이피쉬에 가까운 것으로 보이지만 자세한 것은 알려져 있지 않다.

타히티안 버터플라이피쉬
학명 / *Chaetodon trichrous*
분포 / 타히티-마르케사스 ┃크기 / 10cm

0125

클레인즈 버터플라이피쉬
학명 / *Chaetodon kleinii*
분포 / 인도양-태평양 ┃크기 / 14cm

0124

재패니즈 버터플라이피쉬
학명 / *Chaetodon nippon*
분포 / 서부태평양 ┃크기 / 15cm

0126

옐로우티어드롭 버터플라이피쉬
학명 / *Chaetodon interruptus*
분포 / 인도양   크기 / 20cm

티어드롭 버터플라이피쉬
학명 / *Chaetodon unimaculatus*
분포 / 인도양-태평양   크기 / 20cm

밀레 버터플라이피쉬
학명 / *Chaetodon miliaris*
분포 / 하와이   크기 / 12cm

크로쳇 버터플라이피쉬
학명 / *Chaetodon guentheri*
분포 / 서부태평양   크기 / 18cm

리프 버터플라이피쉬
학명 / *Chaetodon sendentarius*
분포 / 플로리다-카리브해   크기 / 15cm

클레인즈 버터플라이피쉬

산호초지역의 보통종. 매우 광역에 분포하는 나비고기로 색채에서 몇 가지 변이가 보이며 인도양에는 전체 황색이 강한 개체도 볼 수 있다. 자연에서의 먹이는 해조류나 동물성 플랑크톤 등이지만 사육시에는 처음부터 플레이크형태의 인공사료를 먹는 극히 적은 나비고기중 하나이다. 매우 튼튼한 물고기로 초보자에게 특히 추천되는 종류이다. 언뜻 보면 수수한 색채로 보이지만 차분해지면 몸 쪽 비늘의 작은 스팟들이 블루로 빛나 차분한 아름다움을 보인다. 필리핀과 인도네시아에서 수입 된다.

타히티안 버터플라이피쉬

클레인즈 버터플라이피쉬의 노란색 색채에서 색상이 어두운 갈색으로 변한 것같은 차분한 컬러 패턴을 가지는 나비고기로 타히티~마르케사스 제도에 걸쳐 분포하는 이 지역의 고유종이다. 잡식성으로 먹이를 주기는 쉽다.

재패니즈 버터플라이피쉬

일본의 온대역에 많다. 성어는 암초지역의 수심 10~30m정도의 범위로 무리를 만들어 서식하며 유어는 연안부의 얕은 물로 바위 틈 등에 숨어 있는 경우가 많다. 유어기에는 등지느러미에 눈모양반점을 가지고 체색은 약간 황색이 강하다. 튼튼한 나비고기로 다이버에게는 잘 알려진 종류지만 관상어로의 수입은 거의 없다.

옐로우티어드롭 버터플라이피쉬

전체적으로 황색이 강한 나비고기로 이전에는 티어드롭 버터플라이피쉬의 인도양 타입으로 여겨졌던 종이나 현재는 다른종으로 이 학명이 사용되고 있다. 인도네시아나 스리랑카등에서 수입돼 오는데 티어드롭 버터플라이피쉬와 비교해 수는 적다.

티어드롭 버터플라이피쉬

비교적 대형이 되는 나비고기로 영문명으로 '티어 드롭'이라 불리는 것처럼 몸 쪽의 한 점

무늬가 방울모양을 띠며 이 특징은 어린 물고기 일수록 두드러진다. 예로부터 알려진 종류로 기재는 1787년이다. 성어는 산호초 지역의 조수가 잘 통하는 곳이나 맑은 암초호 내에 단독 또는 쌍으로 서식하며 말미잘 주변에서 볼 수 있다. 식성은 잡식성으로 조류나 산호류 그 외 무척추동물과 모든 것을 먹는다. 이전에는 대형 개체가 많아 적응하기 어려운 종류로 여겨졌으나 최근에는 4~5cm의 유어의 입고가 늘어 키우기 쉬워졌다. 필리핀과 인도네시아에서 수입되지만 한 번에 수입되는 수는 그리 많지 않다.

밀레 버터플라이피쉬

하와이 제도에 고유한 나비고기로 산호초 지역의 외연부와 암초호내, 연안암초지역 등 모든 곳을 서식권으로 하고 있으며 서식 수심도 1~250m로 매우 넓다. 또한 무리를 만드는 것으로 알려져 있으며 때로는 100마리 단위의 큰 것이 되기도 한다. 성어는 진한 레몬 옐로우를 띠며 "레몬 나비고기"의 이름으로 불리기도 한다. 그러나 이 색채를 수조내에서 재현하는 것은 어려워 수조 사육에 있어서는 약간 퇴색 되는 경향이 있다. 튼튼한 나비고기로

처음부터 플레이크형태의 인공사료를 먹을 만큼 식욕이 왕성하다.

크로쳇 버터플라이피쉬

열대지역에도 분포하지만 다소 수온이 낮은 해역을 선호하는 나비고기로 일반적으로 수심 20m이상으로 무리를 만들어 서식하고 있는 경우가 많다. 5cm 정도까지의 유어에는 등지느러미 연조부에 눈모양반점이 보인다. 동물성 플랑크톤 등을 주식으로 하고 있기 때문에 먹이주는 것은 매우 좋고 인공사료에도 쉽게 적응해진다. 튼튼한 종으로 백점병등의 피부병에 걸려도 아무렇지 않게 먹이를 계속 먹는 강인함이 있다. 필리핀과 호주에서 수입되지만 입고수는 적고 10cm전후의 약간 대형 개체가 온다.

리프 버터플라이피쉬

카리브해와 멕시코 만을 중심으로 북쪽으로는 노스캐롤라이나, 남쪽으로는 브라질주변까지의 분포지역을 가진 나비고기이다. 4cm 정도까지의 유어에는 등지느러미 연조부에 눈모양 반점을 가지고 있다. 산호초 지역에서는 매우 보통종으로 갑각류와 갯고둥류등 육식 경향이 강한 종류이다. 튼튼하고 기르기 쉬운 나비고기로 먹이를 가리지 않고 인공 사료에도 잘 적응한다.

47

후디드 버터플라이피쉬
학명 / *Chaetodon larvatus*	
분포 / 홍해, 아덴만	크기 / 12cm

이스턴 트라이앵글 버터플라이피쉬
학명 / *Chaetodon baronessa*	
분포 / 중-서부태평양	크기 / 15cm

트라이앵글 버터플라이피쉬
학명 / *Chaetodon triangulum*	
분포 / 인도양	크기 / 15cm

유어

세브론 버터플라이피쉬
학명 / *Chaetodon trifascialis*	
분포 / 인도양-태평양	크기 / 18cm

0132

0133

0134

0135

후디드 버터플라이피쉬

홍해와 아덴만에 고유한 나비고기로 인기가 있는 종류이다. 색채적으로도 디자인적으로도 정말 아름다운 것으로 아쿠아리스트라면 한번쯤 수조에서 키워보고 싶은 나비고기이다. 생태적으로는 미카도 나비고기와 트라이앵글 나비고기와 마찬가지로 산호가 풍부한 얕은 물에 쌍으로 영역를 확보하고 있다. 먹이주기 어려운 것임에는 틀림없지만 컨디션 좋게 입고된 개체라면 조용한 환경을 제공하고 전담관리를 통해 조개등으로 급식할수 있는 종이다. 예전에는 수입되는 수기 적었지만 최근에는 볼 기회가 늘고 있다. 입고되는 개체는 5~10cm 정도의 것이 많다.

이스턴 트라이앵글 버터플라이피쉬

독특한 삼각형의 체형을 가진 나비고기로 수족관에서도 잘 알려진 종류이다. 산호초 지역의 암초호내등 비교적 온화한 곳에서 산호부근에 쌍이나 단독으로 서식하고 있다. 폴립을 먹기 때문에 급식하기 어려운 나비고기지만 전체 길이 4~5cm 정도의 작은 개체를 조용한 환경에서 사육하면 조개등도 비교적 잘 먹는다. 필리핀에서 믹스나비고기로 비교적 일정하게 수입된다.

아라비안 버터플라이피쉬
학명 / *Chaetodon melapterus*
분포 / 페르시아만-아라비아해　크기 / 12cm

블랙테일 버터플라이피쉬
학명 / *Chaetodon austriacus*
분포 / 홍해　　크기 / 12cm

오벌 버터플라이피쉬
학명 / *Chaetodon lunulatus*
분포 / 인도양-태평양　크기 / 15cm

트라이앵글 버터플라이피쉬
전종의 인도양 대응종이다. 두 종은 꼬리지느러미의 무늬차이로만 구별되고 있으며 단순한 아종이라는 견해도 있다. 생태면이나 사육에 대해서는 전종과 같다. 드물게 스리랑카에서 수입되기도 한다.

셰브론 버터플라이피쉬
영문명 처럼 몸쪽의 무늬가 특징적인 나비고기이다. 매우 광역 분포의 종류로 일본에도 분포하고 있다. 영역 의식이 강한 종류로 자연에서는 테이블 산호 주변에 단독으로 있는 경우가 많다. 사진은 유어로 성어가 되면 몸 뒷부분의 검은띠 무늬가 사라지고 변해 꼬리지느러미가 검게 변한다. 폴립을 전식하고 있어 사육시에는 먹이를 먹지 않는 나비고기로 알려져 있지만 극히 작은 개체라면 조개등을 먹을 가능성이 있다. 필리핀에서 믹스나비고기로 수입되고 있지만 비교적 입고수는 적다.

블랙테일 버터플라이피쉬
홍해에 고유종으로 성어는 산호가 풍부한 수심 15m 정도까지의 비교적 얕은 곳에서 짝을 지어 영역을 만들고 있다. 매우 섬세하고 세련된 아름 다움을 가진 나비고기로 인기도 높다. 유어 기에는 꼬리지느러미 기부에 눈모양반점과 같은 흑점을 가진다. 폴립을 먹지만 복족류의 알이나 말미잘의 촉수를 먹는 것도 관찰된다. 다른 나비고기에 비해 입고 수는 매우 적다.

아라비안 버터플라이피쉬
주 분포는 페르시아 만과 오만 만이지만 홍해의 남부와 인도양의 세이셸, 레위니언등지에서도 서식이 확인되고 있다. 성어는 산호초 지역의 얕은 물과 모래땅에 쌍과 무리를 형성하고 있다. 유어는 블랙테일 버터플라이피쉬와 마찬가지로 꼬리지느러미 기부에 검은 점을 갖는다. 같은 오벌 버터플라이피쉬 타입 중에서 체색이 가장 황색빛이 강하다. 주로 산호의 폴립이나

멜론 버터플라이피쉬
학명 / *Chaetodon trifasciatus*
분포 / 인도양　　크기 / 15cm

다른 무척추동물등을 먹는다.
오벌 버터플라이피쉬
광역에 분포하는 나비고기로 알려져 있는 종류이다. 성어는 암초의 얕은 물에서 아크로포라 산호가 있는 곳에 쌍으로 서식하고 유어는 내만의 극히 얕은 물에 산재하는 산호 주변에 단독으로 있는 경우가 많다. 수족관 물고기로 친숙한 종류인 동시에 우선 먹이를 줄 수 없는 종류로도 유명하다. 아주 작은 유어 중에는 비정상적으로 섭취 의욕을 가진 개체가 있으며 조개 등을 먹는 경우가 있다. 필리핀에서 믹스

나비고기로 일정하게 수입된다.
멜론 버터플라이피쉬
이전에는 오벌 버터플라이피쉬의 지역변형로 취급되었지만 최근에는 별종으로 취급되고 있다. 오벌 버터플라이피쉬와 닮은 종이지만 전체적으로 푸른빛이 강하고 꼬리무늬부의 색채도 오벌 버터플라이피쉬 에서는 블루인데 비해 본종에서는 노란색이어서 구별할 수 있다. 사육에 있어서는 본종도 오벌 버터플라이피쉬와 같이 먹이를 주기가 어렵다. 차분한 환경에서 껍질이 달린 조개등으로 먹이를 주면 좋을 것이다.

블루브라치 버터플라이피쉬
학명 / *Chaetodon plebeius*
분포 / 중부태평양 　　크기 / 12cm

0140

0141

안다만 버터플라이피쉬
학명 / *Chaetodon andamanensis*
분포 / 안다만해 　　크기 / 15cm

0142

잔지바르 버터플라이피쉬
학명 / *Chaetodon zanzibarensis*
분포 / 중부태평양 　　크기 / 12cm

0143

블루라쉬드 버터플라이피쉬
학명 / *Chaetodon bennetti*
분포 / 인도양-태평양 　　크기 / 18cm

미러 버터플라이피쉬
학명 / *Chaetodon speculum*
분포 / 태평양-인도양 | 크기 / 18cm

오르네트 버터플라이피쉬
학명 / *Chaetodon ornatissimus*
분포 / 인도양-태평양 | 크기 / 20cm

스크롤 버터플라이피쉬
학명 / *Chaetodon meyeri*
분포 / 인도양-태평양 | 크기 / 18cm

블루브라치 버터플라이피쉬
나비고기의 동료중에서는 드물게 블루무늬를 가지고 있다. 산호초지역에서는 극히 보통종으로 성어는 연안이나 초호 내에 있는 테이블 산호 주변 등에 쌍으로 서식하는 경우가 많다. 유어는 산호 등에서 먹이를 섭취하지만 드물게 청소물고기로서의 행동도 취한다. 본종을 포함해 산호 폴립을 즐겨 먹어서 먹이주기가 어려운 나비고기를 먹이기 위해서는 차분한 환경을 마련하여 전임적인 사육이 적합하다. 많은 폴립을 먹는 나비고기는 수입되었을 때 컨디션이 좋으면 껍질 달린 조개에 먹이를 주는 경우가 많은데 그 경우에도 역시 큰 개체보다 유어가 쉽다. 아무리해도 조개의 먹이를 먹지 않는 경우에는 어패류와 크릴, 인공 사료 를 섞어 다진 다음 소량의 한천을 녹여 느슨하 게 굳힌 것을 산호골격에 발라주면 먹이를 먹는 경우가 많다. 다만 이 방법은 손이 많이 가기 때문에 작은 산호골격에 굳힌 것을 며칠치 한꺼 번에 만들어 냉동보관해 주면 된다.

안다만 버터플라이피쉬
이전까지 블루브라치 버터플라이피쉬의 인도양 타입으로 되어 있던 종류로 블루브라치 버터플 라이피쉬에 보이는 몸쪽의 블루무늬는 본종에 서는 볼 수 없다.

잔지바르 버터플라이피쉬
미러 버터플라이피쉬의 인도양의 대응종으로 몸쪽에는 미러 버터플라이피쉬에서는 볼 수 없 는 가는 세로띠가 촘촘하게 들어간다. 비교적 소형의 나비고기로 세이셸에서 동아프리카 해 안에 걸쳐 많이 분포한다. 성어는 산호가 풍부 한 곳에 일반적으로 단독으로 있지만 경우에 따라 소그룹을 형성한다. 식성과 사육에 대해서 는 미러 버터플라이피쉬와 마찬가지로 생각해 도 좋을 것이다. 케냐에서 수입된다.

블루라쉬드 버터플라이피쉬
넓은 분포지역을 가신 나비고기로 산호초 지역 에서는 비교적 일반적인 종류이다. 성어는 해안 이나 산호초호안의 산호가 풍부한 장소에 단독 이거나 쌍으로 있을 수도 있다. 유어는 잔잔한 곳에서 산호사이등에 숨어 있는 경우가 많다. 서식 수심은 5~30m 정도이다. 사육에 대해서 는 미러 버터플라이피쉬와 같다. 특징적인 기하 학 무늬를 가진 특징적인 종으로 인기가 높다. 필리핀이나 인도네시아에서 수입된다.

미러 버터플라이피쉬
성어는 산호초 외연부등 조수가 잘 통하고 산호 가 풍부한 곳에 단독으로 있으며 유어는 내만의 잔잔한 곳에서 산호 사이 등을 쉼터로 이용한

다. 먹이는 산호 폴립과 다른 작은 무척추 동물 이다. 섬세하고 얌전한 나비고기로 동거하는 물고기를 고려해 조용한 환경에서 조개등과 같은 냄새가 강한 먹이로 먹이주기를 시작하면 좋다. 수질에 민감한 면이 있다. 필리핀에서 수입되지만 수는 적다.

오르네트 버터플라이피쉬
몸 쪽 무늬 이외에는 매우 비슷한 대형의 나비 고기로 산호초지역에서 보통종이다. 학명에서 알 수 있듯이 몸 쪽의 오렌지 라인이 화려한 종류로 인기가 높지만 사육은 어려운 나비고기 이다. 필리핀과 인도네시아에서 수입된다.

스크롤 버터플라이피쉬
광역에 분포하는 나비고기. 성어는 산호초 외연 의 조수가 잘 통하는 곳이나 맑은 암초호안에서 일정한 장소에 쌍으로 서식하고 있다. 유어기는 단독으로 가지산호 사이 등을 쉼터로 지낸다. 몸쪽 무늬는 독특하고 대형 개체들은 화려하고 매우 인상적이다. 또한 색채도 파스텔색을 바탕으로 한 품위있는 색조로 인기가 있지만 유감스럽게도 폴립전식으로 먹이를 줄 수 없는 나비고기로 알려져 있어 작은 유어에서라도 먹이를 주기 위해서는 많은 연구가 필요하다. 필리핀 등에서 수입되지만 수는 적다.

0147

팅커리 버터플라이피쉬
학명 / *Chaetodon tinkeri*

분포 / 하와이　　　크기 / 12cm

0149

옐로우 크라운드 버터플라이피쉬
학명 / *Chaetodon flavocoronatus*

분포 / 마리아나 제도　　크기 / 12cm

팅커리 버터플라이피쉬

홍해의 골든 나비고기와 견줄 정도로 인기가
높은 나비고기이다. 전종을 포함하여 후술하는
버지스 버터플라이피쉬까지 5종은 Roaops 아
속으로 분류되어 하나의 그룹을 형성하고 있다.
이 아속은 등지느러미 가시조의 현저한 발달
약간 깊은 서식 수심, 육식 경향이 강한 잡식성
등이 특징으로 꼽힌다. 본종의 평균 서식 수심
은 40~75m정도로 흑산호가 있는 암초지에
서식한다. 본종은 하와이 제도의 고유종으로
알려져 있으나 최근 들어 존스턴 섬이나 길버트

0148

마르케사스 버터플라이피쉬
학명 / *Chaetodon declivis*

분포 / 중부태평양(마르케사스)　크기 / 14cm

0150

인디안 버터플라이피쉬
학명 / *Chaetodon mitratus*

분포 / 인도양   크기 / 14cm

제도에서 성어가 수집되었으며, 사진 오른쪽은 유어 루버트 제도, 마샬 제도 및 서부 태평양 근처에서 변이형으로 취할 수 있는 개체가 채집되고 있다. 이는 후술하는 근사종도 포함한 기원 종들이 서식지를 넓힘에 따라 각 지역의 환경 속에서 녹자적인 색소를 가신 실과로 서로 밀접한 유연관계에 있다고 할 수 있다. 튼튼한 물고기로 먹이를 가리지 않지만 깨끗한 물을 좋아하기 때문에 수질 관리는 게을리하지 않게 해야 한다. 하와이에서 8~10cm 정도의 개체가 비교적 잘 수입되고 있다.

마르케사스 버터플라이피쉬
비교적 새로운 종으로 1975년에 신종 기재되어 있다. 학명의 데크리비스는 대담한 경사 무늬와 색채를 의미하고 있다. 이 종류 중에서는 비교적 얕은 수심에 서식하여 15~30m 정도로 알려져 있다. 라인제도에 분포하는 것은 아종으로 C.d.wilderi로 분류되며 오렌지색부분이 다소 어둡다. 튼튼해서 사육하기 쉽다. 드물게 이 해역에서 채취된 것이 하와이 경유 등으로 수입되며 이전보다는 다소 구하기 쉬워지고 있다.

옐로우 크라운드 버터플라이피쉬
가장 새로운 종류 중 하나로 괌에 많은 나비고기이다. 머리의 노란색 밴드를 제외하고는 아마

유어

0151

버지스 버터플라이피쉬
학명 / *Chaetodon burgessi*

분포 / 서부태평양   크기 / 14cm

도 전종과 동일한 색상을 나타낸다. 급경사 수심 40~75m정도의 뿔산호류흑산호대에 단독 또는 쌍으로 서식하고 있다. 전종과 마찬가지로 튼튼한 종류이지만 입고는 매우 적다.

인디언 버터플라이피쉬
팅커리 나비고기를 비롯한 이 종류(Roaops 아속)에서는 유일하게 인도양을 분포지역으로 하고 있는 종류이다. 산호초 지역 외연에서 드롭오프된 수심 30~70m정도의 바위지역대와 뿔산호류, 흑산호대 등에 쌍 또는 소그룹으로 서식하고 있다. 장소에 따라 다소 색채에 질음

과 열음이 있고 모리셔스개체에서는 보다 황색이 강하다. 튼튼해서 사육하기 쉽다. 예전에는 희귀종으로 고가였지만 최근에는 타지역에서의 수입으로 조금씩 보이고 있다.

버지스 버터플라이피쉬
1972년 초에 팔라우 제도에서 최초로 채집된 비교적 새로운 나비고기이다. 다른 종류들과 마찬가지로 험하게 드롭오프된 수심 40~80m의 흑산호대 등에 서식한다. 지역에 따라 약간의 색채변이가 알려져 있다. 최근에는 그 수가 줄어들고 있다. 필리핀에서 수입된다.

0152

레인포드 버터플라이피쉬
학명 / *Chaetodon rainfordi*

| 분포 / 호주북동부 | 크기 / 15cm |

0153

쓰리스트립 버터플라이피쉬
학명 / *Chaetodon tricinctus*

| 분포 / 로드하우섬 | 크기 / 12cm |

황색변이

0154

에잇밴드 버터플라이피쉬
학명 / *Chaetodon octofasciatus*

| 분포 / 인도양-태평양 | 크기 / 10cm |

골든 버터플라이피쉬
학명 / *Chaetodon aureofasciatus*

| 분포 / 호주동부 | 크기 / 13cm |

레인포드 버터플라이피쉬

호주를 대표하는 나비고기의 하나로 그레이트 배리어 리프를 중심으로 북쪽으로는 파푸아뉴기니까지 남쪽으로는 로드하우 섬 주변에까지 분포한다. 본종과 후술하는 골든 버트플라이피쉬, 쓰리스트립 버터플라이피쉬 및 에잇밴드 버터플라이피쉬의 4종은 몸길이와 체고의 비율이 거의 같고 원형에 가까운 체형을 이루고 있다. 이 4종류는 하나의 그룹으로서 Disco-chaetodon아속을 형성하고 있다. 광대한 산호지역에서 약간 앞바다에 있는 평탄한 산호군의 수심 1~15m정도까지 서식한다. 성어는 보통 짝을 이루는 경우가 많다. 산호의 폴립 등을 주식으로 하고 있으나 잡식 경향도 강하여 이 외에 조류나 저생성물등도 먹는다. 그래서 먹이는 환경만 조성해 주면 그다지 어렵지 않다. 특히 작은 개체를 복수사육하면 익숙해지기도 빨라 상호작용으로 섭취 의욕도 높아진다. 다소 수질에 민감한 면이 있어 사육환경은 청정한 물을 유지하는 것이 중요한 포인트가 된다.

골든 버터플라이피쉬

그레이트 배리어 리프를 중심으로 북쪽으 로는 파푸아뉴기니에서 호주 북서부에 걸쳐, 남쪽으로는 북부 뉴사우스웨일즈에까지 분포 한다. 본종의 서식 환경은 암초지역으로 하며 전종과는 구분된다. 성어는 수심 5~15m정도 에서 단독이나 쌍으로 서식하고 있으며 유어는 산호의 폴립이나 점막을 전식하고 있다. 이 때문에 먹이는 쉽지 않고 또 전종보다 섬세하고 예민한 면이 있다. 호주에서 수입된다.

쓰리스트립 버터플라이피쉬

1901년에 기재된 나비고기로 다소 온대에 적응한 분포영역이 좁은 종류이다. 연안의 암초지역과 초호의 수심 3~15m정도에 서식하고 있으며 쌍이나 그룹을 이루고 있다. 약간 특수한 나비고기로 주식은 산호의 폴립으로 여겨지지만, 상세한 것은 불분명하다. 그 외 사육에 관해서도 마찬가지이지만 여름철의 사육에서는 냉각 설비가 있는 것이 좋다.

에잇밴드 버터플라이피쉬

내만이나 초호 등 잔잔한 곳에 많은 소형의 나비고기로 성어는 비교적 얕은 장소에 쌍으로 서식하고 있다. 유어는 아크로포라계열의 산호등에 소그룹을 형성하고 있는 경우가 많다. 바탕색은 장소에 따라 변이가 보인다. 폴립전식의 나비고기이므로 먹이주기가 어렵다. 또한 예민한 종류이므로 작은 개체를 여러 마리 사육하는 것이 먹이에 익숙해지는 가능성이 높아진다. 필리핀에서 수입되고 있다.

스팟핀 버터플라이피쉬
학명 / *Chaetodon ocellatus*

분포 / 대서양	크기 / 20cm

쓰리밴디드 버터플라이피쉬
학명 / *Chaetodon humeralis*

분포 / 동부태평양	크기 / 15cm

로부스트 쓰리밴디드 버터플라이피쉬
학명 / *Chaetodon robustus*

분포 / 서아프리카-대서양	크기 / 17cm

밴디드 버터플라이피쉬
학명 / *Chaetodon striatus*

분포 / 대서양	크기 / 16cm

포아이 버터플라이피쉬
학명 / *Chaetodon capistratus*

분포 / 대서양	크기 / 15cm

쓰리밴디드 버터플라이피쉬
 캘리포니아 만에서 파나마 태평양 연안에 걸쳐 서식하는 온대계의 나비고기로 연안의 암초지역의 비교적 얕은 물에 쌍 또는 소그룹을 형성하고 있다. 유어기는 등지느러미에 눈모양반점을 가진다. 자연에서는 몸이 은색으로 빛나지만, 수소에서는 봄색이 검게 변하는 경우가 많다. 잡식성이며 20℃이하가 적성 수온이므로 열대 물고기와의 합사는 적합하지 않다.

스팟핀 버터플라이피쉬
대서양지역에서는 가장 대형이 되는 나비고기이다. 아주 오래전부터 알려진 종류로 기재는 1758년이다. 연안의 산호초지역이나 암초지역에서 단독 또는 쌍으로 서식하고 있다. 가을철에는 뉴욕근처에서 유어가 보이지만 월동은 할 수 없다. 대형성어는 체색이 은백색이되어 매우 아름답다. 또한 유어기에는 체후부에 검은 가로띠를 가진다. 튼튼하고 먹이감이 좋은 나비고기이지만 입고 수는 많지 않다.

로부스트 쓰리밴디드 버터플라이피쉬
이전에는 C.luciae라고 불리고 있던 종류로 서아프리카 열대지역 연안의 암초지역에서는 흔한 나비고기이다. 성어는 쌍으로 서식하고 극히 얕은 곳에서 50m 정도의 수심까지를 행동권으로 하고 있지만 유어는 얕은 물에 무리지어 다니는 경우가 많다. 유어기는 등지느러미 연조부에 눈모양반점을 가지고 있다. 매우 튼튼한 잡식성의 나비고기이므로 사육은 문제가 없다.

밴디드 버터플라이피쉬
본종도 카리브해에서 흔히 볼 수 있는 나비고기로 전종보다 넓은 분포역을 가지고 있다. 연안 산호초 등에 단독이나 쌍으로 서식하고 있다. 유어에서는 등지느러미와 꼬리지느러미 기저부에 눈 모양 반점을 가지고 있다. 드물게 스팟핀 버터플라이피쉬(C.ocellatus)와 교잡하는 것으로 알려져 있다. 식성은 잡식성으로 산호의 폴립이나 갑각류, 갯고둥류 등을 먹는다. 다소 예민한 면이 있기 때문에 강한 나비고기와의 합사는 피하는 것이 좋다.

포아이 버터플라이피쉬
카리브해에서 가장 흔한 나비고기이다. 산호가 풍부한 비교적 얕은 수심에 단독 혹은 쌍으로 서식하고 있다. 유어기는 몸쪽에 폭넓은 가로띠 무늬가 있으며 등지느러미 연조부에 명료한 눈모양 반점을 가진다. 식성은 뿔산호류나 작은 멍게등으로 특수성이 있어 다소 먹이기 어렵지만 작은 개체라면 조개 등으로 먹일 수 있다.

0160

프렌치 버터플라이피쉬
학명 / *Prognathodes guyanensis*

분포 / 카리브해남부 　　　크기 / 12cm

0161

롱스나우트 버터플라이피쉬
학명 / *Prognathodes aculeatus*

분포 / 카리브해 　　　크기 / 10cm

0162

브라질리언 버터플라이피쉬
학명 / *Prognathodes brasiliensis*

분포 / 중부태평양 　　　크기 / 12cm

뱅크 버터플라이피쉬
학명 / *Prognathodes aya*

분포 / 멕시코만-유카탄반도 　크기 / 15cm

0163

마르셀라 버터플라이피쉬
학명 / *Prognathodes marcellae*

분포 / 서아프리카의 대서양 | 크기 / 15cm

프렌치 버터플라이피쉬
뱅크 나비고기와 비슷한 종류로 가장 평균 서식 수심이 깊은 나비고기중 하나이며 암초지역의 수심 100~200m 정도에 서식하고 있다. 본 종뿐만 아니라 심해성의 종류는 명암의 뚜렷한 색채나 무늬가 많은데 이는 어두운 심해지역에서도 동종의 식별에 도움이 되는 신호라고 생각되고 있다. 분포는 카리브해를 중심으로 하지만 뱅크 버터플라이피쉬보다 남쪽에 많다 뱅크 버터플라이피쉬와 마찬가지로 거의 수입되지 않고 입수할 기회가 적은 종류이다.

롱스나우트 버터플라이피쉬
특징이 있는 체형을 가진 소형 나비고기로 카리브해에서는 매우 일반적인 종류이다. 보통은 산호초지역의 수심 20~50m에 서식하지만 100m정도의 깊이에서도 발견될 수 있다. 성어는 단독으로 있는 경우가 많지만 유어는 10마리 안팎의 무리를 짓는다. 장소에 따라 색채 변이가 보인다. 식성은 육식경향으로 갯고둥류와 꽃갯지렁이의 촉수, 작은 갑각류, 성게의 다리(관발) 등을 먹이로 하고 있다. 튼튼한 종류이지만 포식성이 강하기 때문에 인공 사료 등에는 익숙해지기 어려운 면이 있다. 입고 수는 그다 지 많지 않고 입수할 기회가 적은 종류이다. 덧붙여 본종을 포함해 뱅크 버터플라이피쉬나 기아나 및 후술하는 사이드마크드 버터플라이피쉬와 함께 긴 주둥이, 등지느러미의 발달, 심해성 등의 공통된 특징을 가지고 있어 Prognathodes속으로 지정되었다.

브라질리언 버터플라이피쉬
한때는 롱스나우트 버터플라이피쉬의 변형으로 여겨졌던 타입으로 브라질리안 롱스나우트로 취급되었으나 바게스에 의해 2001년 신종으로 기재되었다. 롱스나우트 버터플라이피쉬와 비교해 본종이 등지느러미의 암색 부분이 적고 전체적으로 황색이 강한 인상을 받는다. 카리브해 남부에 분포한다.

뱅크 버터플라이피쉬
심해성 나비고기로 암초지역 수심 30~150m 정도에 서식하고 있다. 북쪽한계는 노스캐롤라이나의 하테라스 곶까지로 비교적 넓은 분포를 가지고 있다. 먹이에 익숙해지기 쉬운 종류이지만, 서식 수온이 16~22℃로 낮기 때문에 여름철 사육시 냉각장치가 있으면 좋다. 수입되는 일은 거의 없다.

마르셀라 버터플라이피쉬
앞서 언급한 뱅크 버터플라이피쉬와 매우 비슷한 모양의 나비고기로 분포지역에서도 희귀종으로 알려져 있다. 일반적으로 암초지역 수심

사이드마크드 버터플라이피쉬
학명 / *Prognathodes falcifer*

분포 / 동부태평양 | 크기 / 16cm

로드하우아일랜드 버터플라이피쉬
학명 / *Amphichaetodon howensis*

분포 / 로드하우섬 | 크기 / 16cm

35~95m정도에 단독 혹은 쌍을 이루지만 장소에 따라 비교적 얕은 곳에서도 볼 수 있다. 암벽 아래에서 거꾸로 헤엄치는 경우도 있다. 사육 등은 근연종과 같다고 생각된다.

사이드마크드 버터플라이피쉬
몸의 옆면에 독특한 무늬으로부터 사이드(대낮)라고 이름 붙여진 나비고기로 바하 캘리포니아에서 갈라파고스 제도에 걸쳐 분포한다. 심해성으로 암초지역 30~150m의 수심에 단독으로 서식하고 있으나 갈라파고스 제도에서는 비교적 얕은 곳에서도 볼 수 있다. 사육 수온은

낮음(22℃ 전후)이 좋다.

로드하우아일랜드 버터플라이피쉬
로드하우섬에서 뉴질랜드 북부에 걸쳐 제한된 해역에 분포하는 나비고기이다. 암초지역 수심 10~50m 정도의 범위에 서식하고 있다. 식성은 육식 경향이 강하고 작은 무척추동물등을 먹는다. 여름사육에는 꼭 냉각 설비를 준비해 주었으면 한다. 이 해역의 어류는 거의 수입되지 않는다. 동속에는 A.melbae라는 종이 있으며, 측면의 가로줄이 약간 좁다. 이 종은 동부태평양 지역에서 서식한다.

0167

브라운앤화이트 버터플라이피쉬
학명 / *Hemitaurichthys zoster*

분포 / 인도양 | 크기 / 18cm

0168

0169

피라미드 버터플라이피쉬
학명 / *Hemitaurichthys polylepis*

분포 / 중-서부태평양 | 크기 / 18cm

브라운앤화이트 버터플라이피쉬
 통칭 "블랙 피라미드"의 명칭으로도 불리우고 있는 나비고기로 피라미드 버터플라이피쉬의 인도양 대응종이다. 흑백으로 구분된 독특한 컬러 패턴은 가까운 종들 사이에서도 눈에 띄는 존재이다. 생태적으로는 산호초 외연 수심 10~35m 부근에서 수백 마리 단위의 무리를 지어 서식하고 있다. 비교적 작은 먹이를 좋아하지만 플레이크등도 먹이기 쉽고 기르기 쉬운 튼튼한 종류이다. 스리랑카에서 수입되고 있다.

톰슨 버터플라이피쉬
그레이의 바탕에 안에서 배어나는 듯한 블루

톰슨 버터플라이피쉬
학명 / *Hemitaurichthys thompsoni*

분포 / 중부태평양 | 크기 / 20cm

오렌지밴디드 코랄피쉬
학명 / *Coradion chrysozonus*
분포 / 서부태평양 | 크기 / 15cm

색채를 가지는 종이다. 피라미드 버터플라이피쉬나 브라운앤화이트 버터플라이피쉬와 같은 속에 포함된다. 국내에 입고는 적다.

피라미드 버터플라이피쉬
아쿠아리움 피쉬로서 예전부터 알려진 인기있는 나비고기이다. 노란색과 흰색으로 선명하게 염색되어 나뉘어진 특징적인 컬러 패턴을 가지고 있으며 그 무늬에서 피라미드 나비고기의 영문명이 있다. 본속에서는 가장 광역에 분포하는 종류로 남일본의 산호초지역에서도 보통종으로 알려져 있다. 산호초 외연부의 조수가 잘 통하는 곳에서 큰 무리를 지어 동물성 플랑크톤 등을 먹는다. 매우 기르기 쉽고 인공사료에도 잘 적응하는 나비고기이며, 여러마리 사육도 즐길 수 있는 종류로 대형수조에서 어느 정도의 수를 묶어 사육하면 박진감 있는 수경을 즐길 수 있다. 머리를 덮는 검은색 바탕은 장기 사육에서는 사라져 버리는 경우가 많다. 필리핀이나 인도네시아에서 10cm전후의 개체가 수입되고 있기 때문에 입수가 용이하다.

오렌지밴디드 코랄피쉬
투스팟 코랄피쉬와 비슷한 종류로 동종일 가능성도 있다. 성어가 되어도 등지느러미의 눈모양 반점은 사라지지 않는다. 연안의 암초지역이나 산호초 지역 또는 바위가 있는 장소에 얕은 물에서 60m정도의 깊은 곳까지 서식하고 있다. 식성 등은 전종과 마찬가지로 사육이 용이하다. 드물 게 필리핀 등에서 수입된다.

하이핀 코랄피쉬
체고가 높고 등지느러미 가시가 적은 점이 이 속의 특징으로, 모두 3종류가 알려져 있다. 깊은 곳에 서식하고 있는 세동가리돔와 달리 본종에서는 연안의 암초지역이나 산호초지역 또는 모래지역의 비교적 얕은 장소에서 볼 수 있다. 유어에서는 등지느러미 연조의 눈모양 반점이 있지만 성어가 되면 사라진다. 해면류를 주식으로 하고 있다. 사육시 먹이에 익숙해지기 쉬운 튼튼한 물고기이다. 호주 등에서 수입되지만 대형 개체가 많다.

투스팟 코랄피쉬
오렌지밴디드 코랄피쉬와 닮은 종으로 이름의 유래는 등지느러미와 배지느러미에 들어가는 2개의 눈모양반점에 의한다. 오렌지밴디드 코랄피쉬와의 차이는 꼬리끝부분에 들어가는 검은 반점의 무늬와 배지느러미에 들어가는 눈모양반점이 오렌지밴디드 코랄피쉬에서는 볼 수 없다. 서식 환경은 오렌지밴디드 코랄피쉬와 유사하며 잡식성으로 먹이에 익숙해지기 쉽고 사육은 비교적 용이하다.

하이핀 코랄피쉬
학명 / *Coradion altivelis*
분포 / 서부태평양 | 크기 / 14cm

투스팟 코랄피쉬
학명 / *Coradion melanopus*
분포 / 서부태평양 | 크기 / 14cm

세동가리돔(브라운밴디드 버터플라이피쉬)
온대에 적응한 나비고기로 국내에도 서식하고 있다. 보통 암초지역의 100m이상 심해에 사는 종류이지만 국내 서식지에서는 수심 10m 정도의 얕은 곳에서도 볼 수 있다. 보통은 단독으로 존재하는 경우가 많지만 무리를 이루고 있는 경우도 있다. 등지느러미 연조부의 눈모양반점은 성장한 개체에서도 사라지지 않는다. 아라비아 해역의 개체는 Roajayakari, 하와이 및 마리아나 제도의 개체는 Roaexcelsa로 알려져 있다.

세동가리돔(브라운밴디드 버터플라이피쉬)
학명 / *Roa modesta*
분포 / 인도양-태평양 | 크기 / 17cm

옐로우롱노즈 사진 0174

옐로우롱노즈 버터플라이피쉬
학명 / *Forcipiger flavissimus*

분포 / 인도양-태평양 　　크기 / 20cm

트런케이트 코랄피쉬
학명 / *Chelmonops truncatus*

분포 / 호주남부 　　크기 / 22cm

식스스파인 버터플라이피쉬
학명 / *Parachaetodon ocellatus*

분포 / 인도양-태평양 　　크기 / 18cm

옐로우롱노즈 버터플라이피쉬
독특한 모습으로 아쿠아리스트가 아니더라도 그 존재가 잘 알려진 인기있는 종류이다. 넓은 지역에 분포하는 종이다. 연안 산호초지역과 암초지역의 극히 얕은 물에서 100m이상의 깊은 곳까지 서식하며 단독과 소그룹으로 바위동굴에 살고 있다. 먹이주기 쉽고 인공사료에도 잘 적응하는 사육이 쉬운 물고기이다. 필리핀이나 인도네시아에서 일정하게 수입되어 입수가 용이하다. 대부분의 사이즈는 10cm이상이며 소형 사이즈의 입고는 거의 없다. 이 종과 유사하지만 주둥이가 더 긴 (F.longirostris)가 알려져 있다.

트런게이트 코랄피쉬
코퍼밴드 버터플라이피쉬속과 매우 유사한 종류로 서식장소, 색채등에 따라 이스턴과 웨스턴의 2종류로 분류되는 경우가 있다. 이 종류로서는 비교적 수수한 색조의 물고기이다. 해안의 암초지역의 험준한 암석 등에 서식하며 육식경향이 강해 갯고둥류와 작은 무척추동물을 포식한다. 온대역의 물고기이므로 여름철 사육에는 냉각 설비가 필요하다.

식스스파인 버터플라이피쉬
1속 1종을 형성하는 나비고기로 일본에도 분포하고 있다. 약간 세로로 긴 모습으로 보아 외모로는 나비고기보다 세동가리돔의 종류에 가까운 인상을 받지만 체형 등은 나비고기와의 중간적인 모습을 하고 있다. 산호초보다 연안의 모래바닥의 바다 등에서 3~50m 정도 수심에 쌍으로 서식하고 있다. 등지느러미 중간쯤에 있는 눈모양반점은 성어가 되어도 사라지지 않는다. 잡식성의 나비고기로 먹이를 주기 쉽고 사육도 비교적 쉽다. 필리핀 등에서 수입되고 있지만 숫자는 많지 않다.

코퍼밴드 버터플라이피쉬
예전부터 인기가 있는 종류이다. 3종류의 동속 중에서는 가장 넓은 분포역을 가지고 있다. 오렌지색의 선명한 색채는 어린 개체에서는 약긴 퇴색된 느낌이 든다. 내민성 물고기로 산호초지역에서도 모래진흙지역 등에 많으며 얕은 곳에 단독이나 쌍으로 서식하고 있다. 육식으로 포식성이 강한 물고기로 갯고둥류나 작은 갑각류 등을 먹고 있다. 이 때문에 사육에 있어서는 조개나 지렁이 등은 어느 정도 먹지만 인공사료 등에는 먹이 붙임이 어려운 면이 있다. 무척추동물수조등에서 자연발생하는 새우류와 갯지렁이류를 먹이로 주면서 길들이면 이상적이다. 필리핀과 인도네시아에서 일정하게 수입된다.

블랙핀 코랄피쉬
거의 그레이트 배리어 리프에만 서식하는 지역 분포의 종류이다. 다소 체고가 낮고 입이 짧고

0177

코퍼밴드 버터플라이피쉬
학명 / *Chelmon rostratus*

분포 / 인도양-서부태평양 ｜크기 / 20cm

0173

블랙핀 코랄피쉬
학명 / *Chelmon mulleri*

분포 / 호주북동부 ｜크기 / 18cm

머리 윗부분이 돌출되어 있다. 암초 지역의 모래진흙과 조류가 많은 곳을 좋아하고 약간 잡식 경향이 강하다. 호주로부터 수입된다.

마진드 코랄피쉬
코퍼밴드 버터플라이피쉬보다 조금 소형의 종류로 등 지느러미의 눈모양반점은 성장한 개체에서는 사라진다. 칼라 패턴은 코퍼밴드 버터플라이피쉬와 닮아 있지만 몸 측면 중앙 밴드는 본종에는 들어가지 않는다. 광대한 암초지역 수심 1~30m정도에 서식한다. 사육에 관해서는 코퍼밴드 버터플라이피쉬와 같다. 수입되는 개체는 8~10cm 정도의 것이 많다.

0179

마진드 코랄피쉬
학명 / *Chelmon marginalis*

분포 / 그레이트 배리어 리프 ｜크기 / 18cm

61

스쿨링 배너피쉬
학명 / *Heniochus diphreutes*	
분포 / 인도양-태평양	크기 / 25cm

0180

스쿨링 배너피쉬

두동가리돔와 닮은 종류로, 등지느러미 가시조가 1개 더 많거나 색채, 습성 등으로 두 종은 구별되지만 실물로 구분하는 것은 어렵다. 분포 지역은 산재해 있다. 두동가리돔보다 큰 무리를 지어 서식수심도 다소 깊어 경우에 따라서는 200m깊이까지 이르는 경우가 있다. 무리를 짓는 것도 본종의 특징이다.

두동가리돔(페넌트 코랄피쉬)

옛날부터 아쿠아리움 피쉬로 확립되어 있는 존재로 등지느러미의 우아한 모습은 매우 인기가 있다. 동속 중에서는 가장 광역에 분포하며 서식수도 많은 종류이다. 국내에서도 분포하고 있다. 성어는 연안의 암초지역과 산호초지역의 큰 초호안 수심 15m이상에서 단독, 쌍 또는 무리로 서식하며 유어는 내만의 얕은 물 등에 있다. 또 유어기는 필연은 아니지만 청소 물고기이기도 하다. 자연에서의 주식은 플랑크톤이지만 인공사료에 곧바로 익숙해지는 사육의 쉬운 물고기이다. 필리핀이나 인도네시아에서 일정하게 수입되는 것 외에 국내에서도 채집되어 판매된다.

쓰리밴드 배너피쉬

본 속 중에서는 소형의 부류에 들어가는 종류로 우아한 인상의 배너피쉬이다. 해안 산호초와 암

두동가리돔(페넌트 코랄피쉬)
학명 / *Heniochus acuminatus*	
분포 / 인도양-태평양	크기 / 25cm

0181

0182

쓰리밴드 배너피쉬
학명 / *Heniochus chrysostomus*

분포 / 중-서부태평양	크기 / 18cm

0183

레드씨 배너피쉬
학명 / *Heniochus intermedius*

분포 / 홍해	크기 / 18cm

0184

마스크드 배너피쉬
학명 / *Heniochus monoceros*

분포 / 인도양-태평양	크기 / 20cm

0185

싱귤러 배너피쉬
학명 / *Heniochus singularis*

분포 / 서부태평양-몰디브	크기 / 20cm

초호수의 수심 40m정도까지 서식하며, 특히 산호가 풍부한 곳에서 성어는 보통 단독으로 서식하고 있다. 유어기에서는 배지느러미에 눈모양반점을 가지고 있고 등지느러미의 깃이 두드러진다. 식성은 특수화되어 산호 폴립을 전문적으로 먹고 있다. 매우 예민한 종류이기도 하며 배너피쉬의 종류에서는 가장 사육이 어려운 종류이다.

레드시 배너피쉬
홍해의 고유종으로 눈 위에 약간의 돌기가 있다. 성어는 연안 산호초지역의 얕은 물에서 50m 정도까지 단독, 쌍 또는 무리를 만들어 서식하고 있다. 유어기에는 드물게 스쿨링 배너피쉬의 유어 등과 혼생하고 있다. 사육에 관해서는 두동가리돔와 같다. 입고량은 적다.

마스크드 배너피쉬
본 속 중에서는 대형이 되어 중량감이 있는 배너피쉬이다. 비교적 광역에 분포하는 종류로 일본에서도 쉽게 볼 수 있다. 연안의 산호초지역이나 암초호에 보통 단독으로 서식하고 있으며 죽은 산호에 있는 구멍 주변에서 자주 관찰된다. 육식성으로 무척추동물류 등을 먹는데 특히 작은 갯고둥류, 환형동물을 즐겨 먹는다. 사육에서도 먹이를 잘 먹는 튼튼한 종류이다. 필리핀과 인도네시아에서 수입된다.

싱귤러 배너피쉬
체형적으로 전종과 많이 닮은 대형의 배너피쉬인데, 연안의 산호초지역이나 암초호 내에 단독 또는 쌍으로 서식하고 있다. 산호의 폴립 등을 먹기 때문에 먹이를 주기가 다소 어렵다. 작은 유어는 길들이기가 가능하지만 입고 개체는 대형의 것이 많다. 필리핀에서 수입되고 있지만 입고 수는 많지 않다.

혼드 배너피쉬
학명 / *Heniochus varius*

분포 / 중-서부태평양　　크기 / 18cm

팬텀 배너피쉬
학명 / *Heniochus pleurotaetaenia*

분포 / 인도양　　크기 / 17cm

바버 피쉬
학명 / *Johnrandallia nigrirostris*

분포 / 동부태평양　　크기 / 16cm

오스트리안 마도
학명 / *Atypichthys strigatus*

분포 / 호주남동부　　크기 / 25cm

문라이터
학명 / *Tilodon sexfasciatus*

분포 / 호주남부　　크기 / 35cm

팬텀 배너피쉬
예전에는 쓰리밴드 배너피쉬의 변이형으로 여겨졌던 종류이나 분포지역이 중복된 장소에서도 혼생하지 않는 것등으로 별종으로 여겨졌다. 등지느러미의 깃은 유어기때 보다 더 길어진다. 생태적으로는 쓰리밴드 배너피쉬와 거의 같지만 본종은 의외로 먹이에 잘 길들여지는 종류이다. 드물게 스리랑카에서 수입 된다.

혼드 배너피쉬
특징이 있는 체형을 한 배너피쉬로, 특히 성어는 눈 위와 머리의 돌기가 두드러진다. 해안 산호초 지역과 큰 암초 호수가 얕은 곳에 단독 또는 소그룹으로 서식하고 있다. 육식으로 산호와 작은 무척추 동물을 먹는다. 다소 예민한 면이 있으므로 합사어는 얌전한 것이 좋다. 작은 개체라면 길들이기가 가능하다. 필리핀과 인도네시아에서 수입된다.

바버 피쉬
1속 1종을 형성하고 있으며 분류학적으로는 딱 나비고기속과 배너피쉬속의 중간적 형질을 갖추고 있는 물고기이다. 이름의 유래는 청소 물고기로서 유능하다는 것이고, 그 습성으로 인해 이 해역에서의 생태적 지위를 확보하고 있다. 암초지역과 바위지역대의 수심 5~40m 부근에서 집단 서식하고 있다. 매우 튼튼하고 기르기 쉬운 물고기이다. 본종뿐만 아니라 동해역의 어류는 보호되고 있어 수입은 적다.

오스트리안 마도
북부 뉴사우스웨일즈에서 태즈메이니아에 걸쳐, 극히 일반적으로 볼 수 있는 종이다. 연안 암초지역 수심 30m 이하에 서식하는 것으로 유어는 부두나 방파제 등에서 흔히 볼 수 있다. 온대의 어종이지만 비교적 높은 수온에도 견디고 사료도 잘 먹어 기르기 쉽다. 민감한 물고기와의 합사는 피하는 것이 좋고 열대성의 어종과의 합사도 별로 좋지 않다.

웨스턴 풋볼러
학명 / *Neatypus obliguus*

분포 / 호주남서부　　크기 / 23cm

유어

성어

미성어

문 라이터
사진위는 가로줄 무늬가 있는 유어 사진 아래는 미성어로 같은 종으로 1속 1종의 물고기이다. 시진의 개체는 유이로 두 부분에 눈모양빈점이 보이지만 이 눈모양반점은 성장과 함께 사라진다. 호수남부에 분포하며 수입되는 것은 적다.

웨스턴 풋볼러
호주 남서부에 서식하는 1속 1종의 종류. 암초지의 해안부에서 앞바다 수심 200m 정도까지 시식힌다. 집식성의 이종이지만 특히 해초류를 좋아하며 그 독특한 이빨로 해초를 갈아서 먹는다. 사육은 쉽고 인공사료에도 곧 길들여진다. 성질은 약간 거칠고 동종 타종 불문하고 싸운다. 여름철의 28도 이상 고수온에는 약하다.

제비활치(더시크 배트피쉬)
성어는 산호초 지역의 수심 10~30m 정도에 있는 바위 구멍과 암봉 부근에서 혼사 있는 것이 많고 비교적 경계심이 강하다. 유어는 내만과 연안의 맹그로브대등에 있다. 민감한 물고기로 개체에 따라서는 먹이를 먹지 않는 것이 있다. 필리핀 등에서 지느러미를 포함한 체고 8~20cm 정도의 개체가 수입되고 있다.

제비활치(더스키 배트피쉬)

학명 / *Platax pinnatus*

분포 / 인도양-서부태평양	크기 / 45cm

0192

부채제비활치
학명 / *Platax orbicularis*
분포 / 인도양-서부태평양 | 크기 / 12cm

0193

밴디드 스윕
학명 / *Scorpis georgianus*
분포 / 호주서-남부 | 크기 / 35cm

0194

아틸란틱 스페이드피쉬
학명 / *Caetodipterus faber*
분포 / 대서양 | 크기 / 90cm

0195

모노닥
학명 / *Monodactylus argenteus*
분포 / 인도양-태평양 | 크기 / 15cm

0196

올드 와이프
학명 / *Enoplosus armatus*
분포 / 호주 남-서부 | 크기 / 22cm

0197

사자구(제패니즈 아머헤드)
학명 / *Pentaceros japonicus*
분포 / 일본 | 크기 / 30cm

0198

그린스캣
학명 / *Scatophagus argus*
분포 / 인도양-태평양 | 크기 / 30cm

0199

부채제비활치
가장 보통으로 볼 수 있는 종이다. 산호초 외연부 등에 보통 5~10마리 정도의 무리로 회유하고 있다. 유어는 전종과 같이 잡식으로 조류 동물성 플랑크톤 해파리류 작은 물고기 등을 먹고 있다. 사육하에서도 매우 기르기 쉬운 종류이며 대식으로 성장이 매우 빠르기 때문에 미리 큰 수조를 준비하는 게 좋다. 필리핀에서 지느러미를 포함한 체고 8cm 전후의 유어가 수입되고 있다.

밴디드 스윕
다소 특이한 체형을 한 종류로 본 속은 호주에서 뉴질랜드에 걸쳐 4종류가 알려져 있다. 해안의 암초 지역 수심 35m 정도까지 서식한다. 바위 구멍 속이나 암붕 아래 등으로 떠돌고 있는 경우가 많다. 사육은 쉽고 인공사료에도 금방 익숙해진다. 다른종에는 별로 관심을 보이지

않지만 동종 간에는 자주 다툰다. 상한 수온은 25℃ 정도가 좋다. 서식지에서는 보통종이지만 수입되는 것은 적다.

아틸란틱 스페이스피쉬
대서양에서 생태적 지위에 있는 종이다. 사진은 어린 물고기이며 성어로는 제 2 능지느러미 및 배지느러미의 가시조가 더 길어진다. 또 극히 유어에서는 제1등지느러미의 가시조만 길어진다. 보통 성어는 외연부에서 500마리 이상의 대군으로 서식하고 있다. 유어는 내만의모래땅에서 마른잎에 의태하고 있다. 거의 수입되지 않는 어종.

모노닥
본종도 해수어로 뿐만 아니라 담수성 열대어로 관상용으로 수입된다. 주연성의 종류이다. 체형은 마름모꼴에 가깝고 비늘은 촘촘하다. 등지느러미와 배지느러미는 날개모양으로 위아

래로 길어지며, 등지느러미 끝은 황색을 띤다. 주로 연안지역 하구지역에 서식하고 유어, 어린 물고기는 하천에 진입한다. 인도에서 서태평양지역에 널리 분포하며 동남아시아에서 수입되어 온다. 사육에 있어서는 기수~해수로 사육하는 것이 적합하다. 부유성 작은 동물을 즐겨 먹는다.

올드 와이프
호주 고유의 물고기로 독자적인 에노프로서스과를 형성하고 있다. 보통 해안 암초지역의 얕은 물에 무리을 지어 서식하고 있다. 드물게 100m 정도의 깊은 곳에서 트롤망으로 채집될 수 있다. 포식성이 강하고 살아있는 새우 등을 좋아하지만 사육 시에는 순차적으로 길들 일 수 있다. 사육에는 냉각 설비가 필요하다. 입고 개체는 전체 길이 15cm 전후의 것이 많다.

사자구(재패니즈 아머헤드)
카와비샤과에 포함되는 종으로 수심 100m이상의 해저에 서식한다. 깊은 곳에 서식하기 때문에 입수는 낚시 등에 의하지만 시간을 들여 천천히 올리는 등 감압을 잘 하지 않으면 금방 죽는다.

그린스캣
담수성 관상어로도 익숙한 기수지역의 물고기. 성어는 내만의 모래지역 등에서 무리를 이루고 있는 경우가 많다. 유어 가운데는 붉은 무늬가 들어가 아름답고 수조에서도 이끼 등을 잘 먹어준다. 주로 태국 등에서 담수성 열대어로 입고되어 유통되고 있다. 열대어로 사육하면 백점병에 걸리기 쉽지만 해수어로 사육하면 의외로 튼튼하다. 같은 종류에 여러 종이 알려져 있다.

슈빌

ARAMARU
AQUARIUM
IN SACHEON

아라마루 아쿠아리움
ARAMARU AQUARIUM

일본 카와스이 수족관

DAMSEL FISHES

흰동가리(크라운 피쉬)
학명 / *Amphiprion ocellaris*
분포 / 서부태평양 | 크기 / 11cm

 해수어 사육을 시작하는 계기로, 화려한 색채의 난무를 자신의 수조에서 가까이 즐기고 싶다는 바람이 있을 것이다. 하지만 고가의 물고기를 바로 기르기에는 부담스러울 수 있다. 그래서 이러한 생각을 가지고 있는 많은 분들은 일단 소형수조에서 가격이 저렴하면서도 튼튼하고 키우기 쉬운 물고기부터 도전해보고 색채적으로도 아름다운 물고기를 선택하라고 하고 싶다. 이러한 요구에 적합한 역할을 하는 것이 담셀 그룹이며, 그런 의미에서 그들이 하고 있는 역할은 크다고 할 수 있을 것이다.

 초보자부터 사육을 즐길 수 있고 게다가 튼튼하고 가격도 적당하다면 해수어 입문어로서의 조건을 모두 갖췄다고 할 수 있다. 많은 담셀의 종류는 아무래도 엔젤피쉬나 버터플라이피쉬의 조연 취급을 받지만 실은 해수어의 본질은 그들에게 응축되어

있다고 해도 과언이 아니다. 다양한 색상 패턴을 가지며, 작지만 멋진 종류도 많고 일부는 엔젤피쉬류 등과 마찬가지로 성장단계에서 체색을 변화시키는 것도 있다.

 담셀의 종류인 크라운피쉬는 전 세계 열대지역을 중심으로 분포하며 말미잘과 함께 사는 특이한 생태로 해수어를 모르는 사람에게도 디즈니의 에니메이션인 "니모" 라면 알수있는 유명한 물고 기이다.

변이개체

크라운 피쉬(십자밴드개체)
학명 / *Amphiprion ocellaris*
분포 / 서부태평양 | 크기 / 11cm

0201

블랙 오셀라리스
학명 / *Amphiprion ocellaris*
분포 / 서부태평양 | 크기 / 11cm

0202

스노우 오셀라리스
학명 / *Amphiprion ocellaris*
분포 / 서부태평양 | 크기 / 11cm

0203

이리안자야 개체

크라운 피쉬 (십자밴드개체)
 본 속 중에서는 가장 인기 있는 종류로 최근에는 국내에서도 인공 증식되고 있지만 미국에서는 예전부터 번식되고 있어 양식된 개체가 시장에서 나돌고 있다. 말미잘과 잘 공생하고 있다. 색채에는 여러가지 변이가 있다. 흰동가리의 종류에서는 가장 얌전한 종류이며 다른 흰동가리와의 합사는 피하고 싶다. 필리핀이나 인도네시아에서 일정하게 수입되고 있다. 사육은 쉽고 입문종으로서는 최적이다.

블랙 오셀라리스
크라운피쉬의 검은색 변이개체를 브리딩에 의해 고정한 것으로 미국이나 영국등에서 브리딩된 것이 수입되어 온다. 야생개체도 가끔 수입되지만 검은색 발색은 개체에 따라 변이를 보이고 칠흑에 가까운 것부터 어두운 갈색 정도의 것까지 다양하다. 브리딩개체에서는 어릴 때는 어두운 갈색인 것이라도 성장함에 따라 검은 빛이 더해가는 것이 많다. 통상의 크라운피쉬에 비해 수가 적다.

스노우 오셀라리스
이름에서 알 수 있듯이 눈 조각을 박은 듯 흰색부분이 넓은 색상으로 유럽에서 브리딩된 것들이 수입되어 온다. 현재 입고수는 적고 흰동가리의 컬러 변형 중에서는 고가이다.

오렌지 크라운 피쉬
 크라운피쉬와 비슷한 종으로 몸에 들어가는 화이트 밴드를 둘러싸고 있는 검은 부분이 넓은 것이 특징이다. 그 중에는 검은색 부분이 크거나 밴드가 들어가지 않는 것도 볼 수 있다. 동종 간끼리의 싸움은 본종이 더 심하기 때문에 여러 마리 합사보다 쌍으로 사육이 적합하다.

흰동가리 (크라운 피쉬)
 가장 대중적인 크라운피쉬이며 또한 본 속 중

오렌지 크라운 피쉬
학명 / *Amphiprion perculla*
분포 / 서부태평양중부-남동부 | 크기 / 11cm

블랙퍼큘러로 불리는 검은 색이 많은 개체

0204

클라키 크라운 피쉬(인도양개체)
학명 / *Amphiprion clarkii*
분포 / 인도양 | 크기 / 13cm

클라키 크라운 피쉬(바누아투개체)
학명 / *Amphiprion clarkii*
분포 /바누아투 | 크기 / 13cm

클라키 크라운 피쉬(호주개체)
학명 / *Amphiprion clarkii*
분포 /호주북서부 | 크기 / 13cm

클라키 크라운 피쉬
학명 / *Amphiprion clarkii*
분포 / 인도양-태평양 | 크기 / 13cm

배리어리프 아네모네피쉬
학명 / *Amphiprion akindynos*
분포 / 그레이트 베리어리프 | 크기 / 12cm

오렌지핀 아네모네피쉬
학명 / *Amphiprion chrysopterus*
분포 / 서부태평양 | 크기 / 14cm

레드씨 크라운피쉬
학명 / *Amphiprion bicinctus*
분포 / 홍해 | 크기 / 14cm

쓰리밴드 아네모네피쉬
학명 / *Amphiprion tricinctus*
분포 / 마셜제도 | 크기 / 13cm

가장 광역에 분포하는 종류이기도 하다. 제주도 이남에서 볼 수 있기 때문에 흰동가리류의 북쪽 한계종이라고도 할 수 있다. 연안의 암초지역이나 산호초지역에서 보통 얕은 물에 서식하지만 50m이상의 깊은 곳에서도 볼 수 있다. 매우 색채 변이가 많은 흰동가리로 알려져 있으며 남방이나 인도양에서는 근사종과 구분하기 어려운 경우가 있다. 본종이 공생하는 말미잘의 종류에는 실라이트, 산호등이 있다. 흰동가리의 종류는 모두 인공사료로 바로 먹이를 주고 장기 사육할 수 있는 데다 수조 내에서의 번식 예도 많이 있다. 인징되면 튼튼하지만 피부나 아가미가 민감한 물고기로 입고 당초는 피부가 거칠어지고 백점병등을 일으키기 쉽기 때문에 수온, 수질에 신경 쓸 필요가 있다. 가능하다면 말미잘과 사육하는 것이 바람직하다. 또 이 종류는 영역의식이 강하기 때문에 동종, 동속, 타종, 예민한 어종과의 합사는 잘 고려해야 한다. 본종은 필리핀이나 인도네시아 또는 제주도에서 일정하게 입고되고 있다.

배리어 리프 아네모네피쉬
이름 그대로 그레이트 배리어 리프 주변에 많은 종류로 약간 부드러운 오렌지색을 나타내는 흰

동가리이다. 암초지역과 암초호수내 수심 1~25m 정도에 서식하고 있다. 공생하는 말미잘 외 산호도 포함된다. 호주에서 수입된다.

오렌지 핀 아네모네피쉬
몸의 측면에 들어가는 2개의 흰색 가로띠가 푸르게 빛나는 것처럼 보이기 때문에 블루라인 아네모네피쉬의 별명이 있다. 그 색채는 성어 만큼 강하다. 팔라우 츠와모츠 제도에 특히 많다. 실라이트등에 공생한다.

레드씨 크라운피쉬
홍해와 아덴만의 고유종으로 예전부터 알려진

아네모네피쉬이다. 파도가 잔잔한 내만의 얕은 물에 서식하고 있다. 말미잘과 공생을 한다. 유럽 이스라엘등에서 번식 사례가 많은 종류로서 홍해 주변지역에서 수입되지만 입고수는 많지 않다.

쓰리밴드 아네모네피쉬
마샬 제도에 분포하는 3개의 화이트 밴드가 확실한 아네모네의 종류이다. 이 이름은 인도양에서 수입되는 아네모네피쉬에도 붙여지기도 하기 때문에 주의가 필요하다. 간혹 수입되는 정도로 수는 그리 많지 않다.

차고스 아네모네피쉬

학명 / *Amphiprion chagosensis*

분포 / 차고스 제도 | 크기 / 14cm

애럴드 아네모네피쉬

학명 / *Amphiprion allardi*

분포 / 동아프리카 | 크기 / 14cm

모리시안 아네모네피쉬

학명 / *Amphiprion chrysogaster*

분포 / 서부인도양-모리셔스 | 크기 / 13cm

오렌지스컹크 크라운 피쉬

학명 / *Amphiprion sandaracinos*

분포 / 서부태평양 | 크기 / 10cm

스컹크 크라운피쉬

학명 / *Amphiprion akallopisos*

분포 / 인도양 | 크기 / 10cm

핑크스컹크 크라운피쉬

학명 / *Amphiprion perideraion*

분포 / 서부태평양-동부인도양 | 크기 / 10cm

화이트보닛 아네모네피쉬

학명 / *Amphiprion leucokranos*

분포 / 파푸아뉴기니-뉴브리튼섬 | 크기 / 9cm

티에레이 아네모네피쉬

학명 / *Amphiprion thiellei*

분포 / 필리핀 | 크기 / 9cm

몰디브 아네모네피쉬

학명 / *Amphiprion nigripes*

분포 / 몰디브-스리랑카 | 크기 / 11cm

새들백 크라운피쉬
학명 / *Amphiprion polymnus*
분포 / 인도양-서부태평양 ｜ 크기 / 13cm

세베 크라운피쉬
학명 / *Amphiprion sebae*
분포 / 중-동부태평양 ｜ 크기 / 16cm

화이트칩 아네모네피쉬
학명 / *Amphiprion sp.*
분포 / 인도양 ｜ 크기 / 14cm

차고스 아네모네피쉬
차고스 제도에 분포하는 것으로 알려진 종으로 다갈색 몸에 비교적 가는 라인이 2개 들어가고 꼬리지느러미가 라이어테일이 되는 것이 특징이다. 손에 넣기 어려운 아네모네의 하나이다.

애럴드 아네모네피쉬
성어는 언뜻 보기에 흰동가리와 비슷한 종으로, 성어에서는 입부분을 중심으로 몸을 둘러싸듯 각 지느러미가 선명한 오렌지 옐로우로 물들지만 유어에서는 진한 갈색의 색채가 강한 것이 많다. 입고는 적지만 최근에는 볼 기회가 많아지고 있다. 14cm 정도가 된다.

모리시안 아네모네피쉬
모리셔스 주변과 레유니온 섬에만 서식하는 분포지역이 좁은 아네모네이다. 연안의 산호초지역과 암초호 내 수심 10m 내외에 서식하고 있다. 근사종으로 세이셸스 아네모네(A.fuscocaudatus)가 있다. 거의 수입되지 않는다.

오렌지스컹크 그리운피쉬
약간 소형의 크라운피쉬로 국내에서는 드문 종류이다. 서식하는 장소에 따라 바탕색에 약간 농담이 있고 산지가 분명하지 않은 경우 개체에 따라서는 스컹크 크라운피쉬와 구별이 어려울 수 있다. 연안의 산호초지역이나 암초호 내에서 비교적 파도가 강한 곳을 선호하며 필리핀이나 인도네시아에서 수입되고 있다.

스컹크 크라운피쉬
인도양에 분포하는 종으로 오렌지스컹크 크라운피쉬와 매우 유사하며, 본 종에서는 등에 흰 줄이 입에까지 도달하지 않는 것이 특징으로 알려져 있으나 개체에 따라서는 이 등 줄이 입가까이에 이르기도 하기 때문에 비슷한 특징을 가진 개체에서는 구별이 어렵다.

핑크스컹크 크라운피쉬
소형의 크라운피쉬로 인기있는 종류이다. 산호초지역에서도 조수가 잘 통하는 곳에 서식한다. 통상의 서식 수심은 15~30m 정도이지만 초호 내에서는 수심 3m 내외에서 볼 수 있다. 실라이트나 다른 대형 말미잘과 공생하고 있다. 영역의식의 강한 종류로 동종간에서는 심하게 싸울 수 있다. 필리핀에서 비교적 잘 수입된다.

화이트 보닛 아네모네피쉬
독립종으로 취급되고 있으나 티에레이 아네모네피쉬와 마찬가지로 두 종간의 교잡에 의해 파생되었다고 생각되는 종으로 그 수는 매우 적고 비싼 종이다.

티에레이 아네모네피쉬
필리핀에서 수족관 무역으로 수입된 핑크스컹크 크라운피쉬 속에서 발견되어 기재된 종류이다. 필리핀에 서식하는 것 이외에는 서식 환경

와이드밴드 아네모네피쉬
학명 / *Amphiprion latezonatus*
분포 / 호주동부 ｜ 크기 / 14cm

이나 생태에 대해서는 분명하지 않다. 사진의 개체도 필리핀에서 핑크스컹크 크라운피쉬에 섞여 수입된 것이다.

몰디브 아네모네피쉬
핑크스컹크 크라운피쉬와 닮은 아네모네로 본 종에서는 등에 흰줄은 들어가지 않고 배지느러미~뒷지느러미에 걸쳐 검게 물드는 것이 특징이다. 좁은 분포지역의 종류로 연안의 산호초지역이나 암초호의 수심 2~25m 정도에 서식한다. 자연에서 공생하는 말미잘은 Heteractismagnifica로 한정되어 있다. 핑크스컹크 크라운피쉬보다는 얌전한 종류이다. 스리랑카와 몰디브에서 수입된다.

새들백 크라운피쉬
약간 긴 체형을 한 안장모양의 크라운피쉬로 국내에서는 드문 부류에 들어가지만 뉴기니나 인도네시아 등에는 많이 서식하고 있는 종류이다. 연안의 산호초지역과 암초호의 수심 2~12m정도에 서식하며 탁 트인 모래땅 등에 흔히 볼 수 있다. 바리고계열 외에 Heteractis 속과 공생한다. 필리핀이나 인도네시아에서 수입되지만 입고 수는 그리 많지 않다.

세베 크라운피쉬
동쪽 중부 인도양 지역에 많고 본 속 중에서 가장 대형이 되는 크라운피쉬의 하나이다. 본종의 성어에서는 몸 쪽 측면의 흰 띠가 다소 굵고 등지느러미 후부까지 하얗게 된다. 자연에서 공생하는 말미잘은 거의 Haddon's sea anemone 한 종류로 한정되어 있다. 사육에 대해서는 일반적인 크라운피쉬과 같다. 정기적이지는 않지만 스리랑카에서 수입된다.

화이트칩 아네보네피씨
인도네시아에서 수입되어 오는 새들백 크라운피쉬와 닮은 종류로 새들백 크라운피쉬의 색상변이종으로 취급되기도 한다. 몰디브 등에서는 새들백 크라운피쉬와 같이 모래 밑바닥에 있는 Haddon's sea anemone에서 가족끼리 생활하고 있다. 몸쪽 측면 중앙의 폭넓은 흰띠가 특징적이며 새들백 크라운피쉬와 비교해 체색이 검게 변하고 체측의 밴드도 몸을 감싸듯 들어간다. 14cm 정도가 된다. 입고량은 비교적 많은 새들백 크라운피쉬보다 대중적인 종이다.

와이드밴드 아네모네피쉬
새들백 크라운피쉬와 체형적으로 약간 비슷한 종류로 이름대로 몸의 측면 중앙의 폭넓은 흰색 띠가 특징적인 흰동가리이다. 산호초지역이나 암초지역에서 아네모네피쉬의 종류에서는 다소 깊은 곳 수심 10m이상에서 많이 서식하고 있다. 자연에서 공생하는 말미잘은 Heteractis crispa에 한정된다.

클라키와 크라운피쉬의 교잡개체
학명 / *Amphiprion clarkii x ocellaris*
분포 / 서부태평양 | 크기 / 12cm

토마토와 클라키의 교잡개체
학명 / *Amphiprion frenatus x clarkii*
분포 / 인도양-서부태평양 | 크기 / 13cm

맥크로치스 아네모네피쉬
학명 / *Amphiprion mccullochi*
분포 / 로드하우섬 | 크기 / 12cm

오스트레일리언 크라운피쉬
학명 / *Amphiprion rubrocinctus*
| 크기 / 9cm

바투아니아 개체

위 / 양식개체   아래 / 야생개체

클라키와 흰동가리의 교잡개체

본종은 클라키와 흰동가리의 교잡종으로 두 종의 특징을 모두 가지고 있다. 흰동가리의 종류는 짝을 지어 산란하기 때문에 이러한 교잡종이 생기는 경우는 우연히 근처에서 다른 종류가 동시에 산란해 알이 다른 종류의 정자가 걸려 수정해 버린 경우와 다른 종끼리 짝을 이루어 산란을 한 경우 이 두 가지 경우를 생각할 수 있다. 그러나 자연계에서는 하나의 말미잘에 다른 종류가 들어가 있는 모습이 드물지만 관찰되고 있기 때문에 가능성으로서는 다른 종끼리 쌍이 되는 경우가 높다고 본다.

토마토와 클라키의 교잡 개체

체형적으로는 약간 토마토보다 가늘고 뚜렷한 3개의 밴드를 가지는 토마토와 클라키의 교잡종.

오스트레일리언 크라운피쉬

토마토의 붉은 색채를 옅게 하고 검은 무늬를 전체에 넣은 듯한 종으로 브리딩 개체가 간혹 수입된다. 드물게 와일드 개체도 수입되지만 브리딩 개체에 비해 수는 적고 귀중하다.

맥크로치스 아네모네피쉬

좁은 분포지역의 종류로 아네모네의 종류의 남쪽 한계종이다. 암초지역 수심 2~45m 정도에 서식하며 자연에서 공생하는 말미잘의 종류는 한정되어 있다. 분포 영역으로부터 추정하면 냉각 설비가 있는 편이 무난하다. 이 해역의 어류는 거의 수입되지 않는다.

파이어 크라운피쉬
학명 / *Amphiprion melanopus*
분포 / 중부-남부태평양 | 크기 / 14cm

레드새들백 아네모네피쉬
학명 / *Amphiprion ephippium*
크기 / 14cm

0231

몸에 3개의 밴드를 가진 특이개체

토마토 크라운피쉬
학명 / *Amphiprion frenatus*
분포 / 인도양-서부태평양　크기 / 14cm

0232

옐로우 밴드로 불리는 개체

마룬 크라운피쉬
학명 / *Premnas biaculeatus*
분포 / 인도양-서부태평양　크기 / 12cm

0233

파이어 크라운피쉬
중부에서 남부 태평양에 분포하는 토마토의 근사종. 인도네시아에서 호주 그레이트 배리어 리프에 걸쳐 서식하고 있다. 토마토의 검은색 변이개체와 비슷하지만 본종에서는 배지느러미기 검게 물들기 때문에 구별할 수 있다. 토미토와 마찬가지로 실라이브 이소신차그뭉의 Heteractis속에 공생한다. 그 밖에 이 종류에서는 호주산의 호주 아네모네피쉬(Amphiprion rubrocinctus)가 알려져 있지만 입고는 기의 없다. 본종도 입고는 적다. 14cm 정도가 된다.

레드새들백 아네모네피쉬
"인디언 토마토" 로도 알려진 토마토의 인도양 대응종으로 본 속 중에서도 가장 오래전 (1709년)에 기록된 종이다. 생후 2~3개월 정도의 유어는 몸 측면에 1~2개의 흰띠가 인식된다. 공생하는 말미잘은 Heteractis속 등이 있다. 주로 스리랑카에서 수입된다.

토마토 크라운피쉬
"토마토" 라는 애칭으로 예전부터 아쿠아리움피쉬로 사랑받고 있는 크라운피쉬이다. 비교적 광역에 분포하는 종류이다. 산호초지역의 수심 1~10m 정도의 범위에 서식하며 자연에서는 말미잘에 공생한다. 색채 변이가 많은 종류로 색조의 농담이나 흑반점이 들어가는 방식에는 다양한 변이가 알려져 있다. 또한 앞서 언급한 것보다 남쪽에 서식하는 레드 앤 블랙 아네모네피쉬(A.meranopus)와 닮아있고 배 지느러미, 뒷지느러미가 흑색을 나타내는지 여부로 두 종은 구별되고 있고 크게 성장한 것은 특히 공격성이 강하기 때문에 주의를 요한다. 필리핀과 인도네시아에서 일정하게 수입되고 있다.

마룬 크라운피쉬
흰동가리속 근연의 어종이지만 눈 밑에 가시를 가짐으로써 완전 별속으로서 취급되어 1속 1종을 형성하고 있다. 대만에는 분포하고 있지 만 국내에서는 알려져 있지 않다. 수컷, 암컷은 체격차가 있고 수컷은 작고 체색은 밝은 색조이지만 암컷은 크고 꽤 거므스름하다. 수마트라섬 주변의 개체는 흰색 띠가 노란색 빛을 띠고 있어 옐로우 밴드 스파인틱의 이름으로 불리기도 한다. 자연에서는 말미잘과 공생하고 있다. 필리핀과 인도네시아에서 수입된다.

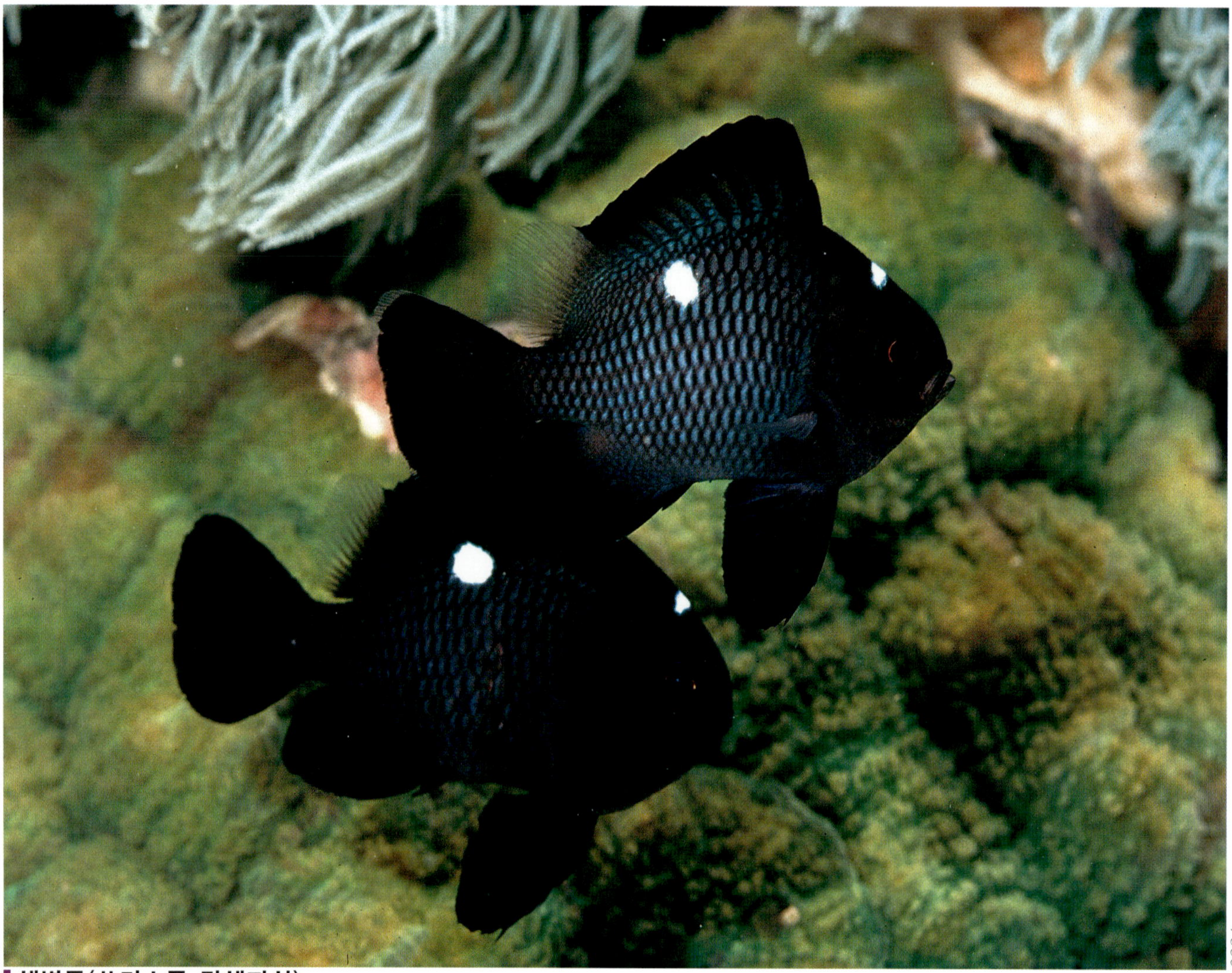
0234

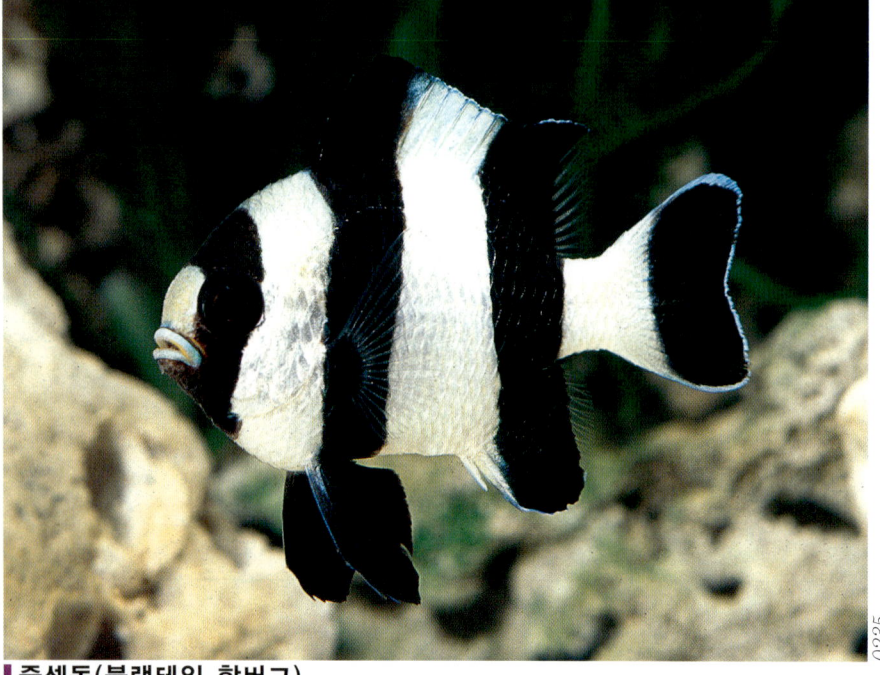

샛별돔(쓰리스폿 담셀피쉬)
학명 / *Dascyllus trimaculatus*
분포 / 인도양-서부태평양 | 크기 / 14cm

0235

줄셋돔(블랙테일 함버그)
학명 / *Dascyllus melanurus*
분포 / 서부태평양 | 크기 / 5cm

0236

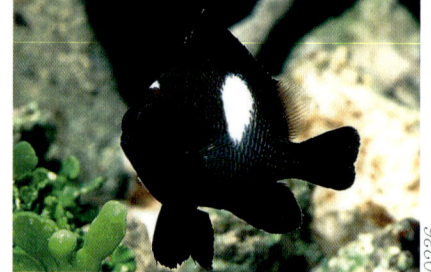

하와이안 도미노
학명 / *Dascyllus albisella*
분포 / 하와이 | 크기 / 13cm

0237

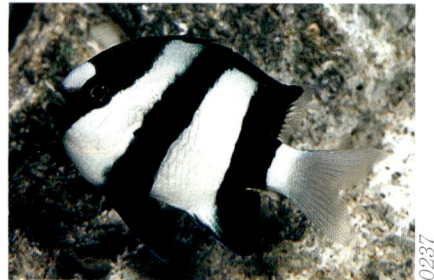

화이트테일 다실루스
학명 / *Dascyllus aruanus*
분포 / 인도양-서부태평양 | 크기 / 8cm

클라우디 담셀피쉬
학명 / *Dascyllus carneus*

분포 / 인도양	크기 / 7cm

레티큘라티드 담셀피쉬
학명 / *Dascyllus reticulatus*

분포 / 서부태평양	크기 / 8cm

레드씨 다실루스
학명 / *Dascyllus marginatus*

분포 / 홍해-오만	크기 / 6cm

샛별돔(쓰리스폿 담셀피쉬)
쓰리스팟의 통칭명으로 사랑받는 광역 분포의 담셀로 국내에서도 여름부터 가을에 걸쳐 제주도 이남에서 유어를 볼 수 있다. 유어기에는 흰 동가리와 함께 말미잘과 공생하는 것으로 알려져 있다. 매우 튼튼한 담셀로 유어기는 선명한 색상과 귀어움이 있지만 성장하면서 그 성격의 강함이 발휘되어 수조 내를 독점하는 경우가 많다. 필리핀에서 일정하게 수입된다.

줄셋돔(블랙테일 함버그)
화이트테일 다실루스과 자매종과 같은 담셀이다. 본종은 서부태평양 지역만의 종류로서 서식환경 등은 전종과 거의 같고 간혹 함께 있지만 서식 수는 적다. 필리핀에서 수입되지만 입고수는 화이트테일 다실루스보다 훨씬 적다.

하와이안 도미노
하와이 제도의 고유종으로 유어기에는 샛별돔의 몸 측면에 들어가는 화이트 스팟을 대형화한 모습을 하고 있다. 성장함에 따라 몸 측면의 흰반점은 불분명해지고 전체적으로 회백색을 띠게 된다. 산호초지역이나 암초지역의 파도가 치는 곳에서 수심 45m 정도까지 서식한다. 유어기는 하와이안 아네모네(Heteractismalu)나 산호류 부근에 있는 경우가 많다. 사육은 쉽지만 샛별돔과 미간기지로 성장하면 상당히 기질이 강해진다. 서식지에서는 보통종이다.

화이트테일 다실루스
광역에 분포하는 담셀로 본 속 중 가장 오래전에 기재(1758년)되었으며 아쿠아리움피쉬로서 사랑받아 온 종류이다. 산호초지역 수심 10m 이하에 많으며, 아크로포라 산호 주변에서 큰 무리를 이루고 있다. 수조에서도 10마리 단위로 사육하는 것이 안정 되 보인다. 필리핀에서 일정하게 수입된다.

레티큘라티드 담셀피쉬
본 속 중에서는 가장 소형의 부류로 산호초 지역에서도 흔히 볼 수 있는 담셀이다. 산호초 외

골든 쓰리스폿 담셀피쉬(샛별돔)
학명 / *Dascyllus trimaculatus var.*

분포 / 중부태평양	크기 / 14cm

연이나 깊은 암초호에 서식하며, 산호류의 주변 등에 작은 무리를 만들어 서식하고 있다. 사육은 쉽고 먹이는 무엇이든 잘 먹지만 동속 타종에 비해 약간 예민한 종류이다. 필리핀에서 일정하게 수입된다.

클라우디 담셀피쉬
전종인 인도양 대응종이다. 체색은 푸르스름하고 꼬리지느러미 기저부의 가로 줄무늬는 불분명한 경우가 있다. 전종과 서식환경은 동일하나 다소 온화한 곳에 서식하며 작은 무리 외에 단독이나 짝을 이루는 경우가 많다. 드물게

스리 랑카와 몰디브에서 수입된다.

레드씨 다실루스
성장에 따라 녹색을 띤 체색이 아름다워지는 담셀로 산호초지역의 비교적 얕은 물에서 산호류 주변에 단독이나 쌍으로 서식하고 있다. 홍해지역의 루트로 수입되지만 입고는 매우 적다.

골든 쓰리스폿 담셀피쉬(샛별돔)
쓰리 스폿의 색채 변이로 크리스마스 섬 주변지역에 많이 서식하는 개체. 성장함에 따라 황색부분의 빛은 다소 상실된다. 하와이 경유로 수입되지만 별로 입고되지 않는다.

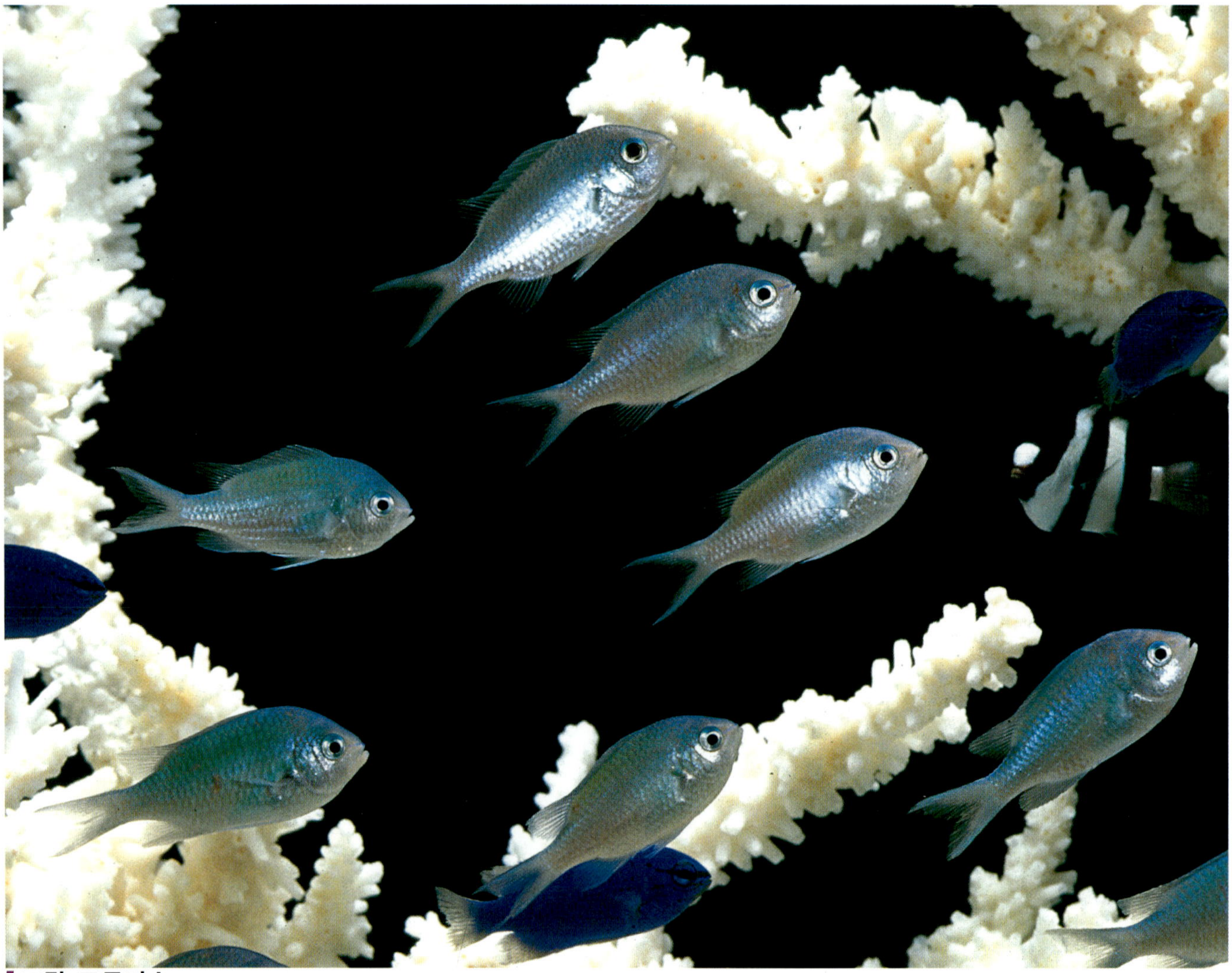

0242

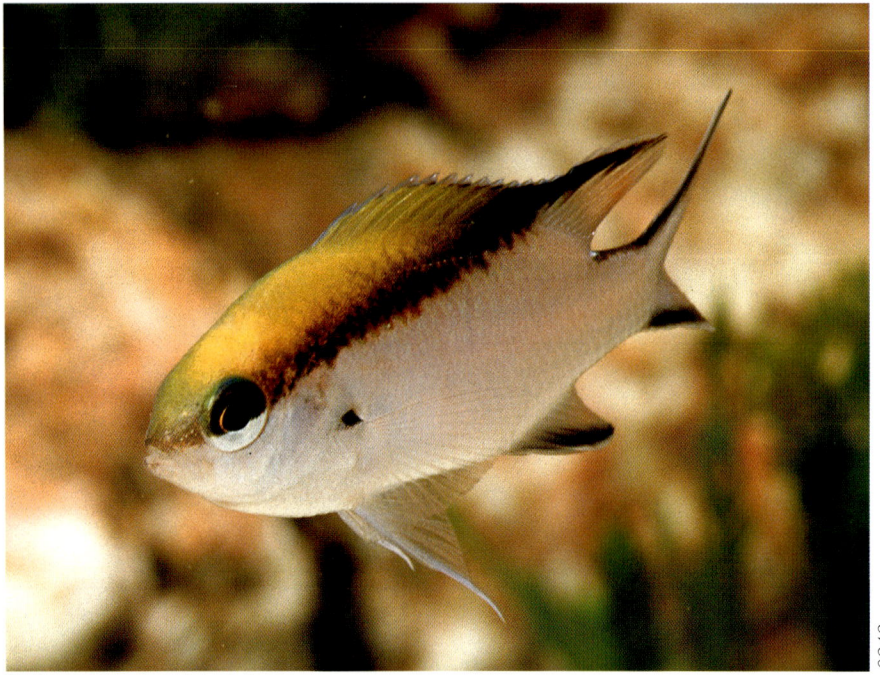

그린 크로미스
학명 / *Chromis viridis*
분포 / 인도양-서부태평양 | 크기 / 8cm

0243

베리어리프 크로미스
학명 / *Chromis nitida*
분포 / 호주 | 크기 / 8cm

0244

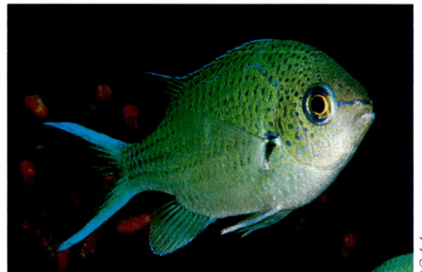

블랙엑실 크로미스
학명 / *Chromis atripectoralis*
분포 / 서부태평양 | 크기 / 10cm

0245

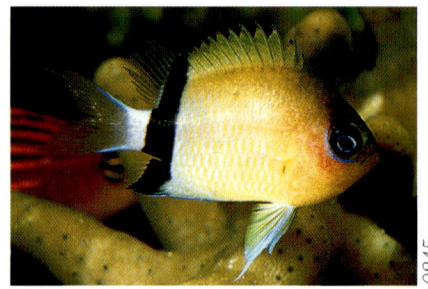

블랙바 크로미스
학명 / *Chromis retrofasciata*
분포 / 서부태평양 | 크기 / 4cm

바이컬러 크로미스
학명 / *Chromis margaritifer*
분포 / 서부태평양 | 크기 / 5cm

선샤인 피쉬
학명 / *Chromis insolata*
분포 / 플로리다-카리브 | 크기 / 15cm

림바우기 크로미스
학명 / *Chromis limbaughi*
분포 / 동부태평양 | 크기 / 12cm

벤더빌트 크로미스
학명 / *Chromis vanderbilti*
분포 / 서부태평양 | 크기 / 5cm

옐로우 크로미스
학명 / *Chromis analis*
분포 / 서부태평양 | 크기 / 17cm

블루 크로미스
학명 / *Chromis cyanea*
분포 / 대서양 | 크기 / 12cm

그린 크로미스
아쿠아리움피쉬로서 가장 많이 입고되는 종류의 하나이다. 산호초지역의 조수가 잘 통하는 곳에 있는 테이블 산호와 가지 산호 위에서 큰 무리를 이루고 있다. 광역 분포종이다. 사육은 용이하지만 마리수가 적으면 서열이 생기므로 10마리 단위로 키우는 것이 바람직하다. 필리핀등에서 입고되고 있으며 입고 수는 많다.

베리어리프 크로미스
그레이트 배리어 리프를 대표하는 크로미스로 광대한 암초지역에서 산호가 풍부한 곳이라면 매우 흔하다. 서식 수심은 5~25m정도로 가지산 호주변에 그린 크로미스등과 무리를 만들어 서식하고 있다. 유어기에는 머리의 황갈색이 녹색을 띤다. 수입량은 적다.

블랙엑실 크로미스
그린 크로미스와 매우 비슷한 종으로 가슴 지느러미의 뿌리에 작은 흑점이 들어가는 것으로 구별된다. 수입될 때에는 그린 크로미스와 구별되지 않고 수입된다.

블랙바 크로미스
소형의 크로미스이다. 산호가 풍부한 장소나 맑은 암초호 안의 얕은 물에 있는 가지산호 부근에 단독으로 서식한다. 본 종처럼 단독 생활

하는 크로미스는 개체간에 자주 투쟁하기 때문에 사육시에도 이러한 점을 고려해 주어야 한다. 독특한 컬러 패턴을 가진 종으로 인기도 높다. 필리핀과 인도네시아에서 수입된다.

바이컬러 크로미스
이러한 패턴의 색채 배분을 가지는 크로미스는 여러 종류가 있는 것으로 알려져 있다. 그 중 본종은 광역에 분포하는 종류이나. 산호초지역에서 조수가 잘 통하는 암초호와 수로 같은 곳에 단독이나 소그룹으로 서식하고 있다. 필리핀과 인도네시아에서 수입 된다.

선샤인 피쉬
사진은 유어의 개체로 전체 길이 4cm가 넘을 때부터 올리브색을 나타내기 시작한다. 다소 깊은 곳에 사는 종류로 수심 20~100m 정도에 유어와 성어가 함께 혼생의 작은 무리를 만든다. 림바우기와 마찬가지로 고수온에 약하다.

림바우기 크로미스
본 종은 본 속에서는 드물게 동부 태평양 지역에 분포하는 종류로 암초영역의 깊은 곳에 작은 무리로 서식한다. 유어기는 꼬리 지느러미의 양쪽 잎이 길어져서 우아하다. 선샤인 크로미스와 같이 전체 길이 4cm를 넘을 때부터 색채가 변하기 시작해 최종적으로는 노란색 부

분이 소실된다. 본 종 역시 깊은 곳에 사는 종류이기 때문에 별로 수입되지 않는다.

벤더빌트 크로미스
본 속 중 가장 소형의 종류이다. 비교적 넓은 범위에 분포하고 오키나와 제도 등에서도 서식하지만 수는 그다지 많지 않다. 산호초 외연 등의 조수가 잘 통하는 곳에서 작은 무리로 서식하고 있다. 매우 아름다운 크로미스이지만 거의 수입되지 않는다. 또한 근사종에 C.nigruta (서부 인도양)나 C.lineata(북부 호주)가 있다.

옐로우 크로미스
본 속 중에서는 대형종으로 황금빛의 몸에 하얀 꼬리지느러미가 특징적인 종류. 수심 20~30m로 다소 깊은 곳에서 단독 생활을 하는 경우가 많다. 필리핀등에서 믹스로 수입되어 온다.

블루 크로미스
카리브해를 대표하는 매우 아름다운 크로미스로 본 속 중에서는 비교적 대형의 종류이다. 산호초의 경사면에 산재한 산호군 주변에서 큰 무리를 이루고 있다. 서식 수심은 2~55m정도. 주식은 동물성 플랑크톤이나 새우류이다. 30℃ 이상의 고수온에 약하기 때문에 여름 사육에서는 냉각 설비가 있으면 이상적이다. 도착 상태에 약간 문제가 있는 경우가 많다.

존스톤섬 담셀피쉬
학명 / *Plectroglyphidodon johnstonianus*
| 분포 / 인도양-태평양 | 크기 / 9cm |

화이트 스포티드 데빌
학명 / *Plectroglyphidodon lacrymatus*
| 분포 / 인도양-태평양 | 크기 / 10cm |

크로스 담셀피쉬
학명 / *Neoglyphidodon crossi*
| 분포 / 인도네시아 | 크기 / 13cm |

성어

블랙앤골드 크로미스
학명 / *Neoglyphidodon nigroris*
| 분포 / 인도양-서부태평양 | 크기 / 13cm |

네온벨벳 담셀피쉬
학명 / *Neoglyphidodon oxyodon*
| 분포 / 필리핀 이남 | 크기 / 15cm |

블랙 담셀피쉬
학명 / *Neoglyphidodon melas*
| 분포 / 인도양-서부태평양 | 크기 / 15cm |

존스톤섬 담셀피쉬
유어는 근사종의 블랙바 데빌(P.dickii)과 비슷하지만 성어는 눈 주위와 아가미 부근이 보라색이 되기 때문에 판별하기 쉽다. 색채 변이가 있고 미크로네시아 해역에서는 꼬리무늬부의 가로띠가 없는 개체를 볼 수 있다. 필리핀 등에서 수입된다.

화이트 스포티드 데빌
본 속의 담셀은 자연에서는 어느 일정한 장소에서 자라는 조류를 주식으로 먹는 것으로 알려져 있다. 이 때문에 영역 의식이 매우 강하고 수조 내에서도 타종을 공격하기 때문에 공동생활이 어렵다. 드물게 필리핀 등에서 수입된다.

크로스 담셀피쉬
발리 담셀이라 불리며 인도네시아 발리섬과 그 주변에서 많이 발견된다. 유어기는 매우 아름다운 담셀이다. 산호초지역이나 암초지역에서 내만이나 얕은 암초호에 있는 수로 같은 장소에서 단독으로 서식하고 있다. 인도네시아에서 수입된다.

블랙앤골드 크로미스
인기있는 자리돔으로 유어기는 꼬리지느러미 등이 연장되어 아름다운 모습을 보이지만 유어와 성어사이에서는 색채와 체형이 전혀 다른 것으로 잘 알려져 있다. 본 속의 담셀은 자연에서는 부유물보다 부착 생물을 먹고 있으며 성어는 성질이 거칠다. 필리핀에서 수입된다.

옐로우벨리 담셀피쉬
학명 / *Amblyglyphidodon leucogaster*

분포 / 인도양-태평양 | 크기 / 13cm

블랙스팟 서전트
학명 / *Abudefduf sordidus*

분포 / 인도양-태평양 | 크기 / 18cm

골든 담셀피쉬
학명 / *Amblyglyphidodon aureus*

분포 / 서부태평양 | 크기 / 15cm

스트립테일 담셀피쉬
학명 / *Abudefduf sexfasciatus*

분포 / 인도양-태평양 | 크기 / 17cm

네온벨벳 담셀피쉬
필리핀이나 인도네시아에 많은 종류로 서식지는 광범위하지만 국내에는 분포하지 않은 자리돔다. 매우 튼튼하고 아름다운 종류이지만 어린 물고기부터 강한 성격을 가진 담셀이다. 필리핀 등에서 수입되고 있다.

블랙 담셀피쉬
본 속 중에서 가장 광역에 분포하는 종류이다. 그 이름대로 성어가 되면 전신이 검은색이 된다. 유어는 암초호 안에서 단독으로 있지만 성어는 산호초지역의 얕은 물에서 쌍을 이루며 소프트 코랄 위에서 먹이생활을 한다. 필리핀에서 일정하게 수입된다.

골든 담셀피쉬
본 속 중에서는 가장 대형이 되고 아름다운 종류이다. 산호초 외연의 수심 15~45m 정도에 드문드문 모여 있으며 유어는 뿔산호류와 검은 산호대 부근에서 볼 수 있다. 수컷의 혼인색은 파란색을 띠어 아름답다. 깊은 곳에 서식 하기 때문에 사육에 있어서 대형 개체는 적응하기 어려운 경우가 있다. 필리핀 등에서 수입.

옐로우벨리 담셀피쉬
본 속에서는 가장 광역 분포종으로 인도양에 서식하는 개체는 녹색을 띠며 배 부분이 흰색을 나타내므로 화이트베리 담셀이라고 불리기도

스타그혼 담셀피쉬
학명 / *Amblyglyphidodon curacao*

분포 / 중부태평양 | 크기 / 10cm

한다. 산호초지역에서 산호가 풍부한 곳이나 맑은 암초호내에 단독 또는 소그룹으로 서식하고 있다. 본 속의 주식은 동물성 플랑크톤으로 약간 예민한 면을 가진다. 필리핀에서 수입.

블랙스팟 서전트
유어는 여름부터 가을에 걸쳐 태평양 연안의 갯벌에서 자주 볼 수 있다. 성어는 수심 3m 정도의 얕은 암초지역에 서식하며 조류 등을 즐겨 먹는다. 사육은 쉽지만 성어에서는 다소 거친 면을 보인다.

스트립테일 담셀피쉬
광역에 분포하는 담셀로 전종보다 약간 남쪽에

서식하는 종류이다. 해안의 암초지역에서 산호의 풍부한 곳까지 폭넓은 적응력이 있다. 수심 15m이하에 많고 자주 무리를 지어 있다. 혼인색은 노란색으로 빛나고 아름답다. 필리핀에서 수입되지만 수조 내에서의 성장도 빠르고 성격이 강해 기피되기 때문에 입고 수는 적다.

스타그혼 담셀피쉬
산호초 지역에 매우 보통으로 서식하는 담셀이다. 성어는 비교적 큰 무리를 만들고 먹이활동을 하지만 유어는 가끔 해초속에 숨어 있을 때가 있다. 유어기부터 어린 물고기까지는 몸 측면의 가로띠가 불분명하다. 필리핀에서 수입된다.

블루데빌
큰사진/ 수컷,　작은사진 / 암컷
학명 / *Chrysiptera cyanea*
분포 / 인도양-서부태평양　크기 / 8cm

0263

스프린저 담셀피쉬
학명 / *Chrysiptera springeri*
분포 / 필리핀이남　크기 / 5cm

0264

오렌지테일 블루데빌
학명 / *Chrysiptera cyanea var.*
분포 / 중부태평양　크기 / 8m

0265

스타크 담셀피쉬
학명 / *Chrysiptera starcki*
분포 / 서부태평양　크기 / 10cm

0266

위 / 암컷   아래 / 수컷

색상변이개체

옐로우테일 담셀피쉬

학명 / *Chrysiptera parasema*	
분포 / 인도태평양	크기 / 4cm

피지 블루데빌 담셀피쉬

학명 / *Chrysiptera taupou*	
분포 / 남부태평양	크기 / 8cm

블루데빌

"코발트 담셀"의 통칭으로 사랑받는 마린 아쿠아리움피쉬 중에서 가장 인기 있고 이 분야에 밑바탕이 되는 어종이다. 광역에 분포하는 종류로 수컷 개체는 변이를 보이는데 미크로네시아산에서는 입 부분에서 배지느러미, 꼬리지느러미에 오렌지색이 들어가고 동부 호주산에서는 꼬리지느러미에만 오렌지색이 들어간다. 일본에서도 오키나와의 산호초지역에서 수심 10m이내라면 매우 흔하게 볼 수 있다. 성숙하면 영역 의식이 강해진다. 필리핀이나 인도네시아에서 대량으로 수입되고 있다.

스프린저 담셀피쉬

본 속 중에서는 비교적 좁은 분포지역의 담셀로 필리핀 남부에서 인도네시아에 걸쳐 많은 종류이다. 옐로우테일 담셀피쉬과 같은 서식 환경에서 유어와 성어가 함께 혼생으로 무리를 만든다. 등 지느러미 가시조가 높으며 품위있고 얌전한 담셀이다. 필리핀이나 인도네시아에서 수입되고 있지만 입고 수는 그리 많지 않다.

스타크 담셀피쉬

본 속 중에서는 비교적 깊은 곳에 있는 담셀로 서식하는 환경은 수심 15~60m 정도이다. 산호초 외연부의 경사면 등에서 바위의 갈라진 틈 등을 쉼터로 삼아 단독으로 서식하고 있다. 분포는 서부 태평양 지역 일대로 필리핀 등에서 드물게 수입된다. 서식 밀도는 필리핀등보다

아주레 담셀피쉬

학명 / *Chrysiptera hemicyanea*	
뷰포 / 인도양-서부태평양	크기 / 7cm

대만이 많다.

옐로우테일 담셀피쉬

대중적인 소형의 담셀이다. 본 종도 서식해역에 따라 색채 변이가 있는 종류로 뉴기니 주변개체에서는 황색부분이 많고 색이 진하다. 산호초지역의 내만 등에서 특히 산호가 풍부한 곳을 선호하며 가지산호를 쉼터로 서식하고 있다. 이 종류로서는 비교적 얌전하고 기르기 쉬워 인기가 높다. 필리핀에서 일정하게 수입되고 있다.

피지 블루데빌 담셀피쉬

'피지 담셀'의 통칭으로 피지 제도 주변에 많이 발견되는 이른바 전종의 1변종과 같은 담셀이다. 성숙한 수컷은 등지느러미가 푸르고 암컷은 노란색이 강하다. 수는 적지만 가끔 수입된다.

아주레 담셀피쉬

배쪽까지 노란색의 색채가 들어가는 종으로 옐로우테일 담셀피쉬의 지역 변이에 가까운 특징을 가지고 있지만 별종으로 취급되고 있다. 인도네시아 등에서 어느 정도 안정적으로 수입된다.

타보티 담셀피쉬
학명 / *Chrysiptera talboti*

분포 / 서부태평양	크기 / 6cm

트라세이 담셀피쉬
학명 / *Chrysiptera traceyi*

분포 / 미크로네시아	크기 / 6cm

롤랜드 담셀피쉬
학명 / *Chrysiptera rollandi*

분포 / 서부태평양	크기 / 6cm

쓰리밴드 담셀피쉬
학명 / *Chrysiptera tricincta*

분포 / 서부태평양	크기 / 6cm

킹 데모아젤
학명 / *Chrysiptera rex*

분포 / 서부태평양	크기 / 7cm

서지 담셀피쉬
학명 / *Chrysiptera leucopoma*

분포 / 인도양-서부태평양	크기 / 7cm

톨보초 뎀워젤
본 속 중에서는 비교적 새로운 종류로 1973년에 기재되었다. 서부태평양 지역에서는 약간 남쪽에 분포하는 달셀로 산호초지역 외연이나 내만 등에서 산호암 등을 쉘터로 하고 있다. 유어로부터 성어까지 색채 변화가 별로 없고 등지느러미 기저부의 눈모양반점도 소실하지 않는다. 단독성의 어종으로 신경이 쓰이는 종류.

트라세이 담셀피쉬
마리아나 제도에 많은 담셀로 산호초 외곽의 수심 40m전후의 조류가 강한 장소에 단독으로 또는 소그룹으로 서식하고 있다. 유어는 몸 전 반부가 진한 보라색을 띠고 아름답다. 독립성이 강한 종류이다. 거의 수입되는 일이 없는 종류.

롤랜드 담셀피쉬
서부 태평양 지역에서는 약간 남쪽에 분포하는 담셀로 국내에는 없는 종류이다. 동부 호주 주변에 사는 개체는 몸 뒷부분엔 노란색이 강하다. 유어기는 머리의 어두운 부분에 블루라인 이 들어가 아름답다. 산호초지역 외연이나 내만 등지에서 산호암등을 쉘터로 하고 있다. 필리핀에서 수입.

쓰리밴드 담셀피쉬
본 속에서는 보기 드문 가로띠 모양의 소형 종류이다. 암초지역이나 산호초지역 수심 10~38m 정도에 서식해 모래 바닥으로 바위가 있는 장소에

카나리 담셀피쉬
학명 / *Chrysiptera galba*

분포 / 이스타섬	크기 / 12cm

블랙밴드 데모아젤
학명 / *Amblypomacentrus breviceps*
분포 / 인도양-서부태평양　크기 / 6cm

옐로우테일 데모아젤
학명 / *Neopomacentrus azysron*
분포 / 인도양-서부태평양　크기 / 30cm

파랑돔(네온 담셀피쉬)
학명 / *Pomacentrus coelestis*
분포 / 서부태평양　크기 / 8cm

프린세스 담셀피쉬
학명 / *Pomacentrus vaiuli*
분포 / 서부태평양　크기 / 9cm

알렌스 담셀피쉬
학명 / *Pomacentrus alleni*
분포 / 동부인도양　크기 / 7cm

설퍼 담셀피쉬
학명 / *Pomacentrus salfureus*
분포 / 서부인도양-홍해　크기 / 6cm

서 자주 볼 수 있다. 인도네시아 등에서 수입되며 다소 민감한 담셀이다.

킹 데모아젤
해안의 산호초지역에서 파도가 치는 곳과 극히 얕은 수심에서 작은 무리를 짓고 있다. 잡식성이지만 자연에서는 특히 조류를 즐겨 머으므로 사육하에서도 식물성을 중심으로 주면 좋을 것이다. 필리핀에서 일반직으로 수입된다.

서지 담셀피쉬
유어기는 본 속에서 흔히 볼 수 있는 색채 패턴으로 눈에 띠는 아름다움이 있다. 그러나 빠른 개체에서는 전체 길이 3cm 정도부터 색채 변화가 시작되어 최종적으로는 갈색을 띠는 담셀이 된다. 산호초지역의 수심 12m 이하에 서식하며 파도가 거친 곳에 많다. 유어기는 여러마리 같이 사육할 수 있지만 성장에 따라 개체 간의 싸움이 치열해진다. 필리핀에서 수입되고 있다.

카나리 담셀피쉬
약간 몸통이 길고 꼬리지느러미 양엽과 등지느러미, 배지느러미 후연이 신장하는 체형은 남태평양지역 본 속의 특징을 이루고 있다. 암초지역의 얕은 물에서 30m정도까지 서식하는 담셀이다. 근사종으로 이 해역에 분포하는 이스터 담셀(C.rapanui)이 있다. 하와이에서 수입.

블랙밴드 데모아젤

1속 1종을 형성하는 필리핀 이남에 많은 담셀이다. 사진은 어린 물고기의 개체로 성장하면 노랗빛이 도는 연한 파란색의 작은 반점이 나타난다. 인도네시아에서 수입되지만 숫자는 적다 사육도 비교적 쉽고 얌전한 담셀이다.

옐로우테일 데모아젤
유이기는 보석 담셀이라고 불리는 매우 아름다운 담셀로 길이 6~7cm정도부터 꼬리 지느러미가 노랗빛을 나타내기 시작한다. 카리브해에서는 매우 일반적인 종류이다. 튼튼하고 귀엽고 기르기 쉽지만 성장함에 따라 영역의식이 강해진다. 수입이 많지만 입고 수는 적다.

파랑돔(네온 담셀피쉬)
국내에서도 제주도 이남에서 볼 수 있는 아름다운 소형 돔으로 제주도에서는 여름부터 가을에 걸쳐 그 해 부화한 유어가 큰 무리를 이루고 있는 모습을 조수가 잘 통하는 항구의 안벽에서 볼 수 있다. 이 유어는 조수 웅덩이에도 들어가기 때문에 쉽게 채집할 수 있다. 그러나 채집 직후 개체는 마찰등으로 백점병에 걸리기 쉽기 때문에 본 수조에 넣기 전에 충분히 치료 및 검역을 실시할 필요가 있다. 수조 내에서는 선명한 블루 색채가 쉽게 바래고 검게 변하는 경우가 많다. 본종도 지역에 따라 변이가 많다.

프린세스 담셀피쉬

색채 변이가 많은 종류로 해역에 따라 블루나 보라색 또는 오렌지색이 강한 개체 등 다양하다. 등지느러미의 눈모양반점은 성어가 되어도 남는다. 산호초 외연의 경사부나 암초호의 수심 1~40m 정도까지 서식하며 산호군이나 바위지역 등에 단독으로 있는 경우가 많다. 다른 담셀에 섞여 수입되지만 입고 수는 적다.

알렌스 담셀피쉬
일렉트릭 담셀등으로 불리며 강한 금속 광택이 있는 아름다운 담셀이다. 본 종은 근해의 파랑돔(네온 담셀피쉬)을 포함해 서부 태평양에서 인도양에 걸쳐 여러 종류이 근사종 중 하나이다. 본종도 컨디션에 따라 체색이 퇴색하는 일이 있지만 파랑돔(네온 담셀피쉬)과 비교하면 색의 회복은 비교적 빠르다. 산호초지역의 얕은 물에 작은 무리로 서식하고 있다. 최근에는 인도양 쪽에서 채집된 개체 수는 적지만 비교적 일정하게 인도네시아에서 수입되고 있다.

설퍼 담셀피쉬
가슴지느러미의 기부가 검게 물들어가는 것이 특징인 종이며 그 외 부분은 황금색으로 물든다. 스리랑카 등에서 수입되지만 수는 적다. 사육에 있어서는 거칠기 때문에 다른 담셀과의 합사는 적합하지 않다.

0283

사파이어 담셀피쉬
학명 / *Pomacentrus pavo*

분포 / 인도양–서부태평양	크기 / 8cm

0285

암본 담셀피쉬
학명 / *Pomacentrus amboinensis*

분포 / 서부태평양	크기 / 10cm

사파이어 담셀피쉬

비교적 드문 종류로 색이 옅어진 블루데빌 같은 인상을 받는 종류이지만 길들여지면 사진처럼 짙은 색채를 나타내기도 하는 매우 아름다운 담셀이다. 수심 16m까지 산호초지역에서 작은 무리를 지어 서식하는 경우가 많다. 이 종류에는 비슷한 종류가 많이 보이지만 본 종에서는 아가미 상부에 검은 반점이 들어가기 때문에 구별이 된다. 필리핀등에서 드물게 수입된다.

레몬 담셀피쉬

산호초 지역에서도 흔히 볼 수 있는 종류로 아쿠아리움피쉬로서도 대중적이다. 산호초 지역

0284

레몬 담셀피쉬
학명 / *Pomacentrus moluccensis*

분포 / 서부태평양	크기 / 7cm

살자리돔
학명 / *Stegastes altus*

분포 / 제주도이남	크기 / 14cm

쓰리스폿 담셀피쉬
학명 / *Stegastes planifrons*

분포 / 태평양	크기 / 12cm

인도퍼스픽 서전트
학명 / *Abudefduf vaigiensis*

분포 / 인도양-태평양	크기 / 17m

코코아 담셀피쉬
학명 / *Stegastes variabilis*

분포 / 태평양	크기 / 12cm

에서 작은 무리를 지어 서식하는 경우가 많다. 이 종류에는 비슷한 종류가 많이 보이지만 본 종에서는 아가미 상부에 검은 반점이 들어가기 때문에 구별이 된다. 입고는 적고 필리핀 등에서 드물게 수입되는 정도이다.

레몬 담셀피쉬
산호초지역에서도 흔히 볼 수 있는 종류로 아쿠아리움피쉬로서도 대중적이다. 산호초지역의 깨끗한 라군 내 등에서 가지 산호 부근에 작은 무리를 만든다. 또한 차종의 암본 담셀피쉬과 닮아 있지만 이 종류에서는 드물게 유어기에 눈모양반점을 가지지 않는 것과 황금색의 색채가 보다 강하기 때문에 구별이 된다. 블루데빌의 파란색에 대비해 노란색 담셀로 인기가 높고 주로 필리핀에서 일정하게 수입되어 온다.

암본 담셀피쉬
전종 만큼 인기있는 담셀. 전종보다 커지는 종류로 서식 수심도 약간 깊다. 본 종은 유어기에 등시ㄴ러미에 안상반점을 가지고 있다. 레몬 담셀피쉬 외에 앞서 언급한 프린세스 담셀피쉬과도 닮아 있지만 프린세스 담셀피쉬 쪽이 약간 어둡고 흐릿한 체색을 가진다. 해역에 따라 색채에는 농담이 보인다. 필리핀 등에서 비교적 일정하게 수입되고 있다.

실자리돔
유어 때는 사진과 같이 모스그린과 흰색으로 염색된 귀여운 담셀로 자라면서 꼬리지느러미 주변이 노랗게 변한다. 비교적 조수가 잘 통하는 수심 3~20m의 암초나 산호초 외연부에 서식하는데, 유어는 여름부터 가을까지 외해에 접한 보소 반도의 조수나 갯바위에서 볼 수 있는 수로 등에서 볼 수 있다. 성어는 특정 조류를 즐겨 먹기 때문에 그 조류가 자란 일대를 세력권을 갖는 경우가 많아 다른 담셀과의 혼영은 어렵다. 거의 수입으로는 입고하지 않지만 여름부터 가을에 걸쳐 제주도 이남의 갯바위 채집으로 볼 수 있는 기회가 많은 자리돔이다.

쓰리스폿 담셀피쉬
유어 때는 노란색 색채가 선명한 담셀로 등과 꼬리무늬 상부에 이름 유래가 되는 특징적인 스팟을 가진다. 산호초지역의 조류가 많은 곳에서는 흔히 볼 수 있는 종류이다. 코코아 담셀과 마찬가지로 전체 길이 5cm를 넘는 부근부터 성어의 색채를 나타내기 시작한다. 먹이 주기 쉽고 튼튼한 종이지만 성장함에 따라 세력권을 주장하며, 동속 타종과 같이 성질이 사나워진다. 가끔 수입되는 정도이다.

인도퍼스픽 서전트
열대의 물고기 이미지가 강한 종류이지만 산호 초역등 광범위하게 분포한다. 연안 암초역 등에서 흔히 볼 수 있으며, 유어는 흔히 조수웅덩이에서도 볼 수 있다. 튼튼한 종류의 입문종이다.

코코아 담셀피쉬
플로리다 부근에서는 아주 흔한 담셀이다. 사진은 유어로 전체 길이 5cm를 넘을 때부터성어의 색채를 나타내기 시작한다. 유어는 근사종인 뷰 그레고리(S.leucostictus)와 닮아 있지만 본 종은 꼬리무늬 상부에 작은 흑점을 갖는 것으로 구별된다. 본종을 포함해 본 속의 담셀은 튼튼하지만 기가 세다. 미국편으로 수입되어 오지만 입고 수는 그다지 많지 않다.

준성어

가리발디
학명 / *Hypsypops rubicundus*
분포 / 동부태평양 　　　크기 / 25cm

성어

0291

옐로우테일 담셀피쉬
학명 / *Microspathodon chrysurus*
분포 / 서부태평양 　　　크기 / 20cm

0292

자이언트 담셀피쉬
학명 / *Microspathodon dorsalis*
분포 / 동부태평양 　　　크기 / 30cm

가리발디
　1속 1종을 형성하는 대형 자리돔으로 성장하면 25cm를 넘는 사이즈가 된다. 특히 유어는 아름답고 매우 인기있는 종류이다. 온대 적응종으로 미국에서는 예전부터 보호받고 있는 어종이다. 성어는 경계심이 거의 없는 물고기로 수심 10m 내외의 탁 트인 곳에 있지만 유어는 해초의 뿌리나 바위등에 숨어 있는 경우가 많다. 유어 때는 그 특징적인 오렌지색 몸에 선명한 코발트 블루의 작은점을 뿌리지만 성어가 됨에 따라 이 블루의 작은 점은 사라지고 선명한 오렌지 1

색의 색채로 변해간다. 자연에서의 서식 수온은 최고 16℃ 전후이므로, 장기 사육에서는 냉각 설비가 필요하다. (특히 성어).

옐로우테일 담셀피쉬
　미국편으로 수입되어 오는 검은 바탕에 밝은 코발트 블루의 스팟을 입힌 매우 아름다운 담셀로 과거에는 비교적 일정하게 수입되었다. 이 색채는 어린 물고기의 것으로 성장함에 따라 블루 스팟은 사라지고 꼬리지느러미가 노랗게 물든다. 자이언트 담셀과 동속으로 자이언트 담셀만큼은 아니지만 20cm 이상으로 성장함.

자이언트 담셀피쉬
　일반적으로 대형이 되는 담셀로서는 가리발디가 유명하지만 이름에도 불리고 있는 것처럼 본 종이 담셀 중 최대급의 종류로 캘리포니아 반도 연안에서 갈라파고스 제도까지 분포한다. 사진은 유어 개체로 성어는 각 지느러미가 신장해 부피가 커지고 담수의 남미산 시클리드를 연상시키는 박력을 가지고 있다. 성어는 암초지역의 바위지역대 수심 2~25m 정도에 단독으로 서식하며 각각이 영역을 확보하고 있다. 튼튼한 담셀이지만 성장에 따른 영역 의식이 강해진다.

Valais blacknose

ARAMARU
AQUARIUM
IN SACHEON

아라마루 아쿠아리움
ARAMARU AQUARIUM

미국 내슈빌 동물원

특별하지 않은 동물원이지만 우연히 방문한 동물원에서 특이한 체험장을 만났다. 국내에서는 먹이 주기 체험을 자주 보았는데 털을 정리해 주는 체험을 하며 이야기 하는 모습이 보기 좋았다. 이제 국내에서도 먹이주기 체험이 금지되니 이러한 교육이 좋을수 있겠다는 생각을 해 본다.

Text. 김 승민 / Photo. 김 승민

WRASSES, PARROT FISHES

스팟핀 호그피쉬
학명 / *Bodianus pulchellus*
분포 / 대서양   크기 / 15cm

엔젤피쉬와 버터플라이피쉬들의 매력에서 한 발짝 물러서는 모양으로 아무래도 조연 쪽에 속하는 래스의 종류이다. 그러나 스팟핀 호그피쉬나 "나폴레옹" 이라고 불리는 험프 헤드레스 까지, 그 존재감을 어필하는 물고기들도 많고 스타라이에이티드 레스, 스레드핀 레스 등은 다른 해수어와 비교해도 결코 뒤떨어지지 않는 화려함을 가지고 있다.

또한 "코리스" 의 속명으로 불리는 선홍색에 흰반점이 생동감 있게 들어가는 옐로우테일 코리스와 온몸이 짙은 노란색 파스텔그린 레스는 마린 아쿠아리움 피쉬의 입문종이기도 하다. 수조 안을 종횡무진으로 헤엄치는 레스의 종류. 그 습성이나 성질도 다양하고 풍부해 산호수족관에 어울리는 종류부터 인기 있는 물고기 수족관의 탱크 메이트로, 심지어 대형 물고기와 합사 가능한 종류등 다양한 조합으로 즐길 수 있는 것도 레스의 매력 이라고 할 수 있다.

디아나 호그피쉬
학명 / *Bodianus diana*
분포 / 인도양-서부태평양   크기 / 25cm

코랄 호그피쉬
학명 / *Bodianus mesothorax*

| 분포 / 서부태평양 | 크기 / 18cm |

0295

블랙핀 호그피쉬
학명 / *Bodianus loxozonus*

| 분포 / 동부인도양–서부태평양 | 크기 / 45cm |

0296

골든스팟 호그피쉬
학명 / *Bodianus perditio*

| 분포 / 인도양–서부태평양 | 크기 / 80cm |

0297

아실스팟 호그피쉬
학명 / *Bodianus axillaris*

| 분포 / 인도양–태평양 | 크기 / 20m |

0298

뱅갈 호그피쉬
학명 / *Bodianus neilli*

| 분포 / 동부인도양 | 크기 / 25cm |

0299

라이어테일 호그피쉬
학명 / *Bodianus anthioides*

| 분포 / 인도양–중서부태평양 | 크기 / 20cm |

0300

투스팟 호그피쉬
학명 / *Bodianus bimaculatus*

| 분포 / 인도양–서부태평양 | 크기 / 10cm |

0301

스패니쉬 호그피쉬
학명 / *Bodianus rufus*

| 분포 / 대서양 | 크기 / 40cm |

0302

스트라입트 피그피쉬
학명 / *Bodianus izuensis*

| 분포 / 서부태평양 | 크기 / 12cm |

0303

블랙스팟 호그피쉬
학명 / *Bodianus opercularis*
분포 / 인도양　　크기 / 13cm

보디아누스의 일종
학명 / *Bodianus sp.*
분포 / 서부태평양　　크기 / 13cm

할리퀸 터스크피쉬
학명 / *Lienardella fasciatus*
분포 / 인도양-서부태평양　　크기 / 25cm

스팟핀 호그피쉬

남 플로리다나 멕시코만 또는 바하마에 많으며 카리브해에서는 그다지 서식하지 않는 종류이다. 성장에 따라 색조가 변화하는 레스로서 전체 길이 8~15cm 정도의 개체가 가장 붉은색이 세련되어 있다. 전신이 노란색인 유어기 때에는 블루헤드 레스(Talassomabifasciatum)의 유어의 무리 속에 있는 경우가 많다. 사육에서는 스패니쉬 호그피쉬보다 약간 편식 경향이 강하며 갑각류를 특히 선호한다. 또한 유어에서도 동종 및 같은 속 타 종간에 투쟁하므로 복수 사육은 피하는 것이 좋다.

디아나 호그피쉬

암초지역이나 산호가 풍부한곳까지 폭넓은 서식 환경을 가신 레스로 보통 수심 25m 이내에 있는 경우가 많다. 인도양이나 홍해에 분포하는 것은 붉은 빛이 강하고 배시느러미 뒷지느러미에 흑반점이 없다. 또한 슝부 태평양 서식에 본종과 매우 비슷한 체색으로 입의 길이가 현저한 종류(B.prognathus)가 서식한다. 본 속의 레스는 새우류 등을 특히 좋아하고 편식 경향이 나타나기 쉬우므로 균형 잡힌 먹이가 중요하고 나아가 수류도 되도록 강하게 해 운동력을 높이는 것이 좋다. 필리핀이나 인노네시아에서 수입

코랄 호그피쉬

본 속 중에서는 비교적 소형의 부류이며 또한 가장 일반적으로 입고되고 있는 종류이다. 산호초 외연의 경사부에서 수심 5~20m정도에 단독으로 서식한다. 또 어린 물고기까지는 자신의 쉼터 부근을 잘 떠나지 않는다. 사료에 있어서는 건새우뿐만 아니라 살아있는 먹이등도 포함하여 비타민 부족을 보완하면 좋다. 필리핀에서 잘 수입되지만 유어의 개체는 적다.

블랙핀 호그피쉬

암초지역과 산호초지역의 수심 40m이내에 많은 종류. 다자란 수컷은 깊은 곳에 서식한다. 중부 태평양 지역에 서식하는 것은 아종(B.

l.trotteri)으로 알려져 있지만 외형적으로는 별 차이가 없다. 또한 모리셔스 부근에는 본종과 매우 비슷한 종(B.macrourus)이 서식한다. 드물게 필리핀에서 수입되는 정도.

골든스팟 호그피쉬

이 종류로서는 매우 대형이 되는 종류로 암초지역의 다소 깊은 곳에 서식하고 있다. 유어는 사진 같은 모습을 하고 있지만 성장하면 붉은 몸에 노란색 작은 점을 흩뿌린 모습으로 변한다. 필리핀 등에서 유어가 때때로 수입된다.

아일스팟 호그피쉬

코랄 호그피쉬와 많이 비슷하나 보다 광역에 분포하는 종류로 서식 환경 적응도 넓다. 또 유어는 코랄 호그피쉬보다 외향적이며 다른 물고기에 대한 클리닝도 자주한다. 사육은 유어기이면 고형의 인공사료 등도 잘 먹어준다. 물은 청정하게 유지하는 것이 중요하고 이 질산염 농도의 상승에 이로로 민감하다. 성어 유어 모두 필리핀 등에서 수입된다.

뱅길 호그피쉬

유어기는 디아나 호그피쉬와 매우 비슷하지만 흰 반점이 다소 조잡하게 들어가므로 구별이 된다. 연안의 산호초지역 및 약간 흐린 암초호등에 서식한다. 사육에 대해서는 디아나 호그피쉬에 준한다. 스리랑카에서 디아나 호그피쉬의 유어로 수입되지만 상당히 드물다.

라이어테일 호그피쉬

영문명처럼 꼬리지느러미의 양엽이 길어지는 모습이 우아한 레스이다. 사진은 태평양형 개체이지만 홍해형은 약간 색조가 다르다. 산호초 외연의 경사부에서 단독으로 서식하며 갑각류를 주로 먹는다. 또 본종뿐만 아니라 본 속의 레스는 유어기는 클리너 피쉬이기도 하다. 사육에 있어 유어는 냉동 브라인 슈림프를 비롯하여 냄새가 강한 과립형태의 인공사료를 잘 먹지만 대형 개체는 다소 친화하기 어려운 면이 있다. 또한 본속의 레스는 모래에 숨어 있지

않기 때문에 잠을 잘 수 있는 적당한 쉼터가 없으면 안정되지 않는다. 필리핀 등에서 유어에서 성어까지 수입된다.

투스팟 호그피쉬

본 속 중에서는 가장 작은 부류에 들어가는 매우 아름다운 레스. 성어는 암초지역이나 산호초 외연의 약간 깊은 곳에 서식하시만 유어는 수심 10m 내외에 있는 경우가 많다. 매우 튼튼한 레스로 인공사료에도 잘 익숙하며 무척추동물 수조에서는 자연 발생하는 새우류를 먹는다.

스패니쉬 호그피쉬

대서양 열대지역에서는 가장 흔하게 볼 수 있는 레스로 꽤 넓은 행동권을 가지고 끊임없이 먹이를 찾아 이동하고 있다. 사진의 개체는 어린 물고기로 좀 자라면 보라색이 도는 복잡한 색조가 된다. 본 종의 몸은 독성이 있는 것으로 알려져 어부들은 피하고 있는 어종이다. 사육에서는 먹이를 가리지 않고 매우 튼튼한 레스로 유어라면 동종의 복수 사육도 가능하다.

스트라입트 피그피쉬

유어때는 진한 적갈색 바탕에 흰색 줄무늬로 성장과 함께 붉은 바탕에 검은색 무늬로 변한다. 서식지의 루트등이 관상용으로는 어렵다.

블랙스팟 호그피쉬

본속 중에서는 다소 깊은 곳에 서식하는 레스의 종류이다. 분포지역은 인도양 일대로 알려져 있으나 모리셔스나 크리스마스 섬, 홍해의 극히 제한된 장소에서도 확인되고 있다. 사육에 대해서는 여름철에 냉각 설비가 있는 것이 좋다.

할리퀸 터스크피쉬

특히 그레이트 배리어 리프에 많이 서식하고 있는 종류이다. 먹이는 산호초와 모래 속에서 부지런히 채취한다. 사육에 있어서는 튼튼한 레스이며 먹이는 생먹이를 좋아하지만 익숙해지면 고형의 인공사료도 먹는다. 주로 필리핀에서 수입된다. 학자에 따라서는 (Choerodon)으로 분류되기도 한다.

샤프노즈 레스
학명 / *Wetmorella nigropinnata*
분포 / 인도양-중서부태평양 | 크기 / 8cm

치즐투스 레스
학명 / *Pseudodax moluccanus*
분포 / 인도양-중서부태평양 | 크기 / 25cm

스링죠 레스
학명 / *Epibulus insidiator*
분포 / 인도양-중서부태평양 | 크기 / 35cm

험프헤드 레스
학명 / *Cheilinus undulatus*
분포 / 인도양-태평양 | 크기 / 180cm

브룸테일 레스
학명 / *Cheilinus lunulatus*
분포 / 홍해 | 크기 / 50cm

화이트밴디드 포섬 레스
학명 / *Wetmorella albofasciata*
분포 / 인도양-중서부태평양 | 크기 / 6cm

유어

락무버 레스
학명 / *Novaculichthys taeniourus*
분포 / 인도양-중서부태평양 | 크기 / 25cm

샤프노즈 레스
연안의 산호초지역이나 산호초내에 있는 작은 바위구멍이나 갈라진 곳에 서식하는 소형 레스로 매우 찾기 어렵고 생태적으로 자세한 것은 잘 알려져 있지 않다. 등지느러미와 뒷지느러미에 있는 눈 모양반점은 유어기가 더 선명하지 않다. 냉동브라인슈림프나 건조 크릴로 만든 것은 잘 먹는다. 무척추동물 수조와 같은 조용한 환경 세팅이 좋다. 입고 수는 적을 것으로 생각된다. 근사종에는 약간 소형인 W.albofasciata가 있다.

화이트밴디드 포섬 레스
다소 날씬한 체형을 가진 샤프노즈 레스의 일종으로 이름 그대로 몸에는 뚜렷한 화이트 밴드가 들어가기 때문에 샤프노즈 레스와의 구별은 용이하다. 마샬이나 하와이, 아프리카 동해안 등에 분포한다. 입고는 샤프노즈 레스보다 적다.

치즐투스 레스
1속 1종을 형성하는 것으로 분류학적으로도 레스 전체 중 특수한 위치에 있다. 광역에 분포하는 종류이다. 먹이는 주로 갑각류나 조개류를 그 강력한 이빨로 부숴 먹는다. 사육에 있어서, 유어는 냉동 브라인슈림프나 익숙해지면 과립형태의 인공 사료도 먹는다.

락무버 레스
영명 '드래곤 레스'라는 이름과 같이 유어의 모습은 매우 인상적이다. 유어의 체색에는 다소 변이가 보이며 하와이산 등의 개체에서는 짙은 녹색을 띤다. 자연에서는 산호초 사이에서 먹이를 먹지만 이는 사육 수조 내에서도 흔히 볼 수 있는 행동이다. 특히 포식성이 강하고 먹이를 좋아하며 인공사료 등에는 거의 흥미를 보이지 않는다. 바닥 모래는 필요하다. 수입시에는 일정한 수량이 입고된다.

스타라이에이티드 레스
학명 / *Pseudocheilinus evanidus*
분포 / 인도양-중서부태평양 | 크기 / 8cm

에잇라인 레스
학명 / *Pseudocheilinus octotaenia*
분포 / 인도양-중서부태평양 | 크기 / 5cm

식스라인 레스
학명 / *Pseudocheilinus hexataenia*
분포 / 인도양-중서부태평양 | 크기 / 7cm

포라인 레스
학명 / *Pseudocheilinus tetrataenia*
분포 / 중-서부태평양 | 크기 / 7cm

스링죠 레스
특징적인 입을 가진 1속 1종을 형성하는 레스로 매우 오래전부터 기재(1770년)되어 있는 종류이다. 어린 물고기와 암컷 개체는 균일하게 노란색이거나 갈색을 띠는데 수컷은 머리가 희고 그 외 부분은 개체에 따라 다양한 변이를 볼 수 있다. 포식성이 강하고 살아있는 작은 물고기와 새우를 좋아한다. 매우 튼튼한 레스이다. 필리핀 등에서 수입 되지만 유어의 개체는 적다.

험프헤드 레스
나폴레옹 피쉬의 이름으로 유명한 모든 레스류 중에서 가장 큰 종류로, 국내에서는 큰양놀래기 라고 하며 큰 것은 190kg에 달한다. 유어기는 산호초지역의 얕은 암초호 안에서 가지 산호를 쉼터로 보낸다. 유어는 인공 사료를 잘 먹는다. 또 본 속의 유이기는 레스에게는 드물게 백점병에 걸리기 쉬우므로 주의를 요한다. 현재는 CITES1에 포함되어 수입이 금지되어 있어 입수는 불가능하게 되었나.

블룸테일 레스
다자란 수컷의 모습은 빗살 모양의 꼬리지느러미와 화려한 색채로 본 속 중 가장 눈에 띄는 존재이다. 홍해에서 오만 만에 걸친 비교적 분포 영역이 좁은 종류이다. 산호초 지역에서 수심 2~30m정노에 난독으로 서식하는 경계심이 강한 레스이다. 홍해 주변지역의 루트로 수입.

스타라이에이티드 레스
광역 분포종으로 만나기 어려운 희귀종으로 알려져 있다. 산호초 지역에서도 산호 사이나 바위틈 등에 숨어 서식한다. 사육에서는 먹이는 잘 먹지만 약간 겁이 많고 수질 악화에는 약한 면이 있다. 흥분하거나 자고 있을 때에는 붉은 가로띠 무늬가 나타난다. 하와이나 드물게 필리핀 등에서 수입되지만 입수는 적다.

에잇라인 레스
본 속 중에서 가장 대형이 되는 종류이다. 해역에 따라 색채 변이가 있고 오렌지반점을 가지는

펠빅스팟 레스
학명 / *Pseudocheilinopus ataenia*
분포 / 필리핀, 팔라우, 술라웨시 | 크기 / 5cm

개체나 황색 빛이 강한 개체 등 다양하다. 매우 튼튼하고 탐욕스러운 레스이며 비교적 대형 물고기 함께 살아도 충분히 견딜 수 있다. 무척 추동물 수조에는 적합하지 않은 종류이다.

식스라인 레스
본 속의 레스류는 작고 튼튼하며 아름답기 때문에 인기가 많은 그룹으로, 본 송은 그 중에서도 가장 일반적인 종류이다. 산호초 지역의 수심 2~35m 정도에 서식하며 가지 산호나 큰 촉수의 산호류 사이에서 먹이 활동을 한다. 사육은 쉽고 먹이는 무엇이든 잘 먹는다. 또 이 종류는 동종 동속 타종간에 격렬하게 투쟁하므로 복수 사육은 피하는 것이 좋다. 필리핀과 인도네시아에서 수입된다.

포라인 레스
전종과 많이 비슷한 종류이나 다소 슬림한 체형으로 등지느러미 가시조가 2개 신장한다. 또한 전종보다 서식 수심이 깊고 하와이 등에 많이 서식하고 있다. 기본적으로는 튼튼한 종류이지만 청정한 물을 선호해 전종 등보다 수질 악화에는 약한 면이 있다. 무척추동물수조가 적합하지만 예민한 새우류와의 동거는 불가하다. 하와이에서 수입되지만 입수는 적다.

펠빅스팟 레스
식스라인 레스보다 소형의 종류로 전체가 붉은

화이트바드 레스
학명 / *Pseudocheilinus ocellatus*
분포 / 서부태평양 | 크기 / 10cm

빛이 도는 분홍색을 한 매우 아름다운 종이다. 지금까지는 거의 수입되지는 않았지만 최근 들어 수입되고 있다. 암컷에서는 몸 쪽의 라인이 선명하지 않지만 수컷에게는 식스라인 레스와 같은 노란색 라인이 뚜렷하게 들어간다. 산호 수족관에서의 사육이 적합하다.

화이트바드레스
마리아나 제도 해역을 중심으로 최근에는 그레이트 배리어 리프와 오키나와 등에서도 확인되고 있는 종류이다. 수심 25m이하에서는 잘 보이지 않는다. 몸쪽 흰줄은 유어기의 특징으로 성어에서는 거의 소멸한다.

카펜터 플래셔 레스
학명 / *Paracheilinus carpenteri*
| 분포 / 서부태평양 | 크기 / 8cm |

로얄 플래셔 레스
학명 / *Paracheilinus angulatus*
| 분포 / 필리핀, 인도네시아 | 크기 / 8cm |

필라멘토스 플래셔 레스
학명 / *Paracheilinus filamentosus*
| 분포 / 서부태평양 | 크기 / 9cm |

맥코스케리 플래셔 레스
학명 / *Paracheilinus maccoskeri*
| 분포 / 홍해-인도양 | 크기 / 7cm |

레드씨 에잇라인 플래셔 레스
학명 / *Paracheilinus octotaenia*
| 분포 / 홍해 | 크기 / 10cm |

파라치리누스의 일종
학명 / *Paracheilinus sp*
| 분포 / 인도양 | 크기 / 7cm |

카펜터 플래셔 레스
본 속은 소형이고 아름다운 것이 많아 산호 수족관의 일원으로 인기가 높은 레스류이다. 영명으로 플래셔라고 불리며 흥분 시 화려한 발색을 보인다. 본 종은 길어지는 등지느러미 가시조가 개체에 따라 1~3개로 다르다. 사육은 쉽고 처음부터 인공사료를 먹는다. 같은 시기에 수용하면 어느 정도 복수 사육은 가능하지만 최종적으로는 수컷 1에 대해 암컷 1~2마리의 구성이 된다. 또 합사에서는 괴롭힘을 당하기 쉽기 때문에 피하는 것이 좋다.

로얄 플래셔 레스
필리핀을 중심으로 분포하는 종류로 다른 종과는 달리 등지느러미 가시조는 신장하지 않지만 꼬리지느러미의 양엽이나 등, 뒷지느러미의 후연부가 많이 길어지면서 우아한 모습이다. 역시 흥분 시에는 훌륭한 발색을 한다. 사육이나 서식 환경 등은 카펜터 플래셔 레스와 같다. 카펜터 플래셔 레스와 퍼플라인 레스에 섞여 필리핀에서 수입된다.

필라멘토스 플래셔 레스
본 속 중에서도 가장 보기 좋은 것으로 흥분 시 색채는 타종을 압도한다. 서식해역에서도 수가 많지 않은지 입고가 적은 희귀종이다. 산호수족관에서 사육하면 발생되는 새우 등을 즐겨 먹는다.

맥코스케리 플래셔 레스
앞에서 서술한 카펜터스 레스의 인도양 대응종이라고도 생각되지만 인도네시아 등 분포가 겹친 서식해역도 있다. 평상시에도 아름다운 종으로 흥분 시 어느 정도 발색은 있지만 그다지 큰 차이는 없다. 사육이나 서식환경 등은 동속 타종과 동일하다. 가끔 스리랑카나 몰디브에서 일정한 수가 입고된다. 근사종으로 모리서스 등에 서식하는 P.piscilineatus가 있다.

스레드핀 레스
학명 / *Cirrhilabrus temmincki*
분포 / 서부태평양　　크기 / 10cm

레드마진 레스
학명 / *Cirrhilabrus rubrimarginatus*
분포 / 서부태평양　　크기 / 12cm

엑스큐시트 레스
학명 / *Cirrhilabrus exquisitus*
분포 / 인도양-서부태평양　　크기 / 11cm

캐서린스 페어리 레스
학명 / *Cirrhilabrus katherinae*
분포 / 서부태평양　　크기 / 10cm

블루사이드 레스
학명 / *Cirrhilabrus cyanopleura*
분포 / 서부태평양　　크기 / 15cm

레드씨 에잇라인 플래셔 레스

홍해의 고유종으로 본 속 중에서 가장 대형이 되는 종류이다. 체형적으로 약간 타종과 달리 성장하면 체고가 나오고 무게감이 늘어난다. 어린 물고기와 암컷 개체는 평범한 체색이지만 수컷은 매우 아름답고 흥분 시 등은 발달한 진홍색을 하고, 뒷지느러미를 한껏 펼쳐 시연을 한다. 이 종류는 비슷한 종류가 많고, 또 지역에 따라 칼라변이가 많이 나타나기 때문에 종판별은 어렵다. 본 종의 필라멘토스 플래셔 레스에 가까운 종류라고 생각되지만 자세한 것은 불명하다

스레드핀 레스

본 속의 레스류는 최근 들어 신종 기재되는 것이 많아 아직 분류적으로 혼란스럽다. 이 종도 이전에는 근사종인 도트 레스(C. punctatus), 거들 레스(C.balteatus)등과 혼동되기도 했다. 수컷의 혼인색은 푸른 광택이 있고 매우 아름답다.

레드마진 레스

1992년 기재의 비교적 새로운 레스로 사진은 성어의 개체이지만 유어기의 체색은 예쁜 분홍색이며 머리에서 등 부분에 걸쳐 노란색 라인이 들어가 매우 아름답다. 비교적 깊은 곳에 있는 종류로 산호초 지역의 수심 26~55m 정도에 서식한다. 가끔 필리핀과 인도네시아에서 수입.

엑스큐시트 레스

광역에 분포하는 레스의 종류이다. 색채 변이가 있으며 인도양의 개체에서는 붉은 빛이 강하다. 해안 산호초 지역의 수심 6~32m정도에 서식하며 간혹 타종과 혼생의 무리를 이루고 있다. 본종 수컷의 발색은 그야말로 훌륭하다. 드물게 필리핀 인도네시아 스리랑카에서 수입.

캐서린스 페어리 레스

사진의 개체는 캐서린스 페어리 레스의 어린 물고기라고 생각되지만 자세한 것은 불명하다.

앞에서 언급한 스레드핀 레스와 혼동되기 쉽지만 수컷 성어에서는 약간 거무스름한 색조가 띤다. 입고는 적고 마샬에서 드물게 수입되는 정도.

블루사이드 레스

본 속 중 가장 오래전부터 기재되어 있는 레스로 아쿠아리움 피쉬로도 블루 패럿의 이름으로 잘 알려진 종류이다. 색채 변이가 있다. 다른 유형은 몸 쪽 중앙에 황색 반점이 있는 것이나 몸 쪽 상부가 적색이고 하부가 보라색인 배색 타입 등이 있다.

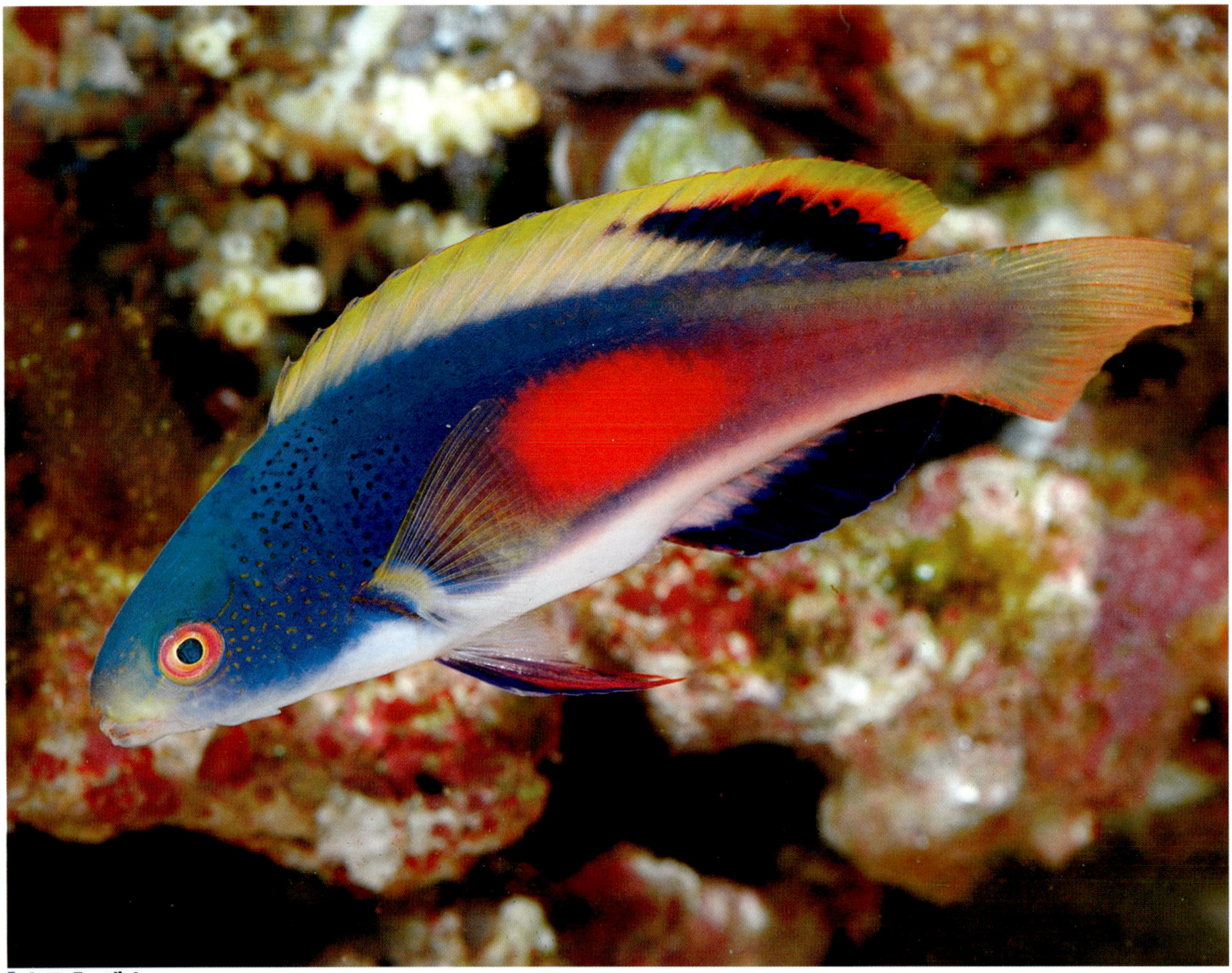

0331

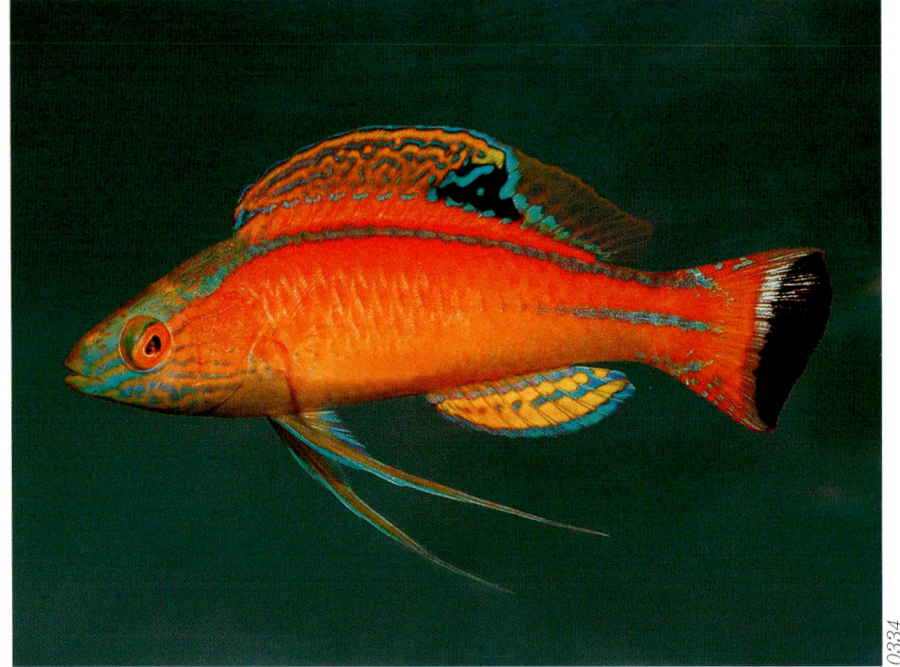

스코츠 레스
학명 / *Cirrhilabrus scottorum*
분포 / 남태평양 | 크기 / 12cm

0332

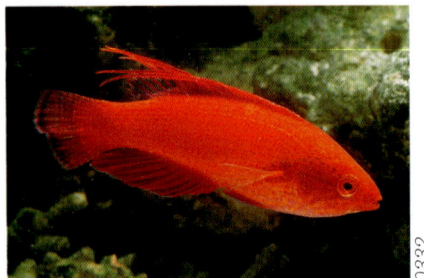

퍼플라인 레스
학명 / *Cirrhilabrus lineopunctatus*
분포 / 필리핀 | 크기 / 7cm

0333

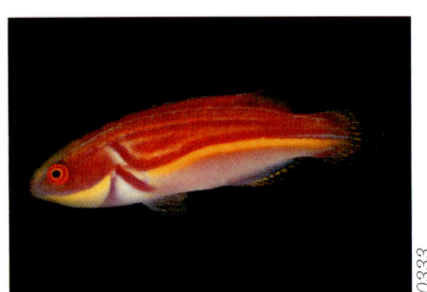

라보티스 레스
학명 / *Cirrhilabrus labouti*
분포 / 호주동부 | 크기 / 10cm

0334

피레스 레스
학명 / *Cirrhilabrus pylei*
분포 / 서부태평양 | 크기 / 9cm

롱핀 페어리 레스
학명 / *Cirrhilabrus rubriventralis*
| 분포 / 중-서부태평양 | 크기 / 7.5cm |

러벅스 레스
학명 / *Cirrhilabrus lubbocki*
| 분포 / 필리핀, 인도네시아 | 크기 / 8cm |

옐로우밴드 레스
학명 / *Cirrhilabrus luteovittatus*
| 분포 / 중부태평양 | 크기 / 13cm |

롬보이드 레스
학명 / *Cirrhilabrus rhomboidalis*
| 분포 / 서부태평양 | 크기 / 10cm |

롬보이드 레스(색변이종)
학명 / *Cirrhilabrus rhomboidalis*
| 분포 / 서부태평양 | 크기 / 10cm |

로시스케일 페어리 레스
학명 / *Cirrhilabrus rubrisquamis*
| 분포 / 몰디브 | 크기 / 10cm |

폴레니
스코츠 레스
색채변이가 많아 사진의 개체와는 전혀 다른 색채 패턴을 가진 것이 몇 가지 있다. 또한 대만 등지에 많이 서식하는 (C.melan-omargina-tus) 늑에노 비슷한 점이 많아 향후 분류학적 전개가 흥미로운 종류이다. 대형이 되는 종류이므로 수조내에서의 개방 공간을 넓게 확보 할 필요가 있다. 예전에는 중부태평양에서 채집된 개체가 하와이 경유로 수입되었지만 최근에는 별로 보이지 않는다. 사진은 피지산의 개체.

퍼플라인 레스
본 속의 레스류는 필리핀 주변의 좁은 분포역에 서식하는 종류이다. 서식 환경이나 사육에 관해서는 로얄 플래셔 레스와 같다. 필리핀에 서만 수입하는 것으로 로얄 플래셔 레스와 함께 입고되는 경우가 많다.

라보티스 레스
다채로운 색채를 지닌 종이 많은 본 속 중에서 특히 화려한 체색을 한 레스이다. 암컷의 색채 변화는 그다지 현저하지 않고 수컷 개체는 모양이 보다 명료해지는 정도. 산호초 외연 경사부로 수심 7~55m 정도에 서식한다. 호주에서 수입되지만 입고 수는 적다.

피레스 레스
깊은 곳에 서식하며 배지느러미가 신장하는 레스속의 미종. 본종으로 보이는 개체가 여러 유형 존재하고 다양한 산지에서 수입되고 있다. 사진은 마닐라산의 개체로 본종 자체는 1년에 몇 마리밖에 무역이 이루지 지지 않는 매우 드문 레스이다.

롱핀 페어리 레스
파이팅 레스의 이름으로 수입되는 레스로 스레드핀 레스처럼 배쪽이 하얗게 물들어져 있다. 사진은 수컷으로 본 속에서는 드물게 등지느러미 가시조가 신장하고 특징 있는 배지느러미를 가지지만 암컷은 지느러미 신장도 없고 체색도 붉은색에 연한 블루의 세로선으로 꼬리지느러미 기저 상부에 작은 흑점을 가진다. 스리랑카와 몰디브에서 수입.

러벅스 레스
소형의 레스로 여러가지 색상 변이가 알려져 있다. 사진은 필리핀산 암컷 개체이지만 인도네시아산의 암컷 개체의 체색은 노란색을 기조로 하고 있으며 몸쪽은 복잡한 색조를 띠고, 꼬리지느러미 기저 상부에 작은 흑점이 있다. 또한 성숙한 수컷의 색채는 각 지느러미가 노란색이며 체색은 홍백이 된다. 인도네시아 외

에 필리핀에서도 수입된다.

옐로우밴드 레스
이전에 전술한 블루사이드 레스와 혼동되고 있던 종류이다. 몸쪽의 띠 모양은 성장에 따라 눈에 띄게 되고 수컷 개체가 되면 황색 빛이 강해진다. 사육은 동속 타종과 마찬가지로 쉽고 처음부터 인공사료를 먹는다.

롬보이드 레스
머리에서 등 부분에 걸쳐 퍼플 블루로 몸 쪽은 연한 골드 레이스 모양, 스파이크 꼬리를 가진 우아한 레스. 같은 스파이크 테일을 가지는 종류로서 (C.lanceolatus)가 알려져 있지만 암수 모두 몸쪽 중앙부에 붉은 색이 강한 세로 띠가 들어가기 때문에 구별할 수 있다. 암초 경사면의 약간 깊은 곳에 서식한다. 마샬지역에서 수입된다.

로시스케일 페어리 레스
비교적 새롭게 기재(1992년)된 레스로 작고 매우 아름다운 종류이다. 사진은 수컷 개체로 배쪽에 걸쳐 자주빛이 도는 색채를 보이지만 암컷은 균일하게 붉은 색으로 머리에서 등부분에 가늘고 흰 세로 줄무늬가 들어간다. 사육은 동속 타종과 마찬가지로 쉽고 먹이는 처음부터 인공 사료를 잘 먹는다.

레드핀 레스
학명 / *Cirrhilabrus rubripinnis*
분포 / 서부태평양　크기 / 10cm

플레임 레스
학명 / *Cirrhilabrus jordani*
분포 / 하와이　크기 / 10cm

레드아이 레스
학명 / *Cirrhilabrus solorensis*
분포 / 서부태평양-인도해　크기 / 12cm

통가 페어리 레스
학명 / *Cirrhilabrus sp.*
분포 / 폴리네시아　크기 / 12cm

옐로우핀 페어리 레스
학명 / *Cirrhilabrus flavidorsalis*
분포 / 서부태평양　크기 / 7cm

써리라브러스의 일종(A)
학명 / *Cirrhilabrus sp.*
분포 / 서부태평양　크기 / 12cm

써리라브러스의 일종(B)
학명 / *Cirrhilabrus sp.*
분포 / 서부태평양　크기 / 12cm

써리라브러스의 일종(C)
학명 / *Cirrhilabrus sp.*
분포 / 서부태평양　크기 / 12cm

써리라브러스의 일종(D)
학명 / *Cirrhilabrus sp.*
분포 / 서부태평양　크기 / 12cm

위/수컷   아래/암컷

스몰테일 레스
학명 / *Pseudojuloides cerasinus*

| 분포 / 인도양-태평양 | 크기 / 12cm |

슈도주로이데스의 일종
학명 / *Pseudojuloides sp.*

| 분포 / 필리핀 | 크기 / 10cm |

시가 레스
학명 / *Cheilio inermis*

| 분포 / 인도양-서부태평양 | 크기 / 40cm |

레드핀 레스
상세한 데이터가 없어 잘 모르는 종류. 외관상은 하와이에 분포하는 플레임 레스의 수컷과 닮아 있지만 플레임 레스에서는 뒷지느러미, 배지느러미가 오렌지 옐로우인데 반해 본종에서는 선명한 붉은색을 띠고 있어 구별이 된다. 사육에 관해서는 동속과 같다고 생각한다.

플레임 레스
하와이 제도 주변 지역의 고유종이지만 드물게 존스턴섬 등에서 아름다운 물고기로 관측되는 경우가 있다. 사진의 개체는 수컷이고 암컷은 몸 전체가 고르게 붉은색을 나타낸다. 본속의 레스류의 사육은 쉽고 튼튼한데다 처음부터 인공사료를 먹는다. 또한 수류는 가급적 강한 것이 좋다. 동종의 복수 사육은 수컷 1에 대해 암컷 1~2마리 정도를 동시기에 넣는 것 이외는 피하는 것이 좋다. 또 동속 타종과의 합사도 일시적으로는 평온하더라도 머지않아 투쟁한다.

레드아이 레스
블루그린 몸에 오렌지 레드 머리를 가지고 등에는 보라색 라인이 들어가는 매우 아름다운 레스의 종류. 레스 중에는 산호를 즐겨 먹는 종들도 적지 않지만 이 레스의 종류는 소형의 갑각류 등을 즐겨 먹어 산호에 해를 끼치지 않는다. 다만 작은 새우 등은 즐겨 먹기 때문에 합사할 때 주의가 필요하다. 인도네시아에서 수는 적지만 수입되어 온다.

통가 페어리 레스
체색은 플레임 레스에 가까운 특징을 지닌 종이지만 본종에서는 등지느러미 꼬리 지느러미, 뒷지느러미 테두리가 블루빛이 된다. 폴리네시아 해역에 서식하고 입고는 적다.

옐로우핀 페어리 레스
수컷에서는 붉은 빛이 도는 몸에 선명한 노란색 등지느러미가 특징적인 레스의 일종. 체형도 다른 레스와 비교하면 다소 체고가 있어 별 속의

레스처럼 보인다. 미크로네시아 해역등에 서식하며 가끔 수입되는 정도로 수는 적다.

써리라브러스의 일종(A)
스코츠 레스는 지역에 따라 색채에 큰 변이를 보이기 때문에 아마 스코츠 레스의 근연종이나 지역 변이라고 생각된다. 본 속의 레스류는 어류학자, 다이버, 수족관 트레이더등의 사람들에게도 인기 있는 종이며 또한 지역에 따른 고유종이나 칼라변이도 많이 볼 수 있기 때문에 현재도 미지종의 보고가 많다.

써리라브러스의 일종(B)
필리핀에서 수입되어 온 레스의 일종. 외관상은 스레드핀 레스와 닮아서 지역에 의한 변이의 가능성도 높다. 주둥이에 들어가는 붉은 색채와 등을 따라서 있는 밝은 피플의 스트라이프가 특징적이다. 러벅스 레스나 롱핀 페어리 레스 등에 섞여 수입되어 오는데 수는 많지 않다.

써리라브러스의 일종(C)
특징적으로는 캐서린스 페어리 레스에 가까운 특징을 가지는 종으로 동종일 가능성도 높다. 이 종류는 지역에 따라 색채 변이가 보이는 경우가 많고 광역 분포종에서는 마치 별종과 같이 색채가 다를 수 있어 종 판별은 어렵다.

써리라브러스의 일종(D)
전체에 진한 분홍빛을 띠며 배쪽이 하얗게 빠지는 종으로 사진의 개체는 암컷 색채로 보인다. 수컷의 색채는 이 개체에서는 상상하기 어렵지만 아마도 비슷한 색채일 것이다.

스몰테일 레스
아름다운 종류가 많은 본 속 중 가장 광역에 분포하는 종류이다. 수컷에서는 그린을 기조로 한 아름다운 색채에 그 이름의 유래가 되는 꼬리지느러미의 흑반점이 선명하지만 암컷은 사진과 같이 분홍빛이 도는 색채로 전혀 다른 종으로 보인다. 예민한 레스이므로 다소 전유적인 사육법이 필요하고 가능하면 산호수족관

나 해초를 번창시킨 듯한 차분한 환경이 바람직하다. 먹이는 갑각류를 선호하는 것 외에 갈색 조류도 쪼아먹지만 먹는 양이 적어 인공 사료에의 순응하는 데 시간이 걸린다. 바닥 모래가 있는 무척추동물 수조의 환경이 이상적이고 작은 새우류등과의 합사는 불가능하다. 고수온에 약간 약한 편이 있다.

슈도주로이데스의 일종
멀티 컬러 레스의 이름으로 알려진 종류로 명칭처럼 매우 다채로운 색채를 하고 있다. 필리핀에 많이 서식하고 있다. 체색 변화는 그다지 많지 않고 성징에 띠라 몸 전반의 암색부가 진헤지는 정도이다. 서식 환경이나 사육에 대해서는 스몰테일 레스에 준한다. 필리핀에서 스몰테일 레스와 함께 수입되며 입고수도 비교적 많다.

시가 레스
매우 가늘고 긴 체형을 가진 레스의 종류로 최대 40cm까지 성장한다. 수컷은 약간 푸르스름하고 암컷은 붉은 빛이 도는 정도로 암수에서의 체색 차이는 그다지 크지 않다. 사진의 개체는 유어로 몸 쪽의 줄무늬가 명화하게 들어가 있다. 암초 주위 모래땅에서 볼 수 있으며, 다른 많은 레스들과 마찬가지로 위험을 느꼈을 때나 야간에는 모래에 숨어 있는 습성이 있다.

청줄청소놀래미(블루스트리크 크리너 레스)
학명 / *Labroides dimidiatus*
분포 / 인도양-중서부태평양 | 크기 / 10cm

피지산개체

하와이안 크리너 레스
학명 / *Labroides phthirophagus*
분포 / 하와이 | 크기 / 10cm

청줄청소놀래미(블루스트리크 크리너 레스)
청소물고기로서 가장 인기 있는 레스이다. 사육
면에서는 기본적으로 튼튼한 물고기이지만 운
동량이 매우 풍부하여 먹이 섭취량이 없으면 살
이 빠지는 경우가 많다. 이 때문에 대형 물고기
와의 동거나 무척추동물 수조에서의 자연적인
먹이와 합치는 편이 상태가 좋을 수 있다. 보통
먹이는 브라인 슈림프나 건조 크릴 등을 선호
하지만 익숙해지면 인공사료도 먹는다. 복수
사육에 대해서는 동종 동속과는 기본적으로
불가능하다. 본 속이나 근연속의 레스는 잠잠
때 강인한 방호막을 만든다. 이 종류가 대형
물고기에 먹히지 않는 것은 허리를 흔드는 듯
한 독특한 수영과 컬러 패턴 때문이라는 연구
결과가 나왔다. 수많은 물고기 중에는 이 습성

바이칼라 크리너 레스
학명 / *Labroides bicolor*
분포 / 인도양-중서부태평양 | 크기 / 12cm

블랙스팟 크리너 레스
학명 / *Labroides pectoralis*
분포 / 그레이트 베리어 리프 | 크기 / 8cm

포라인 레스
학명 / *Larabicus quadrilineatus*
분포 / 홍해 | 크기 / 12cm

레드립 크리너 레스
학명 / *Labroides rubrolabiatus*
분포 / 중부태평양 | 크기 / 7cm

옐로우테일 튜브립
학명 / *Diproctacanthus xanthurus*
분포 / 서부태평양 | 크기 / 8cm

옐로우백 튜브립
학명 / *Labropsis xanthonota*
분포 / 인도양-서부태평양 | 크기 / 12cm

을 잘 이용하여 대형 물고기에게 다가가 물고기의 피부나 지느러미를 뜯어 먹는 물고기도 알려지고 있다. 이 종류는 입이 아래쪽으로 벋어져 있는 것 외에는 거의 청줄청소놀래미와 구별이 되지 않을 정도로 비슷하다. 지역에 따라 칼라변이가 보이고 사진과 같이 피지 제도에 서식하는 개체에서는 꼬리무늬부에 황금색의 색채가 들어간다.

하와이안 크리너 레스
하와이 제도의 고유종으로 본 속 중 가장 선명한 색채를 띤 종류이다. 체형적으로 블루스트리그 그리너 레스 보다 약간 두껍다. 또힌 유어기는 청줄청소놀래미의 유어와 거의 같은 색채이지만 성어는 블랙스팟 크리너 레스와 매우 유사한 특징을 가지고 있다. 사육면에서는 보다 산소량이 많은 청정한 수질을 선호 하며 인공사료에는 다소 순화되기 어려운 면이 있다. 본 종은 다른 산호초지역의 어류와의 생태적인 관계로 채집이 자제되고 있는 어종.

바이칼라 크리너 레스
다른 물고기를 청소하는 물고기로 유명한 물고기는 청줄청소놀래미지만 학술적으로는 본종이 청소물고기로 예전부터 알려진 종 류이다. 넓은 분포영역을 가지지만 서식 수는 청줄청소놀래

미보다 적다고 한다. 사진의 개체는 성어지만 유어기는 선명한 옐로우 라인을 가진다. 청줄청소놀래미 와 마찬가지로 넓은 영역을 가지지만 단독으로 있는 경우가 많다. 사육은 거의 청줄청소놀래미에 준하지만 성어 모양이 된 대형 개체는 친화하기 어려운 면이 있고 입고 수는 적다.

블랙스팟 크리너 레스
1975년에 기재된 종류로, 본 속 중에서는 가장 소형의 종류이다. 해역에 따라 약간의 변이가 보이며 그 특징적인 가슴지느러미 근원의 흑점 이외에도 체색에 차이가 있다. 사육면에 관해서는 블루스트리크 크리너 레스와 같다.

포라인 레스
홍해와 아덴만의 고유종으로 알려져 있지만 최근에는 아라비아만 등에서도 서식이 확인되고 있다. 야에야마제도에 많은 (Labropsis)속과 근연의 속 종이다. 유어기는 청소물고기이지만 성어가 되면 오로지 산호의 폴립을 주식으로 하고 있다. 이 때문에 전체 길이 5cm 내외까지의 유어는 비교적 잘 먹지만 성어는 순화되지 않는다. 홍해 주변지역에서 수입되지만 입고 수는 적다.

레드립 크리너 레스

피치 클리너 레스의 이름으로 알려져 있는 종류로 블랙스팟 크리너 레스에 근연의 종으로 본 속에서는 소형의 부류이다. 시식환경이나 사육면에 대해서는 청줄청소놀래미와 같 다. 중부태평양에 분포하고 있다.

옐로우테일 튜브립
1속 1종의 소형 클리너 레스로 포라인 레스와 마찬가지로 폴립을 먹으며 다른 물고기의 클리닝은 별로 하지 않는다. 전체 길이 3cm정도까지의 유어는 복부와 꼬리지느러미도 검은색이 다. 사육에 있어서는 냉동 브라인슈림프나 건조 크릴의 미세한 솟도 먹는나. 예민한 레스이브로 기가 센 물고기나 탐욕스러운 물고기와의 합사는 불가능하다.

옐로우백 튜브립
본 종도 성어는 폴립식이며 유어기는 클리너로 여겨지는 종류이다. 특징인 웨지테일과 독특한 색채는 수컷의 특징이며 암컷과 어린 물고기에서는 라운드 테일로 검은색 바탕에 가는 세로 줄무늬 모양이다. 산호류가 풍부한 곳 수심 7~55m정도에 단독으로 서식한다. 사육은 레드시 클리너 레스와 같고 작은 개체라면 먹이를 줄 수 있다. 개별적으로 수입되는것은 드물고 필리핀 등에서 믹스로 수입된다.

원쪽/수컷   위/암컷

버드 레스
학명 / *Gomphosus varius*

분포 / 중-서부태평양 　　크기 / 28cm

그린 버드마우스 레스
학명 / *Gomphosus caeruleus*

분포 / 인도양 　　크기 / 28cm

레오파드 레스
학명 / *Macropharyngodon meleagris*

분포 / 중-서부태평양 　　크기 / 12cm

쵸아티스 레스
학명 / *Macropharyngodon choati*

분포 /호주 　　크기 / 10cm

옐로우 스포티드 레스
학명 / *Macropharyngodon negrosensis*

분포 / 서부태평양 　　크기 / 12cm

숏노우즈 레스
학명 / *Macropharyngodon geoffroyi*

분포 / 하와이 　　크기 / 16cm

버드 레스
영명 처럼 특수화된 주둥이로 잘 알려진 레스로
수컷에서는 전신이 청록색으로 물들기 때문에 그
린버드레스라는 이름으로 수입되며 가격도 암컷
에 비해 비싸다. 그 특징 있는 주둥이는 뒤엉킨
가지 산호류 속이나 바위틈으로 작은 동물을 잡
는데 편리하게 사용되고 있다. 연안 산호초지역
과 암초호 안 수심 30m이하에 많아 항상 헤엄쳐
다닌다. 튼튼하고 사육하기 쉬운 레스이지만 매
우 유영력이 좋아 넓은 공간이 필요하며 수류도
꽤 강한 것이 좋다. 또 놀라는 순간에 튀어나오
기도 하므로 수조 커버는 확실히 고정할 것. 먹이
는 무엇이든 잘 먹지만 각종 균형있게 주는 게
좋다. 예민한 물고기와의 합사는 불가능하다. 필
리핀과 인도네시아에서 수입된다.

그린 버드마우스 레스
전종의 인도양 대응종에 해당한다. 사진은 암컷
개체이지만 수컷에서는 버드 레스에 비해 보다
깊은 녹색을 나타낸다. 본종은 2아종 있으며
홍해에 서식하는 것은 G.c.klunzingeri라고 하
며 암컷은 꼬리지느러미 뒷지느러미가 약간 붉은
빛을 띠며 수컷은 꼬리지느러미나 등지느 러미
뒷지느러미 끝부분이 노란색을 띤다. 생태나 사
육에 대해서는 전종과 같다. 드물게 홍해 주변지
역의 루트로 수입되지만 입고 수는 적다.

왼쪽/암컷　위/수컷

레드 테일 레스
학명 / *Anampses chrysocephalus*

분포 / 하와이	크기 / 17cm

뉴기니아 레스
학명 / *Anampses neoguinaicus*

분포 / 서부태평양-호주	크기 / 15cm

화이트 스포티드 레스
학명 / *Anampses melanurus*

분포 / 인도양-태평양	크기 / 12cm

스포티드 레스
학명 / *Anampses meleagrides*

분포 / 인도양-서부태평양	크기 / 20cm

블루 스포티드 레스
학명 / *Anampses caeruleopunctatus*

분포 / 인도양-중부태평양	크기 / 30cm

쵸아티스 레스
호주 그레이트 배리어 리프와 그 주변영역에만 분포한다. 수컷 암컷에서 체색이 다른 것이 많은 본 속의 레스 가운데 본종은 별 변화가 없다. 본 속 레스류는 매우 얌전하며 사육면에서도 탐욕스러운 물고기와의 합사는 삼가하는 것이 좋다. 먹이는 조개, 건조크릴, 냉동 브라인슈림프 등을 선호한다. 통상의 사료로는 만족스럽게 섭취하지 않는 경우가 많고 살이 빠지기 때문에 무척추동물 수조 등의 환경에서 자연 발생하는 새우류나 갯고둥류를 먹이로 삼을 때 매우 좋은 상태를 유지한다. 아가미병에 걸리기 쉽기 때문에 수질 악화에 주의를 요한다.

레오파드 레스
본 속에서는 가장 일반적인 종류로 암컷은 예전에 별종으로 취급을 받았다. 자연에서는 작은 새우와 유공충 등을 먹는다. 사육에 대해서는 전술한 쵸아티스 레스와 같고 수질은 산소의 풍부한 청정한 상태를 유지하도록 한다.

옐로우 스포티드 레스
해당 이름은 암컷개체를 대상으로 붙여졌으며 수컷은 블루그린을 띤 모자이크 무늬로 모두 세련된 색조의 레스이다. 본 속 중에서는 광역에 분포하는 종류이다. 다자란 수컷의 색조에는 해역에 따라 농담이 있다. 드물게 스리랑카 등

에서 수입된다.

숏노우스 레스
포터스 레스의 이름으로 알려진 하와이 제도의 고유종. 본 속 중에서 가장 대형이 되는 종류로 다자란된 수컷은 체고의 높이가 현저하여 볼만하다. 수컷과 암컷에서 색채는 크게 변화지 않는다. 자연에서 수식은 유공충이나 작은 연체 동물이다 사육에 대해서는 타종에 준하다.

레드 테일 레스
하와이 제도 주변 지역에 분포하는 레스의 종류. 본 속 레스류도 암수에서의 색채 차이가 많으며 본 종도 그에 못지않게 암컷에서 수컷으로 극적인 변화를 이룬다. 해안의 암초 지역의 수심 15m이상에 많으며, 암초의 모래바닥지에서 암컷은 소그룹이며 수컷은 부근에 단독으로 있다. 매우 민감하여 사육은 다소 어렵다. 먹는 량이 적으면 살이 빠지는 경우가 많고 특히 대형 수컷 개체는 순화되지 않아 사육하기 어렵다. 개방된 공간을 차지한 바닥 모래가 있는 조용한 무척추동물 수조와 같은 환경에서 유어 개체를 사육하는 것이 가장 적당하다.

뉴기니아 레스
청초한 색조의 레스로 다자란 수컷이 다소 물드는 정도로 색채 변화는 별로 없다. 피지 제도나 그레이트 배리어 리프에 보통 서식하는 종류

로, 게라마 제도 등에서도 볼 수 있지만 희귀종으로 여겨지고 있다. 산호초 외연의 약간 깊은 곳 경사면에서 조수가 잘 통하는 곳에 단독으로 서식한다. 사육에 대해서는 동속 타종과 같다. 드물게 호주에서 수입된다.

화이트 스포티드 레스
본 속에서는 소형의 부류로 사진은 암컷 개체로 후술하는 스포티드 레스의 암컷과 매우 비슷한 색채를 띠고 있다. 다자란 수컷 개체는 몸쪽에 황색 띠가 들어가는 정도로 변화는 없다. 또한 매우 어린 물고기 중 흰 점이 마블 모양을 띤다.

스포티드 레스
분포역의 넓은 종류이다. 사진은 암컷 개체이지만 수컷은 웨지테일이 되고 검은색 바탕의 체색에 블루닷과 세련된 색조가 된다. 산호초 지역의 수심 5~50m 정도에서 산호초와 모래, 바위가 섞이는 곳에 단독 또는 쌍으로 서식한다. 사육에 대해서는 레드 테일 레스에 준한다. 필리핀이나 인도네시아에서 수입된다.

블루 스포티드 레스
약간 황색 빛이 도는 체색에 블루 스팟을 흩뿌린 아름다운 종이지만 성장한 수컷에서는 푸른 빛이 나는 몸에 몸 쪽에 노란색 밴드가 옆으로 1개가 들어가 수수한 색채를 띤다. 필리 핀에서 믹스로 수입되어 오는데 수는 적다.

크라운 코리스

학명 / *Coris aygula*

분포 / 인도양-태평양 　 크기 / 100cm

0373

옐로우테일 코리스

학명 / *Coris gaimard*

분포 / 서부태평양 　 크기 / 38cm

0374

왼쪽/유어 　 위/준성어

아프리칸 코리스

학명 / *Coris africana*

분포 / 아덴만, 홍해, 남아프리카 크기 / 38cm

0375

퀸 코리스
학명 / *Coris frerei*

분포 / 서부인도양	크기 / 50cm

옐로우스트립 코리스
학명 / *Coris flavovittata*

분포 / 하와이	크기 / 45cm

엘레겐트 코리스
학명 / *Coris venusta*

분포 / 하와이	크기 / 18cm

크라운 코리스
본 속 중 가장 대형이 되는 종류이며, 다자란 수컷은 유어에게서는 상상도 못하는 박력이 있다. 유어의 인상적인 붉은 반점은 전체 길이 8~12cm로 희미해지기 시작하지만 사육시에는 15cm정도가 되어도 명료하게 남아있는 개체도 있다. 매우 튼튼한 레스로 먹이 섭취도 탐욕스럽다. 사육은 옐로우테일 코리스와 같다.

옐로우테일 코리스
수족관 물고기로 예전부터 사랑받는 가장 인기 있는 레스로 특히 유어는 인기가 높다. 사육이 쉬운 레스이지만 편향된 먹이로는 오래 살지 않기 때문에 인공 사료를 포함한 다양한 먹이를 주는 것이 중요하다. 또한 전체 길이 10cm 이상의 개체는 넓은 공간에서 수류를 강화하고 운동량을 늘려 먹이의 섭취 의욕을 높이면 좋다. 유어기는 3cm두께 이상의 바닥 모래가 필요하지만 대형 개체는 특별히 필요 없다.

아프리칸 코리스
이건에는 옐로우데일 고리스의 총해형으로 되어 있었지만 최근에는 별종으로 보는 견해도 있어 분별하였다. 색채는 성장에 따라 다크 브라운 기조를 띠고 꼬리는 노란색이 되지 않는다.

퀸 코리스
포르모산 레스의 명칭으로 알려진 종류이지만 이전부터 본 종의 다자란 수컷에 붙였던 해당 학명이 우선되어 귀속되고 있다. 다자란 수컷은 전신에 미세한 라임그린 스팟으로 덮여있고 몸쪽에 어두운 가로띠 무늬가 나타난다. 사육에서는 옐로우테일 코리스보다 강인한 면이 있으며, 유어기부터 전종보다 다소 두툼한 체형으로 식욕도 왕성하다. 또한 본 속의 레스류는 갑각류와의 합사는 불가하다. 스리랑카에서 유어 개체가 수입된다.

옐로우스트립 코리스
하와이 제도의 고유종이며 비교적 대형이 되는 레스로 명칭은 옐로우라고 하지만 실제로는 거의 백색선이다. 사진은 암컷 개체이지만 다자란 수컷에서는 파란색이나 녹색 모자이크 라인이 들어가 위장무늬의 복잡한 색조를 띤다. 또한 길이 7cm 정도까지의 유어는 배쪽에도 검은 줄무늬가 있어 시크한 색조이다. 암초지역 등의 수심 7~20m 정도의 모래지와 암초역에 서식하고 있다. 사육이 쉬운 튼튼한 레스이다. 또한 동속 타종과 마찬가지로 전체 길이 10cm 이상의 개체에서는 넓은 유영 공간과 강한 수류가 필요하다. 별로 입고되지 않는 종류이다.

엘레겐트 코리스
수컷 과 암컷에서의 색채 변화는 그다지 많지 않으며, 또한 유어기는 몸쪽 중앙에 불분명한

팔레바드 코리스
학명 / *Coris dorsomacula*

분포 / 서부태평양	크기 / 20cm

세로띠가 들어가 팔레바드 코리스의 어린 물고기와 매우 흡사하다. 사육은 용이하지만 비슷한 크기의 동속 타종 등과의 합사에서는 다소 욕심이 부족해 열위가 되는 경향이 있다.

팔레바드 코리스
본 속 중에서는 소형의 부류로 온대에도 잘 적응하고 있는 종류이다. 암초지역이나 산호초역의 수심 2~30m정도로 바위나 조류가 많은 모래 바닥지에 서식한다. 사진의 개체는 어린 물고기의 체색을 나타내는 것이다. 성어의 색채는 환경에 따라 다르며 그린을 기조로 한 것부터 붉은색이 강한 것까지 다양하다. 다소 민감하고 고수온에 약한 면이 있다.

레인보우 레스
학명 / *Halichoeres iridis*

| 분포 / 서부태평양 | 크기 / 12cm |

오네이트 레스
학명 / *Halichoeres ornatissimus*

| 분포 / 중-서부태평양 | 크기 / 18cm |

레드라인 레스
학명 / *Halichoeres biocellatus*

| 분포 / 서부태평양 | 크기 / 12cm |

파스텔그린 레스
학명 / *Halichoeres chloropterus*

| 분포 / 서부태평양 | 크기 / 12cm |

카나리 레스
학명 / *Halichoeres chrysus*

| 분포 / 서부태평양 | 크기 / 12cm |

테일스팟 레스
학명 / *Halichoeres melanurus*

| 분포 / 서부태평양 | 크기 / 14cm |

체크보드 레스
학명 / *Halichoeres hortulanus*

| 분포 / 인도양-서부태평양 | 크기 / 22cm |

레인보우 레스
근사종과 혼동되기 쉬운 종류로, 특히 어린 물고기에서 성어까지는 후술하는 아르거스 레스 등과 매우 비슷한 색채를 하고 있다. 유어기의 등지느러미의 2개의 눈모양반점은 특히 두드러진다. 필리핀 이남에 많이 보이며 사육에 관해서는 동속 타종에 준한다. 필리핀과 인도네시아에서 믹스 레스로 수입된다.

오네이트 레스
유어기는 마블 레스의 이름으로 알려진 큐센 속의 레스로 성장하면 다소 체고가 있는 체형이 되어 본속중에서는 대형이 된다. 광역 분포종으로 류큐열도에서는 보통종. 본 속의 레스류의 사육에는 바닥모래가 필요하다. 또한 먹이는 편식이 되지 않도록 주의할 것. 갑각류나 갯고둥류에 해를 끼치므로 합사는 불가. 본종의 5cm이하의 유어는 다소 겁이 많고 예민한 면이 있다. 필리핀이나 인도네시아에서 믹스레스로 수입되고 있다.

레드라인 레스
사진은 어린 물고기 또는 암컷 개체로 다자란 수컷에서는 다소 붉은 빛이 강해진다. 분포영역이 넓은 종류이다. 산호초의 얕은 내만 등에 서식하며, 흔히 볼 수 있다. 사육에 대해서는

카나리탑 레스
학명 / *Halichoeres leucoxanthus*
분포 / 인도양　　　크기 / 13cm

트리플스팟 레스
학명 / *Halichoeres trispilus*
분포 / 인도양　　　크기 / 10cm

위/수컷　　아래/암컷

동속 타종과 같고 편식에 주의하면 비교적 용이하다. 또한 야간 에는 모래에 숨어있는 성질이 있기 때문에 바닥은 고운 산호 모래를 약간 두껍게 깔아 주면 좋다. 인도네시아에서 수입.

파스텔그린 레스
본 속 중에서는 가장 인기있는 종류로 가장 작은 부류이다. 등지느러미의 눈모양반점이 소실되는 것 외에 성장해도 색채는 변하지 않는다. 사육이 용이한 얌전한 레스이지만 동종의 복수 사육에서는 서열이 생겨 영역 주장이 강해진다. 필리핀과 인도네시아에서 수입되고 있다.

카나리 레스
전종의 인도양 대응종과 같은 위치에 있는 레스로 이전에는 아종적인 존재였지만 1982년 정식으로 종으로 기재되었다. 성장함에 따라 머리부터 복부에 걸쳐 녹색이 강해져 매우 아름다워진다. 수심 15~30m 정도의 산호초지역에 단독이니 쌍으로 서식하고 있다. 사육에 관해서는 파스텔그린 레스과 마찬가지로 용이하다. 가끔 스리랑카와 몰디브에서 수입된다.

테일스팟 레스
본종도 전형적인 본 속의 색채 패턴을 보이는 종류이다. 매우 혼란스러운 바 있으며 이전에 암컷개체는 인도양의 H.vroliki=H.hoeveni와 혼동되어 수컷 개체도 다른 이름으로 불렸다. 산호초지역의 얕은 물로 산호군 사이의 모래땅에 서식한다. 동물질 먹이를 선호하지만 인공사료를 포함한 다양하고 풍부한 먹이가 사육의 포인트이다. 필리핀과 인도네시아에서 수입.

체크보드 레스
그린 코리스의 이름으로 알려진 인기있는 레스로 서부 태평양 지역에서도 필리핀보다 남쪽에 많이 서식한다. 유어는 명칭대로 연한 녹색의 체색을 띠고 있으나 자라면 연한 회색 기조를 이루며 몸쪽 중앙에 흐릿한 흑반점이 뜬다. 산호초지역의 극히 얕은 물의 모래지에 많다. 사육에 대해서는 오네이트 레스에 준한다. 필

아르거스 레스
학명 / *Halichoeres argus*
분포 / 인도양-시부대평양　　크기 / 10cm

리핀과 인도네시아에서 비교적 잘 수입된다.

카나리탑 레스
동아프리카 연안에 많이 서식하는 아름다운 소형 레스이다. 사진은 성어이지만 유어는 광택이 난다. 황갈색에 블루의 눈모양반점을 가지는 특이한 색채를 하고 있다. 험준한 암초지역의 수심 6~45m 정도의 모래지대에 서식하며 보통 20m이상 깊은 곳에 있다. 사육은 동속 타종과 같고 기본적으로 먹이도 잘 먹는 튼튼한 종류이지만 채집되는 장소가 깊기 때문인지 약간 민감한 면이 있다. 드물게 케냐에서 수입되는 정도의 종류이다.

트리플스팟 레스

본 속 중에서는 가장 작은 부류로 모리셔스나 몰디브에서 서식이 많이 확인되고 있는 레스이다. 암초 지역과 깊은 암초 호수의 수심 24~56m정도의 모래 바닥에 서식한다. 유어기에서는 연한 핑크색이지만 성장에 따라 머리보다 등부분에 걸쳐 붉은 빛이 강해진다. 수입수는 적다.

아르거스 레스
오네이트 레스라고 불리는 광택이 있는 아름다운 종류이다. 본 종은 중부태평양 지역에서 흔히 볼 수 있는 종으로 특히 하와이 제도 등에는 많이 서식한다. 튼튼한 레스이지만 청정한 수질을 유지하지 않으면 상태가 나빠지기 쉽다.

그레이헤드 레스
학명 / *Halichoeres purpurescens*

분포 / 서부태평양 | 크기 / 15cm

옐로우체크 레스
학명 / *Halichoeres cyanocehalus*

분포 / 대서양 | 크기 / 30cm

레드숄더 레스
학명 / *Stethojulis bandanensis*

분포 / 인도양-중서부태평양 | 크기 / 16cm

무지개 놀래미
학명 / *Stethojulis interrupta terina*

분포 / 인도양-서부태평양 | 크기 / 14cm

더스키 레스
학명 / *Halichoeres marginatus*

분포 / 인도양-중부태평양 | 크기 / 18cm

놀래기
학명 / *Halichoeres tenuispinnis*

분포 / 인도양-서부태평양 | 크기 / 18cm

파스텔링 레스
학명 / *Hologymnosus doliatus*

분포 / 중부태평양 | 크기 / 40cm

어랭 놀래미
학명 / *Pteragogus flagellifer*

분포 / 인도양-서부태평양 | 크기 / 20cm

그레이헤드 레스
본종도 본 속의 전형적인 색채 패턴을 가지는 레스이다. 성장하면 몸쪽의 골드 스폿이 빛나 아름답다. 사육은 동속 타종에 준한다. 드물게 인도네시아에서 믹스 레스로 수입되어 온다.

더스키 레스
레스의 대부분은 성어보다 유어가 더 아름다운 것이 많다. 그러나 본종에서 유어는 사진과 같이 수수한 색채를 띠고 있지만 성장함에 따라 수컷에서는 선명한 그린과 오렌지로 물들여진다. 등지느러미에 있는 눈 모양반점은 성장함에 따라 사라진다.

블랙아이 시크립
학명 / *Hemigymnus melapterus*
분포 / 인도양-중서부태평양 | 크기 / 50cm

바드 시크립
학명 / *Hemigymnus fasciatus*
분포 / 인도양-중서부태평양 | 크기 / 45cm

블런트헤디드 레스
학명 / *Thalassoma amblycephalum*
분포 / 중-서부태평양 | 크기 / 15cm

놀래기
남부지역에서 흔하게 보이는 종이다. 암컷은 옅은 적색이고 수컷은 붉은 바탕에 녹색의 불규칙한 무늬가 들어간다. 성어는 방파제 등의 낚시로 채집할 수 있으며 유어는 봄부터 초여름에 걸쳐 갯바위 근처에서 채집할 수 있다.

옐로우체크 레스
유어가 선라이즈 레스라고 불리는 매우 아름다운 레스로 본 속에서는 비교적 대형이 되는 종류이다. 플로리다 주변 지역에서는 보통종이지만 카리브해 등에서는 보기 드문 부류에 속한다. 사진은 유어 개체이지만 전체 길이 8cm를 넘을 때부터 복부가 하얗게 변하기 시작해 연한 블루의 색조로 변화한다. 다자란 수컷에서는 다크 블루에서 보라색 색조를 띠며, 눈에서 비스듬히 두가닥의 줄무늬가 들어간다. 또한 매우 작은 유어기의 체색은 황갈색이다. 암초역과 산호초지역 수심 20~90m 정도의 깊은 곳에 서식한다. 유어기는 다소 예민한 면이 있지만 성어에서는 작은 물고기까지 먹는 탐욕이 있다. 약간 높은 수온에 약한 종류. 유어 개체는 미국에서 수입되지만 고가인 편이다.

파스텔링 레스
펜슬 레스의 이름으로 알려진 종류로, 다소 대형이 되는 레스이다. 사진의 개체는 어린 물고기이며, 성체에서는 연한 녹색 바탕에 미세한 가로띠가 타난다. 사육 환경에서는 바다 모래가 필요하고 수류를 약간 강하게 해 주면 좋다. 아주 작은 유어의 먹이는 냉동 브라인슈림프나 조개 또는 고형의 인공사료 등으로 좋지만 성장함에 따라 작은 물고기나 새우류를 먹게 된다.

어랭 놀래기
레스로서는 비교적 체고가 있는 종으로 색채의 변이가 많다. 온대에 적응한 종으로 국내에서 주요서식지는 다도해와 한려해상이다. 연안의 해조류가 덮여있는 암반 지역에 주로 서식한다.

레드숄더 레스
산호초지역에서 흔히 볼 수 있는 레스의 종류이다. 본 속 레스류는 8종류가 있지만 모두 비슷한 체색을 하고 있다. 사진의 개체는 암컷개체이지만 수컷에서는 녹색을 기조로 한 체색에 몇 가닥의 파란색 선 모양이 명료하게 들어간다. 예민한 레스로 먹이는 먹지만 먹는량이 적다. 무척추동물수조와 같은 조용한 환경 속에서 유기물을 자연 채식시키면서 먹이를 준다.

무지개 놀래미
이 종류에서는 온대에 적응한 종으로 사진의 색채는 암컷, 수컷의 색채는 레드숄더 레스를 많이 닮았으며 연한 녹색의 색채에 파란색 가는

블루헤드 레스
학명 / *Thalassoma bifasciatum*
분포 / 대서양 | 크기 / 15cm

라인이 들어간다. 둘의 구별은 무지개 놀래미 쪽이 약간 날씬하고 볼에 들어 가는 블루라인이 레드숄더 레스 쪽이 한 가닥 더 많다.

블랙아이 시크립
학술적으로도 아쿠아리움피쉬로도 오래전부터 알려진 종류로 비교적 대형이 되는 레스이다. 사진의 개체는 어린 물고기인데, 성장한 것은 입술이 두꺼워지고 중량감이 나며 비늘돔류와 같은 박력이 있다. 광역에 분포하는 레스로 성어에서는 태평양형과 인도양형으로 다소 색채에 변화가 보인다. 연안의 산호초지역과 초호의 수심 5~30m 정도에 서식한다. 유어는 가지산호 등을 쉘터로 하여 부근에서 플랑크톤을 먹고 성어는 산호초와 바다모래 속에 사는 온갖 작은 동물을 모래째 입에 머금고 먹는다. 사육은 대부분 유어를 대상으로 하고 있다. 먹이는 조개와 갯지렁이 등을 선호하며 냄새가 강한 고형 인공사료도 익숙해지면 다소 먹는다. 수조 내에는 산호암등으로 쉼터를 마련해 주면 좋다. 필리핀에서 유어가 수입되고 있다.

바드 시크립
광역 분포종. 산호가 발달한 연안부의 얕은 물에서 황색 띠 무늬의 유어를 흔히 볼 수 있다. 인도양에서는 표기 이상의 대형 개체가 있다.

블런트헤디드 레스
동속 타종에 비해 매우 슬림한 인상을 받는 레스이다. 수컷과 암컷의 색채 변화가 많은 종류이다. 산호초지역의 외측 가장자리의 경사면에서 수컷 한 마리에 대해 암컷 여러마리가 큰 할렘을 형성한다. 암컷 및 어린 물고기는 항상 무리지어 행동하며 때로는 초대형 물고기 청소를 하고 있을 수 있다. 또한 극히 작은 유어기는 산호의 촉수를 쉘터로 하고 있다. 자연에서는 저생동물보다 부유하는 동물성 플랑크톤이 주식이다. 타종과 마찬가지로 탐욕스러운 먹이활동이 좋은 레스이지만 동속 타종과의 합사에서는 열성이 되므로 피하는 것이 좋다. 필리핀이나 인도네시아에서 수입되지만 수컷개체의 입고는 극히 드물다.

블루헤드 레스
본 속에서는 유일하게 대서양에 분포하는 종류이다. 아주 어린 유어기는 블런트헤디드 레스와 같이 산호의 촉수를 쉘터로 삼고 있다. 사진은 수컷으로 독특한 블루와 그린의 색채가 특징적이다. 성전환 중에는 몸쪽에 불분명한 가로띠가 몇가닥 나타난다. 본 속에서는 수질에 가장 민감하고 물이 조금이라도 오래되면 상태가 나빠지므로 정기적인 물갈이는 반드시 필요하다.

선셋 레스
학명 / *Thalassoma lutescens*
분포 / 인도양-중서부태평양 | 크기 / 25cm

식스바 레스
학명 / *Thalassoma hardwicke*
분포 / 인도양-중서부태평양 | 크기 / 20cm

파이브스트라이프 레스
학명 / *Thalassoma quinquevittatum*
분포 / 인도양-서부태평양 | 크기 / 15cm

코르테즈 레인보우 레스
학명 / *Thalassoma lucassanum*
분포 / 동부태평양 | 크기 / 15cm

문 레스
학명 / *Thalassoma lunare*
분포 / 인도양-중서부대평양 | 크기 / 12cm

잔센스 레스
학명 / *Thalassoma jansenii*
분포 / 인도양-서부태평양 | 크기 / 20cm

선셋 레스
사진의 개체는 수컷으로 몸쪽에 하늘색 띠무늬가 들어가 아름답다. 어린 물고기와 암컷은 하나같이 노란색입니다. 또한 극히 어린 유어기에서는 눈에서 꼬리지느러미 기저부에 걸쳐 어두운 세로 줄무늬가 달린다. 본 속의 레스류 사육환경은 수류가 강하고 산소량의 풍부한 상태가 좋으며 헤엄치기 위한 넓은 공간과 휴식시 쉘터가 필요하다. 또 이 종류는 엘라병에 약하기 때문에 예방차원에서 UV 살균등을 설치해 두면 좋다. 먹이를 독점적으로 먹는 탐욕스러운 레스류이므로 다른 물고기와의 합사은 잘 고려해야 한다. 무척추동물수조에는 절대 불가. 수입되는 경우는 적은 종류이다.

문 레스
본 속에서 가장 오래전부터 기재(1758년)되어 있는 광역 분포의 종류이다. 수컷 개체에서 다소 색채가 짙어지는 정도로 어린 물고기 암컷과의 차이는 크지 않다. 사육은 선셋 레스에 준한다. 필리핀이나 인도네시아에서 수입.

잔센스 레스
특이한 무늬를 가지고 있는 레스이다. 이 무늬는 해역이나 개체에 따라 상당히 변이가 있다. 기본적으로 유어에서 성어까지의 색채 및 모양의 변화는 보이지 않으나, 다자란 수컷 개체에서는 검은색 부분이 다크블루를 띠며 꼬리지느러미 양엽의 많이 길어진다. 서식환경은 산호초지역의 수심 15m이내로 본종도 단독으로 있는 경우가 많다. 사육은 동속 타종에 준한다.

식스바 레스
동속 타종에 비해 다소 체고가 있는 체형으로 꼬리지느러미의 양엽도 신장하지 않는다. 성장에 따라 색채가 명료해지는 정도로 유어에서 성어까지의 기본적인 무늬는 변화하지 않는다. 산호초지역의 수심 15m 하에 얕게 서식하며 맑은 장소라면 극히 연안 수심 1m미만의 모래바닥 등에서도 볼 수 있다. 사육에 대해서는

튜브 마우스

학명 / *Siphonognathus argyrophanes*

분포 / 호주 남부 | 크기 / 45cm

쿼이스 패럿피쉬

학명 / *Scarus quoyi*

분포 / 인도양-서부태평양 | 크기 / 30cm

바우어스 패럿피쉬

학명 / *Scarus bowersi*

분포 / 서부태평양 | 크기 / 30cm

동속 타종에 준한다. 드물게 필리핀과 인도 네시아 또는 인도양 해역에서 수입된다. 유어는 믹스레스에 섞여 있을 수 있다.

파이브스트라이프 레스

그린과 레드가 만들어내는 사이키델릭한 무늬 가 아름다운 종으로 산호초가 얕은 곳에서 단독으로 생활한다. 본 종은 야간에도 모래에는 숨어 있지 않고 바위 그늘 등에서 자고 있다. 다른 레스와 섞여 유어가 필리핀 등에서 수입 되어 오는데 수는 그리 많지 않다.

코르테즈 레인보우 레스

멕시칸 락 레스등의 명칭으로 알려진, 블루 헤드 레스의 동부 태평양형과 같은 종. 캘리포 니아 만에서 갈라파고스 제도에 이르는 암초 지역에 서식한다. 블루헤드 레스와 마찬가지로 할렘형 군에서 서식하고 있지만 차열 순위의 수컷 개체는 단독으로 있는 경우가 많다. 유어 기는 청소물고기로도 행동한다. 사육은 블루 헤드 레스와 같지만 고수온에는 약한 면이 있다. 미국에서 수입되지만 거의 암컷개체이다.

튜브 마우스

호주와 뉴질랜드 연안에만 분포하는 레스. 튜브 마우스라는 이름처럼 매우 가늘고 긴 체형을 가지고 물품근처에서 생활하고 있다. 위턱에 수 염을 가진 것도 본종의 특징이다. 수족관 루트 에서 수입되는 경우는 거의 없는 물고기입니다.

쿼이스 패럿피쉬

본 속 중에서는 소형의 부류이다. 산호초 외연이나 수로 등 수심 2 -18m정도에 서식하 며 특히 산호류가 풍부한 곳에 단독 혹은 소 그룹으로 있다. 사육에 대해서는 바이컬러 패럿 피쉬에 준한다. 필리핀에서 입고된다.

바우어스 패럿피쉬

이속은 매우 많은 종을 포함하며 수컷 개체의 대부분이 녹색 기조 색채로 종을 확인하는 데 어려움을 요한다. 본 종의 수컷도 근사 종rhk 매우 흡사하며, 치판의 색상 차이와 머리 모양

바이컬러 패럿피쉬

학명 / *Cetoscarus bicolor*

분포 / 인도양-태평양 | 크기 / 70cm

에 따라 판별되고 있다. 산호초지역의 초호와 수로 경사부에 단독으로 서식하고 있다. 사육 에 대해서는 후종 바이컬러 패럿피쉬에 준하는 선이 많으며, 특히 싱어에서는 수량이 포인트 가 된다. 비늘돔류는 별로 입고되지 않는다. 필리핀에서 입고한다.

바이컬러 패럿피쉬

1속 1종을 형성하는 것으로 아쿠아리움 피쉬로 별로 취급되지 않는 비늘돔류 중 유어는 인기있 는 존재이다. 성어는 연안 산호초와 암초 호수의 수심 30m이내에 서식하며 수컷 한 마리에 암컷 여러 마리의 할렘을 형성하고

있다. 유어기는 내만 등 온화한 곳에 단독으로 서식한다. 암수의 색채 차이는 크다. 비늘돔류 의 식성은 조류가 무성한 산호암 등을 그 단단 한 입 으로 바위째 물어뜯는 등 특수화되어 있 다. 이 때문에 사육도 난해하지만 성어라도 상당 히 넓은 공간에서 진정시켜 사육하면 의외로 다 양한 사료에 익숙해 지는 경우가 흔하다. 또한 유어에서는 조개와 냉동 브라인슈림프 등을 먹지만 먹이량은 적다. 무척추동물 수조 등에서 자연 적인 먹이를 먹이면서 사육하면 상태가 좋은 것 같지만 산호류에 미치는 영향이 어느 정도인지 잘 모르는 면이 있다.

일본 나고야항 수족관

일본 최대급의 아쿠아리움으로서 범고래가 전시되어 있는 공립수족관이다. 사진의 벨루가 돌고래관은 상부가 시간마다 전동으로 닫히면서 오로라를 표현하는 이벤트를 연출하였다. 그 외에도 남극의 시간으로 펭귄관을 연출한 것등의 많은 노력이 보이는 수족관이다. 또한 바다 거북이의 산란이 가능하도록 관을 만들었으며 최근에는 리뉴얼을 진행하고 있다. 사진에 표기된 센서를 지나면 자동으로 영상이 촬영되도록 한 것도 흥미롭다.

Text. 김 승민 / Photo. 김 승민

흰돌고래 (벨루가 돌고래)

학명 / *Delphinapterus leucas*	
분포 / 북극해등	크기 / 450cm

FAIRY BASSLETS

위/수컷　오른쪽/유어

프린세스 안시아스
학명 / *Pseudanthias smithvanizi*

분포 / 인도양-서부태평양 ┃ 크기 / 6cm

태평양 인도양을 중심으로 열대역에서 온대역에 걸친 산호초 외연부나 암초역에 서식해 선명한 모습으로 우아하게 군영하는 바리과의 물고기들. 영명은 페어리 바스렛으로 알려진 안시아스의 종류이다. 일반적으로 소형의 종류가 많고 성질도 얌전하고 대부분이 무리를 지어 사는 유영성의 물고기인데 개중에는 마치 망둥어의 종류처럼 바닥층에 착저해 생활하는 종류도 볼 수 있으며 아름다운 모습으로 다이버에게도 인기가 높은 물고기이다.

안시아스과에 포함된 물고기는 암컷이 성전환을 하는 것으로 알려져 있고 암수로 색채가 다른 종류도 많은데 대부분의 종류가 오렌지색이나 빨강을 기조로 한 색채를 가지나 암컷과 유어는 노란색이나 크림색을 기조로 한 다소 수수한 색채를 가지는 것이 많다.

안시아스의 종류 대부분은 비교적 온화한 성질을 가지며 플랑크톤 등 부유성 먹이를 먹고 생활하고 있다. 따라서 산호 수족관에서도 무척추동물에게도 해를 끼치지 않기 때문에 라이브 코랄을 중심으로 레이아웃한 산호수족관에서의 사육에도 안성맞춤인 종류들이라고 할 수 있다. 종류에 따라서는 다소 까다로운 면을 보이는 것도 보이지만 대부분의 종류는 컨디션 좋게 수입되면 비교적 플레이크 사료등도 먹이기 쉽고 사육도 쉽다.

왼쪽/수컷   위/암컷

스퀘어스팟 안시아스
학명 / Pseudanthias pleurotaenia
분포 / 인도양–서부태평양 ｜ 크기 / 12cm

애머시스트 안시아스
학명 / Pseudanthias pascalus
분포 / 서부태평양 ｜ 크기 / 13cm

왼쪽/수컷   위/암컷

퍼플퀸 안시아스
학명 / Pseudanthias tuka
분포 / 서부태평양 ｜ 크기 / 10cm

로리스 안시아스
학명 / Pseudanthias lori
분포 / 서부태평양 ｜ 크기 / 8cm

스퀘어스팟 안시아스
암컷은 전체적으로 노린색이 강한 체색을 가지지만 수컷은 붉은 보라색 몸에 몸쪽에는 사각 핑크색의 무늬가 나타난다. 성어는 몸길이가 15cm 가까이 되며 안시아스 중에서도 대형 부류에 포함되므로 사육 수조는 크게 해야 한다. 자연에서는 큰 무리는 짓지 않고 단독이나 4~5마리의 할렘을 생활단위로 하고 있기 때문에 수컷 한 마리에 대해 암컷 세 마리 정도를 합사시키면 좋을 것이다.

퍼플퀸 안시아스
수컷의 체형이나 체색은 피치 페어리 안시아스와 비슷하지만 유어기에 등에서 꼬리자루에 걸쳐 노란줄이 들어가므로 옐로우 스트라이프 드

안티아스라고도 불린다. 유어는 흔히 마닐라편으로 수입되는 대중종이지만 싱질은 민감해 내형물고기 등과의 합사는 추천하지 않는다. 자연에서는 조수가 잘 통하는 산호초의 경사면에 큰 무리를 만들어 생활하고 있다. 유어기의 체색은 투명감 있는 핑크색으로 아름답고 몸길이 10cm가 넘는 수컷은 등지느러미가 붉어지고 위턱 끝이 돌출한다. 성격은 예민하고 먹는 양도 적기 때문에 냉동 알테미아나 부서진 크릴을 수류에 올려 먹이면 좋다.

프린세스 안시아스
스미트 안시아스라고 불리기도 한다. 자연에서는 로리스 안시아스와 무리를 짓기도 하고 간혹 이들에 섞여 마닐라편으로 수입되기도 하지

만 수는 적다. 암수의 체색차이는 크지 않고 수컷은 등시느러미나 몸 쪽 석색이 약간 진해지는 것이 특징이다. 분포는 미크로네시아가 중심이다.

로리스 안시아스
서부 태평양 산호초지역에 분포하는 비교적 길쭉한 체형을 가진 안시아스의 종류이다. 등 뒤쪽에 명료한 빨간 밴드가 5~6개 들어가는 것이 특징. 다른 안시아스에 비해 암수의 체색차는 크지 않고 수컷 개체는 꼬리지느러미의 끝이 가늘고 길게 발달하며 체색도 암컷보다 약간 진해진다. 필리핀등에서 수입된다. 10마리 전후를 합사시켜 활발한 종류의 탱크 메이트를 피한 수조를 준비하면 장기 사육도 쉽다.

옐로우백 안시아스
학명 / *Pseudanthias evansi*
분포 / 인도양 | 크기 / 8cm

0417

칼베리 안시아스
학명 / *Pseudanthias carbery*
분포 / 인도양 | 크기 / 10cm

0418

0419

피치 페어리 안시아스
학명 / *Pseudanthias dispar*
분포 / 중-서부태평양 | 크기 / 10cm

0420

랜들스 안시아스
학명 / *Pseudanthias randalli*
분포 / 서부태평양 | 크기 / 8cm

왼쪽/수컷화 시작　　　위/수컷

배지느러미가 길어지고 체색도 붉은 빛이 짙어지는데 반해 암컷은 몸이 오렌지색으로 배지느러미도 그다지 길어지지 않는다. 튼튼한 종류이지만 섭취하는 먹이는 미세한 플랑크톤이므로 최대한 여러마리를 합사시켜 넓은 수조에서 사육한다. 필리핀 등에서 수입 된다.

랜들스 안시아스
서부 태평양에 분포하는 소형종으로 배지느러미나 뒷지느러미에 붉은 테두리가 들어가는 것이 특징이다. 자연 아래에서는 큰 무리는 만들지 않고 암반 아래나 큰 바위 구멍 안에 있는 것이 많다. 수컷은 등지느러미의 제3 가시조가 길게 길어지고 체색도 붉어지는 반면 암컷은 입끝이 노랗고 배지느러미의 테두리도 들어가지 않는다. 수심 30m보다 깊은 곳에 있는 경우가 많기 때문에 사육할 때는 물고기의 컨디션을 잘 확인하고 개체를 선택하면 좋다.

바틀렛스 안시아스
미크로네시아산. 암컷의 체색이 거의 노란색 일색으로 복부가 약간 핑크색인데 반해 수컷은 성숙 단계에서 미묘하게 변화해 간다. 초기에는 입끝에서 등부분에 걸쳐 핑크색 라인이 들어가 온몸이 핑크색으로 물들어가지만 성숙한 수컷은 몸쪽 중앙에 진한 핑크색 줄이 들어간다. 성질도 조금 거칠어지므로 다른 예민한 안시아스

옐로우백 안시아스
인도양에 분포하는 노란색과 핑크색으로 구분된 아름다운 종. 인도네시아편 외에 스리랑카에서의 수입도 있다. 비교적 인기있는 종류이지만 사육은 매우 어렵다. 장기 사육의 포인트는 사이즈를 맞춰 10마리 이상 키우고 먹이에도 냉동 브라인 슈림프 등 기호성이 높은 것을 자주 먹이도록 한다. 이 때 타 종이 섞이지 않도록 주의한다. 산호수족관 등의 차분한 환경에서의 사육이 특히 적합한 종류라 고 할 수 있다. 수컷은 몸길이 8cm 가까이 되며 위턱이 돌출한다.

칼베리 안시아스
옐로우백 안시아스와 거의 같은 지역에 분포하는 인도양의 고유종. 어린 물고기와 암컷의 체색은 노란색과 분홍색의 투톤 컬러로 옐로우백 안시아스와 닮았으며 같은 무리에 섞여있다. 자세히 보면 본종 쪽이 머리가 둥글고 색깔 구분도 뚜렷하다. 수컷은 체색에 연한 노란색과 핑크 그라데이션이 걸리며 등지느러미의 가시조가 안테나 모양으로 자란다. 본종도 산호수족관에서의 사육에 적합하다.

피치 페어리 안시아스
디스퍼의 이름으로 사랑받고 있다. 조수가 잘 통 하는 포인트에 무리를 만들고 있다. 수컷은

0421

바틀렛스 안시아스
학명 / *Pseudanthias bartlettorum*

분포 / 서부태평양   크기 / 6cm

위/수컷으로 변하기 시작한개체   오른쪽/수컷

안시아스와는 합사하지 않는 것이 좋다.

투스팟 안시아스

주로 중~동부 인도양에 분포하는 대형 안시아스로 스퀘어스팟 안시아스와 마찬가지로 암수의 체색차가 심한 종류이다. 수컷은 빨강이나 핑크를 기조로 한 복잡한 위장색이지만 암컷은 핑크와 노란색의 전혀 다른 체색을 하고 있다. 인도네시아 등에서는 스퀘어스팟 안시아스와의 교잡종도 확인되듯이 체형이나 성질은 스퀘어스팟 안시아스와 비슷하므로 사육도 거기에 준하는 것이 좋다. 스리랑카의 수입이 주를 이룬다.

0422

투스팟 안시아스
학명 / *Pseudanthias bimaculatus*

분포 / 중-동부인도양   크기 / 12cm

119

위/암컷　아래/수컷

0423

마르시아스 안시아스
학명 / *Pseudanthias marcia*
분포 / 오만　　크기 / 8cm

0424

레스프렌덴트 안시아스
학명 / *Pseudanthias pulcherrimus*
분포 / 중-서부태평양　　크기 / 8cm

위/암컷(인도양)　　오른쪽/수컷(태평양)

유어

0425

씨 골디
학명 / *Pseudanthias squamipinni*
분포 / 인도양-서부태평양　　크기 / 12cm

0426

옐로우백 바슬릿
학명 / *Pseudanthias bicolor*
분포 / 인도양-태평양　　크기 / 10cm

0427

쓰레드핀 안시아스
학명 / *Pseudanthias huchti*
분포 / 인도양-서부태평양　　크기 / 10cm

마르시아스 안시아스
인도양 서부 오만만을 중심으로 분포하는 종류로 스리랑카나 몰디브에서 채집된 개체가 수입된다. 성어는 몸길이 8cm전후로 중형이며 수컷은 몸쪽 중앙에 붉은 반점무늬를 가진다. 혼인색을 내면 몸 뒤쪽이 황금빛으로 빛나는 아름다운 종류이다. 튼튼하고 사육하기 쉬우며 산호수족관에 적합하지만 유영 범위가 넓기 때문에 레이아웃공간에 여유를 가지면 본래의 아름다움을 보여줄 것이다.

레스프렌덴트 안시아스
서부 인도양에 분포하는 랜들스 안시아스의 근사종이다. 배지느러미에 들어가는 테두리나 체형은 두 종 모두 거의 같지만 랜들스 안시아

120

위/암컷   아래/수컷

원스트립 안시아스

학명 / *Pseudanthias fasciatus*

분포 / 인도양-태평양   크기 / 14cm

원스트립 안시아스(호주개체)

학명 / *Pseudanthias fasciatus*

분포 / 인도양-태평양   크기 / 14cm

위/암컷   오른쪽/수컷

선셋 안시아스

학명 / *Pseudanthias parvirostris*

분포 / 서부인도양   크기 / 6cm

스의 체색은 호주산의 안시아스. 수컷은 혼인색의 노란색이 강해지고 등부분과 등지느러미가 메탈릭 옐로우가 되는 것이 특징이다. 먹이를 잘 먹어 사육 자체는 어렵지 않다.

선셋 안시아스

주로 몰디브편으로 수입되는 아름다운 종류이다. 그 분포지역은 넓고 중부 태평양에서 남부 태평양까지 확장된다. 전체적으로 노란빛을 띠는 암컷에 비해 수컷의 체색은 분홍빛이 도는 붉은 색으로 잘 드러나고 이마의 V자형 라인이 안구를 연결한다. 다소 예민하고 먹는량이 적기 때문에 미세한 먹이를 일정하게 주면 좋다.

옐로우백 바슬릿

컬러 안시아스라고도 불리며 태평양에서 인도양 산호초지역에 널리 분포한다. 본종도 튼튼한 종류로 단독으로도 장기 사육이 충분히 가능하다. 암수의 체색차는 거의 없으나 몸길이 10cm를 넘은 수컷은 등지느러미와 꼬리지느러미가 짙은 붉은색을 띠며 위턱도 크게 돌출한다.

쓰레드핀 안시아스

필리핀에서 인도네시아에 많이 분포하는 보통종이다. 체색은 꺼칠꺼칠하고 암컷은 녹색을 띤 갈색이며 수컷이 되면 눈 밑에서 가슴 지느러미의 뿌리에 걸쳐 붉은 줄이 한가닥 들어간다. 또한 등지느러미의 제3가시조가 안테나 형태로 길어지는 것도 씨 골디와 같은 특징이다.

사육면에서도 비교적 튼튼하고 인공사료에도 먹이기 쉬운 안시아스이다.

씨 골디

태평양에서 인도양까지 광범위하게 분포하는 대표적인 안시아스이나. 온대역에서도 볼 수 있지만 특히 산호초 외연의 조수가 잘 통하는 경사면에서는 큰 무리로 생활하고 있다. 태평양 산과 인도양산은 체색에 크게 차이가 나며 인도 양산 타입이 체색이 짙고 선명하다. 암컷은 아름다운 오렌지색인 반면 수컷은 머리가 적갈색으로 변하며 가슴지느러미에 붉은 반점이 들어 간다.

원스트립 안시아스

몸쪽 중앙에 들어가는 한 가닥의 붉은 선이 특징이다. 분포는 태평양에서 인도양, 온대에서 열대역까지 미치지만 큰 무리는 짓지 않고 수심 30m보다 깊은 곳에서 단독 또는 몇 마리의 작은 무리로 생활한다. 이 때문에 채집량은 적다. 성어는 몸길이가 15cm에 이르는 대형종으로 성질도 다소 거친 면이 있다. 사육에 관해서는 기본적으로 튼튼하고 먹기 쉬운 종류이지만 감압 처리가 잘 되어 있지 않으면 꼬리지느러미를 위로 하고 들뜬 기분으로 헤엄치므로 입수 시에는 잘 체크할 필요가 있다.

왼쪽/암컷　위/수컷

0432

0434

하와이 롱핀 안시아스
학명 / *Pseudanthias ventralis hawaiiensis*
분포 / 하와이　　크기 / 8cm

0433

롱핀 안시아스(딥워터)
학명 / *Pseudanthias ventralis ventralis*
분포 / 미크로네시아　　크기 / 7cm

0435

레드씨 안시아스
학명 / *Pseudanthias taeniatus*
분포 / 홍해　　크기 / 6cm

왼쪽/수컷   위/암컷

0436

0437

페인티드 안시아스
학명 / *Pseudanthias pictilis*
| 분포 / 호주남동부 | 크기 / 20cm |

오렌지바 안시아스
학명 / *Pseudanthias engelhardi*
| 분포 / 중-서부태평양 | 크기 / 10cm |

레드바 안시아스
학명 / *Pseudanthias rubrizonatus*
| 분포 / 중-서부태평양 | 크기 / 10cm |

0438

0439

실버스트리크 안시아스
학명 / *Pseudanthias cooperi*
| 분포 / 인도양-대평양 | 크기 / 12cm |

롱핀 안시아스 (딥 워터)
아름다운 안시아스이다. 주로 미크로네시아산 개체가 하와이를 경유하여 수입되며, 자연에서는 다소 깊은 곳의 조수가 잘 통하는 지점에서 작은 무리로 생활하고 있다. 매우 예민한 종류로 수질악화나 수온변동에 민감할 뿐만 아니라 미세한 먹이밖에 먹지 않으므로 사료와 합사에서 고민이 필요하다.

하와이 롱핀 안시아스
롱핀 안시아스의 아종으로 하와이에만 분포한다. 메탈릭색의 전종에 비해 본 아종은 암수의 체색이 다르고 수컷은 선명한 오렌지색을 기조로 핑크와 레드의 화려한 체색으로 암컷도 노란색을 기조로 한 아름다움이 있다.

레드씨 안시아스
홍해의 고유종으로 수심 30m이상에 분포하기 때문에 수입량은 그리 많지 않다. 암수의 체색차가 심하고 안시아스 특유의 어지러운 유형의 성전환을 한다. 훌륭한 수컷만의 단독 사육을 했지만 며칠 안에 암컷이 되어 버린다. 반대로 큰 암컷 몇 마리를 합사시키다 보면 수컷으로 성전환하는 인터벌도 빠르다.

페인티드 안시아스
마린 아쿠아리움에 등장하는 안시아스 중에서는 20cm가 넘는 가장 대형의 종류이다. 수입

되는 사이즈는 다양하지만 수컷의 수는 암컷보다 적은 것 같다. 수컷은 몸 전반부가 핑크이고 후반부가 붉어지는 반면 암컷은 후반부가 노란것이 특징이다.

오렌지바 안시아스
관상어로는 마닐라편으로 수입하는 스퀘어스팟 안시아스의 혼합으로 수입되는 경우가 많다. 체색은 핑크라기보다는 전신에 연한 청자색을 한 파스텔 컬러로 등 중앙과 등지느러미에 걸쳐 붉은 반점이 들어가는 것이 특징이다. 튼튼하여 사육하기 쉽다.

레드바 안시아스
이름 그대로 몸쪽 중앙에 빨간 밴드가 들어간다. 수컷의 혼인색은 몸쪽에 빨강 파랑 노란색의 라인이 발색된다고 하여 트리칼라 안시아스라고도 불리고 있다. 혼인색을 유지하기 위해서는 5~6마리의 개체를 힙사시킬 필요가 있다.

실버스트리크 안시아스
쿠퍼스 안시아스로 불리기도 한다. 체색의 기조는 빨간색이며 혼인색을 낸 수컷은 몸쪽 중앙에 가늘고 붉은 줄이 1개 들어가며 각 지느러미의 윤곽이 메탈릭 블루가 된다. 수입량은 적고 가끔 하와이편이나 마닐라편으로 수입한다. 유어는 각 지느러미가 진한 빨강으로 아름답다.

123

꽃돔
학명 / *Sacura margaritacea*
| 분포 / 한국, 일본 | 크기 / 14cm |

웨스턴 아틀란틱 안시아스
학명 / *Holanthias martinicensis*
| 분포 / 카리브해 | 크기 / 10cm |

옐로우 안시아스
학명 / *Holanthias fscipinnis*
| 분포 / 하와이 | 크기 / 15cm |

레드 바비에
학명 / *Hemanthias vivanus*
| 분포 / 카리브해 | 크기 / 7cm |

루조니치티스의 일종
학명 / *Luzonichthys sp.*
| 분포 / 인도양 | 크기 / 7cm |

재패니즈 퍼치렛
학명 / *Plectranthias japonicus*
| 분포 / 서부태평양 | 크기 / 15cm |

셀핀 안티아스의 일종
학명 / *Rabaulichthys sp.*
| 분포 / 서부태평양 | 크기 / 8cm |

붉벤자리
학명 / *Caprodon schlegelii*
| 분포 / 한국, 서태평양 | 크기 / 40cm |

꽃돔
수심 30m보다 깊은 곳에서 무리지어 생활하고 있다. 수컷은 붉은 빛을 띤 핑크색에 펄화이트의 얼룩무늬가 들어간다. 약간 수입되지만 수온을 20℃이하로 유지할 필요가 있어 사육에는 수조용 냉각기가 필요하다. 감압증도 생기기 쉬워 사육이 쉽지 않다. 수입은 거의 없고 국내 채집종도 대부분 활어가 아니다.

웨스턴 아틀란틱 안시아스
체고가 있으며 등지느러미나 꼬리지느러미에서 필라멘트를 볼 수 있다. 참고문헌이 부족하여 본래의 모습을 확인할 수 없으나 성어는 몸

0448

호크피쉬 안시아스
학명 / *Serranocirrhitus latus*

분포 / 서부태평양 　　　 크기 / 10cm

위/성어　오른쪽/유어

길이 15cm 가까이 될 것으로 보인다. 전체적으로 갈색이고 몸쪽 중앙에 노란 반점이 있지만 성장과 함께 붉은 빛이 진해지는 것 같다. 레드 바비아와 같은 해역의 깊은 곳에서 채집되지만 수입은 적다.

옐로우 안시아스
하와이 제도 주변수심 100m 부근의 깊은 곳에서 채집되는 종류. 그 이름대로 이 종류로서는 드물게 전체가 주황색을 띤 노란색을 하고 있으며 이 색채는 수컷이 더 선명하다. 채집이 어렵기 때문에 수입되는 수는 적다.

레드 바비아
카리브해 수심 80m 정도에 서식하는 희귀종. 사육예가 부족하여 성어 생태 사진을 게재한 문헌은 없는 것 같다. 수입된 개체는 모두 몸길이 6cm전후로 체색은 연한 베이지색이 기조이지만 수컷으로 보이는 개체는 등지느러미의 가시조가 빗살 모양으로 길어지고 각 지느러미가 블루로 물든다. 영명처럼 체색이 붉게 물드는 것은 몸길이 10cm 이상이 되어서라고 생각된다.

루조니치티스의 일종
모리셔스편으로 수입한 날씬한 안시아스의 종류. 이 종류는 몸이 가늘고 길며 등지느러미가

제1등지느러미와 제2 등지느러미로 나뉘어져 있는 것이 특징이다. 몸길이는 5cm로 몸집이 작은 데다 성격도 신경질적이어서 먹이를 주기 어려운 면이 있다.

재패니즈 퍼치렛
남일본에서 필리핀에 걸쳐 분포하는 1종으로 수심 100~300m에 서식한다. 이 속의 안시아스는 저생성으로 잘 돌아다니지 않지만 식사중에는 신속하게 반응한다. 새우류 등의 갑각류를 선호하기 때문에 무척추동물 수조에 수용할 경우 조합에 주의해야 한다. 생태 사진은 매우 드물다.

셀핀안시아스의 일종
마닐라편으로 수입한 진귀한 종. 발달한 등지느러미가 특징. 인도양에 분포하는 인디언 셀핀바스렛(Rabaulichthysstigmaticus)의 근사종으로 보인다. 등지느러미를 펼쳤을 때 몸쪽이 메탈릭하게 빛난다. 사육은 쉽지만 최소한 5마리는 합사시키는 것이 좋다.

붉벤자리
벤자리의 이름이 붙여져 있지만 바리과의 물고기이다. 다소 깊은 암초지역에 살기 때문에 채집은 깊은 곳의 낚시를 통해한다. 이러한 깊은 곳의 낚시에 의한 채집은 감압을 잘 할 수

있는지 여부가 포인트가 된다. 방법으로는 바늘에 걸리면 가능한 한 천천히 감아 올리도록 하고, 그래도 부낭이 부풀어 버린 경우에는 가능한 한 가는 주사바늘을 꽂아 가스를 빼주도록 한다. 또한 어류철 등은 깊은 곳과 수면의 온도차가 크기 때문에 온도차가 적은 겨울부터 초봄이 시기적으로 적합하다.

호크피쉬 안시아스
호크피쉬의 이름이 붙어 있지만 호크피쉬의 종류가 아니라 바위구멍이나 갈라진 틈을 집으로 하는 안시아스의 근연종이다. 독특한 둥근 체형과 아름다운 색채로 인기가 높으며, 특히 산호수족관에서 사육되는 경우가 많다. 단독이나 짝으로 집 부근에 정착하고 있는 것이 많아 암수의 체색차도 크지 않다. 예전에는 수입되는 것이 드물었지만 최근에는 마닐라편으로 수입되어 사육도 비교적 용이하다.

125

싱가폴 리버사파리

아쿠아리움은 정적이 느낌이 강하고 터치풀이라
던지 체험교육으로 조금은 재미를 만들어 주고
있다. 그런데 싱가폴에 리버사파리는 아쿠아리움
시설에 어트렉션을 설치했다. 롯데월드에 신밧드
의 모험이나 디즈니의 미니월드처럼 배를 타면 말
그대로 강을 타며 사파리를 하는 것이다. 상상력
과 경험이 이렇게 훌륭한 연출을 만들어 준다.

Text. 김 승민 / Photo. 김 승민

0449

험프백 그루퍼
학명 / *Cromileptes altivelis*
분포 / 인도양-서부태평양 | 크기 / 60cm

중량감이 있는 몸매에 물고기다운 형태이다. 한 곳에서 헤엄 치는 모습과 지느러미의 움직임 그리고 눈부신 얼굴이 합쳐져 어떤 존엄성을 느끼게 한다. 각종 물고기를 합사시킨 마린 아쿠아리움에서도 존재감이 있는 물고기다.

열대어의 세계에서 말하는 대형 물고기의 묘미가 이 그루퍼의 종류에는 있다고 할 수 있다. 실제로 3m가 넘는 자이언트 그루퍼등은 바로 그 상징이라고도 할 수 있다. 육식성으로 나비고기의 폴립식성 등 어떻게 보면 특수한 먹이를 편식하는 물고기들에 비하면 주는 먹이가 불편할 일도 없다. 게다가 험프백 그루퍼나 코랄 그루퍼와 같은 화려한 종류도 있다. 두 종류 모두 비교적 작은 것 위주로 취급되고 있기 때문에 키우는 재미도 있다.

사육자에게도 잘 적응해 먹이를 주려고 하면 다가오게 될 정도다. 아쿠아리움 피쉬로서의 캐릭터는 더할 나위 없다. 그리고 가까운 관계에 있는 물고기로서 오늘날 주목받고 있는 물고기중에는 바스렛의 종류나 도티백의 종류가 있다. 이들은 대체로 작고 아름다운 종류가 갖추어져 무척추동물들에게 악영향을 주지 않기 때문에 산호가 레이아웃된 수족관의 합사어 로서 주목된다.

평소 동작도 느긋하고 그늘에 숨는 성질도 강해 마린 아쿠아리움내에서 보이는 모습은 즐겁고 귀엽다. 유일한 단점이라고 하면 쌍 이외는 동종 혹은 동속 타종과의 합사를 즐길 수 없는 것이다. 단순한 해수어 사육이 아니라 애완동물 감각으로 즐길 수 있는 캐릭터이다. 아름답고 사랑스러운 이 물고기들을 한 번 즐겨 보는 것은 어떨까.

레오파드 코랄 그루퍼
학명 / *Plectropomus leopardus*
분포 / 서부태평양 크기 / 70cm

레드마우스 그루퍼
학명 / *Aethaloperca rogaa*
분포 / 인도양-서부태평양 크기 / 50cm

옐로우엣지드 라이어테일
학명 / *Variola louti*
분포 / 인도양-중서부태평양 크기 / 80cm

화이트엣지드 라이어테일
학명 / *Variola albimarginata*
분포 / 인도양-서부태평양 크기 / 56cm

스트로베리 그루퍼
학명 / *Cephalopholis spiloparaea*
분포 / 인도양-서부태평양 크기 / 18cm

코네이 그루퍼
학명 / *Cephalopholis fulva*
분포 / 대서양 크기 / 30cm

험프백 그루퍼
1속 1종을 형성하는 것으로 그루퍼류 중에서는 수족관 피쉬로서 가장 인기있는 종류이다. 특히 유어기는 특이한 체형과 귀여운 폴카도트 무늬로 인기가 있다. 연안의 산호초 외연부의 수심 2~40m정도에 서식하지만 초호 내 죽은 산호 대나 모래지역 등에도 많다. 기르기 쉽지만 입에 들어가는 것은 무엇이든 먹기 때문에 움직임이 느리다 안심하면 야간등에 합사어를 먹는 경우가있다. 필리핀과 인도네시아에서 수입된다.

레오파드 코랄 그루퍼
본 속의 그루퍼류는 현재 7종류가 확인되고 있지만 이전에는 P.maculatum의 색채 변이로 알려져 있었다. 본 종은 체색 변화가 많은 물고기로 환경이나 성장 단계 또는 기분에 따라서도 색채를 바꾸는 일이 흔하다. 본 속 중에서는 산호초지역에서 가장 일반적으로 볼 수 있는 종류로 깊은 암호 등에서 산호초 아래 단독 또는 복수로 있는 경우가 많다. 사육은 전종과 마찬가지로 무엇이든 먹지만 수줍고 얌전하며 수조 내에서도 쉘터에 숨는 경우가 많다. 또 복수 사육에서도 그다지 투쟁하지 않는다. 필리핀이나 인도네시아에서 적은 수가 수입된다.

레드마우스 그루퍼
1속 1종을 형성하는 종으로 체고가 있는 특이한 체형의 그루퍼이다. 이름과 같이 구강 내가 약간 붉은 빛을 띠고 있다. 유어기부터 30cm 정도까지의 어린 물고기에서는 꼬리지느러미 후연이 백색을 띤다. 또한 성장한 개체에 서는 기분에 따라 복부에 백색 가로띠가 나타날 수 있다. 산호류가 풍부한 곳으로 바위 구멍 쪽에서 어둠을 틈타 작은 물고기를 노리고 있는 경우가 많다. 수조 사육에서도 크기에 맞는 쉼터를 마련해 주지 않으면 안정되지 않는 면이 있다. 거의 수입되지 않는 종류이다.

옐로우엣지드 라이어테일
꼬리가 아름다운 그루퍼. 이전에는 1속 1종을 형성하는 것이었으나 최근에 꼬리지느러미 후연이 하얗게 변하는 것은 별종으로 취급되고 있다. 산호초지역 외연 등의 조수가 잘 통하는 깨끗한 곳에 서식한다. 깊은 곳의 개체일수록 붉은 빛이 강하다. 그루퍼의 종류이기 때문에 먹이 먹는데는 문제가 없지만 수질 에는 의외로 민감하며, 특히 유어기에서는 백점병 등에 걸리기 쉬운 면이 있다. 또 본종뿐만 아니라 그루퍼류는 구리 치료로 쇼크를 일으킬 수 있으므로 상태를 지켜보면서 소량씩 사용하면 좋다. 필리핀이나 인도네시아에서 수입된다.

화이트엣지드 라이어테일
이전에는 옐로우엣지드 라이어테일와 동종으로 여겨졌으나 현재는 별종으로 취급된다. 옐로우엣지드 라이어테일에서도 말했지만 꼬리지느러미의 가장자리가 하얀 것이 특징이다. 사육에 관해서는 옐로우엣지드 라이어테일와 같으며 마찬가지로 필리핀 등에서 가끔 수입되어 온다.

스트로베리 그루피
본 속 중에서는 가장 소형의 종류로 전종에 비해 약간 깊은 곳에 서식한다. 매우 광역에 분포하는 종류이다. 전종을 포함하여 근연의 종류와 매우 비슷한 색채를 띠고 있으나 입에서 아가미 부분 이외 꼬리지느러미, 등뒷지느러미에 하늘색을 띤 테두리가 있다. 산호초지역 외연의 경사부에서 수심 15~100m정도에 서식하며 보통은 30m이상으로 많다. 사육은 전종에 준한다. 드물게 필리핀에서 섞어 수입되는 경우가 있다.

코네이 그루퍼
카리브해와 플로리다 주변의 암초 지역과 산호초 지역에 매우 평범하게 서식하는 그루퍼이다. 본종에는 뚜렷한 3가지 유형이 있으며 황금색, 레드 유형과 아래쪽이 백색이고 등이 적갈색으로 색으로 구분된 배색 유형이 있다. 서식 장소는 비교적 밀집되어 있고 각각의 개체가 자신의 장소를 확보하여 잘 유영하지 않고 바닥에 위치하고 있다. 수조 내에서는 은신처에 있는 경우가 많다. 요구가 있으면 수입되는 정도.

그레이스비
학명 / *Cephalopholis cruentata*
분포 / 대서양 ┃ 크기 / 30cm

다크핀 하인드
학명 / *Cephalopholis urodeta*
분포 / 인도양-태평양 ┃ 크기 / 25cm

코랄 그루퍼
학명 / *Cephalopholis miniata*
분포 / 인도양-서부태평양 ┃ 크기 / 35cm

마스크드 그루퍼
학명 / *Gracila albomarginata*
분포 / 인도양-서부태평양 ┃ 크기 / 35cm

스펙클드 블루 그루퍼
학명 / *Epinephelus cyanopodus*
분포 / 중서부태평양 ┃ 크기 / 100cm

화이트 스포티드 그루퍼
학명 / *Epinephelus caeruleopumctatus*
분포 / 인도양-서부태평양 ┃ 크기 / 60cm

홍바리
학명 / *Epinephelus fasciatus*
분포 / 인도양-태평양 ┃ 크기 / 30cm

허니콤 그루퍼
학명 / *Epinephelus cf. merra*
분포 / 인도양-중서부태평양 ┃ 크기 / 30cm

그레이스비
카리브해에 서식하는 그루퍼의 종류로 수심 3
~18m깊이에 서식하고 있다. 회색 빛이 도는
몸에 검붉은 빛깔 고운 스팟이 온몸에 들어
간다. 사육은 코랄 그루퍼에 준한다. 미국편으
로 수입되지만 수는 많지 않다.

다크핀 하인드
후술하는 코랄 그루퍼와 마찬가지로 산호초
지역의 얕은 물에 서식하는 소형 그루퍼이다.
태평양형과 인도양형의 두 가지 형태로 나누어
져 있으며 사진은 흔히 볼 수 있는 태평양형
개체로 꼬리지느러미의 흰줄 무늬가 특징이다.
인도양형은 꼬리지느러미의 흰줄무늬가 다소

위/성어   오른쪽/유어

불분명하고 전체에 작은 반점이 많다. 튼튼하여 사육하기 쉬울수 있지만 수줍은 면도 보인다. 필리핀에서 매우 평범하게 수입되고 있다.

코랄 그루퍼

본 속 중에서도 특히 아름답고 많이 수입되고 있는 종류이다. 사진은 성어 개체이지만 전체 길이 5cm 전후까지의 유어기는 반점이 없이 밝은 오렌지색을 하고 있다. 특히 산호가 발달한 조수가 잘 통하는 곳에 서식한다. 사육이 쉬운 튼튼한 그루퍼로 동물질의 먹이라면 무엇이든 먹는다. 편식이 되지 않도록 다양한 사료가 중요하다. 필리핀에서 수입된다.

마스크드 그루퍼

성어는 불분명한 세로 줄무늬가 들어가는 눈에 띄지 않는 색채를 띠고 있지만 유어는 사진에서도 알 수 있듯이 안시아스류를 연상하는 화려한 색채를 띠고 있다. 이 색채는 전체 길이 10cm 정도까지 유지하고 있다. 산호초지역 외연의 절벽 수심 6~120m 정도이 장소에 단독으로 서식하며 보통 15m이상에 많다. 성어는 절벽 쪽이나 바닥 부근을 유영하지만 유어는 절벽에 있는 작은 구멍 주변에 있다. 유어기는 매우 행동적이며 상태 좋게 채취된 개체라면 수조 내에서도 활발하게 헤엄친다. 깊은 곳에 서식하기 때문에 거의 수입되지 않는다.

스펙클드 블루 그루퍼

사진의 개체는 성어이지만 유어에서는 블루의 몸에 각 지느러미가 선명한 레몬 옐로우에 물들어 아름답다. 사육은 쉽고 성장도 빠르다. 인도네시아와 필리핀에서 드물게 수입된다.

화이트 스포티드 그루퍼

산호초지역 등에서 흔히 볼 수 있는 그루퍼로 유어기에는 자주 바다웅덩이에도 들어간다. 유어기는 매우 눈에 띄는 스폿무늬이지만 성장에 따라 검은 바탕 부분에도 불분명한 반점이 나타난다. 튼튼하고 사육하기 쉬운 그루퍼로 성장도 빠르다. 필리핀에서 유어가 수입된다.

홍바리

이름 그대로 온몸이 붉어지는 그루퍼의 종류. 산호초와 암초의 비교적 얕은 곳에서 다소 깊은 곳에 서식한다. 사육은 코랄 그루퍼와 같다.

허니콤 그루퍼

본 속 중에서는 가장 소형의 부류에 들어가는 그루퍼의 종류이다. 산호초 지역의 얕은 암초호와 내만의 얕은 물에 서식하고 산호덩어리나 산호초 아래 등에서 자주 휴식하고 있다. 유어기는 바다웅덩이에 들어가는 경우도 많다. 튼튼하고 사육은 쉽지만 관상어로 취급되지 않는다.

자이언트 그루퍼

"대왕바리"의 국명으로 알려지는 가장 큰 그루퍼로 아마도 경골어류 중에서도 가장 커지

자이언트 그루퍼
학명 / *Epinephelus lanceolatus*
분포 / 인도양-서부태평양   크기 / 250cm

레더 베스
학명 / *Dermatolepis dermatolepis*
분포 / 동부태평양   크기 / 00cm

는 물고기일 것이다. 그 거대한 크기는 3m 이상 400kg에 달하지만 일반적으로 큰 개체라도 250cm정도. 전체 길이 10cm까지의 유어는 검은 바탕에 노란색 패턴으로 인해 범블비 그루퍼라는 호칭으로 불리지만 자라면서 패턴이 복잡해지면서 결국 무늬가 불명료한 흑회색이 된다. 본종은 Promicrops속으로 분류하는 견해도 있다. 성어는 산호초 지역의 깊은 곳, 수심 50~100m정도에 단독으로 서식하며 동굴 같은 곳을 영역으로 한다. 유어기는 드물게 하구부 기수역에 있는 경우가 있다. 성장이 매우 빨라 다룰 수 없는 크기가 된다. 인도네시아나 스리랑카 필리핀 등에서 유어가 수입.

레더 베스

매우 편평한 체형이 특징으로 대형이 되는 그루퍼류이다. 사진의 개체는 어린 물고기로 대비의 뚜렷한 모양이다. 성어의 체색은 밝은 유형과 어두운 유형의 두 가지 형이 있으며 밝은 유형은 대리석무늬가 있는 회색 체색을 가지고 어두운 유형은 균일하게 회흑색으로 주둥이나 각 지느러미의 끝부분에 노란색이 강해진다. 성어는 암초 지역 경사부의 조수 흐름의 강한 곳에 단독으로 서식한다. 극히 유어기는 성게류의 가시를 쉘터로 하고 있다. 대식가로 성장도 빠르고 적응하게되면 꽤 활동적인 그루퍼이다. 미국 항공편으로 드물게 수입된다.

프렉크레드 소프피쉬
학명 / *Rypticus bistrispinus*
분포 / 대서양　　크기 / 10cm

골든스프라이프 소프피쉬
학명 / *Grammistes sexlineatus*
분포 / 인도양-태평양　　크기 / 30cm

왼쪽/유어　오른쪽/성어

어로우헤드 소프피쉬
학명 / *Belonoperca chabanaudi*
분포 / 인도양-서부태평양　　크기 / 30cm

황줄바리
학명 / *Aulacocephalus temmincki*
분포 / 인도양-서부태평양　　크기 / 25cm

스포티드 소프피쉬
학명 / *Pogonoperca punctata*
분포 / 인도양-중서부태평양　　크기 / 30cm

바드 소프피쉬
학명 / *Diploprion bifasciatum*
분포 / 인도양-서부태평양　　크기 / 20cm

프렉크레드 소프피쉬
카리브해에서 브라질에 걸쳐 서식하는 소형의 종류이다. 사진의 개체는 유어이지만 성어는 몸쪽의 반점이 불명료해진다. 산호초 지역의 수심 20m이하로 얇게 서식하며 산호류 속이나 바위 사이에 숨어 있는 경우가 많다. 근사종으로는 P.subbifrenatus나 P.macrostigmus이 있다

골든스프라이프 소프피쉬
영명으로 소프 피쉬라고 불리는 종류는 이름처럼 피부의 점액이 진하다. 이 점액에는 그라미스틴이라는 점액독이 함유돼 몸에 위험을 느끼면 독을 분비해 외부의 적으로부터 도망친다. 이 종류는 전세계적으로 다양한 분화를 이루고 있으며 색채와 형태 등 다양하다. 본종은 암초역과 산호초역 수심 20m 이내에 서식하고 있다. 낮에는 바위 틈이나 작은 구멍 등 개별 쉼터에 숨어 있다가 새벽이 되면 채식활동을 한다. 필리핀 등에서 수입되고 있다.

어로우헤드 소프피쉬
1속 1종의 물고기로, 본과 중에서는 길쭉하고 특이한 체형을 가진다. 매우 광역에 분포하는 종이다. 산호초 외연 경사부의 수심 5~45m 정도에 서식하며 낮에는 산호 선반 아래나 구멍 등에서 부유하고 있으며 해질무렵에 먹이 활동을 시작한다. 주식은 갑각류와 작은 물고기이다. 사육에 대해서는 동과의 어종에 준한다. 별로 수입되지 않는 어종이다.

버터 햄릿
학명 / *Hypoplectrus unicolor*
분포 / 대서양 | 크기 / 10cm

샤이 햄릿
학명 / *Hypoplectrus guttavarius*
분포 / 케이맨 제도 | 크기 / 10cm

블루 햄릿
학명 / *Hypoplectrus gemma*
분포 / 남프로리다 | 크기 / 10cm

황줄바리
선명한 코발트 블루의 몸에 등 부분에는 레몬 옐로우의 선명한 라인이 아치 모양으로 들어가는 매우 아름다운 종이다. 비교적 얕은 곳에서 수심 70m 도이 암초 기어에 서식하고 있다. 다이버에게는 유명하지만 수입은 적다.

스포티드 소프피쉬
1속 1종. 점액독을 가진다. 본과의 물고기 중에서도 가장 대형이 되는 종류이다. 사진의 개체는 어린 물고기이지만 성어에서는 등 부분에 안장반점이 들어가고 몸쪽은 백점 모양이다. 산호초 지역 외연 경사면 수심 25~150m 정도에 서식하고 있다. 사육시에는 동과의 타속과 마찬가지로 낮에는 그다지 행동적이지는 않지만 익숙해지면 낮에도 먹이를 먹게 된다. 필리핀에서 수입되지만 수입수는 많지 않다.

바드 소프피쉬
본종도 피부에 점액독이 그라미스틴을 포함하는 것으로 알려지는 물고기로 암초역이나 산호초역 내만 등의 수심 1~18m 정도에 서식하고 있다. 색채 변이로서 드물게 흑변종이 출현하는 경우가 있다. 사육이 쉬운 튼튼한 물고기이지만 성격적으로 수줍은 면이 있다. 유어에서도 자신의 절반 정도의 물고기는 삼킬 수 있다. 필리핀에서 수입된다. 본속에는 약간 소형의 옐로우페이스 소프피쉬(D.drachi)가 홍해에 서식.

버터 햄릿
본 속은 대서양에만 분포하는 그루퍼류에 근연이 조금 특수한 그룹으로 현재는 10종류가 포함된다. 본 속은 학자에 따라서는 본종을 기본종으로 하고 나머지는 단순한 칼라변이라고 하는 견해도 있다. 이 종류는 그루퍼류에는 많은 양성구유 물고기로 성숙한 개체 2마리가 일몰 전 시간에 짝을 이루어 서로 교대로 수컷 암컷의 역할을 맡아 여러차례 산란을 한다. 지연에서는 신호초지역 수심 3~30m 정도에 서식하며, 바닥 부근의 개별 쉼터 주변을 잘 떠

바드 햄릿
학명 / *Hypoplectrus puella*
분포 / 플로리다 | 크기 / 10cm

나지 않는다. 사육이 쉽고 매우 튼튼한 물고기이며 입에 들어오는 것은 무엇이든 먹는 대식가이다. 유어 개체라도 작은 물고기와 새우류와의 합사는 피하는 것이 좋다. 동종의 복수 사육에서는 서열을 만들 수 있어 열위의 것을 집요하게 쫓는 일이 있다. 본 종은 플로리다 키즈 제도에서 가장 흔하게 볼 수 있다.

샤이 햄릿
명칭과 달리 자연에서는 호기심이 강한 종류로 알려져 있다. 머리선 모양은 개체에 따라 다양하며 암초역이나 산호초역의 수심 3~30m 정도에 서식하며 큰 가지 산호 부근에 있는 경우가 많다. 케이맨 제도와 플로리다 키즈 제도로

부터 버진 제도에 이르는 범위에 분포한다. 사육방법은 버터 햄릿에 준한다.

블루 햄릿
본 속 중에서는 다소 체고가 낮은 체형을 하고 있다. 남 플로리다와 플로리다 키즈 제도에만 분포하고 있는 종류이다. 서식 환경이나 사육에 대해서는 버터햄릿과 같다. 본 속 중에서는 비교적 잘 수입된다.

바드 햄릿
카리브해와 서인도 제도에서 가장 많이 서식하고 있는 햄릿이다. 본 속에서는 H.nigricans과 함께 가장 커지는 종류이다. 사육에 대해서는 전술한 버터 햄릿에 준한다.

0476

스웰스 바슬렛
학명 / *Liopropoma swalesi*
분포 / 인도양-서부태평양 | 크기 / 8cm

0477

캔디 바슬렛
학명 / *Liopropoma carmabi*
분포 / 안틸제도 | 크기 / 6cm

스웰스 바슬렛

비교적 새롭게 수입하기 시작한 바슬렛으로 오 렌지 몸에 연한 블루의 스트라이프가 달린다. 또한 등지느러미와 뒷지느러미에는 블루로 테 두리가 잡힌 눈모양반점이 들어간다. 수입되기 시작했을 때는 매우 드문 종이었지만, 최근에는 볼 수 있는 기회도 증가하고 있다. 성질은 다른 바슬렛과 유사하다.

캔디 바슬렛

대서양의 본 속 중에서는 가장 작고 매우 아름 다운 바슬렛이다. 네덜란드령 안틸레의 큐라소 섬과 보나일섬 등에서 비교적 자주 볼 수 있는 종류이다. 서식환경은 레스 바슬렛와 비슷하지 만 평균적인 서식 수심이 가장 깊은 종류이다. 사육에 대해서는 동속 타종과 마찬가지로 이전 에는 깊은 곳에서의 채집 때문에 순화하기 어려 운 면도 있다고 생각되고 있었지만 최근에는 컨디션 좋게 수입되는 것이 많다. 본종도 냉각 설비를 사용하여 23~25℃로 조절한 산호수족 관에서의 사육이 적합하다. 수입되기 시작했을 때는 수도 적고 볼 기회가 적은 종이었지만 최근에는 약간 수입수는 증가하고 있으며 「 레드 타입」 이라는 지역적인 변이도 알려진다.

스위스가드 바슬렛

본 속의 물고기는 소형이고 아름다운 종류가 많으며 아쿠아리움에서도 산호수족관의 일원

레스 바슬렛
학명 / *Liopropoma eukrines*
분포 / 플로리다   크기 / 12cm

스위스가드 바슬렛
학명 / *Liopropoma rubre*
분포 / 플로리다   크기 / 8cm

옐로우마진 바슬렛
학명 / *Liopropoma aurora*
분포 / 하와이   크기 / 17cm

케이브 바슬렛
학명 / *Liopropoma mowbrayi*
분포 / 카리브해   크기 / 8cm

매니라인 바슬렛
학명 / *Liopropoma multilineatus*
분포 / 서부-남태평양   크기 / 7cm

으로서 매우 인기가 있다. 본종은 본 속 중에서도 비교적 얕은 곳 수심 3~45m정도에 서식하는 종류이다. 이 종류는 매우 수줍어 바위 틈이나 작은 구멍의 깊숙히 숨어 사는 경우가 많다. 이 때문에 사육 등에서도 조용한 환경을 제공해 주는 것이 중요하다. 안정되면 매우 튼튼한 물고기로 장기적으로도 기를 수 있지만 수입 초기에는 백점병 등에 걸리기 쉬운 면이 있으므로 수질 관리에는 주의해야 한다. 먹이는 갑각류 등을 선호하지만 익숙해지면 냄새가 강한 고형인공사료도 먹게 된다. 또 쌍 이외의 동종이나 동속 타종과의 합사는 가능한 한 피하는 것이 좋지만 넓은 공간과 많은 쉘터가 있으면 가능하다.

레스 바슬렛
대서양의 본속 중에서는 대형이 되는 종류이다. 동속 타종과 마찬가지로 서식수심이 깊으며 30m에서 경우에 따라서는 150m의 깊은 곳에 도달할 수 있다. 사육에 대해서는 동속 타종에 준한다. 대형의 것은 개체에 따라서 착상상태가 다소 차이가 있다.

옐로우마진 바슬렛
하와이 제도의 고유종이다. 본 종은 이전 (L.latifasciatum)와 함께 Pikea속으로 여겨졌으나 최근 들어 본 속으로 분류되기 시작했다.

이 종류는 태평양, 인도양에도 몇 가지 아름다운 종류가 알려져 있지만 어느 종류나 깊은 곳에 서식하는 것으로 생태 등 수수께끼의 부분이 많다. 또한 앞서 언급한 대서양산에 비해 태평양인도양역의 종류는 대체로 대형인 것이 많다. 본 종은 서식지라 하더라도 매우 드문 종류이며 채집되는 수심도 50~180m로 상당히 깊은 곳이다. 하와이에서 몇 개체가 수입된다.

케이브 바슬렛
암초역 수심 30m이상에서 볼 수 있으며 보통 60~80m정도에 서식하는 종류이다. 스위스가드 바슬렛과 마찬가지로 겁이 많은 물고기로

작은 구멍 등에 숨어 살고 있다. 사육에 대해서는 스위스가드 바슬렛에 준한다. 스위스가드 바슬렛과 함께 수입되기도 하지만 수는 적다.

매니라인 바슬렛
산지에 의한 칼라 변이를 볼 수 있는 종으로 사진의 개체는 필리핀 세부편으로 수입되는 타입으로 전체에 붉은 빛이 강하고 꼬리 자루 부분에 들어가는 흰색의 줄무늬도 가늘다. 미크로네시아에서 볼 수 있는 것은 몸의 중앙부의 황색이 강하며 꼬리자루부분에 들어가는 화이트 밴드도 확실히 나타난다. 다른 바슬렛과 같이 산호 수족관에서 단독 또는 쌍 사육이 적합하다.

할리퀸 배스
학명 / *Serranus tigrinus*

분포 / 태평양 | 크기 / 10cm

스노우 배스
학명 / *Serranus chionaraia*

분포 / 플로리다 | 크기 / 6cm

크레오레 피쉬
학명 / *Paranthias furcifer*

분포 / 태평양 | 크기 / 35cm

초크 배스
학명 / *Serranus tortugarum*

분포 / 플로리다 | 크기 / 8cm

랜턴 배스
학명 / *Serranus baldwini*

분포 / 플로리다 | 크기 / 7cm

할리퀸 배스
본 속 중에서는 카리브해와 북부 플로리다에서 가장 흔하게 볼 수 있는 종류이다. 사육은 용이하고 매우 튼튼한 종류이다. 수조 내에서는 별로 움직이지 않고 바닥 부근에 정위치하고 안구만 움직여 주위를 살피는 모습은 보는 재미가 쏠쏠하다. 먹이로는 생새우 등 갑각류를 즐겨 먹기 때문에 갑각류와의 합사는 불가능하다.

초크 배스
본 속에서는 드물게 광택이 있는 블루를 가지는 종류로 이 색채는 자연에서는 훌륭한 발색을 하고 있지만 장기 사육을 하다보면 색조가 변하게 되는 경우가 많다. 바위지역대나 모래 바닥지 등에 소그룹으로 서식하고 있다. 서식 수심

은 보통 12~45m정도이지만 경우에 따라서는 300m이상의 깊은 곳에 이르는 경우가 있다. 매우 얌전하고 합사도 가능한 종류이다. 먹이는 인공사료를 포함하여 무엇이든 잘 먹기 때문에 사육하기 쉽지만 고수온에 다소 약한 면이 있다. 수입되는 경우는 적다.

랜턴 배스
짙은 갈색의 체커모양을 가진 종으로 근연의 오렌지백 배스(S.annularis)와 매우 비슷하다. 수입 초기에는 겁이 많아 숨기 쉽지만 기본적으로는 튼튼한 물고기로 조용한 환경을 설정하고 침착하게 하면 비교적 잘 헤엄치게 된다. 갑각류는 좋아하기 때문에 합사는 불가하다.

스노우 배스
본 속 중에서는 가장 소형의 부류에 들어가는 수수한 색조의 종류이다. 약간 깊은 곳의 조류와 모래사이에 숨어있는 경우가 많다. 랜턴 배스와 마찬가지로 겁이 많기 때문에 산호 수족 관용 물고기이다. 본종도 갑각류를 즐겨 먹기 때문에 작은 새우류와의 합사는 불가능하다.

크레오레 피쉬
중남부 카리브해에 비교적 많이 서식하는 그루퍼과의 물고기이다. 환경 등에 의해 체색에 변이가 보이고 핑크로부터 올리브 또는 어두운 색 등이 있고 또한 몸쪽의 점 패턴도 검은색이나 백색등으로 다양하다. 사육 방법은 그루퍼류보다 안시아스류를 참고 하는 것이 좋다.

로얄 그라마
대서양에서만 알려진 그라마과 물고기는 소형이고 아름다운 종류가 많다. 그 중 본종은 예전부터 아쿠아리움 피쉬로 취급되는 인기가 높은 어종으로 미국에서는 일찍부터 인공 번식도 되고 있다. 이 종류는 산란시에는 바위구덩이나 작은 구멍에 해초 등을 이용하여 산란상을 만들고 부화할 때까지 쌍으로 보호하는 타입이다. 본종은 동속이나 근연속 중에서 가장 보통 종이며 자연에서는 암초역이나 산호초지역 수

로얄 그라마
학명 / *Gramma loreto*
분포 / 카리브해 | 크기 / 8cm

심 1~40m정도에 서식해 바위틈이나 산호 뒤쪽에 영역을 확보하고 있다. 보통 소그룹에 있는 경우가 많지만 100마리 가까운 집단이 되는 경우도 있다. 사육은 해조류가 있고 쉘터가 많은 소봉한 완성설성이 이상적이다. 먹이는 브라인 슈림프니 갑각류를 좋아하지만 익숙 해시년 냄새가 상한 과립의 인공사료도 먹게 뒤다. 사육 초기 등은 백점병에 걸리기 쉽기 때문에 주의를 요한다. 본종은 비교적 일정하게 수입되고 있다. 또 브라질산의 개체도 수입되고 있으며 머리선 모양이 불명료하는등의 약간 변이가 보인다.

바이칼라 바슬렛
로얄 글래머와 비슷한 색채를 가진 희귀한 근연종 물고기이다. 네덜란드령 퀴라소 섬 수심 80m전후의 암벽에서 로얄 글래머 무리에 섞여 헤엄치던 것을 잡은 것이 최초의 개체이다. 기본적으로는 로얄 글래머와 같은 사육 방법으로도 줄지만 깊은 곳의 물고기이므로 사육의 성패는 물고기의 상태에 달려 있다.

옐로우라인 바슬렛
1978년에 기재된 본 속 중에서는 가장 소형의 종류로 색채는 다소 수수하다. 사진에서는 불명료하지만 머리에서 등에 걸쳐 노란색이 강하게 나오는 것이 있어 그것이 개체에 의한 것인지 유어와 성어의 차이인지는 명확하지 않다.

블랙캡 바슬렛
로얄 글래머보다 다소 대형이 되는 종류로, 본종도 인공 사육에서 번식 예가 있다. 분포역은 로열 글래머와 비슷하지만 수심이 보다 깊은 곳에 서식하는 것으로 연안 암초역에서 절벽이나 경사면 등 수심 20~60m정도이며 일정한 암반과 큰 산호를 영역으로 하고 단독 또는 쌍으로 살고 있다. 거꾸로 정위하고 있는 경우가 많다. 무척추동물 수조용 종류지만 작은 새우류와의 합사는 피하는 것이 좋다.

바이칼라 바슬렛
학명 / *Lipogramma kiayi*
분포 / 바하마 | 크기 / 4cm

옐로우라인 바슬렛
학명 / *Gramma linki*
분포 / 바하마 | 크기 / 7cm

블랙캡 바슬렛
학명 / *Gramma melacara*
분포 / 카리브해 | 크기 / 9cm

137

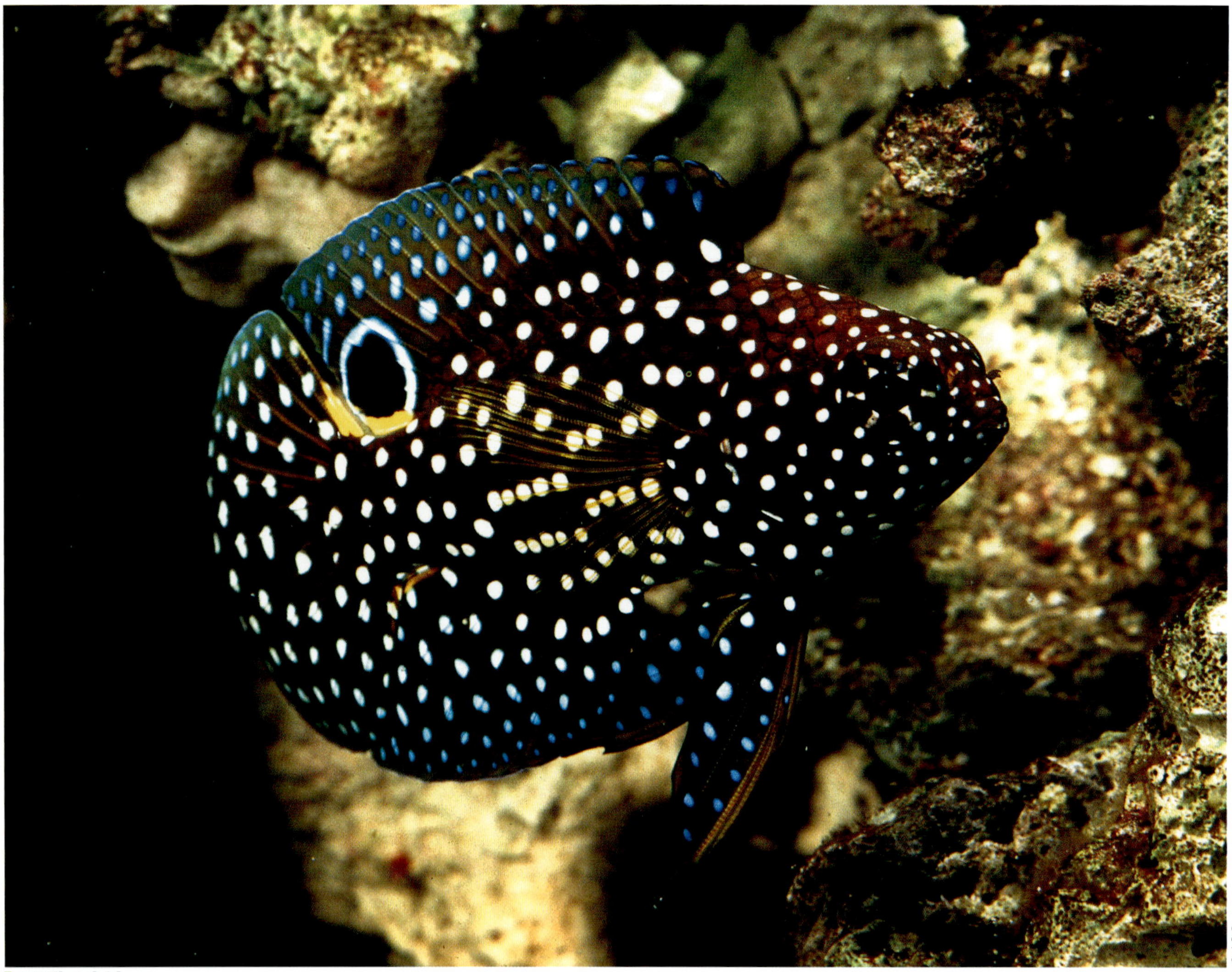

0492

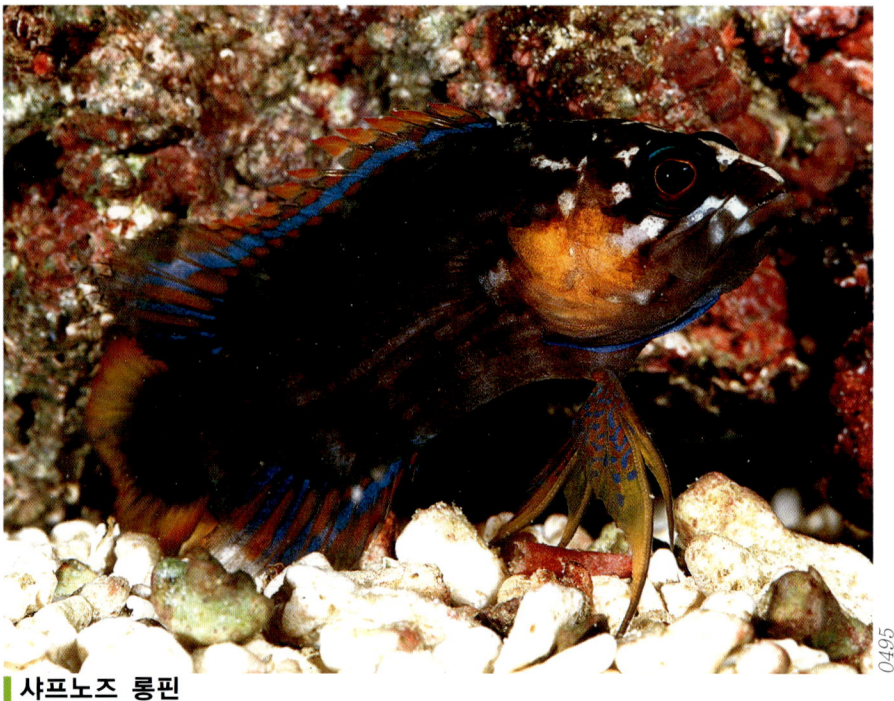

코멧 피쉬
학명 / *Calloplesiops altivelis*
분포 / 인도양-서부태평양 | 크기 / 15cm

0493

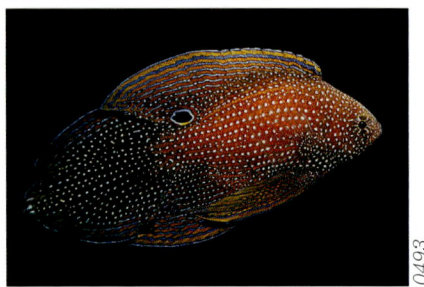

아구스 코멧피쉬
학명 / *Calloplesiops argus*
분포 / 서부태평양 | 크기 / 15cm

0494

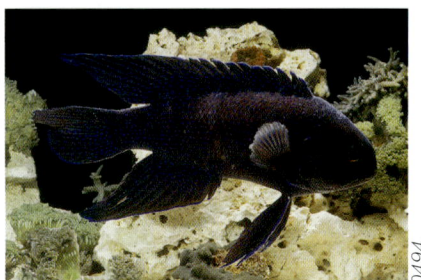

서던블루 데빌
학명 / *Paraplesiops meleagris*
분포 / 호주 서남해 | 크기 / 40cm

0495

샤프노즈 롱핀
학명 / *Plesiops oxycephalus*
분포 / 서부태평양 | 크기 / 6cm

프레시옵스 나가하라에
학명 / *Plesiops nakaharae*

| 분포 / 인도양-서부태평양 | 크기 / 7cm |

바레드 스피니 바슬렛
학명 / *Belonepterygion fasciolatum*

| 분포 / 인도양-서부태평양 | 크기 / 6cm |

옐로우시저테일
학명 / *Assessor fravissimus*

| 분포 / 그레이트 베리어 리프 | 크기 / 5cm |

이스턴 후라피쉬
학명 / *Trachinops taeniatus*

| 분포 / 호주남부 | 크기 / 8cm |

스트라이프 도티백
학명 / *Pseudochromis sankeyi*

| 분포 / 홍해 | 크기 / 8cm |

코멧 피쉬

이 종류 중에서는 수족관 피쉬로 가장 잘 알려진 종류이다. 현재는 유럽이나 이스라엘 등에서 본종의 번식 사례도 많다. 산란은 구덩이 같은 곳에서 부화할 때까지 수컷 부모가 알을 보호하는 것으로 알려져 있다. 자연에서는 연안 산호초지역 수심 2~45m정도에 서식하며 낮에는 구멍 등에 숨어 야산에 활동한다. 그 특징 있는 색채, 무늬는 같은 산호초역에 사는 (G.meleagris)의 의태로 여겨지지만 확실하지 않다. 튼튼한 물고기이지만 야행성이기 때문에 겁이많고 움직임도 완만하기 때문에 합사어 선정에는 고려하는 것이 좋다. 반대로 작은 물고기나 새우류와의 합사는 불가능하다. 생먹이나 건조크릴 등은 잘 먹지만 인공사료에는 다소 적응시키기 어렵다. 필리핀이나 인도네시아에서 수입되지만 수는 그리 많지 않고 수입 개체는 비교적 대형이다.

아구스 코멧피쉬

촘촘한 스팟 패턴과 각 지느러미의 발달이 더욱 두드러진다. 분포지역도 좁고 필리핀 주변에 많이 서식하고 있다. 생태나 서식 환경에 대해서는 코멧 피쉬와 거의 같고 사육도 준하지만 조금 더 쉬운 면이 있다. 드물게 필리핀 등에서 수입된다.

서던블루 데빌

온대에 적응한 종류로 코멧피쉬 중에서 가장 대형이 된다. 사진의 개체는 성어이지만 유어기는 더 밝은 색조로 몸쪽에 작은 반점은 없고 머리의 블루 스팟이 크다. 또한 등뒷지느러미 및 꼬리지느러미의 후연부가 검은색이다. 자연에서는 암초역 수심 15~25m정도에 서식하며 기복이 많은 암초 구멍에 단독으로 있다. 사육에서는 수조 내에 몸이 완전히 숨을 수 있는 쉘터를 설치해 낮은 수온(22℃ 전후)으로 설정하면 좋다. 먹이는 생먹이나 냉동사료 등이 좋다. 드물게 호주에서 수입된다.

샤프노즈 롱핀

기본적으로는 많이 비슷하나 본종은 더 체고가 있기 때문에 구별은 용이하다. 본종만으로 수입되는 경우는 거의 없으며, 다른 물고기 등에 섞여 수입된다.

프레시옵스 나가하라에

암초역의 바위 아래에 즐겨 살고 있다. 본종은 머리 부분에 밝은색의 스팟무늬가 들어가기 때문에 구별이 된다. 수입되는 경우는 드물다.

바레드 스피니 바슬렛

이 종류로서는 가늘고 긴 체형을 가지고 등지느러미 배지느러미가 선명한 붉은색으로 물든다. 낮에는 돌 아래에 숨어 있다. 본종도 드물게 수입되는 정도로 수는 그리 많지 않다.

옐로우시저테일

마우스 브리더로 알려진 소형종이다. 본 속은 알덩어리를 수컷이 입안에서 보호한다. 매우 얌전한 물고기로 여러개의 쉼터를 갖춘 산호 수족관과 같은 조용한 환경에서 사육하는 것이 이상적입니다. 사료 붙임에는 문제가 없고 인공사료 등을 포함해 무엇이든 잘 먹는다. 본종은 그레이트 배리어 리프 북부에 분포하지만 그레이트 배리어 리프에서 뉴 칼레도니아에 이르는 지역에서는 본종과 매우 비슷한 체형을

가지며 짙은 감색의 체색을 띠고 있는 블루 아세서(A.macneilli)도 알려져 있다. 두 종 모두 호주외에도 미국 등에서 브리딩 개체도 수입된다. 일명 옐로우 데빌이다.

이스턴 후라피쉬

본 속은 호주 주변 지역에서만 서식하는 특수한 종류로 온대에 적응한 물고기이다. 암초역 등 수심 20~30m정도에 서식하며, 무리로 기복이 있는 모래 진흙 바닥 근처에서 먹이인 플랑크톤을 먹고 있다. 사육시에는 처음과 끝까지 헤엄치고 있지만 일정한 피난처를 설치해 주면 안정된다. 인공사료에도 익숙해지는 먹이붙임이 좋은 물고기이지만 여름에는 냉각 설비가 있는 것이 무난하다. 드물게 수입된다. 가까운 종류로 (T.caudimaculatus)과 (T.noalungae)의 두 종류가 알려져 있다.

스트라이프 도티백

화이트와 블랙 스트라이프가 특징적인 도티백으로 산호초지역 수심 2~10m 절벽에 있는 틈새와 작은 바위 구멍에 서식하고 있다. 사육시에는 산호수족관등 은신처가 많은 차분한 환경이 적합하다. 스리랑카 등에서 수입되지만 수는 적다.

로얄 도티백
학명 / *Pseudochromis paccagnellae*
분포 / 서부태평양–동부인도양 | 크기 / 7cm

0501

0503

디아뎀 도티백
학명 / *Pseudochromis diadema*
분포 / 서부태평양 | 크기 / 6cm

오키드 도티백
학명 / *Pseudochromis fridmani*
분포 / 홍해 | 크기 / 7cm

0502

로얄 도티백

도티백은 매우 많은 종류가 있으며, 작고 아름답기 때문에 산호수족관의 일원으로도 특히 인기가 높은 어종이다. 본종은 그 중에서도 인기있는 종류 중 하나이다. 본종에 한정되지 않고 본 속 물고기들은 모두 튼튼하고 사육하기 쉬운 물고기들로 먹이는 무엇이든 잘 먹는다. 다만 동종이나 동속과의 복수 사육에 대해서는 문제가 있어 수조의 크기나 쉘터의 수, 혹은 종류에 따라 꽤 격렬하게 싸움을 하는 경우가 많다. 특히 쌍이 아닌 한 합사는 피하는 것이

블루스트라이프 도티백
학명 / *Pseudochromis springeri*
분포 / 홍해 　　　크기 / 6cm

스프렌디드 도티백
학명 / *Pseudochromis splendens*
분포 / 홍해, 아덴만 　　　크기 / 7cm

퍼플 도티백
학명 / *Pseudochromis porphyreus*
분포 / 서부태평양 　　　크기 / 6cm

동속의 물고기는 기본적으로 자성선숙이다.

오키드 도티백
프리드마니의 이름으로 알려진 홍해의 고유종. 깊이 있는 붉은 보라색의 색채를 가진 매우 아름다운 종으로, 본 속 중에서는 가장 인기 있는 종류이다. 본 속에서는 드물게 복수 사육이 가능한 종뮤로 쉘터를 많이 만들어주고 어린 개체를 같은 시기에 넣으면 가능하다. 산호 수족관용 종류이다. 또한 최근에는 본종을 포함한 여러 종류가 이스라엘 등에서 양식되어 유통되고 있다. 본종의 암수의 차이는 꼬리지느러미 하엽부의 길어지는 정도나 체형차이정도어서 판별은 어렵다. 부화할 때까지는 수컷이 열심히 알을 돌본다.

디아뎀 도티백
로얄 도티백, 퍼플 도티백과 같은 타입의 종류로 다소 분포역이 좁고 필리핀 서부에서 말레이반도에 걸쳐서 많이 서식한다. 등쪽에 분홍색 들어가는 방법은 개체에 따라 다소 차이가 있다. 또 수컷화한 것은 꼬리지느러미의 양엽이 약간 뾰족하다고 알려져 있다. 산호초 외연의 수심 5~25m정도에 서식한다. 로얄 도티백, 퍼플 도티백와 본종은 어두운 조명에서 사육하면 퇴색해 버리는 일이 자주 있다. 주로 필리핀에서 수입된다.

블루스트라이프 도티백
홍해의 고유종으로 오키드 도티백보다 약간 소형 종류이다. 연안 산호초지역과 암초호 수심 2~60m 정도까지 단독으로 서식하며 산란기에만 짝을 지어 행동한다. 사육시에는 전면에 나오는 것은 별로 없고, 그늘에 숨으면서 매우 빠르게 헤엄친다. 본속 중에서는 얌전한 편이지만 동종끼리는 자주 싸운다. 홍해 주변지를 통한 경로로 수입되어 비교적 일정한 수량이 수입된다.

스프렌디드 도티백
매우 화려한 느낌이 드는 도티백으로 이 종류

선라이즈 도티백
학명 / *Pseudochromis flavivertex*
분포 / 인도네시아 　　　크기 / 13cm

중에서는 체고가 있으며 본 속 중 가장 대형이 되는 종류이다. 수컷은 색채가 보다 명료해짐으로써 암 수차 판별이 가능하다. 성장에 따라 성격은 강해진다. 거의 수입되지 않는다.

퍼플 도티백
본 종도 본 속 중에서는 인기가 있는 종류이다. 산호초 외연 외에 수로 등 벽면 등에서도 볼 수 있다. 서식 수심은 6~65m정도이며, 디아뎀 도티백나 로얄 도티백과 마찬가지로 작은 구멍 부근에 정위치하고 있다. 수조 내에서도 일정한 쉘터 부근을 별로 떠나지 않는다. 필리핀이나 인도네시아에서 수입되고 있다.

선라이즈 도티백
홍해 고유종 중에서는 가장 오래전부터 알려진 종류이다. 파란색 체색에 노란색 줄이 등부분에 들어가는 아름다운 종류. 동 속의 타입과는 몸싸움이 있지만 비교적 궁합은 좋다. 본종도 이스라엘에서 번식되고 있다. 번식 보고에서는 본종은 전형적인 자성선숙의 종류인 것 같다. 수컷은 바위 밑 등에 암컷을 유치하여 산란시키고 그 후에는 수컷이 알을 돌본다. 또 보통 암컷으로 여겨지는 등이 노랗게 되지 않는 개체는 홍해 북부의 어린물고기에서 많이 볼 수 있는 타입이다. 다른 홍해 물고기와 함께 수입된다.

스렌더 도티백
학명 / *Pseudochromis bitaeniatus*
분포 / 인도네시아 　크기 / 7cm

0508

브라운 도티백
학명 / *Pseudochromis fuscus*
분포 / 서부태평양-중부인도양 　크기 / 5cm

0509

네온 도티백
학녕 / *Pseudochromis dutoiti*
분포 / 서부인도양 　크기 / 9cm

0510

스테네이 도티백
학명 / *Pseudochromis steenei*
분포 / 인도네시아 　크기 / 12cm

0511

0513

0512

블루스포티드 도티백
학명 / *Pseudochromis persicus*
분포 / 아라비아해 　크기 / 10cm

다크스트라이프 도티백
학명 / *Labracinus melanotaenia*
분포 / 서부태평양 　크기 / 20cm

0514

오블리크 라인 도티백
학명 / *Cypho purpurascens*
분포 / 그레이트 베리어 리프 크기 / 7cm

스렌더 도티백
별명 "더블 스트라이프 도티백"이라고도 불리는 종류로, 특히 인도네시아 플로레스 섬 주변 지역에 많은 종류이다. 연안 산호초지역의 얕은 물, 특히 산호의 풍부한 곳에 서식하고 있다. 본 속에서는 다소 커지고 성장하면 영역주장이 강해지므로 민감한 물고기와의 합사는 피하는 것이 좋다. 또한 소형 갑각류를 즐겨 먹기 때문에 합사는 불가하다.

브라운 도티백
광역 분포종으로 비교적 진흙 같은 환경에 서식하고 있는 경우가 많다. 이 종류에서는 체고가 있으며 컬러변이가 많이 보이는 종이다. 사진과 같은 레몬 옐로우를 비롯해 오렌지, 흑갈색등 별종을 연상시키는 변이를 보인다. 산호초 지역의 비교적 얕은 곳에 서식하며 바다웅덩이 등에서도 볼 수 있다. 사육시에는 영역의식이 강하고 동속 타종은 물론 다른 물고기에 대해서도 격렬하게 공격할 수 있다. 필리핀 등에서 본종으로 보이는 종이 옐로우 도티백 등의 이름으로 수입되어 오는데 종 판별에는 정밀 조사가 필요하다.

네온 도티백
본종에는 P.aldabraensis라는 동의명이 있으며, 문헌에 따라서는 이 학명이 채용되고 있다. 산호초역이나 암초역의 극히 얕은 여울 파도가

셀핀 도티백
학명 / *Ogilbyina velifera*

분포 / 그레이트 베리어 리프 ｜ 크기 / 12cm

치는 곳에 서식하며 산호 사이나 바위 틈 등에 단독으로 있다. 자연에서의 산란층은 조개껍질 등을 이용한다. 수조 내에서도 바위 구멍과 산호 사이를 능숙하게 헤엄쳐 다닌다.

스테네이 도티백
암수의 색채에 명확한 차이가 있는 종류이다. 암컷은 전체적으로 검은색이며 꼬리지느러미는 노란색이며 눈 옆선은 선명한 흰색이 특징이다. 본 종은 필리핀에 서식하는 P.moorei 및 호주 북부의 P.quinquedentatus와 매우 유사하며 경우에 따라서는 색채 변이 또는 동의어 가능성이 있다. 영역주장이 강한 공격적인 성격으로 물고기만 있는 수족관에는 맞지 않는 종류이다. 드물게 인도네시아 등에서 수입된다.

블루스포티드 도티백
앞서 언급한 네온 도티백과 마찬가지로 페르시아만 등에 많이 분포하고 있는 종류이다. 주변 지역에 색채가 매우 유사한 종류의 P.niguro-vittatus나 P.melas등이 있는데, 본종과는 아가미덮개의 흑점 위치의 차이로부터 비교적 구별은 용이하다. 어린 물고기까지의 개체에서는 몸 쪽에 불명료한 어두운 가로띠가 들어간다 비교적 대형이 되며 성격은 강하다.

다크 스트라이프 도티백
세레베스해 주변지역을 중심으로 분포하고 있다. 본 속을 포함한 종류는 분류가 잘 진행되지 않아 지금까지 칼라변이라고 여겨졌던 종도 별종으로 취급될 가능성도 높다.

오블리크 라인 도티백
매우 아름다운 종류이다. 본종은 예전에 프세우드크로미스속으로 분류되었으나 형질, 생태적 차이로 현재는 해당 속으로 여겨지고 있다. 등지느러미 중앙의 눈 모양반점은 비교적 어린 개체에서 볼 수 있다. 수컷은 전체적으로 적자색이지만 암컷은 몸 전반부가 청자색이다. 산호 초지역 수심 5~35m정도에 서식하며 작은 구멍등을 영역으로 한다.

셀핀 도티백
매우 품위있는 색채의 종류로 그 이름처럼 각 지느러미의 가장자리가 길어지는 우아한 형상을 하고있다. 암컷 개체는 머리에서 등지느러미에 걸쳐 황색을 띤다. 산호초지역 수심 12~35m정도에 서식하며 산호나 바위 아래 모래 바닥 부근의 구멍에 단독으로 있다. 사육시에는 자신의 영역 구멍 부근에서 얼굴만 빼고 있는 경우가 많다. 호주나 인도네시아에서 수입되지만 수입수는 적다.

멀티컬러 도티백
본 종은 같은 호주 동부 해역에 서식하는 퀸즐

멀티컬러 도티백
학명 / *Ogilbyina novaehollandiae*

분포 / 호주동부 ｜ 크기 / 10cm

노랑벤자리
학명 / *Callanthias japonicus*

분포 / 한국, 일본, 동중국해 ｜ 크기 / 20cm

랜드 도티백(O.queenslandiae)과 매우 흡사하며, 양쪽 모두 성장 단계에서의 변화나 색채변이가 많아 잘 혼동되기 쉽지만 크기적으로는 본종이 10cm전후까지밖에 성장하지 않는 반면 퀸즈랜드 도티백은 15cm정도로 약간 대형이 되는 종류이다. 사진의 개체는 전형적인 본종의 수컷 개체이며 암컷은 전체적으로 주홍색을 띠고 있다. 산호수족관에서의 사육은 가능하지만 다른 소형 물고기나 갑각류와 함께 사육할 수 없는 것은 비슷한 타종과 같다. 호주에서 수입되며 수입 개체는 10cm 전후가 많다.

노랑벤자리
2속 10종이 속하는 종. 20cm가 넘을 수도 있다. 50m이상으로 무리를 지어 서식하고 있으며 주로 낚시로 채집된다. 감압에 약하기 때문에 관상어 루트로 판매되는것은 드물다. 몸은 분홍색을 기조로 뒤쪽은 약간 황색 빛이 난다. 꼬리지느러미의 상하 양끝은 실 모양으로 뻗는다. 육식성으로 새우류를 선호하지만 크기가 작은 물고기는 먹어 버릴 가능성이 있으므로 주의를 요한다. 고온에는 약한 면을 가지기 때문에 22℃이하에서의 사육이 바람직하다.

갈라파고스 랜드 이구아나

ARAMARU
AQUARIUM
IN SACHEON

아라마루 아쿠아리움
ARAMARU AQUARIUM

CARDINAL FISHS, SNAPPERS, JACKS, OTHERS

방가이 카디날피쉬
학명 / *Pterapogon kauderni*
분포 / 인도네시아　　　　크기 / 10cm

해양 아쿠아리움 세계에서는 아무래도 주류가 되는 버터플라이나 엔젤피쉬, 담셀, 안시아스, 그루퍼등 많은 종류가 있는 그룹에 인기가 집중하고 있는 경향이 있다. 그러나 수입되는 물고기들 중에는 이들 주요 그룹에 포함되지 않는 물고기들도 많이 존재한나.

이러한 종류 중 환상적인 데뷔를 장식한 방가이 카디날피쉬의 등장은. 새로운 부분으로 메탈릭한 흰색의 기조색에 과감한 줄무늬를 포함한 복잡한 무늬가 들어가는 모노톤 색채는 원색으로 호화롭게 꾸며진 물고기들을 계속 보아온 마린 아쿠아리스트의 눈에 신선한 놀라움을 준 것임에 틀림없다.

또한 마우스 브리더로 알려져 비교적 번식 가능성도 높은데 부모와 거의 같은 치어를 부모가 입에서 토해내는 모습도 수조 내에서 많이 관찰되고 있다. 향후 해양 아쿠아리움에 새로운 바람을 가져다주는 존재가 될지도 모른다.

이 밖에도 비교적 온화한 성격으로 산호수족관에 적합하고 환상적인 색채를 지닌 파자마 카디날피쉬나 열대어의 네온 테트라와 같은 감각으로 수조 내에서도 군영이 가능한 레드스팟 카디날피쉬등 최근 인기를 끌고 있는 카디날피쉬과의 물고기들.

대담한 줄무늬로 볼륨감이 있는 레드 엠퍼러 성장 단계에서의 체반 변화가 재미있는 노란색과 검은색 색채가 특징적이고 파일럿 피쉬로 유명한 골든 트레발리 등 그 캐릭터는 다양하다.

여기서는 이런 물고기들을 중심으로 소개해보자. 이들 물고기의 대부분은 합사가 가능한 종류가 많아 물고기 수족관에 변형을 주는 데에도 중요한 종류를 많이 가지고 있다고 할 수 있을 것이다.

오르비쿠라르 카디날피쉬
학명 / *Sphaeramia orbicularis*

| 분포 / 인도양-서부태평양 | 크기 / 10cm |

파자마 카디날피쉬
학명 / *Sphaeramia nematoptera*

| 분포 / 인도양-서부태평양 | 크기 / 8cm |

바리에가티드 카디날피쉬
학명 / *Fowleria variegata*

| 분포 / 인도양-서부태평양 | 크기 / 12cm |

오셀라티드 카디날피쉬
학명 / *Apogonichthys ocellautus*

| 분포 / 인도양-중서부태평양 | 크기 / 5cm |

파이브라인 카디날피쉬
학명 / *Cheilodipterus quinquelineatus*

| 분포 / 인도양-서부태평양 | 크기 / 9cm |

오커스트라이프 카디날피쉬
학명 / *Apogon compressus*

| 분포 / 서부태평양 | 크기 / 12cm |

루비 카디날피쉬
학명 / *Apogon crassiceps*

| 분포 / 중부태평양 | 크기 / 12cm |

방가이 카디날피쉬
아쿠아리움 피쉬로서는 최근 등장한 카디날피쉬의 종류로 흑백의 균형이 매우 아름다워 수입 이래 높은 인기를 얻고 있다. 발견은 1920년으로 의외로 오래된 종이다. 1933년 기재된 이 후 1992년 인도네시아 방가이 제도에서 재발견되기 전까지는 표본개체도 얻지 못했다. 그 후에는 암봉섬과 그 외의 산호초지역의 극히 얕은 물에서도 발견되어 현재는 비교적 일정하게 수입되고 있다. 사육은 쉽고 인공사료를 포함해 먹이는 무엇이든 잘 먹는다. 다른 카디날피쉬와 마찬가지로 본종도 마우스 브리더이다.

소우체크 카디날피쉬
학명 / *Apogon quadrisquamatus*

| 분포 / 카리브해 | 크기 / 10cm |

시일 카디날피쉬
학명 / *Apogon sealei*

분포 / 서부태평양	크기 / 9cm

코랄 카디날피쉬
학명 / *Apogon properuptus*

분포 / 인도양-서부태평양	크기 / 6cm

블랙 카디날피쉬
학명 / *Apogon melas*

분포 / 서부태평양	크기 / 11cm

수컷은 새끼 물고기가 1cm 정도로 자랄 때까지 구강보육을 하며 그동안 성게류를 유생의 쉼터로 이용한다. 알의 지름은 하나가 2.5mm로 꽤 크다. 수조 내에서도 번식 사례가 많이 보고되고 있다. 본종의 종소명은 발견자인 네덜란드인 카우델른 박사에서 따왔다.

파자마 카디날피쉬
카디날피쉬의 종류 사이에서는 아쿠아리움피쉬로 가장 인기있는 종으로 환상적인 무늬로 인기가 높다. 영명의 유래는 그 특이한 무늬 때문에 불리고 있다. 산호초 지역의 내만이나 암초호의 극히 얕은 물에 서식하며 낮에는 무리지어 쉼터가 되는 가지 산호류 사이에서 동물성 플랑크톤을 먹고 밤이 되면 분산되어 저생 먹이를 얻는다. 사육은 쉽고 먹이는 무엇이든 잘 먹는다. 매우 얌전한 물고기로 동종끼리의 합사도 문제 없기 때문에 온순한 물고기와의 물고기수족관이나 산호수족관에서의 사육에 적합하다. 필리핀 등에서 일정하게 수입되며 가격도 저렴해 초보자들에게도 추천할 만한 물고기이다.

오르비쿠라르 카디날피쉬
파자마 카디날피쉬와 많이 닮은 체형을 가진 카디날피쉬지만 색채적으로는 진공에 비해 수수하고 다소 대형이 된다. 그러나 무리지어 헤엄치게 되면 화려한 아름다움을 지닌 파자마 카디날피쉬와는 다른 차분한 분위기를 맛볼 수 있다. 더 넓은 분포지역을 가지고 있다. 하구부의 맹그로브대 등에 작은 무리를 만들어 서식하고 뿌리와 퇴적물 속을 쉼터로 하고 있다. 수컷은 알을 8일 정도 구강보육한다. 사육에 관해서는 전종과 같다. 필리핀과 인도네시아에서 수입된다.

바리에가티드 카디날피쉬
수수한 색채의 소형의 카디날피쉬로 학술적으로 예전부터 알려진 종이다. 본종은 서식 환경에 따라 색채나 무늬 등에 변이가 있다. 산호초 지역의 암호와 내만의 조류등에 서식하며 산호 사이와 해초 속에서 흔히 볼 수 있다. 본 속에는 본종 이외에도 몇 가지 매우 유사한 종이 있으며 아가미덮개의 스폿 차이 등에 의해 판별된다. 언뜻 보면 실러캔스 같고 고대어 적인 분위기를 가지고 있어 재미있다. 수입되는 경우는 적고 드물게 다른 아포곤에 섞여 수입되어 오는 정도이다.

오셀라티드 카디날피쉬
등지느러미의 눈모양 반점이 특징인 소형 카디날피쉬이다. 매우 광역에 분포하는 종으로 일본에서도 류큐열도 등에서 볼 수 있다. 내만성으로 바위 산호초 해초 또는 조밀한 갈색 조류 등을 쉼터로 서식하고 있다. 전종과 마찬가지로 수입은 믹스 카디널 피쉬로서 드물게 필리핀 등에서 수입되어 오는 정도이다.

파이브라인 카디날피쉬
은백색의 몸에 들어가는 얇은 검은 줄무늬와 꼬리자루 부분에는 노란색으로 둘러싸인 검은색 반점이 특징인 카디널 피쉬. 산호초와 암초역에서 볼 수 있으며 낮에는 바위 그늘 등에 숨어 있는 경우가 많다. 필리핀 등에서 비슷한 무늬를 가진 동속 타종과 특밀히 구별되지 않고 수입된다. 암초 아쿠아리움보다 산호를 이용한 레이아웃 수조에서의 사육이 적합하다.

오커스트라이프 카디날피쉬
본 속의 종류는 매우 종류가 많고 색채 등 서로 닮아 있는 것이 있어 종 판별이 어려운 경우가 자주 있다. 그 중 본종은 비교적 구분하기 쉽고 특징 있는 눈 주위의 블루가 인상적인 종류이다. 산호초 지역 내만의 얕은 물에 가지 산호 사이 등에 소그룹으로 서식한다. 본 속 물고기는 기본적으로는 야행성이지만 환경에 따라서는 낮에도 자주 먹이를 먹고 사육은 용이하다. 또한 매우 얌전한 그룹이지만 본종의 성장된 것은

작은 새우류 등을 먹기도 한다. 수족관 무역으로는 잘 다뤄지지 않는 종이다.

소우체크 카디날피쉬
본 속 대서양산의 종류에는 붉은 색조를 띤 것이 많이 존재한다. 그 중 본종은 가장 보통종으로 산호초역과 얕초역의 얕은 몸에 있는 바위구멍과 산호 시이등 곳곳에서 볼 수 있다. 진형직인 야행성이지만 수조사육에서는 어둠을 많이 해주면 낮에도 먹이를 찾는다. 또 수조안이 너무 밝으면 퇴색할 수 있다. 수입수는 그리 많지 않다.

루비 카디날피쉬
산호초 바위 구멍에 단독으로 생활하는 카디날피쉬로 전신이 붉은 빛을 띤다. 필리핀 등에서 프레임 카디널의 이름으로 비슷한 타종과 섞여 수입되지만 수는 많지 않다. 사육은 오커스트라이프 카디날피쉬와 같다.

시일 카디날피쉬
산호초 지역의 내만 얕은 물에 서식하며 보통 가지산호 사이에 소그룹으로 있는 경우가 많다. 그 밖의 습성이나 사육에 대해서는 전술한 오커스트라이프 카디날피쉬와 동일하다. 카디날피쉬 종류는 일부를 제외하고 정기적으로 수입되는 종류는 아니며 그때그때 수입되는 종류가 제각각이다. 수입되는 루트는 필리핀과 인도네시아가 많다.

코랄 카디날피쉬
이름 그대로 금빛이 도는 세로줄이 온몸에 들어가는 아름다운 카디날피쉬의 종류.

블랙 카디날피쉬
본 종은 오커스트라이프 카디날피쉬 등에 비해 다소 체고가 있으며 제2 등지느러미와 뒷지느러미가 발달한다. 색채로는 눈에 띄지 않지만 제 2 등지느러미의 스팟은 특징적이다. 내만성의 종으로 가지산호 사이 등에 단독으로 서식한다. 본종도 관상용 무역으로는 거의 취급되지 않는다.

0530

스레드핀 카디날피쉬
학명 / *Apogon leptacanthus*

분포 / 인도양-태평양　크기 / 5cm

0531

세줄얼게비늘
학명 / *Apogon doederleini*

분포 / 서부태평양　크기 / 8cm

0532

프라임 피쉬
학명 / *Apogon maculatus*

분포 / 대서양　크기 / 10cm

0533

프라지레 카디날피쉬
학명 / *Apogon fragilis*

분포 / 인도-태평양　크기 / 5cm

산기 카디날피쉬
학명 / *Apogon sangiensis*
| 분포 / 서부태평양 | 크기 / 7cm |
0534

프로스트핀 카디날피쉬
학명 / *Apogon ishigakiensis*
| 분포 / 서부태평양 | 크기 / 6cm |
0535

먹얼게비늘
학명 / *Apogon niger*
| 분포 / 한국, 일본 | 크기 / 10cm |
0536

레드스팟 카디날피쉬
학명 / *Apogon parvulus*
| 분포 / 서부태평양 | 크기 / 4cm |
0537

스레드핀 카디날피쉬
투명감이 있는 몸에 선명한 블루색상이 올라오는 품위있는 아름다움을 가지고 있는 카디날피쉬로서 비슷한 컬러 패턴을 가진 종에 (Archamia zosterophora)나 (Archamia lineolata) (Archamia biguttata) 등이 알려져 있지며 모두 아름답고 인기가 많다. 이 종류는 산호수족관에서 시육하기에 최적인 응으로 단독보다 복수로 헤엄치게하면 더 멋이 있다.

세줄얼게비늘
몸에 세로 스트라이프를 가진 종으로 이 종류는 닮은 종이 많아 구별은 어렵다. 본 종은 비슷한 컬러 패턴을 가지는 종 중에서는 캔디스트립 카디날피쉬(Ostorhinchus endekataenia)가 있다. 비슷한 캔디스트립 카디널피쉬와는 몸쪽에 들어가는 암색의 줄무늬의 수에 따라 구별이 가능한데 본종은 6개인데 비해 캔디 스트립 카디널피쉬는 8개가 들어간다. 두 종 모두 관상어로 수입되는 것은 기의 없다.

프라임 피쉬
카리브해에서 미국 항공편으로 수입되는 인기있는 카디날피쉬 종류. 약간 붉은 빛이 도는 몸에 등지느러미의 후단 아래와 아가미덮개 뒤에 블랙 스팟이 들어가는 것이 특징. 본종과 비슷한 종이 몇 종인지 알려져 있으며 그 중에서도 투스팟 카디널피쉬로 알려진(Apogon pseudomaculatus)와 대단히 비슷하지만 투스팟 카디널피쉬는 꼬리 쪽에도 블랙스팟이 들어가 있기 때문에 구별할 수 있다.

프라지레 카디날피쉬
투명한 복숭아빛 체색을 한 아름다운 종이다. 5cm 정도로 작고 얌전한 성질이어서 타종과의 협조성도 좋고 산호수족관에도 어울린다. 인공사료도 붙임이 쉽고 사육도 비교적 용이하다. 수입되는 것은 적다.

산기 카디날피쉬
다소 내만성의 카디날피쉬로 진흙 바닥에 즐겨

거울돔
학명 / *Rhabdamia gracilis*
| 분포 / 인도양-서부태평양 | 크기 / 6cm |
0538

서식하고 있다. 연갈색 몸에 꼬리지느러미의 뿌리부분에 작은 검은 반점이 들어간다. 본종도 품목이 지정되어 수입되는 것은 아니고 필리핀 등으로부터 믹스카디널피쉬로 수입되어 온다. 사육에 대해서는 다른 많은 카디날피쉬와 마찬가지로 비교적 먹이 붙임이 쉽고 길들이기도 쉽다.

프로스트핀 카디날피쉬
제1 등지느러미 후연이 백색으로 변하는 것이 특징인 소형 종. 다소 체고가 있는 귀여운 모습을 하고 있다. 유어는 투명감이 있는 체색이지만 성장에 따라 엷은 적갈색이 된다. 성어도 5cm정도의 소형종으로 복수사육도 문제 없다.

먹얼게비늘
이름 그대로 흑갈색의 몸을 가지고 있으며 이 종류중에서는 체고가 있는 종으로 내만의 바위지역대 등에서 그늘에 숨어 있는 경우가 많다. 가끔 필리핀 등에서 수입되어 오는데 수수한 색채 때문인지 그 수는 적고 드물다. 사육에 있어서는 바위 등을 이용해 동굴과 같은 쉼터를 만들어 주면 좋을 것이다.

레드스팟 카디날피쉬
카디날피쉬 중에서는 소형종으로 길쭉한 몸을 가지며 몸쪽에는 굵은 블랙라인이 들어간다. 이 블랙라인을 끼우듯 들어가는 네온 컬러의

색채 와 꼬리 지느러미의 뿌리에 들어가는 붉은 스팟이 특징이고 아름답다. 이런 종류의 큰 매력은 열대어의 카디널 테트라나 네온 테트라와 같은 감각으로 수조 내에서 군영을 즐길 수 있다는 점이 우선 첫째로 꼽힌다. 많이 군영을 시키다 보면 수조 내에서도 번쉭 행동을 볼 수 있고 가끔 알을 입에 물고 있는 모습을 볼 수 있는데, 이러한 레이아웃 수조에서는 입에서 뿜어져 나온 치어는 자라지 않고 사라 진다. 번식을 생각한다면 소형의 수조를 별도로 준비해 해초 등으로 레이아웃 하고 거기에 입에 알을 문 부모를 비닐 봉투 능을 이용해 본 수조에서 놀라지 않도록 신중하게 건져낸다. 그리고 입에서 치어를 토해내게 하여 분리해준다. 치어는 성장에 따라 브라인슈림프를 주도록 한다.

거울돔
산호초지역에서 큰 무리를 짓는 카디날피쉬의 종류로 그 이름대로 투명감이 있는 신체를 가진다. 수조 내에서도 여럿이 무리를 지어 헤엄을 시키기에 적합하다. 특히 색채가 풍부한 산호를 메인으로 한 레이아웃에서는 그 심플한 색채가 레이아웃에 잘 어울린다. 컨디션이 좋게 수입되기만 하면 사육은 용이하지만 무리지어 사육하는 경우에는 전체에 먹이가 돌아가도록 신경을 써주어야 한다. 수입은 거의 없다.

0539

옐로우헤드 죠피쉬
학명 / *Opistognathus aurifrons*

분포 / 대서양	크기 / 10cm

0540

블루스포티드 죠피쉬
학명 / *Opistognathus rosenblatti*

분포 / 동부태평양	크기 / 10cm

0541

스팟핀 죠피쉬
학명 / *Opistognathus robinsi*

분포 / 멕시코	크기 / 10cm

0542

골드스펙스 죠피쉬
학명 / *Opistognathus randalli*

분포 / 발리-플로레스섬	크기 / 10cm

0543

더스키 죠피쉬
학명 / *Opistognathus whitehursti*

분포 / 플로리다, 바하마	크기 / 10cm

옐로우헤드 죠피쉬

품위있는 색조와 흥미로운 습성으로 인기 있는 죠피쉬의 종류이다. 본 속의 종류는 마우스브리더이며 본종은 미국이나 이스라엘 등에서 상업적인 브리딩이 이루어지고 있다. 카리브해와 플로리다 주변에서 극히 일반적으로 볼 수 있는 것으로 자연에서는 산호초지역 수심 3~40m 정도의 산호 모래지대에 서식하며 자신이 파낸 쉘터의 상부를 호버링하고 있다. 민감한 물고기로 사육하려면 나름의 환경설정이 필요하다. 매우 수줍은 데다가 싸움 등에 의한 상처에 매우 약하기 때문에 각자의 쉘터를 확보시키는 것이 사육의 포인트이다. 산호초와 바닥모래를 합친 것을 10cm 두께 정도로 깔면 이상적이지만 조개와 산호암을 이용하는 것도 가능하다. 먹이는 건조크릴이나 인공사료도 먹지만 냉동 브라인 슈림프나 생우 등의 생사료를 보다 선호한다. 사육수온은 24~27℃ 정도가 좋다. 번식기가 되면 수컷은 아래턱에 검은 반점이 나타나 암컷에게 구애행동을 하며 왕성하게 자신의 쉘터로 유인해 산란시킨다. 그 후에는 수컷이 알을 입에 담고 부화할 때까지 7~9

옐로우 타일피쉬
학명 / *Hoplolatilus luteus*

분포 / 인도네시아	크기 / 14cm

카멜레온 타일피쉬
학명 / *Hoplolatilus chlupatyi*

분포 / 필리핀	크기 / 11cm

퍼플샌드 타일피쉬
학명 / *Hoplolatilus purpureus*

분포 / 남부태평양	크기 / 15cm

블루헤드 타일피쉬
학명 / *Hoplolatilus starcki*

분포 / 남부태평양	크기 / 15cm

레드백 샌드 타일피쉬
학명 / *Hoplolatilus marcosi*

분포 / 서부태평양	크기 / 12cm

블루 블란퀼로
학명 / *Malacanthus latovittatus*

분포 / 인도양-서부태평양	크기 / 30cm

을 입속에서 보육한다.

블루스포티드 죠피쉬
캘리포니아만에 많이 서식하는 종류로 오래전부터 알려진 것이지만 학술적인 기재는 1991년으로 비교적 최근이다. 암초지역 수심 20m 전후의 모래바닥에 서식한다. 평상시에는 사진의 개체와 같은 체색을 하고 있지만 번식기 또는 구애 시의 수컷은 몸 전반이 하얗고 후반부가 검은 배색의 색채를 띤다. 사육은 전종에 준하지만 사육수온은 25℃를 상한으로 한다.

스팟핀 죠피쉬
본 종은 동부 태평양 지역에 서식하는 불스아이 죠피쉬(O.scops)와 닮아 있는데 실제로는 색채면이나 체형으로의 판별이 어렵다. 두 종 모두 전장 15cm 정도로 성장하는 것으로 서식환경이나 생태 및 사육에 대해서는 전술과 같다.

골드스펙스 죠피쉬
인도네시아 발리 섬에서 플로레스 섬에 걸쳐 많이 서식하는 종으로 확인된 것은 비교적 최근의 일이다. 산호초 지역의 수심 6~25m정도에 서식하며 산호군 사이에 산재한 자갈밭 등에서 볼 수 있다. 사육에 대해서는 전술한 종에 준한다. 인도네시아 외에 필리핀에서도 수입될 수 있다.

더스키 죠피쉬
사진에서는 알기 어렵지만 등지느러미 끝부분의 검은 세로 무늬로 보아 해당 종으로 추정된다. 산호초지역 수심 1~12m정도에 서식하며 모래와 산호초가 섞이는 평탄한 지역에서 볼 수 있다. 산호사이 바다에 쉘터가 되는 구멍을 파며 일반적으로 몸 앞부분만 구멍에서 나와 있다. 사육은 전술한 종류에 준한다.

옐로우 타일피쉬
1989년에 기재된 동속 중에서는 새로운 종이다. 본종은 인도네시아 플로레스 섬 주변에 서식하고 있으며 현재 다른 장소에서는 보고가 없다. 사육에 관해서는 동속 타종에 준한다. 근사종으로 꼬리지느러미에 흑반을 가진 옐로우 스포티드 타일피쉬가(H.fourmanoiri)이 있다.

카멜레온 타일피쉬
이전에는 필리핀 주변 지역에서만 알려진 종이었지만 현재는 오키나와에서도 관찰되고 있다. 다른 이름으로 체인지 컬러 타일 이라고 불리는 것처럼 순식간에 색을 바꿀 수 있다.

퍼플샌드 타일피쉬
본 속의 물고기는 특히 필리핀 주변 해역에 많이 서식하는데 70년대 이후에야 발견된 종류가 많다. 이 때문에 수족관 피쉬로서는 비교적

역사가 짧은 그룹이다. 본 속 물고기의 사육환경으로는 약간 저수온(24℃ 전후가 이상적)의 조용한 환경설정으로 바닥모래와 많은 쉘터를 설치하면 좋다. 또한 튀어 나올 수 있으므로 수조커버가 필요하다.

블루헤드 타일피쉬
본 속 중에서는 비교적 분포영역이 넓은 종이다. 산호초 외연의 경사부에 있는 모래바다 등에 쌍으로 서식하고 있다. 서식수심은 보통 20~50m정도에 많지만 경우에 따라서는 100m 정도까지 이를 수 있다. 유어기는 전신이 첫자색을 띠며 자연에서는 안시아스류 무리에 섞일 수 있다. 사육에 관해서는 타종과 다를 바 없으나, 본 종은 동속 타종에 비해 다소 신경이 쓰이는 면이 있다. 필리핀에서 수입된다.

레드백 샌드 타일피쉬
본 속 중에서는 비교적 인기있는 종으로 드물지만 일본에서도 오키나와에서 확인되고 있다. 산호초 외연의 경사부 수심 20~80m정도까지 서식하며 모래바닥부 등에 많다. 사육에 대해서는 전종에 준한다. 다소 채집 시 피해가 남는 것이 본 속의 특징인데 본종은 안정된 개체가 가장 많다. 필리핀에서 수입되어 수입 개체는 비교적 소형인 것이 많다.

샐핀 스내퍼
학명 / *Symphorichthys spilurus*

원쪽/성어   오른쪽/유어

| 분포 / 서부태평양 | 크기 / 60cm |

차이나맨피쉬
학명 / *Symphorus nematophorus*

| 분포 / 서부태평양 | 크기 / 75cm |

말라바 블러드 스내퍼
학명 / *Lutjanus malabaricus*

| 분포 / 인도양-서부태평양 | 크기 / 50cm |

블루스트라이프 스내퍼
학명 / *Lutjanus kasmira*

| 분포 / 인도양-중부태평양 | 크기 / 50cm |

레드 엠퍼러
학명 / *Lutjanus sebae*

| 분포 / 인도양-태평양 | 크기 / 80cm |

샐핀스내퍼
1속 1종의 스내퍼의 종류로 특이한 체형과 아름다운 색채로 인기가 높은 종이다. 전체 길이 10cm정도까지의 유어기에는 몸쪽에 검은색 세로띠가 들어가며 체형도 슬림하다. 본종의 식성은 약간 특수화되어 있어 강력한 인두치에 의해 조개류를 부수어 먹고 있다. 산호초지역의 암호와 조수가 잘 통하는 수로 등에 단독으로 서식하고 있다. 서식지에서는 5월부터 7월까지가 번식철이고 그 때는 큰 무리를 짓는다. 사육 시에는 먹이는 무엇이든 잘 먹지만 스내퍼의 종류로서는 예민한 편이며, 다른 대식하는 물고기와의 합사에서는 다소 밀린다. 성장도 그리 빠른 편은 아니다. 주로 필리핀에서 수입된다.

차이나맨피쉬
본종도 1속 1종의 스내퍼류로 대형이 되는 종이다. 사진의 개체는 아성체로 다자라면 세로줄무늬는 불분명해 지고 약간 붉은 빛을 띠며 등지느러미의 필라 멘트도 짧아진다. 연안 산호초지역이나 암초호 수로등 바위가 있는 장소에 서식한다. 보통은 단독 행동이지만 번식기에는 무리를 짓는다. 대식 물고기로 전종 등에 비해 훨씬 성장도 빠르다. 필리핀에서 수입된다.

블루스트라이프 스내퍼
노란 몸에 푸른색 줄무늬가 비스듬히 4개 달리는 스내퍼의 일종. 비슷한 종으로 록센스내퍼(Lutjanus quinquelineatus)가 알려져 있는데 본종보다 푸른색 줄무늬가 많이 들어가며 본종에서는 복부가 흰색인 반면 록센 스내퍼에서는 복부까지 노랗게 물들기 때문에 구별이 된다. 사육은 용이하지만 유영성이 강하고 비교적 대형화 되기 때문에 처음부터 큰 수조에서의 사육이 바람직하다. 동종이나 비슷한 크기의 물고기와는 합사가 가능하다.

말라바 블러드 스내퍼
꼬리자루 부분의 흑반점이 특징적인 스내퍼로 성장함에 따라 붉은색이 강해진다. 주로 해안에서 수심 100m정도까지의 대륙붕 등에 서식

미드나이트 스내퍼
학명 / *Macolor macularis*
분포 / 인도양-서부태평양   크기 / 50cm

네동가리
학명 / *Parascolopsis inermis*
분포 / 서부태평양-동부인도양   크기 / 35cm

스트라이프 모노크레 브림
학명 / *Scolopsis lineata*
분포 / 서부태평양   크기 / 20cm

하는 종이다. 동속 타종과 마찬가지로 튼튼하고 대식 스내퍼이지만 관상어로 취급 되는 경우는 거의 없으며 낚시가 대상인 식용어이다.

레드 엠퍼러
매우 광역에 분포하는 종으로 산호초역 등에서도 자주 볼 수 있다. 성장함에 따라 밴드무늬는 붉은 빛이 깅해지고 다자라면 무늬는 불분병해진다. 싱어는 초호내의 탁 트인 바위지역대 또는 모래바닥 등에 통상 단독으로 서식하고 있다. 전체 길이 5cm정도까지의 유어는 내만의 얕은 물이나 맹그로브지역에 많다. 사육이 용이한 대식 물고기로 성장이 매우 빠르다. 이 때문에 수조는 미리 넓은 것을 준비해야하며 장식은 적게 하고 유영 공간을 많이 만들어 준다. 합사할 물고기는 미리 계획하는 것이 좋다. 필리핀에서 수입되며 성어는 식용어이다.

미드나이트 스내퍼
스내퍼류에서는 비교적 인기있는 종으로 유어는 관상으로 인기가 있다. 네전에는 근사종인 마다라타르미(M.niger)의 유어와 혼동되기도 했다. 본종 쪽은 배지느러미가 크게 길어지기 때문에 판별하기 쉽다. 성장에 따라 얼룩무늬는 사라지고 균일하게 어두워지며 복부 쪽이 노란색 빛을 띤다. 산호초지역 수로나 암초 내 완만한 경사부의 수심 3~50m정도에 서식한다. 유어는 단독으로 있지만 성어는 여러 마리의 무리를 이루고 있다.

네동가리
몸에 4개의 붉은 띠가 들어간다. 입수는 낚시에 의한 방법이 일반적이다.

스트라이프 모노크레 브림
사진의 개체는 유어로 등 부분의 선은 성장에 따라 변화한다. 연안 산호초역이나 초호 수심 1~25m정도에 단독으로 서식하며 성어는 탁 트인 모래 바닥부에 있고 유어기는 쉘터가 되는 산호균 부근에 있는 경우가 많다. 사육은 쉽다. 주로 필리핀에서 수입된다.

파라다이스 스레드핀 브림
학명 / *Pentapodus paradiseus*
분포 / 중-서부태평양   크기 / 20cm

파라다이스 스레드핀 브림
선명한 등나무색 몸에 노란색 줄무늬를 가진 일명 "퍼플 리프"등으로도 불리는 아름다운 종이다. 본 속 물고기는 내만성으로 산호초지역의 모래바닥 등에 단독으로 서식하고 있다. 필리핀 등에서 가끔 수입된다.

옐로우백 푸시리어
아름다운 물고기이지만 식용 물고기로 유명한 물고기로 수족관 무역으로는 거의 취급되지 않는다. 성어는 연안 산호초지역을 무리 지어 회유한다. 유어는 산호 주변 능에서 다른 플랑크톤식 물고기 등과 섞여 먹이를 먹는다.

옐로우백 푸시리어
학명 / *Caesio teres*
분포 / 인도양-서부태평양   크기 / 30cm

153

왼쪽/성어　위/유어

포크피쉬
학명 / *Anisotremus virginicus*
분포 / 대서양　｜　크기 / 40cm

옐로우밴디드 스위트립스
학명 / *Plectorhinchus lineatus*
분포 / 서부태평양　｜　크기 / 70cm

오리엔탈 스위트립스
학명 / *Plectorhinchus orientalis*
분포 / 인도양-서부태평양　｜　크기 / 80cm

자이언트 스위트립스
학명 / *Plectorhinchus albovittatus*
분포 / 인도양-서부태평양　｜　크기 / 30cm

스트라이프 스위트립스
학명 / *Plectorhinchus lessonil*
분포 / 인도양-서부태평양　｜　크기 / 40cm

할리퀸 스위트립스
학명 / *Plectorhinchus chaetodontoides*
분포 / 인도양-서부태평양　｜　크기 / 60cm

포크피쉬
플로리다 키즈 제도에서는 극히 일반적으로 볼 수 있는 어름돔에 가까운 물고기이다. 산호초역과 암초역 수심 2~20m 정도에 서식하며 성어는 대군을 이루고 있다. 또한 본종의 유어기는 대형 물고기의 기생충 등을 청소하는 클리너 피쉬로 알려져 있다. 사육은 쉽고 먹이는 무엇이든 잘 먹으며 수조 안을 활발하게 헤엄친다.

옐로우밴디드 스위트립스
다소 남방에 많은 돔이다. 유어기부터 전체 길이 25cm 정도까지의 어린 물고기는 세로 줄무늬이고, 그 이상의 개체에서는 비스듬한 줄무늬를 띤다. 산호초 외연의 경사부나 맑은 초호 수심 2~30m 정도에 서식한다. 사육은 쉽고 성장도 빠르다. 필리핀에서 유어가 수입되지만 수는 많지 않다.

오리엔탈 스위트립스
근사치가 많아 식별상 다소 혼란스러웠던 돔의 일종으로 성어는 (P.lessonii)나 (P.lineatus)와 혼동됐고, 유어기는 (P.picus)로 자주 알려졌었다. 산호초 외연의 경사부나 암초호 등에 비교적 큰 무리로 행동하며 숨지 않고 오픈한 장소에서 유영한다. 유어는 가지산호 사이 등을 쉼터로 한다. 필리핀으로부터 수입되지만 수는 많지 않다.

은잉어
학명 / *Kuhlia mugil*
분포 / 인도양-태평양 | 크기 / 30cm

레드립 모르윙
학명 / *Goniistius zebra*
분포 / 중부태평양 | 크기 / 35cm

페인티드 스위트립스
학명 / *Diagramma pictum*
분포 / 인도양-서부태평양 | 크기 / 60cm

자이언트 스위트립스

본 속 중에서 가장 소형의 돔이다. 유어에서 성어로의 무늬 변화가 심한 것이 많은 이 종류에서 본종의 무늬 변화는 그다지 크지 않다. 언안 산호초와 맑은 암초 호수에 단독으로 서식한다. 어린 물고기는 종종 내민의 약간 탁한 모래지역이나 하구의 기수역 등에 있는 경우가 자주 있다. 사육에 관해서는 타종과 같지만 다소 수줍은 면이 있다. 수입수가 적은 종이다.

스트라이프 스위트립스

오리엔탈 스위트립스 등에 비해 소형의 돔으로 산호초지역에서는 흔히 볼 수 있는 종이다. 성어는 오리엔탈 스위트립스를 닮았지만 세로 줄무늬가 갈색을 나타내고 있다. 연안의 산호초역이나 맑고 얕은 암초에 단독으로 서식하고 있다. 성어는 낮에는 산호 선반 아래 등에서 정위치하고 있으며 밤이 되면 평탄한 모래 바닥 등에서 먹이를 먹는다. 유이기는 내민 등 극히 얕은 물에 있는 경우가 많다. 필리핀에서 수입되지만 수는 많지 않다.

할리퀸 스위트립스

본 속 중에서도 아쿠아리움 피쉬로 가장 친숙한 돔이다. 특히 유어는 독특한 수영법과 눈길을 끄는 무늬 등으로 인기가 있어 예전부터 자주 수입되고 있다. 본 종 뿐만 아니라 이 종류의 유어는 편형동물을 모방한 것 같은 특징 있는 수영법을 한다. 사육이 용이한 튼튼한 물고기로 비교적 성장도 빠르다. 육식성으로 유어는 작은 물고기와 새우를 먹는다. 필리핀과 인도네시아에서 유어를 중심으로 수입되고 있다.

페인티드 스위트립스

본종은 전술한 돔속과 매우 흡사하지만 등지느러미 극조수의 차이 등으로 별속으로 분류되고 있다. 넓은 분포역 내에서는 변이가 있으며 특히 성어는 반점이 나오는 방식과 색채의 차이가 다양하며, 인도양 등에서는 민무늬도 볼 수 있다. 사육은 쉽고 먹이는 무엇이든 잘 먹는다.

크리스티드 모르윙
학명 / *Goniistius vestitus*
분포 / 서부태평양 | 크기 / 35cm

필리핀에서 수입된다.

은잉어

이 종류는 기수성 종이 많지만 그 중에서는 드물게 일생을 해수에서 보낸다. 본종에서는 꼬리지느러미에 흑백의 줄무늬가 들어가기 때문에 동속 타종과의 구별은 쉽다. 드물게 필리핀 등에서 수입되고 있다. 사육은 쉽지만 채집 개체는 충분히 검역을 하지 않으면 백점병에 걸리기 쉽다.

레드립 모르윙

붉은 입술이 특징적인 모르윙의 동류로서 황색빛이 나는 유백색의 몸에 굵은 블랙 라인이 비스듬하게 들어간 모습이다. 남방계에서 닮은 종으로 (Goniistiusquadricornis)가 알려져 있지만 본 종과 같이 입 끝이 빨갛게 변하지 않으며 눈 끝에서 입을 통과하는 검은 밴드가 들어가지 않기 때문에 구별된다. 개성적이고 아름다운 물고기이지만 수입되는 것은 거의 없다.

크리스티드 모르윙

성장한 모습은 레드립 모르윙 등과 비슷하다. 사진은 10cm정도의 유어이지만 성장하면 30cm를 넘는다. 뉴칼레도니아 호주 등에 서식하기 때문에 수입은 드물고 볼 기회는 적다. 사진상은 어린 물고기

스포티드 드럼

위/준성어   오른쪽/유어

학명 / *Equetus punctatus*

분포 / 대서양   크기 / 25cm

잭 나이프피쉬

학명 / *Equetus lanceolatus*

분포 / 대서양   크기 / 25cm

하이해트

학명 / *Pareques acuminatus*

분포 / 대서양   크기 / 22cm

0570

0571

0572

매니바 고트피쉬
학명 / *Parupeneus multifasciatus*
분포 / 인도양-태평양 | 크기 / 30cm

바이컬러 고트피쉬
학명 / *Parupeneus barberinoides*
분포 / 인도양-중서부태평양 | 크기 / 25cm

골드새들 고트피쉬
학명 / *Parupeneus cyclostomus*
분포 / 인도양-태평양 | 크기 / 50cm

노랑촉수
학명 / *Upeneus bensasi*
분포 / 인도양-서부태평양 | 크기 / 20cm

프렉클드 고트피쉬
학명 / *Upeneus tragula*
분포 / 인도양-서부태평양 | 크기 / 20cm

스포티드 드럼
이 종류에서는 가장 인기 있는 종으로 잭 나이프 피쉬보다 약간 커진다. 유어기는 잭 나이프 피쉬와 많이 닮았지만 등지느러미가 보다 깃발 모양이고 배지느러미가 크게 길어지는 것으로 구별할 수 있다. 성장과 함께 등과 뒷꼬리지느러미의 반점이 명료해져 매우 화려한 느낌이 있다. 산호초 지역 수심 3~30m정도에 단독으로 서식하며 낮에는 바위 그늘과 산호 사이에 하루종일 같은 장소를 헤엄치고 있다. 유어는 다소 개방적으로 움직인다. 사육에 대해서는 잭 나이프피쉬와 같이 해초가 있는 수조나 산호 수족관등의 차분한 환경이 적합하며 먹이는 소형의 경우 새우나 생먹이가 좋다.

잭 나이프 피쉬
본 속은 대서양 지역에 서식하는 종으로 분포 영역은 다소 적지만 사우스 캐롤라이나에서 플로리다까지 비교적 흔하다. 독특한 체형과 대비가 강한 색채로 인해서 인기가 높다. 수질, 수온, 먹이, 합사어 등 모든 점에 민감한 물고기로 사육은 다소 어렵다. 무척추동물이나 산호를 메인으로 배치한 산호수족관나 해조류가 무성한 수조와 같은 조용한 환경설정이 적합하다. 사료는 인공사료 등에 익숙하기 않기 때문에 살아있는 작은 새우나 다른 생먹이 등이 이상적이다.

하이해트
이 종류에서는 가장 흔한 종이다. 본종은 이전에는 스포티드 드럼이나 잭 나이프 피쉬와 동속으로 되어 있었지만 현재는 동부 태평양산의 속과 동일한 취급으로 분류되고 있다. 산호초지역 수심 3~20m정도에 서식하며 낮에는 종종 산호사이의 동굴에서 쌍 또는 소그룹으로 있다. 전 2종에 비해 사육은 훨씬 쉽고 인공사료를 포함한 머이도 잘 먹는다. 미국편으로 수입되고 있지만 수는 적다.

매니바 고트피쉬
히메지의 종류에서는 아쿠아리움피쉬로 가장 인기있는 종으로 산호초역에서는 매우 일반적으로 볼 수 있는 종류이다. 본종은 서식환경 또는 기분에 따라 흰색, 빨강, 보라색 등 다양하게 색채를 바꾼다. 연안 산호호지역이니 얕은 암초호 등 평탄한 모래지대에 단독 혹은 소그룹으로 서식한다. 번식기는 외연 경사부나 수로의 깊은 곳 등에서 무리를 짓는다. 식성은 육식성으로 모래 속에서 온갖 동물질의 것을 먹는다. 본 속의 사육환경은 풍부한 산소량과 유류 및 바닥 모래가 필요하고 수온은 약간 낮음이 좋다. 저면의 먹이 이외에도 작은 물고기 등을 덮쳐 먹는다. 유어기는 복수 사육할 수 있지만 성장에 따라 개체간(아마 수컷끼리)에서 다투는 일이 있다. 필리핀 등에서 수입되지만 숫자는 그리 많지 않다.

바이컬러 고트피쉬
본 속 중에서 가장 소형의 부류이다. 본 종에서는 매니바 고트피쉬나 골드새들 고트피쉬와 같은 칼라변이는 별로 보이지 않는다. 연안 산호초지역이나 암초호의 얕은 물에 있는 모래시에 서식하고 낮에는 그룹으로 하루종일 먹이를 찾고 있다. 매니바 고트피쉬에 비해

사육시에는 예민하고 작은 생먹이를 부지런히 먹는 타입이다. 또 고수온에는 특히 약한 면이 있다. 필리핀과 인도네시아에서 수입된다.

골드새들 고트피쉬
동속 중에서는 대형이 되는 부류이다. 색채는 크게 나누면 2형이 있다. 하나는 사신의 개체로 이전에 다른 종으로 여겨져 별종 취급되었던 것이고, 다른 하나는 꼬리지느러미 기저 상부에 있는 노란 반점은 공통이지만 체색은 올리브, 블루, 핑크(깊은 곳의 개체) 등 다양하다. 서식환경이나 사육에 대해서는 전종과 같다. 성어는 거의 작은 물고기를 주식으로 하고 있다. 가끔 사진의 황변 타입이 필리핀과 인도네시아에서 수입된다.

노랑촉수
연안의 모래지역에서 가장 흔하게 볼 수 있는 고트피쉬로 식용어로 잘 알려진 종류이다. 온대 적응종이므로 수조 사육에서는 여름철의 고수온에는 약한 면이 있다. 수족관 무역은 취급되지 않은 종이다.

프렉클드 고트피쉬
광역에 분포하는 종. 사육시에는 고수온에 다소 약한 면을 보인다. 필리핀 등에서 가끔 수입되어 오지만 숫자는 많지 않다.

범돔
학명 / *Microcanthus strigatus*	
분포 / 중서부태평양	크기 / 15cm

노랑점무늬유전갱이
학명 / *Carangoides orthogrammus*	
분포 / 인도양-태평양	크기 / 80cm

헤어핀 룩다운
학명 / *Selene brevoortii*	
분포 / 동부태평양	크기 / 38cm

살벤자리
학명 / *Terapon jarbua*	
분포 / 인도양-서부태평양	크기 / 25cm

강담돔
학명 / *Oplegnathus punctatus*	
분포 / 태평양	크기 / 50cm

인도양타입

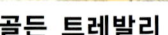

골든 트레발리
학명 / *Gnathanodon speciosus*	
분포 / 중-서부태평양	크기 / 100cm

헤어핀 룩다운
특이한 말의 얼굴의 모습을 하고 있다. 유어는 등지느러미나 뒷지느러미가 크게 길어진다. 몸 표면의 피부가 다소 약하고 백점병 등에 걸리기 쉬우 므로 주의 해야 한다. 입이 크기 때문에 소형 물고기와의 합사는 피하는 것이 좋고 대형 수조 에서의 사육에 적합하다. 전갱이과의 물고기는 육식어이므로 먹이는 동물성을 준다.

범돔
남해 연안지역에서는 볼 수 있으며 작은 무리를 지어 행동한다. 유어는 조수웅덩이에서도 볼 수 있으며, 그 때는 단독으로 있는 경우도 많다. 육식 경향이 강하고, 약간 성질이 거칠기 때문 에 지느러미가 긴 물고기나 움직임이 느린 종과의 합사에는 주의해야 한다.

노랑점무늬유전갱이
인도양에서 태평양 열대지역에 넓게 분포하는 종류로 연안부로부터 수심 150m부근까지 분포한다. 육식성으로 모래 속에 숨어 있는 갑각류나 어류를 즐겨 먹지만 사육시에는 건조한 크릴 등도 먹기 쉽다. 필리핀 인도네시아에서 수입되지만 정확한 분포 영역은 불분명하다. 이 종은 빈번한 먹이가 필요하며 동물성 먹이를 선호한다. 마르기 쉽다.

살벤자리
흑백의 독특한 무늬를 가진 종으로, 유어는 하구 기수역까지 넓은 범위에서 볼 수 있다. 활발하게 헤엄치고, 튼튼하고 키우기 쉽다. 성장은 빠르고, 합사에는 보다 대형의 물고기가 좋다.

강담돔
유어는 떠다니는 해조 아래에 붙어 살며, 조금은 따뜻한 바다를 좋아하는 남방 종.

골든 트레발리
1속 1종의 아름다운 물고기로 금색의 몸에 검은 밴드가 특징이다. 유어는 수족관 물고기로 친숙하다. 아주 작은 유어기는 해파리의 촉수를 쉘터로 하고 전체 길이 5cm이상이 되면 소그룹으로 상어나 그루퍼 등의 대형 물고기의 파일럿 피쉬로 산다.

인도가비알 악어

ARAMARU
AQUARIUM
IN SACHEON

아라마루 아쿠아리움
ARAMARU AQUARIUM

모리노나카 수족관

후지산 옆 숲속의 수족관이라는 작은 현립수족관이다. 특별한 동물이나 없고 메인 수류를 의미하
는 수족관이 특징이지만 나에 눈에 들어온것은 그곳에 근무하는 아쿠 아리스트들의 열정과 의욕
이었다. 수족관의 자신의 좋아 하거나 소개하고 싶은 동물에 대해서 설명하는 패널들을 제작해서
붙여 놓았다.   Text. 김 승민 / Photo. 김 승민

HAWK FISHES, DRAGONETS

0584

롱노우즈 호크피쉬
학명 / *Oxycirrhites typus*

분포 / 인도양–서부태평양 │ 크기 / 13cm

마린 아쿠아리움의 애교쟁이 호크피쉬를 포함한 바닥층에 서식하는 물고기들이다. 이 책에서는 그룹은 다르지만 호크피쉬의 종류, 드라고네트의 종류를 정리해 소개한다.

계통은 상당히 다른 종류이지만 수조 내에서의 생활상이나 대체로 저생성의 성질을 가지는 면에서, 대략 하나의 그룹으로서 모아 보았다. 그 중에서도 호크피쉬의 종류는 코믹한 캐릭터로 인기가 많은 종류이다.

장식용 산호등 정해진 장소에 진을 치고 발달한 가슴지느러미로 몸을 지지하고 주위를 둘러보는 행동을 보여준다. 몸을 움직이지 않고 가만히 눈만 두리번거리는 모습이 나무에 앉은 매와 비슷해 보이기 때문에 '호크피쉬'의 영명이 붙여져 있다.

세력권을 가지 기 때문에 동속동종의 합사는 할 수 없지만, 다른 종에 대해서는 성질도 온화하고 튼튼하므로 해수어로서의 조건은 충분히 충족 한다고 할 수 있다.

또한 살아있는 산호나 무척추동물을 메인으로 한 산호수족관의 채색으로서도 적합하며 이러한 수조에서는 안에 발생한 새우 등을 먹기 때문에 컨디션 좋게 사육하는 것 이 가능하다.

이 밖에 수족관 내에서 이색적인 존재가 될 수 있는 것이 환상적인 색채를 지녀 인기가 높은 '만다린' 이나 '스쿠터' 로 불리는 드라고네트의 종류들이다. 각 지느러미가 커 언밸런스한 스타일이 귀엽고 저생성이며 미끄러지듯 헤엄친다. 이 종류도 산호수족관에서 사육하기 위한 물고기라고 할 수 있다.

드워프 호크피쉬
학명 / *Cirrhitichthys falco*	
분포 / 서부태평양	크기 / 6cm

코랄 호크피쉬
학명 / *Cirrhitichthys oxycephalus*	
분포 / 인도양-서부태평양	크기 / 8cm

프라임 호크피쉬
학명 / *Neocirrhites armatus*	
분포 / 중-서부태평양	크기 / 9cm

아크아이 호크피쉬
학명 / *Paracirrhites arcatus*	
분포 / 인도양-서부태평양	크기 / 14cm

프렉클드 호크피쉬
학명 / *Paracirrhites forsteri*	
분포 / 인도양-서부태평양	크기 / 22cm

롱노우즈 호크피쉬
특징이 있는 입을 가진 1속 1종을 형성하는 호크피쉬의 종류로 예전에는 하와이등지에서 수입되어 고가의 물고기였지만 최근에는 필리핀등지에서 수입되어 아쿠아리움피쉬로서 도 비교적 대중적인 종류가 되고있다. 산호초역이나 암초역 수심 10~100m정도까지 서식하며 대형 뿔산호류와 흑산호류 사이에 단독으로 있는 경우가 많다. 사육 환경은 수류가 강한 산소량이 풍부한 설정이 좋다. 먹이는 인공사료를 포함하여 무엇이든 잘 먹는다. 호크피쉬류 중에서는 얌전한 종류로 산호수족관에 최적인 종이지만 갑각류를 좋아하기 때문에 작은 새우류와 합사는 할 수 없다.

드워프 호크피쉬
호크피쉬류 중에서는 가장 소형이며 가장 대중적인 종류이다. 연안 산호초지역 수심 10~20m정도에 서식하며, 특히 산호류가 풍부한 곳을 선호한다. 통상적으로는 단독으로 보이지만 기본적으로는 할렘성으로 몸집이 큰 수컷 한 마리와 여러 암컷으로 구성되어 있다. 사육은 쉽고 인공 사료에도 금방 익숙해진다. 물고기 수족관을 지향하는 얌전한 호크피쉬이지만 수컷끼리는 격렬하게 투쟁한다. 필리핀과 인도네시아에서 수입되고 있다.

코랄 호크피쉬
본종은 근사종인 (C.aprinus)와 매우 비슷하지만 본 종은 꼬리지느러미에 붉은 반점이 들어가고 아가미덮개의 눈모양반점이 없는 점으로 구별된다. 그러나 실제로는 그러한 판별점이 크지 않은 중간적인 개체도 많이 있다. 산호초 외연이나 맑은 암초 호수 수심 10m전후에 많이 서식하며 다양한 산호 사이에서 볼 수 있다. 사육에 관해서는 용이하고 산호수족관 등에서의 사육이 적합하다. 인도양에는 체색이 밝은 C.bleekeri(스리랑카)나 입꼬리가 긴 C.guichenoti(모리셔스) 등 비슷한 종이 서식하고 있다.

프라임 호크피쉬
애교 있는 몸짓과 아름다움으로 호크피쉬 종류들 사이에서 가장 인기 있는 종이다. 산호초 지역 수심 5~10m정도의 조수가 잘 통하는 곳에 서식하며 산호류 사이에 있는 경우가 많다. 호크피쉬류는 산소량이 풍부한 청정한 수질상태를 선호하지만 그 중에서도 본종은 수질에 민감하고 물이 오래되면 크게 퇴색해 버린다. 수조내에서는 항상 정위치 하고 있으며 자신의 영역을 침범하지 않으면 특별히 다른 물고기들을 공격하지 않지만 기가 센 담셀 류와는

스왈로우테일 호크피쉬
학명 / Cyrprinocirrhites polyactis
분포 / 인도양-서부태평양   크기 / 15cm

레드스포티드 호크피쉬
학명 / Amblycirrhitus pinos
분포 / 대서양   크기 / 9cm

화이트 호크피쉬
학명 / Amblycirrhitus earnshawi
분포 / 어센션 제도   크기 / 6cm

궁합이 좋지 않다. 본종도 산호수족관에 최적인 종으로 바위 뒤에서 엿보고 있는 모습은 매일 보아도 질리지 않는다. 소형 갑각류와의 합사는 불가능하다. 중부태평양산 개체가 하와이 경유로 수입된다

아크아이 호크피쉬
이름처럼 눈 뒤에 오렌지 테두리가 들어가는 호크피쉬이다. 체색은 서식해역에 따라 적갈색에서 올리브색까지 차이를 보인다. 연안 산호초 지역이나 맑은 암초호 수심 30m이내에 서식하며 산호 상부를 타고 있는 경우가 많다. 튼튼하고 사육하기 쉽지만 영역 의식이 강하고 조금 성미가 거칠다. 필리핀 등에서 수입되고 있다.

프렉클드 호크피쉬
전종과 함께 다소 대형이 되는 호크피쉬이다. 색채 변이가 많은 종으로 등의 어두운부분은 흑갈색에서 적색까지 다양하다. 또 사진의 개체와는 별도로 몸 전반부가 갈색이고 후반부가 노란색으로 변하는 타입이 있어 이전에는 별종(P.typee)으로 되어 있었다. 서식환경은 전종과 거의 비슷하며, 산호를 타고 있다. 성미가 거친 종으로 성장하면 작은 물고기를 먹게 된다. 필리핀에서 수입되지만 수입수는 적다.

스왈로우테일 호크피쉬
1속 1종을 형성하는 호크피쉬로 이 종류에서는 드물게 부유성이 강한 종이다. 암초역의 경사면 수심 10~120m정도까지 서식한다. 보통은 자신의 쉘터 부근을 흐름을 타고 헤엄치지만 간혹 안시아스류 무리와 함께 갑각류 유생이나 다른 동물성 플랑크톤을 잡고 있는 경우가 있다. 사육은 쉽지만 얌전하고 수줍어 성질이 거친 어종과의 합사는 피하는 것이 좋다. 다소 높은 수온에 약한 면도 있기 때문에 산호수족관 등의 사육 환경이 이상적이다. 가끔 필리핀에서 수입되는 정도의 종류.

레드스포티드 호크피쉬
대서양 지역에 서식하는 몇 안되는 호크피쉬의

레드바드 호크피쉬
학명 / Cirrhitops fasciatus
분포 / 하와이-모리셔스   크기 / 11cm

종류이다. 암초역이나 산호초역 수심 3~25m 정도까지 서식하며 바위나 산호 위에 정위치하고 있다. 다른 호크피쉬류와 마찬가지로 사육은 용이하고 산호수족관 등에서의 사육이 적합하다. 처음에는 경계심이 강하지만 익숙해지면 영역 주장이 강해진다. 수입되는 적은 종. 본 속은 그 밖에 후술하는 (A.earnshaw-i)나 (A.bimacula)가 있다.

화이트 호크피쉬
레드스포티드호크피쉬와 동속의 종으로 체색은 레드스포티드호크피쉬와 많이 비슷하나 붉은 반점이 들어가지 않는다. 어센션 제도에

만 분포 하기 때문에 거의 수입이 없다. 사육은 다른 호크피쉬처럼 튼튼하고 기르기 쉽다.

레드바드 호크피쉬
하와이 제도에서 흔히 볼 수 있는 것 외에 마다가스카르나 모리셔스 등에서도 확인되고 있다. 비슷한 스미트키 호크피쉬(C. hubbardi)와는 몸 쪽 얼룩무늬나 색조에 의해 구별된다. 연안 암초역과 산호초역 수심 10~30m 정도에 서식하며, 특히 산호가 발달한 곳에서 볼 수 있다. 성미가 거칠고 작은 물고기나 갑각류를 주로 먹는다. 사육은 다른 호크피쉬류에 준한다. 드물게 하와이 루트로 수입된다.

만다린 피쉬(인도양산)
학명 / *Pterosynchiropus splendidus*
분포 / 인도양-서부태평양 | 크기 / 6cm

0595

만다린 피쉬
학명 / *Pterosynchiropus splendidus*
분포 / 인도양-서부태평양 | 크기 / 6cm

0594

만다린 피쉬(일본산)
학명 / *Pterosynchiropus splendidus*
분포 / 인도양-서부태평양 | 크기 / 6cm

0596

만다린 피쉬

사랑받는 대중적인 아쿠아리움피쉬로 현재는 인공 사육에서의 번식도 이루어지고 있다. 수컷은 등지느러미의 제1 가시의 신장이 크며 보다 화려하고 몸집도 크다. 산호초지역의 내만이나 얕은 암초 호수 수심 1~18m 정도에 서식하며 산호초나 모래가 들어가는 곳이나 가지산호 부근에 단독 혹은 짝을 이룬다. 본종은 극히 작은 갑각류나 다른 저생동물 등을 작은 입으로 부지런히 먹는 타입의 물고기이므로 통상적인 사료로는 만족스럽게 섭취하지 못하고 말라버린다. 산호수족관에서 조류가 무성한 환경 속에서 자연 발생하는 작은 동물을 채취하면서 부순 건조 크릴이나 브라인 슈림프를 급여하는 것이 이상적인 사육으로 이러한 환경에서는 최상의 컨디션 을 보여준다.

스포티드 만다린피쉬

만다린 피쉬의 근연종으로, 만다린 피쉬보다 오래전부터 기재되어 있는 종이다. 본종도 인공 사육에서의 번식 예가 있다. 필리핀 이남에 많이 서식하는 종이다. 본 종의 성별차이는 전종만큼 크지 않으며 체격차와 지느러미의 발달정도로 구별한다. 자연에서는 무성한 조류에 발생하는 미생물 등을 먹고 있으며 암초 아쿠아리움이나 산호수족관에 발생하기 쉬운 소형 생물을 즐겨 먹어주기 때문에 인기가 높다.

스쿠터 블레니

서식환경이나 해역 등에 따라 색채나 모양의 변이가 많으며 특히 수컷개체는 노랑, 빨강, 파랑등이 혼재하는 경우가 있다. 또한 수컷은 등지느러미의 발달이 커서 안정된 평상시의 모습은 훌륭하다. 산호초연이나 암초호의 수심 1~30m정도에 서식하며, 모래 바닥지나 바위 등에 단독 또는 짝을 이룬다. 사육은 만다린 피쉬와 같지만 본종은 바닥모래면에서 먹이를 잡는 경우가 많다. 필리핀과 인도네시아에서 수입되어 수입수도 많다.

스포티드 만다린피쉬
학명 / *Pterosynchiropus picturatus*
분포 / 필리핀-서부태평양 | 크기 / 6cm

0597

스쿠터 블레니
학명 / *Neosynchiropus ocellatus*
분포 / 서부태평양 | 크기 / 8cm

왼쪽/성어   오른쪽/유어

0598

위/암컷　　아래/수컷

모이어스 드라고네트
학명 / *Neosynchiropus moyeri*

분포 / 서부태평양-호주	크기 / 8cm

스타리 드라고네트
학명 / *Neosynchiropus stellatus*

분포 / 인도양-서부태평양	크기 / 6cm

핑거드 드라고네트(호주산)
학명 / *Dactylopus dactylopus*

분포 / 서부태평양	크기 / 15cm

핑거드 드라고네트
학명 / *Dactylopus dactylopus*

분포 / 서부태평양	크기 / 15cm

날돛양태
학명 / *Repomucenus beniteguri*

분포 / 한국-서북태평양	크기 / 22cm

모이어스 드라고네트
미세한 저생생물 등을 쪼아먹으며 무척추수조 등에서 자연스럽게 나타난 것을 먹도록 하면 좋으며 인공사료만의 사육에서는 서서히 말라가는 경우가 많다. 스타리 드라고네트와 매우 비슷하며 지느러미 모양 등에 차이가 있지만 외형 판별은 어렵다. 근연종에 *Neosynchiropus morissoni*있지만 이것은 꼬리지느러미의 모양이 노란 빛을 띠고 있어 구별이 되지만 거의 볼 수 없다.

스타리 드라고네트
레드 스쿠터의 이름으로도 알려진 종류로 수컷은 전종과 마찬가지로 등지느러미의 발달이 크다. 산호초 지역 수심 10~20m정도에 서식하며, 조류가 번성한 산호 부근에 단독 또는 쌍을 이룬다. 사육에 대해서는 동속 타종과 동일하다. 주로 스리랑카에서 수입되는 경우가 많다.

핑거드 드라고네트
등지느러미의 첫 가시가 크게 발달되어 있으며 흥분 시 이 부분은 머리를 넘도록 세우는 것이 특징이다. 드물게 유어나 어린물고기가 유통되지만 볼 기회는 비교적 적다. 각 지느러미에는 블루의 작은 반점이 산재해 있고 핀 스프레팅 등을 하고 있는 모습은 매우 볼 만하다. 일호주 등에서 수입되는 경우가 많다.

날돛양태
낚시꾼에게 유명한 물고기로 독특한 표정이 재미있다. 제1등지느러미 1번 가시가 길어진며 뒷지느러미에 회갈색 바탕에 회색 물결 무늬를 가지는 것이 특징이다. 소형 개체는 수조 사육에 적합하다. 동해와 남해의 사니질 및 모래 바닥에 서식하며 입수는 주로 낚시에 의한다.

시애틀 수족관

1977년에 개장한 이곳에 특별함은 단연 연어가 건물로 들어온다는 것이다. 사진처럼 바다와 연결된 건물의 외벽 수로를 타고 연어가 올라오고 그것을 전시하고 있다. 이 수족관의 벤치마킹은 일본의 삿포로에서도 진행했지만 현재까지 성공을 거두지 못하고 있다. 우리는 규모로 세계최대를 희망하지만 세계적이라는 칭호는 규모보다는 이러한 도전으로 자연을 연출한 수족관들이 가지고 있다. 그 외 터치풀이 파도풀이 라던지 갯바위에 파도가 일어나는것등 대단한 연출력이 보인다.

Text. 김 승민 / Photo. 김 승민

유어

0604

블루스트라이프 팡 블레니
학명 / *Plagiotremus rhinorhynchus*
분포 / 인도양-중서부태평양 | 크기 / 6cm

호크피쉬와 비슷한 체형을 가진 종류들. 이들 역시 독특한 캐릭터를 갖춘 해양 수족관 물고기라고 할 수 있다. 산호초에서도 극히 얕은 수심에 서식하고 바다웅덩이 등에서 볼 수 있는 종류도 많다. 블레니의 종류는 오히려 서식지의 중심이 얕은 곳에 집중되어 있다. 이것은 그들의 식성과 관련되어 있으며 부착조류만을 먹는 블레니와 같은 종의 경우 태양광선의 영향이 강한 얕은 곳이 먹이가 되는 조류가 발생하기 쉽기 때문에 자연 스럽게 생활환경이 얕은 곳이 되는 것이다.

수족관에 이끼가 존재한다는 것은 해수 담수를 불문하고 어려운 문제이다. 해양 수족관에서 담수 알지이터나 오토싱을 대체 하는 것은 블레니의 그룹이다. 유리면에 붙은 이끼는 물론 라이브 락 등에 부착한 이끼를 떼어 주는 것이 반갑다. 그러나 블레니의 종류 모두가 수조의 이끼를 먹어주는 것은 아니다.

그 중에는 블루스트라이프 팡 블레니의 종류처럼 유영형으로 다른 물고기 의 지느러미나 체표를 깎아 먹는 물고기 수족관의 불청객이라고 할 수 있는 존재도 있다. 물고기의 지느러미와 비늘을 벗겨 먹는 이른바 피더 이터, 핀 이터라고 불리는 블레니 중에서도 (Aspidontus taeniatus)의 의태는 교묘하기 짝이 없고 클리너 피쉬 (청소 물고기)로 유명한 청줄청소놀래미를 쏙 빼닮은 체색을 가지고 있다.

수영도 비슷해 청줄청소놀래미라고 생각하고 다가 온 물고기의 지느러미와 비늘을 뜯어 먹는 것이다. 청줄 청소 놀래미는 유어에서 성어로 체색을 변화시키는데 블루 스트라이프 팡 블레니의 유어도 비슷한 색채를 가지고 있다. 다른 물고기에게는 괴롭지만 자연의 경이로움을 깨닫게 하는 이러한 진화가 인상적이다.

트로피칼 스트라이프 트리플핀
학명 / *Helcogramma striata*
분포 / 인도양-태평양　크기 / 5cm

재패니즈 블랙테일 트리플핀
학명 / *Gracilopterygion bapturum*
분포 / 서부태평양　크기 / 4cm

플로럴 블레니
학명 / *Petroscirtes mitratus*
분포 / 인도양-중서부태평양　크기 / 7cm

가막 베도라치
학명 / *Enneapterygius etheostomus*
분포 / 한국, 일본, 대만, 중국　크기 / 6cm

비늘 베도라치
학명 / *Neoclinus bryope*
분포 / 태평양　크기 / 8cm

두줄 베도라치
학명 / *Petroscirtes mitratus*
분포 / 인도양-중서부태평양　크기 / 12cm

블루스트라이프 팡 블레니
물고기의 비늘이나 피부 등을 주식으로 하는 것으로 알려진 블레니의 종류이다. 보통 머리를 위로 들고 몸을 꿈틀거리는 헤엄으로 정지하고 있으며 다른 물고기가 다가오면 전광석화의 기세로 공격해 피부의 일부를 뜯어낸다. 경우에 따라서는 접근한 다이버등을 물어뜯는 경우도 있다. 본 속 종류는 먹이 대상 물고기에 접근하기 쉽게하기 위해 다른 무해한 물고기를 색채적으로 의태하고 있다. 본 종 유어기의 의태 대상 물고기는 청줄청소놀래미이다. 산호초 지역의 맑은 암초와 산호류가 풍부한 장소에 서식한다. 아름다운 종이지만 합사는 적합하지 않다. 이 물고기를 사육하고자 하는 것 이외에는 추천할 수 없는 어종이다.

트로피칼 스트라이프 트리플핀
선명한 붉은 몸에 가느다란 파란색 줄무늬가 세로로 들어가는 아름다운 소형종. 수심 10m 정도까지의 산호 위 등에서 볼 수 있는 종이지만 수입되는 것은 적다. 산호수족관에서 사육하기에 적합하며 수조 내에 발생한 새우나 기타 생물등을 즐겨 먹는다. 이 종류에는 암수가 색채가 다른 것도 많지만 본 종의 경우에는 암컷과 수컷의 차이가 거의 없다.

가막 베도라치

친숙한 종으로 삼각형의 뾰족한 머리가 특징이다. 작은 동물 외에 조류를 먹고 인공사료에도 길들여지기 쉬워서 사육은 용이하다. 암수로 색채가 다르며 혼인색이 나타나는 수컷의 경우에는 완전한 검은색의 몸에 제1, 제2 각각의 등지느러미의 밑 부분에 순백 가로줄무늬가 들어가서 아름답다. 수족관에서 판매되지 않지만 제주도 등에서 채집으로 입수할 수 있다.

비늘 베도라치
머리 위에 왕관처럼 생긴 나뭇가지 모양의 피질 돌기가 특징인 종으로 남해와 제주도 암초 연안에 서식한다. 컬러 변이가 매우 풍부하고 빨강이나 오렌지 등 아름다운 개체도 많이 볼 수 있기 때문에 다이버들에게 인기가 많다. 소라의 빈 껍질이나 자신의 몸 크기에 맞는 바위 구멍 등을 파고들어 머리만을 빼고 보는 경우가 많다. 소형의 갑각류나 조류를 먹기 때문에 사육은 비교적 용이하다. 수입되는 경우는 적고 입수는 채집이 대중적인 방법이다.

재패니즈 블랙테일 트리플핀
이 종은 혼인색이 나타난 수컷 머리가 검은 마스크를 쓴 것처럼 검게 물드는 것이 특징이다. 젊은 개체나 암컷은 사진과 같이 오렌지색 무늬가 온몸에 들어가서 아름답다. 조수가 잘 통하는 수심 10m 정도까지의 암초 지역에

서식 하고 있지만 판매점에는 거의 없다.

플로럴 블레니
등지느러미 가시조의 앞부분이 길어지는 대중적인 종류이다. 산호초지역의 내만이나 얕은 곳에 서식하며 번창한 조류 속이나 조개껍질 등을 쉘터로 하고 있다. 해초가 떠다니는 듯한 독특한 모습으로 비틀거리듯 헤엄치며 다른 물고기와 가까워지면 순간적으로 피부와 지느러미를 물어뜯는다. 사육은 쉽지만 물고기 수족관에서는 추천되지 않는 블레니이다. 드물게 필리핀 등에서 수입된다.

두줄 베도라치
유영성이 강한 종으로 연안에서 보통 볼 수 있으며 조류를 따라 헤엄치는 모습을 보이는 경우가 많다. 굴껍질이나 바위구멍 외에 버려진 빈깡통이나 음료 병 등도 산란상으로 사용되는 경우가 많다. 조류 등 외에 이곳저곳에 붙어있는 경우도 많다. 소형의 갑각류나 부착 조류를 먹기 때문에 길들이기가 용이해서 사육도 쉽다.

카나리 블레니
학명 / *Meiacanthus atrodorsalis ovalauensis*
분포 / 서부태평양 　 크기 / 10cm

스트라이프 블레니
학명 / *Meiacanthus grammistes*
분포 / 서부태평양 　 크기 / 7cm

포크테일 블레니
학명 / *Meiacanthus atrodorsalis atrodorsalis*
분포 / 서부태평양 　 크기 / 10cm

미다스 블레니
학명 / *Ecsenius midas*
분포 / 인도양-중서부태평양 　 크기 / 12cm

리니어 블레니
학명 / *Ecsenius lineatus*
분포 / 중부태평양 　 크기 / 12cm

노랑꼬리 베도라치
학명 / *Ecsenius namiyei*
분포 / 서부태평양 　 크기 / 9cm

오쿨라 블레니
학명 / *Ecsenius oculus*
분포 / 서부태평양 　 크기 / 8cm

스트라이프 블레니
본 속 중 가장 오래전부터 알려진 종으로 산호초에서는 보통으로 볼 수 있다. Petroscirtes breviceps나 P.fallax의 의태 대상이 되고 있다. 사육은 쉽고 동부 호주에는 노란색 바탕이 더 많은 Meiacanthus lineatus도 알려져 있다. 이 종류는 유영성이 강해 수조 내에서도 호버링하고 있는 경우가 많다.

포크테일 블레니
아래턱에 비교적 큰 송곳니와 독샘을 가지는 것으로 알려지는 종류로 사람도 손 등을 물리면

바이컬러 블레니
학명 / *Ecsenius bicolor*
분포 / 인도양-중서부태평양 　 크기 / 8cm

테일스팟 블레니
학명 / *Ecsenius stigmatura*

분포 / 서부태평양	크기 / 6cm

으 다소 붉게 부어오를 수 있다. 이 때문에 자연에서는 몇 가지 별 속의 의태 대상이 되고 있다. 색채 변이가 많고 사진상의 개체는 카나리 브레니(M.a.ovalauensis)라는 이름을 가진 피지에 많은 변종이다. 색채는 몸측 전반 부가 연한 블루이고 후반부에서 꼬리에 걸쳐서 는 황색이다. 연안의 산호초역과 초호의 조수가 잘 통하는 곳에서 수심 1~30m 정도에 서식 한다. 보통은 부유하면서 동물성 플랑크톤을 먹지만 저생의 작은 동물도 먹는다. 사육은 용이하고 먹이는 냉동 브라인 슈림프나 건조 크릴 으깬 것을 좋아하지만 익숙하면 인공사료 도 먹는다. 얌전한 물고기로 방어를 제외하고는 송곳니를 사용하지 않지만 쌍을 형성하면 조금 더 예민해진다. 보통 수조내에서는 산호나 바위 등에 몸을 기대고 자는데, 구조물이 없으면 유리면에 달라붙어 잘 때가 있다. 사진속 아종은 최근에 는 필 보이지 않지만 인망상은 필리핀과 인도네시아에서 수입된다.

미다스 블레니
본 속 중에서는 유영성이 강하며 가장 대형이 되는 종이다. 광역 분포종으로서 색채 변이가 많으며 노란색 갈색 보라색 오렌지등으로 다양하다. 산호초 가장자리 경사부 수심 2~ 30m 정도에 서식한다. 일반적으로는 탁 트인 곳에서 안시아스류의 무리에 섞여 동물성 플랑 크톤 등을 잡고 있는 경우가 많다. 먹이 적응 력은 좋지만 수질에는 약간 민감하다. 스리랑카외에 필리핀과 인도네시아 등에서도 수입된다.

리니어 블레니
바이컬러 블레니보다 조수가 잘 통하는 외안부의 경사면 등에 더 많은 종이다. 특징 있는 몸 쪽 검은색 띠는 개체에 따라 선이나 점상을 나타내는 것도 있다. 성장해도 전종과 같이 꼬리지느러미의 양 잎이 실 모양으로 자라지 않는다. 사육에 관해서는 바이컬러 블레니와 같지만 수질에는 좀 더 까다롭다. 드물게 필리핀 등에서 수입된다.

노랑꼬리 베도라치
본 속 중에서는 등지느러미의 발달이 크며, 다른 종에서 볼 수 있는 등지느러미 중앙의 홈이 없다. 또한 꼬리지느러미 기저부의 황색을 거의 볼 수 없는 개체도 있다. 산호초지역의 수심 1~30m 정도에 서식하며 테이블산호 주변이나 암초지 등에 많다. 사육에 관해서는 바이컬러 블레니와 같다. 전종과 마찬가지로 드물게 필리핀에서 수입된다.

바이컬러 블레니
가장 대중적인 블레니로 알려져 있다. 본종의 색채에는 세가지 명확한 형태가 있으며, 사진

타이거 콤브투스 블레니
학명 / *Ecsenius tigris*

분포 / 서부태평양	크기 / 5cm

레드스펙클드 블레니
학명 / *Cirripectes variolosus*

분포 / 중서태평양	크기 / 6cm

레드스트리크드 블레니
학명 / *Cirripectes stigmaticus*

분포 / 인도양-서태평양	크기 / 12cm

의 색채형 외에 몸쪽에 검은 띠가 들어가는 것과 전체가 암색을 띠는 것이 있다. 이러한 색채형은 장기 사육중에서는 변화해 버리는 경우가 많다. 연안 산호초역이나 맑은 암호의 수심 1~25m정도에 서식한다. 사육은 매우 쉽고 곧바로 인공사료에 익숙해져 수조내의 조류보다도 사료를 먹게 된다. 싸움을 좋아해서 동종, 동속간은 물론 다른 물고기에도 자주 참견을 한다. 필리핀과 인도네시아에서 수입된다.

오쿠라 블레니
몸쪽에 2개씩 짝을 지어 들어가는 블랙 스팟이 특징적인 종으로 아름답고 인기도 높다. 인공사료에도 잘 적응하며 사육은 비교적 용이하고 산호수족관에서의 사육이 적합하다. 필리핀 등에서 믹스 블레니로 수입되지만 수는 적다.

테일스팟 블레니
이름 그대로 꼬리무늬부에 들어가는 블랙 스팟이 특징인 종으로 그린에서 그레이 그라데이션이 아름답다. 다른 블레니와 함께 필리핀 등에서 수입되어 오는데 수는 그리 많지 않다. 본종과 같은 색채적으로 아름다운 소형 블레니는 암초 아쿠아리움 등 무척추동물을 메인으로 한 수조의 탱크 메이트로도 최적이다.

타이거 콤브투스 블레니
몸에 흰 반점을 올린 것 같은 라인이 2개 들어

가고 그 라인을 가로지르듯 검은색 가는 가로 줄무늬가 같은 간격으로 들어간다. 몸의 색은 팥색으로 동부는 황색을 띤다. 본종도 필리핀 등에서 다른 블레니에 섞여 수입된다. 본종도 암초 수족관을 위한 물고기이다.

레드스펙클드 블레니
흑갈색의 몸에 눈의 테두리가 붉고 눈의 하부에도 붉은 무늬가 들어가는 것이 특징이다. 비교적 소형의 종류로 사육은 바이컬러 블레니에 준한다. 바이컬러 블레니에 섞여 드물게 필리핀 등에서 수입된다.

레드스트리크드 블레니
머리 피판이 발달하는 종류이다. 본 속의 블레니류는 동종 중에서의 변이가 많고 또 근사종과의 판별도 어려워 혼동되는 경우도 자주 있으므로 향후 비교 연구에 따라서는 종을 통일하거나 세분화 할 가능성이 크다. 그 중에서도 본종은 혼동되기 쉬운 종 중 하나이며 특징은 아가미에서 가슴지느러미에 걸친 그물무늬에 있다. 연안의 산호초 지역의 극히 얕은 물 수심 1~5m 정도에 서식한다. 주식은 조류와 작은 저생 무척추 동물이다. 사육에는 작은 개체가 적합하며 대형 개체는 다소 순화되기 어렵고 성품도 거칠다. 인도네시아나 스리랑카에서 수입되지만 수는 적다.

171

아일랜드 블레니
학명 / *Salarias luctuosus*
분포 / 서부태평양 　크기 / 12cm

쥬얼 블레니
학명 / *Salarias fasciatus*
분포 / 인도양-서부태평양 　크기 / 15cm

구름 베도라치
학명 / *Omobranchus loxozonus*
분포 / 한국, 북서부태평양 　크기 / 6cm

브라운코랄 블레니
학명 / *Atrosalarias fuscus*
분포 / 인도양-중서부태평양 　크기 / 12cm

빌리턴 락스키퍼
학명 / *Istablennius bilitonensis*
분포 / 서부태평양 　크기 / 12cm

앞동갈 베도라치
학명 / *Omobranchus elegans*
분포 / 북서태평양 　크기 / 7cm

레오파드 블레니
학명 / *Exallias brevis*
분포 / 인도양-중서부태평양 　크기 / 13cm

레드스포티드 블레니
학명 / *Istiblennius chrysospilos*
분포 / 서부태평양 　크기 / 10cm

콘빅트 블레니
학명 / *Pholidichthys leucotaenis*
분포 / 서부태평양 　크기 / 20cm

열쌍동가리
학명 / *Parapercis multifasciata*
분포 / 한국, 일본, 대만등　크기 / 17cm

레드스포티드 샌드퍼치
학명 / *Parapercis schauinslandi*
분포 / 인도양-태평양　크기 / 13cm

레드 리자드피쉬
학명 / *Synodus ulae*
분포 / 인도양-태평양　크기 / 33cm

쥬얼 블레니
수조 내의 이끼제거에 유용한 블레니이다. 서식해역에 따라 모양이나 색채에 변이가 보이며 인도네시아 등에서 수입되는 개체 중에 는 성별차이인지 복부에 붉은 반점을 가진 개체가 있다. 산호초역이나 암초역 내만의 얕은 물에 서식하며 해안의 작은 웅덩이에서도 볼 수 있다. 다소 길쭉한 체형을 가지고 있다. 사육은 쉽고 인공시료도 먹이기 쉽다. 필리핀등에서 믹스 블레니로 수입되어 오는데 수는 그리 많지 않다.

구름 베도라치
수컷 꼬리지느러미의 양 끝은 실 모양으로 길어진다. 육식성으로 사육하기 쉽다. 수족관 무역으로는 취급되지 않는 종류이다.

브라운코랄 블레니
광역에 분포하는 블레니로 인도양 쪽에 서식하는 것이 보동종이며 태평양산 개체는 A. f. holomelas라는 아종이다. 태평양산 아종 중에서도 몇 가지 색채 변이가 있으며, 호주 등 남쪽 개체는 노란 꼬리지느러미를 하고 있다. 산호초지역의 내만이나 암초호 등 온화한 곳에 서식하며, 산호 사이에 있는 경우가 많다. 사육은 쉽고 주식은 조류이지만 인공사료 등 에도 익숙해진다. 필리핀이나 인도네시아에 서 수입되지만 수는 많지 않다.

빌리턴 락스키퍼
몸쪽에 2개씩 쌍으로 암색 가로띠가 들어가는 종이다. 이 종류는 비슷한 종이 많고 또 지역에 따라 모양이 다를 수 있어 종 판별은 어렵다. 사육은 쉽고 필리핀 등에서 믹스블레니로 수입된다.

앞동갈 베도라치
썰물에 의해 나타나는 조수웅덩이에서 아주 평범하게 볼 수 있는 블레니의 종류이다. 대형 소라 껍질등의 통 모양의 쉘터를 선호한다 인공 사료에도 친숙하고 튼튼하고 사육하기 쉬운 종이다.

레드스포티드 블레니
얼굴에 들어가는 주홍색의 스팟이 특징적인 종이다. 필리핀 등에서 수입되어 오는데 수는 그리 많지 않다. 사육은 쉽고 인공사료도 먹이기 쉽다.

레오파드 블레니
1속 1종의 산호충을 주식으로 하는 특수한 블레니이다. 유어기는 표범무늬지만 성체는 사진과 같이 조밀한 반점이 되며 수컷개체는 붉은 빛이 더해진다. 연안 산호초 지역의 파도

히메치
학명 / *Aulopus japonicus*
분포 / 한국, 일본, 필리핀　크기 / 20cm

가 강하고 조수가 잘 통하는 곳에 서식한다. 수컷은 산호의 폴암초의 뒤를 둥지로 하여 영역으로 한다. 번식기가 되면 암컷은 자유 롭게 행동하며 여러 마리의 수컷과 교배하여 알을 각각의 둥지에 낳는다. 폴립 전식이므로 사육은 어렵다. 가끔 필리핀에서 수입되지만 수입 개체는 비교적 크다.

콘빅트 블레니
비교적 오래전부터 기재(1856년)되어 있는 1속 1종의 물고기이다. 유어기는 그 색채뿐만 아니라 습성이나 수영법 등이 매우 쏠종개와 비슷하다. 성장에 따라 몸쪽 검은띠는 위장화 되어 마블무늬가 된다. 연안 산호초지역이나 얕은 암초초 등에 서식하며 산호 선반 아래나 바다 부근에서 무리를 짓고 있다. 사육은 용이하고 먹이는 인공 사료를 포함하여 무엇이든 잘 먹으며 섞어는 작은 새우류 등도 먹는다. 사육 환경면에서는 수류를 틀어 주면 좋고 또 바닥 모래를 깔면 바위밑을 파고 자신의 쉘터로 삼는다. 가끔 유어 개체가 필리핀에서 수입된다.

열쌍동가리
선명한 오래지색과 노린색으로 채색된 아름다운 종류로 산호초지역보다 모래 진흙 바닥에서 볼 수 있다. 관상어로 수입되는 경우는 거의 없으나 낚시 등으로 입수가 가능하다. 사육은 레드스포티드 샌드퍼치에 준한다.

레드스포티드 샌드퍼치
냉징은 하와이라고 붙지만 실제로는 넓은 분포역을 가진 소형의 종류이다. 암초역의 내만과 산호초역의 초호 등 수심 15m이상의 모래지대에 서식한다. 바닥에서 떨어져 호버링하고 있는 경우가 많다. 식성은 육식으로 갑각류와 작은 물고기를 먹는다. 사육 환경은 개방공간을 넓게 만들어주고 바닥에는 모래와 간이 쉘터가 필요하며 청정한 물을 좋아한다.

레드 리자드피쉬
천해 암초와 주변 모래땅에 서식하는 종류로 온몸에 붉은 얼룩무늬가 들어간다. 육식성으로 꽤 큰 사이즈의 물고기까지 먹어 버리기 때문에 합사에는 주의가 필요하다. 수입은 적다.

히메치
리자드피쉬에 가까운 종류로 같은 과의 대부분은 대륙붕등 깊은 곳에 분포하고 있는데 본종은 수심 25m부근에서도 볼 수 있다. 수입은 매우 적고 사육에는 냉각 설비가 있는 것이 좋다.

토바 수족관

나고야에서 약 2시간을 가면 작은 토바시에 토바 아쿠아리움역이 있다. 일본에서 가장 많은 종류의 동물을 보유하고 있는 수족관으로 말그대로 볼거리가 가득했다. 특히 자연을 연출한 폭포는 지금까지 본 모든 곳중에 최고였다. 재미있는 것은 논경지를 전시한 것인데 실제 이곳에서 계절마다 변화하는 모습을 보여주기 위해 벼를 실제 생육한다. 방문했을때 경영주분들과 기념사진을 찍었다.

Text. 김 승민 / Photo. 김 승민

헬프리치스 다터피쉬
학명 / *Nemateleotris helfrichi*
분포 / 중-서부태평양 크기 / 7cm

0636

해수어 중에서도 고비의 종류는 상당히 큰 그룹을 구성하고 있다. 현재 1,500종 이상이 알려져 있지만 소형종으로 숨어 생활하는 것도 많은 것으로 보아 앞으로 아직도 새로운 종류를 발견할 수 있을 것으로 보인다. 고비의 종류는 분류상 많은 과로 구분되어 있다. 많은 종류를 포함하는 고비의 종류이지만 아쿠아리움 피쉬로 인기가 높은 것은 체색이 아름다운소형의 종류이다. 그 중에서도 파이어 고비나 퍼플고비 등의 네마테레오트리스속, 브로치테일 피그미고비 등의 트림마속, 마스크드 고비 등의 콜리포텔스속 등은 화려하고 인기도 높다.

대 부분의 종류가 무척추동물에게 나쁜 짓을 하는 일이 없기 때문에 산호수족관의 탱크 메이트로서도 매우 적합하다. 그 밖에 란달스 프라운고비나 옐로우노즈 프라운고비 그리고 옐로우 프라운 고비 등과 같이 산호초역의 모래바닥에서 새우의 종류와 공생하고 있는 공생고비의 종류도 그 체색의 아름다움이나 행동의 재미, 종류의 다양함등으로 수족관 물고기로 인기가 높다. 이 고비들은 비교적 수입량, 유통량도 많아 입수가 용이하며 빨강과 흰색이 아름다운 란다일 피스톨 슈림프, 타이거 피스 톨 슈림프등과 함께 사육함으로써 더욱 매력을 즐길 수 있다 .

헬프리치스 다터피쉬(핑크헤드)
학명 / *Nemateleotris helfrichi*
분포 / 중-서부태평양 　 크기 / 7cm

헬프리치스 다터피쉬(핑크타입)
학명 / *Nemateleotris helfrichi*
분포 / 중-서부태평양 　 크기 / 7cm

퍼플 고비
학명 / *Nemateleotris decora*
분포 / 인도양-서부태평양 　 크기 / 8cm

트리소고비우스의 일종
학명 / *Tryssogobius sp.1*
분포 / 인도양-서부태평양 　 크기 / 4cm

파이어 고비
학명 / *Nemateleotris magnifica*
분포 / 인도양-중서부태평양 　 크기 / 7cm

헬프리치스 다터피쉬

색채 패턴 이외는 후술하는 퍼플고비와 체형적으로 많이 닮았으며 다소 소형의 종류이다. 새로운 종류인 것 같지만 기재는 1973년으로 퍼플고비와 같은 시기이다. 수입수는 동속 3종중 가장 적고 가격도 비싸나. 예선에는 희귀종으로 여겨졌으나 각지에서 서식이 확인되었다. 필리핀에서도 한 개체뿐이지만 퍼플고비에 섞여 수입되어 온 적이 있다. 서식환경 등은 퍼플고비와 같지만 본종은 수심 40m이하에서는 적다고 여겨진다. 최근에는 중부 태평양산이 하와이 경유 등으로 수입되지만 아직 수는 그리 많지 않다. 서식지역의 차이 등으로 인해 머리의 색채 등에 몇 가지 칼라 변이가 알려져 있다.

트리소고비우스의 일종

푸르스름한 색을 한 소형의 고비로 발리로부터 수입되다 오키나와 섬 수심 50m부근에서도 발견되고 있으며 제 2 등지느러미에 2개의 노란색 라인이 들어가는 점이 특징이다. 처음 에는 수입도 적고 매우 비쌌지만 최근에는 비교 적 수입수가 늘어나 입수하기 쉬워지고 있다. 인도네시아 및 오키나와에 분포.

퍼플고비

파이어 고비보다 약간 깊은 곳에 서식하는 종류로 산호초지역 수심 25~70m정도의 모래초지대에 짝을 이루는 경우가 많다. 튼튼한 고비이지만 근연의 파이어 고비등보다 다소 소심한 면이 있는 반면 동종끼리는 싸움을 하기 때문에 짝 이외는 합사시키지 않는 것이 좋을 것이다. 산호수족관에서의 사육이 이상적이다. 필리핀이나 스리랑카 몰디브에서 수입되고 있지만 파이어 고비 등에 비하면 적다.

파이어 고비

등지느러미를 깃발처럼 세운 모습이 특징적이고 아름답고 얌전한 물고기로서 합사 수족관에서도 대중적인 고비이다. 광역에 분포하는 종류이다. 동속의 2종류에 비해 산호초 가장자리 경사면 수심 6m이상이라는 비교적 깊은 수역에서 다수가 보인다. 섞여는 단독이나 쌍으로, 또 어린 물고기는 소그룹으로 시식하며 산호 모래내에 영토와 모래 구멍의 쉘터 부근에서 호버링하고 있다. 튼튼하고 인공사료에도 적응하는 고비이다. 복수 사육은 어린 물고기까지는 문제가 없지만 성장하면서 우위 개체만 남는 경우가 많다. 필리핀과 인도네시아에서 일정하게 수입되고 있다.

0642

라인 다터피쉬
학명 / *Ptereleotris grammica grammica*

분포 / 인도양-중서부태평양 | 크기 / 12cm

0643

플레그테일 다터피쉬
학명 / *Ptereleotris uroditaenia*

분포 / 인도네시아 | 크기 / 12cm

라인 다터피쉬
산호초 외연의 수심 30~50m 깊은 곳에 서식하는 고비로서 채집이 어렵고 아쿠아리움 피쉬로서는 거의 수입되지 않는 귀한 존재이다. 사진의 개체는 인도양 모리셔스산으로 등지느러미와 배지느러미가 매우 길어진다. 서부 태평양산 개체는 몸쪽의 줄무늬가 황색이고 지느러미의 성장도 크지 않다. 약간 겁이 많은 종류

플레그테일 다터피쉬
인도네시아에서 그레이트 배리어 리프에 걸쳐 분포하는 아름다운 고비의 종류. 이름처럼 꼬리지느러미가 노란색과 검은색 플래그 테일로 되어 있다. 수입은 적다. 이 종은 종류가 많고 또 비슷한 종도 많기 때문에 종의 분류는 어렵다. 필리핀과 인도네시아에서 다음 페이지에서 소개한 그린아이 다트고비 등에 섞여 수입된다. 사육은 그린아이 다트고비에 준한다.

블랙데일 고비
본 속에서는 가장 오래전부터 알려진 종류이다. 서식 수심은 7~45m정도이며 모래바닥이나 바위지역대에 성어는 쌍을 이루고 어린 물고기는 소그룹으로 서식한다. 수중에서의 성어는 경계심이 강해 접근하면 재빨리 모래구멍으로 도망친다. 수조 내에서도 소심한 면을 보이며 강한 합사어가 있으면 나오지 않게 된다. 냉동 브라인 슈림프부터 먹이를 주면 좋다. 필리핀 등에서 수입되지만 수입수는 그리 많지 않다.

0644

프테리레오트리스의 일종
학명 / *Ptereleotris sp.*
분포 / 인도양-서부태평양 | 크기 / 15cm

0645

블랙테일 고비
학명 / *Ptereleotris heteroptera*
분포 / 인도양-서부태평양 | 크기 / 12cm

0647

그린아이 다트고비
학명 / *Ptereleotris microlepis*
분포 / 인도양-서부태평양 | 크기 / 13cm

0648

블루 고비
학명 / *Ioglossus callourus*
분포 / 슬로리다 | 크기 / 12cm

0646

블랙핀 다터피쉬
학명 / *Ptereleotris evides*
분포 / 인도양-중서부태평양 | 크기 / 12cm

0649

제브라 다트고비
학명 / *Ptereleotris zebra*
분포 / 인도양-중서부태평양 | 크기 / 11cm

블랙핀 다터피쉬
날렵한 모습과 세련된 색조로 인기 있는 고비. 매우 광역에 분포하는 종류로 초봄에는 유어의 무리를 볼 수 있다. 내민이니 초호 인의 모래바닥 지역에서 쌍으로 서식하고 있다. 튼튼하고 기르기 쉬운 종류이지만 대형개체는 다소 경계심이 강하다. 수컷의 제1 등지느러미는 노랗게 변한다. 또 본종에 한정하지 않고 본 속 고비는 놀라면 수조에서 튀어 나올 수 있으므로 수조 키버를 준비 한다. 필리핀에서 수입된다.

그린아이 다트고비
후술하는 블랙테일 고비와 비슷한 색채의 고비 이지만 제2 등지느러미, 뒷지느러미가 넓고 꼬리지느러미에 흑반점을 가지고 있지 않다. 블랙테일 고비과 기의 비슷한 서식환경 이지만 약간 얕은 수심 지역에 서식하고 있다. 튼튼 하고 기르기 쉬운 고비이다. 필리핀에서 수입 되지만 수입 수는 그리 많지 않다.

블루 고비
대서양 고비이다. 산호초 수심 5~50m정도의 모래 버다 지역에 서식하고 있다. 보통 미리를 아래로 한 상태에서 호버링하고 있다. 사육

등은 그린아이 다트고비의 종류에 준한다. 별로 수입 되지 않는 고비이다. 근사종에 호버링 고비 (I.helenae)가 있으며 라운드형의 꼬리지느 러미를 가지고 있다.

제브라 다트고비
학명 영명 모두 제브라의 명칭을 가지고 있는 본 속에서는 가장 대중적인 종류이다. 산호초지역 수심 2~4m정도에 서식하며 바닥에서 조금 떨어져 호버링하고 있다. 본 속 고비는 튼튼하고 기르기 쉬운 종류가 많지만 사육시에는 쉘디가 필요하다. 필리핀에서 수입된다.

블루바드 리본 고비
학명 / *Oxymetopon cyanoctenosum*

| 분포 / 필리핀, 인도네시아 | 크기 / 20cm |

고비과의 일종
학명 / *Gobiidae, indet.gen.and sp.*

| 분포 / 서부태평양 | 크기 / 12cm |

블루하나 고비
학명 / *Ptereleotris hanae*

| 분포 / 태평양 | 크기 / 15cm |

미에르시나의 일종
학명 / *Myersina sp.*

| 분포 / 인도양 | 크기 / 5cm |

몬스터 슈림프 고비
학명 / *Tomiyamichthys oni*

| 분포 / 인도양-중서부태평양 | 크기 / 7cm |

화이트캡 고비
학명 / *Lotilia graciliosa*

| 분포 / 인도양-태평양 | 크기 / 4cm |

반데르호르시티아의 일종
학명 / *Vanderhorstia sp*

| 분포 / 인도양-서부태평양 | 크기 / 10cm |

고비과의 일종
반투명 백색 몸에 오렌지 스팟이 넓은 간격으로 라인 모양으로 늘어서 있고 머리에는 코발트 블루 스팟이 불규칙하게 박혀있는 매우 아름다운 고비중 하나다. 균형 잡힌 몸에 길게 뻗은 제 1 등지느러미가 특징이다. 세부편으로 수입되어 왔지만 그 수는 그다지 많지 않다. 수조 내에서는 착저하고 있는 것이 많지만 중층을 호버링하거나 수조면을 따라 붙어 있는 모습도 확인되고 있다. 체형적으로는 고비오넬스아과의 키누발리속에 가까운 형태를 가지고 있다. 사진의 실제길이 6cm.

블루바드 리본 고비
1981년에 기재된 비교적 새로운 고비의 종류로 편평한 특수한 체형을 하고 있다. 모래지역 수심 10~40m정도의 장소에서 짝을 지어 서식하고 있다. 민감한 물고기이므로 합사시에는 매우 얌전한 물고기나 쌍만 가능하며 먹이는 살아있는 브라인 슈림프가 좋다. 드물게 필리핀과 인도네시아에서 수입된다. 현재 이 동료는 본종 외에에도 여러 종류가 알려져 있으며 학술적인 조사가 필요한 부분이 많다.

암바노로 프론 고비
학명 / *Vanderhorstia ambanoro*

분포 / 인도양-서부태평양	크기 / 12cm

프라벨리고비우스의 일종
학명 / *Flabelligobius sp*

분포 / 서부태평양	크기 / 4.5cm

블루하나 고비
본 속 중에서는 가장 대형이 되는 종으로, 특히 근해에는 큰 것이 있다. 미크로네시아산 개체는 다른 해역에 시식하는 것보다 꼬리지느러미가 더 많이 길어지고 크다. 서식환경 등은 농속 타종과 동일하다. 본종은 공생 고비의 굴에 합사하는 것으로 알려져 있으나 조수에 따라서는 먹이를 찾아 수면 가까이까지 떠 있는 경우도 있으며 먹이를 찾아 부두에 모이는 블루하나 고비의 모습을 볼 수 있다. 이러한 상태일 때에는 크릴 같은 먹이를 사용하여 쉽게 낚시할 수 있다. 아쿠아리움 트레이드로 많이 취급되지 않지만 드물게 남방산 소형의 것이 수입되는 일이 있다.

미에르시나의 일종
모리셔스 혹은 인도네시아편으로 수입되는 고비의 일종이다. 현재 수입은 직고 드문 종류이다.

몬스터 슈림프 고비
눈 아래에 들어가는 비스듬한 가는 밴드가 특징적인 종으로 산호초 외연이나 암초영역에 인접한 모래 진흙 바닥에 서식하고 있다. 본 속에 포함된 고비도 타이거 피스톨 슈림프와 공생하는 것으로 알려져 있다. 다른 공생 고비와 함께 필리핀 등에서 수입된다.

화이트캡 고비
흰색과 암갈색의 대비가 아름다운 소형종으로 슈림프와 공생한다. 수입되는 경우는 매우 적다.

반데르호르시티아의 일종
골든 다트 고비의 이름으로 인도네시아에서 수입되어 온 종이지만 이 이름은 다른 종류에 붙기도 한다. 확실히 본종은 몸쪽 컬러 패턴이 라인 다터피쉬와 비슷하지만 그 체형이나 평소 구멍 속으로 숨어 들어가는 것과 잘 호버링하지

메르텐스 프라운고비
학명 / *Vanderhorstia mertensi.*

분포 / 서부태평양	크기 / 7cm

않는 점은 다터피쉬속과는 다르다. 수입수는 적고 볼 기회는 적다.

암바노로 프론 고비
회색 그림색이 도는 몸에 검은색 스깃이 몸의 상반부에 들어가는 세련되고 아름다운 고비. 내만 깊은 곳에 서식하며 새우류와 공생하여 굴 위에서 호버링하고 있는 경우가 많다. 수입 루트에서는 수입되는 일은 직다.

프라벨리고비우스의 일종
공생 고비의 일종으로 제1등지느러미가 큰 원형을 하고 있어 배가 돛을 단 것처럼 보인다.

내만의 외양에 접한 장소나 산호초의 암초 사면에 서식하며, 사진에서 보이 듯 새우와 공생하고 있는 것이 확인되고 있다. 최근에는 이 종류의 고비가 새처럼 통으로 수입되기 시작했지만 보수있는 기회는 직다.

메르텐스 프라운고비
블루와 옐로우 색채가 아름다운 날씬한 공생 고비. 내만의 비교적 깊은 모래 바닥이나 진흙 바닥에서 볼 수 있으며 둥근 구멍 위에서 호버링하고 있는 경우가 많다. 서식하고 있는 장소의 관계 때문인지 수입되는 것이 적은 종이다.

0660

오렌지 스트라이프 슈림프고비
학명 / *Stonogobiops yasha*

분포 / 서부태평양   크기 / 5cm

0662

오렌지스트라이프 슈림프고비(B타입)
학명 / *Stonogobiops yasha*

분포 / 서부태평양   크기 / 5cm

오렌지 스트라이프 슈림프고비
발견된 이래 다이버와 아쿠아리스트에게 매우 인기있는 고비이다. 처음에는 류큐열도에만 서식하는 고비로 알려졌으나 필리핀이나 인도네시아에서도 확인되면서 비교적 잘 수입 되었다. 산호초 지역 수심 10~35m정도의 모래바닥에 피스톨 슈림프(A. randalli)와 공생한다. 발견된 지 오래되었지만 아직 학명이 없다. 사육하기 쉬운 고비이지만 단독이거나 가능하면 쌍을 조용한 환경에서 사육하는 것이 좋다.

옐로우노즈 프라운고비
흰색과 검은색의 탄력있는 무늬와 노란색으로 물드는 머리를 가진 사랑스러운 공생 고비의

0661

옐로우노즈 프라운고비
학명 / *Stonogobiops xanthorhinica*

분포 / 서부태평양   크기 / 8cm

0663

화이트레이 슈림프고비
학명 / *Stonogobiops pentafasciata*
분포 / 서부태평양　크기 / 7cm

종류로 다이버에게 높은 인기를 얻고 있다. 서
부 태평양에 분포해 장소에 따라서는 색채 등에
약간의 지역 변이를 볼 수 있다. 블랙레이 고비
는 수족관 물고기로 수입되어 오는 경우도 많지
만 본종은 극히 드물게만 수입된다. 내만의 자
갈이 섞인 모래 바닥이나 모래 신흙 바닥에 서식
하고 타이거 피스톨 슈림프와 공생하고 있다.

화이트레이 슈림프고비
옐로우노즈 프라운고비의 종류 중에서는 심플
한 무늬를 가진 종으로 넓은 바다를 마주보고
있는 비교적 깨끗한 모래지에 서식한다. 이즈
반도의 오세자키, 시코쿠의 카시와지마에서 볼
수 있는 일본 고유종. 수족관에서는 좀처럼 볼
수 없는 종이다. 타이거 피스톨 슈림프등과
공생한다.

블랙레이 고비
현재 6종류가 알려진 부 속 중에서 본종은
수족관 피쉬로서 가장 잘 알려진 종류이다.
서식 환경은 위에서 언급한 Yashahase와 거의
같다. 수조 내에서는 어느 일정한 장소를 확보
해 자신의 영역에 들어가는 깃은 근 싱대라도
위협하고 반대로 상처받기도 하기 때문에 합사
하는 물고기는 고민을 해야한다. 필리핀과 인도
네시아에서 수입된다.

0664

블랙레이 고비
학명 / *Stonogobiops nematodes*
분포 / 서부태평양　크기 / 7cm

핑크바 고비
학명 / *Amblyeleotris aurora*

분포 / 아라비아해-인도양 | 크기 / 9cm

스타이니츠 프라운고비
학명 / *Amblyeleotris steinitzi*

분포 / 인도양-태평양 | 크기 / 7cm

야노이 슈림프고비
학명 / *Amblyeleotris yanoi*

분포 / 서부태평양 | 크기 / 9cm

레드스포티드 슈림프고비
학명 / *Amblyeleotris ogasawarensis*

분포 / 서부태평양 | 크기 / 12cm

란달스 프라운고비
학명 / *Amblyeleotris randalli*

분포 / 서부태평양 | 크기 / 8cm

와이드 바드 슈림프고비
학명 / *Amblyeleotris latifasciata*

분포 / 서부태평양 | 크기 / 13cm

페리옵탈마 프라운고비
학명 / *Amblyeleotris periophthalma*

분포 / 인도양-태평양 | 크기 / 10cm

암브리에레오트리스의 일종
학명 / *Amblyeleotris sp.*

분포 / 인도양-서부태평양 | 크기 / 12cm

핑크바 고비
인도양에 분포하는 아름다운 고비의 종류. 꼬리지느러미에 레드 스폿이 들어가는 것이 특징. 비슷한 야노이 슈림프고비보다 수입수는 적다.

스타이니츠 프라운고비
본 속 중에서는 가장 광역에 분포하고 있는 종류이다. 색채에는 암색형과 명색형의 2형이 있다. 서식 환경 등은 전종 등과 같지만 내만의 모래 바닥 수심 1m정도의 장소에서도 볼 수 있다. 튼튼하고 기르기 쉬운 고비이다. 필리핀과 인도네시아에서 수입된다.

고르지오스 프라운고비
학명 / *Amblyeleotris wheeleri*
분포 / 인도양-중서부태평양 | 크기 / 8cm

디아고날 슈림프고비
학명 / *Amblyeleotris diagonalis*
분포 / 인도양-서부태평양 | 크기 / 10cm

스포티드 프라운고비
학명 / *Amblyeleotris guttata*
분포 / 시부태평양 | 크기 / 0cm

란달스 프라운고비
눈모양반점의 등지느러미가 인상적인 공생고비
이다. 산호초지역의 경사부에서 산호나 바위가
흩어져 있는 모래지 등에 서식하고 있다. 공생
하는 피스톨 슈림프는 (A. rapacida)가 많다.
수조 내에서는 배회하며 위협 행동을 하므로 동
종, 동속, 외의 고비류와의 합사는 좋지 않다.

야노이 슈림프고비
서부 태평양에 분포하는 아름다운 고비의 종류
로 크림 옐로우의 꼬리지느러미가 특징적인 종.
인도양에는 본종을 닮은 오로라 고비(A.au-
rora)가 알려져 있으며 꼬리지느러미의 레드
스팟의 유무로 구별된다.

레드스포티드 슈림프고비
스타이니츠 프라운고비와 많이 비슷한 색채이
지만 다소 대형이고 눈 밑에도 가로띠가 들어가
배지느러미가 다소 융합되어 있다는 점에서
다르다. 또 성장하면 머리 부근에 붉은색 점이
나타난다. 서식 환경 등은 동속 타종 등과 같다.

와이드 바드 슈림프고비
다소 대형이 되는 종류로 인도네시아나 스리랑
카에 많이 서식하고 있는 고비이다. 페리옵탈마
프라운고비와 마찬가지로 장소에 따라 색채
변이가 보인다. 사진의 개체는 어린 물고기로
성어가 되면 머리에서 등 부분에 걸쳐 광택이
나는 푸른색 점이 많아지고 등지느러미의 무늬
도 한층 화려해진다.

페리옵탈마 프라운고비
본 속에서는 예전부터 알려진 종으로 광역에
분포하는 고비이다. 서식상소에 따라 색재 변이
가 있으며 가로띠가 황색이나 암갈색인 것이
있다. 또한 보통 길이 10cm이하이지만 인도양
에는 거대형이 있다. 전종과 마찬가지로 튼튼하
고 기르기 쉬운 고비이다. 필리핀 인도네시아
또는 스리랑카에서 수입되지만 수는 많지 않다.

고르지오스 프라운고비
산호초 지역이 맑은 안초호 등이 모래초지에
서식하는 공생고비로 환경에 따라 색채에 농담
이 있다. 수조내에서는 일정한 장소에 머물며
약간 위협 행동을 취하지만 그다지 격렬하게는
공격하지 않는다. 또 후술하는 스포티드 프라
운고비와 마찬가지로 수실에 민감한 면이 있어
상태가 나빠지면 머리를 땅에 붙인 자세가 된
다. 인도네시아에서 수입이 많다.

디아고날 슈림프고비
눈에 걸리는 줄무늬와 몸쪽의 대각선 띠가 특징
이다. 인도양 타입에서는 바탕색이 더 하얗고
대각신 띠가 더 가늘고 신명하다. 튼튼하고 기
르기 쉬운 고비로 위협 행동은 취하지만 그다지
공격적이지 않다. 인도네시아에서 타종과 섞여
수입되는 것 외에 스리랑카에서 타이거 고비의
명칭으로 수입된다.

스포티드 프라운고비
본 속 중에서는 행동석인 공생고비로 수조내에
서도 비교적 잘 돌아다닌다. 대형 개체는 등지
느러미 가시조가 길어지고 색채도 선명하다.
자연에서는 피스톨 새우류와 공생한다. 먹이
적응력이 좋은 고비지만 수질이 악화되면 백점
병등에 걸리기 쉬우므로 주의를 요한다. 또
본종에 한징되지 잃고 고비류는 모래가 있는
편이 안정된다. 인도네시아에서 수입이 많다.

블루스포티드 와치맨고비
학명 / *Cryptocentrus pavoninoides*

분포 / 필리핀	크기 / 18cm

0677

옐로우 프라운고비
학명 / *Cryptocentrus cinctus*

분포 / 서부태평양	크기 / 8cm

0676

블루도트 고비
학명 / *Cryptocentrus sp.*

분포 / 중-서부태평양	크기 / 8cm

0678

크립토세트루스의 일종
학명 / *Cryptocentrus sp.*

분포 / 서부태평양	크기 / 7cm

0679

벤트랄바드 슈림프고비
학명 / *Cryptocentrus sericus*

분포 / 서부태평양	크기 / 8cm

0680

피그고비이데의 일종
학명 / *Gobiidae sp.*

분포 / 불명	크기 / 12cm

0681

옐로우 프라운고비
사진은 황변형 타입의 개체이다. 인도네시아에서 수입된다. 본 속의 공생 고비는 튼튼 하고 기르기 쉽지만 수조내에서도 일정한 장소에 영역을 만들어 침입자를 격렬하게 공격 한다.

블루스포티드 와치맨고비
등지느러미의 스팟이 특징적인 종. 옐로우 프라운고비와 매우 유사한 특징을 가지지만 본종 쪽이 다소 길쭉한 체형을 가지며 옐로우 프라운고비의 등지느러미에는 블랙 스팟이 들어가지 않는 점 등으로 구별이 된다. 필리핀에서만 수입이 있어 일정한 수가 수입한다.

블루도트 고비
본 종은 블루스포티드 와치맨고비와 함께 필리핀에서 수입되어 오는 종으로 전종과 비교하여 몸 전체에 블루 스팟이 들어가는 점에서 구별이 되지만 블루스포티드 와치맨고비의 변형 가능성도 있다.

크립토세트루스의 일종
옐로우 프라운고비의 그레이 타입과 많이 닮은 고비로, 몸쪽 밴드의 들어가는 방법이나 등지느러미의 무늬등이 옐로우 프라운고비와는 약간 다르다. 필리핀에서 수입되며 황변한 개체도 동시에 수입되고 있다.

핑크스피크리드 슈림프고비
학명 / *Cryptocentrus singapurensis*

분포 / 인도양-서부태평양	크기 / 10cm

0682

토식 고비피쉬
학명 / *Yongeichthys criniger*
분포 / 서-남태평양　크기 / 10cm

골드스피클리드 슈림프고비
학명 / *Ctenogobiops pomastictus*
분포 / 인도양-중서부태평양　크기 / 7cm

탄가로안 슈림프고비
학명 / *Ctenogobiops tangaroai*
분포 / 인도양-중서부태평양　크기 / 7cm

스핀체크 고비
학명 / *Oplopomus oplopomus*
분포 / 인도양-중서부태평양　크기 / 7cm

청별망둑
학명 / *Asterropteryx semipunctata*
분포 / 중-서부태평양　크기 / 4cm

아이바 스피니 고비
학명 / *Asterropteryx spinosus*
분포 / 인도양-중서부태평양　크기 / 4cm

오네이트 고비
학명 / *Istigobius ornatus*
분포 / 인도양-중서부태평양　크기 / 7cm

벤트랄바드 슈림프고비
종소명은 최근에 만들어 졌다. 인도네시아등에서는 비교적 많이 볼 수 있으며, 아름다운 배지느러미의 이름을 따서 이름이 만들어 졌다. 또한 본종은 옐로우 프라운고비에서 볼 수있는 것과 같은 황변이 개체가 확인되고 있다

피그고비이데의 일종
매우 특징적인 몸 쪽 얼룩무늬를 보이는 종류이지만 자세한 데이터가 없다. 길어지는 등지느러미와 원형반점, 몸 쪽에 나타나는 어두운색의 가로띠와 밝은색의 가는 가로띠등 특징적인 형대를 갖추고 있다.

핑크스피크리드 슈림프고비
화려한 색채의 공생고비로 후술하는 옐로우 프라운고비와 함께 발견되는 경우가 많다. 산호초 지역 내만의 모래초와 맹그로브대의 모래지역에 많이 서식하고 있다. 등지느러미의 무늬는 어린물고기에서는 신모양으로 싱어가 뙤면 반점모양이 된다. 공생 고비로 되어 있지만 본종은 고비 단독으로 있는 경우가 많다. 공격성은 강하고 동종 또는 동계의 고비와의 합사는 피하는 것이 좋다.

토식 고비피쉬
하구 근처의 기수역에서 많이 보이는 소형 고비로 개체에 따라서는 체내에 복어와 같은 맹독의 테트로도톡신을 가지지만 먹지 않는 한 특별히 문제는 없을 것이다. 필리핀등에서 수입 된다.

골드스피클리드 슈림프고비
산호초 지역의 모래 바닥에 서식하는 공생 고비로 내만의 얕은 물에서 많이 볼 수 있다. 본 속은 다른 공생 고비류에 비해 다소 섬세한 면이 있어서 합사어(특히 다른 고비류)에 대해 해 신경써야 한다. 또 수질이 악화되면 백점병 등에 걸리기 쉽다.

탄가로안 슈림프고비
전종과 동속이지만 다소 깊은 곳의 모래바닥에 서식하는 종류로 조수기 잘 통하는 클리어한 장소를 좋아한다. 전종과 마찬가지로 예민한 공생 고비로 먹이 섭취하는 방법도 예민하다. 산호수족관 등 조용한 환경을 만들어 주면 좋다. 인도네시아등에서 수입되지만 수는 적다.

스핀체크 고비
산호초에서 모래지역이 있는 내만 등의 얕은 물에 단독으로 서식하고 있는 아름다운 고비이다. 광역 분포종이다. 일정한 장소에 머물지 않고 배회하며 먹이를 찾는다. 얌전하고 튼튼하여 기르기 쉬운 고비이다. 드물게 필리핀과 인도네시아에서 수입된다.

청별망둑
산호초의 얕은 바위지역대에 서식하는 종으로 몸에 미세한 블루스팟을 흩뿌린다. 비슷한 종으로 (A. ensifera)가 알려져 있으나 본 종의 복부에는 흑색반점이 들어가기 때문에 구별이 된다. 필리핀등에서 다른 고비에 섞여 수입된다.

아이바 스피니 고비
산호초 만의 모래 밑바닥에서 볼 수 있는 종류. 몸에 옅은 담갈색 얼룩무늬가 들어간다.

오네이트 고비
암초 지역이나 산호초 부근의 모래땅에 서식하는 종으로 비교적 대중적으로 볼 수 있다. 흰 몸에 적갈색 스팟이 불규칙한 스트라이프 형태로 늘어서 있다. 다른 고비에 섞여 필리핀 등에서 수입되어 오는데 수는 그리 많지 않다.

187

화이트바드 고비
학명 / *Amblygobius phalaena*

분포 / 중-서부태평양	크기 / 10cm

0690

스핑크스 고비
학명 / *Amblygobius sphynx*

분포 / 인도양-태평양	크기 / 8cm

0691

화이트바드 고비(호주산)
학명 / *Amblygobius phalaena var.*

분포 / 중-서부태평양	크기 / 10cm

0692

시그날핀 고비
학명 / *Fusigobius signipinnis*

분포 / 서부태평양	크기 / 4cm

0693

이너스팟 샌드고비
학명 / *Fusigobius inframaculatus*

분포 / 인도양-서부태평양	크기 / 7cm

0694

푸시고비우스의 일종(A)
학명 / *Fusigobius sp*

분포 / 서부태평양	크기 / 6cm

0695

푸시고비우스의 일종(B)
학명 / *Fusigobius sp*

분포 / 서부태평양	크기 / 4cm

0696

푸시고비우스의 일종(C)
학명 / *Fusigobius sp*

분포 / 서부태평양	크기 / 6cm

0697

화이트바드 고비

본 속 중에서는 대형 부류에 들어가는 종으로 헥터 고비만큼 중층을 헤엄치지 않고 바닥면 부근에 있는 경우가 많다. 본종은 해역에 따라 색조에 농담이 보이고, 그레이트 배리어 리프산 에서는 상당히 밝은색을 나타내고 있다. 또 번 식기의 혼인색으로는 검은색에 가까운 암색이 된다. 산호초 지역 내만의 수심 1~10m정도까 지의 산호사초지에 단독 또는 쌍으로 서식하며 평평한 바위 아래를 파고 둥지로 하여 그 부근 을 잘 떠나지 않고 있다. 자연에서는 잡식성으

로 다양한 유기물을 먹지만 수조 내에서는 친 화하기 어려운 면이 있다. 작은 개체를 무척추 동물 수조 등에서 사육하는 것이 이상적이다. 산호초 지역에서는 매우 보통종으로 필리핀 등 에서 수입되어 오지만 의외로 수입은 적다.

스핑크스 고비

화이트바드 고비의 종류로 체색이 황색을 띠는 것과 등지느러미 및 뒷지느러미에 블루 스팟이 들어가는 것이 특징이다. 화이트바드 고비의 변형 개체로 호주의 그레이트 배리어 리프에 분포한다. 체색이 밝은 거 외에는 거의 같은 특징을 가진다.

시그날핀 고비

등지느러미에 들어가는 갈색 반점이 특징인 종으로 산호초의 약간 내만에서 볼 수 있다. 이름의 유래는 등지느러미를 세우거나 누워지 는 습성이 있는 데서 유래한다. 필리핀 등에서 다른 고비와 섞여 수입되지만 수는 그다지 많 지 않다. 인공 사료도 잘먹어 사육은 쉽다.

이너스팟 샌드고비

이 종류 중에서는 등지느러미 가시조가 길게 자라는 것이 특징이며 본 속 중에서는 아름다 운 대형의 종류이다. 산호초 지역에서 수심 9~18m정도의 모래지에 있는 산호덩어리의 뿌리나 모래바닥의 작은 동에 단독으로 서식한 다. 먹이는 적응력이 좋지만 다소 민감하기 때문에 쉘터가 필요하다. 인도네시아에서 가끔 수입되는 정도.

푸시고비우스의 일종 (A)

전신에 오렌지 스팟을 흩뿌리는 아름다운 푸시 고비우스의 일종. 이너스팟 샌드고비와 닮았지 만 등지느러미의 가시조가 길어지지 않는 것, 등지느러미에 검은 반점이 들어가는 점 등이 다르다. 본종도 다른 고비와 함께 필리핀이나 인도네시아 등에서 수입되어 온다. 이 종류는

오렌지스팟 고비
학명 / *Valenciennea puellaris*
분포 / 인도양-서부태평양 | 크기 / 17cm

블루스트리크 고비
학명 / *Valenciennea strigata*
분포 / 인도양-중서부태평양 | 크기 / 20cm

식스스팟 고비
학명 / *Valenciennea sexguttata*
분포 / 인도양-중서부태평양 | 크기 / 19cm

워즈슬립퍼
학명 / *Valenciennea wardi*
분포 / 인도양-서부태평양 | 크기 / 13cm

레드라인 슬립퍼
학명 / *Valenciennea immaculata*
분포 / 인도양-서부태평양 | 크기 / 16cm

투스트라이프 고비
학명 / *Valenciennea helsdingenii*
분포 / 인도양-서부태평양 | 크기 / 16cm

소형으로 사육도 쉬운 종이 많기 때문에 소형 물고기와의 합사어 수족관이나 산호수족관에서의 사육에도 적합하다.

푸시고비우스의 일종(B)
본 속은 산호초지역에 사재한 산호균의 뿌리나 모래 바닥에 서식하는 소형 고비류이다. 해당 종은 호주에서 수입된 것으로 다소 큰 흑점을 가지는 등의 특징을 보인다. 이 종류는 인공사료 등도 잘 먹고 사육하기 쉬운 종류가 많다.

푸시고비우스의 일종(C)
세부 힝공편에서 수입 된 푸시고비우스 의 일종. 이 종류는 비교적 소형이고 차분한 아름다움을 지닌 것이 많기 때문에 산호수족관나 암초 아쿠아리움에서 사육하는데 적합한 종류라고 할 수 있을 것이다. 이번에는 sp.종만을 소개했지만 수많은 종류가 알려져 있고 필리핀이나 인도네시아 싱가포르 등으로부터 별나른 구별 없이 수입되는 경우가 많다.

오렌지스팟 고비
산호초의 모래바닥 지역에 특히 깨끗한 곳에 짝을 지어 서식하는 아름다운 고비이다. 본종도 해역에 따라 변이가 보이며, 인도양이나 홍해에 서식하는 개체는 반점이 가로 줄무늬로 되어

있다. 사육은 블루스트리크 고비와 같지만 수질 악화에는 특히 약하기 때문에 정기적인 물교환 을 게을리하지 않도록 해야한다. 필리핀과 인도네시아에서 수입된다.

블루스트리크 고비
본 속 중 가장 오래전부터 알려진 종류로 아쿠아리움 피쉬로도 인기 있는 고비이다. 연안 산호초역이나 맑은 암초호 안의 모래초로 수심 1~20m정도에 쌍으로 서식한다. 사육에 있어서는 바닥에 모래는 꼭 깔아 주어야 한다. 먹이는 냉동 브라인 슈림프등의 생먹이를 신호하나 수조 내에 자란 갈색 조류도 즐겨 먹는다. 또한 먹이는 자주 주지 않으면 살이 빠지는 모습을 보인다. 동종의 복수 사육은 최종적으로는 페어 이외는 싸우게 된다. 필리핀과 인도네시아에서 수입되고 있다.

식스스핏 고비
하얀 몸과 뺨에 푸른 물방울 무늬가 들어가는 고비의 종류. 산호초 얕은 모래지에 서식하며 모래를 입에 물고 안의 유기물을 먹는 습성이 있기 때문에 수조내 모래를 클리닝하는 목적으로 암초나 산호수족관등에 넣는 일도 많다. 필리핀 등에서 수입되어 오지만 블루스트리크

고비에 비해 수는 적다.

워즈슬립퍼
본 속 중에서는 소형의 부류이다. 태평양 해안이나 서부 인도양에 많으며 필리핀이나 인도네시아에서는 잘 볼 수 없는 종류이다. 서식환경과 사육은 블루스트리크 고비와 같다. 수조 내에 쉘터를 설치해 주면 좋다. 주로 스리랑카에서 수입된다.

레드라인 슬리퍼
이름에서 알 수 있듯이 붉은 줄무늬의 무늬를 가지고 있어서 이 종류로서는 아름나운 종이나. 다른 크로이트고비속과 마찬가지로 모래를 물었다가 내뱉는 행동을 보인다. 필리핀에서 수입되어 오지만 다른 고비와 비교해 수는 적다.

투스트라이프 고비
언소가 2개 길어지는 특징석인 꼬리지느러미를 가진 고비이다. 사진은 태평양산이며 인도양의 개체는 몸 쪽 세로 줄무늬가 밝은 갈색을 띤다. 연안 암초 지역의 모래바닥에 쌍으로 둥지를 파고 서식하고 있다. 사육 등은 블루스트리크 고비 등과 같다. 별로 수족관 루트에서는 취급되지 않는다.

0704

스파이크핀 고비

학명 / *Discordipinna griessingeri*

분포 / 인도양-태평양 | 크기 / 3cm

0706

헥터 고비

학명 / *Amblygobius hectori*

분포 / 인도양-서부태평양 | 크기 / 5cm

0707

코트제스터 고비

학명 / *Amblygobius rainfordi*

분포 / 서부태평양 | 크기 / 6cm

0705

트윈스팟 고비

학명 / *Signigobius biocellatus*

분포 / 서부태평양 | 크기 / 6cm

프리오레피스의 일종
학명 / Priolepis sp.
분포 / 인도양-태평양 　 크기 / 4cm

화이트 타이거 고비
학명 / Priolepis nocturna
분포 / 인도양-태평양 　 크기 / 4cm

하프바드 고비
학명 / Priolepis semidoliata
분포 / 인도양-태평양 　 크기 / 3cm

스파이크핀 고비
별명은 불꽃으로 그 이름 그대로 불꽃이 타오르는 듯한 인상을 주는 매우 아름다운 소형의 고비. 수입은 적은 종이다.

트윈스팟 고비
등지느러미의 트윈 스팟이 게의 눈을 연상시키는 것으로 인해서 크랩고비라는 별명이 붙었다. 산호초지역의 모래 진흙바닥 만이나 초호 내에서 쉼터가 되는 산호나 바위 부근에 쌍으로 서식하는 소형 고비이다.

헥터 고비
산호초지역의 유영성 소형 고비로 경사부에 산재한 산호 사이의 모래지역에 서식한다. 광역 분포종으로 일본에서도 류큐열도 등에서 볼 수 있다. 본종도 라인포즈고비와 같이 민감하기 때문에 조용한 환경이 이상적. 산호수족관용 고비이다. 필리핀과 인도네시아에서 수입.

코트제스터 고비
앞서 언급한 헥터 고비와 매우 근연의 종류로, 보다 남쪽에 분포하는 소형고비이다. 산호초 지역의 내만이나 초호 안의 모래 진흙 땅에서 자신의 쉼터에서 별로 떨어지지 않고 서식하고 있다. 다소 민감한 면을 보일 수도 있고 또 먹이도 자주 수지 않으면 말라 버리기 때문에 사육에는 산호수족관등 조용하고 차분한 환경을 마련해 주면 좋다. 호주에서 조금 수입된다.

프리오레피스의 일종
세부섬에서 수입된 종. 사진의 개체에서는 몸쪽으로 들어가는 가는 흰색 밴드가 몸쪽 중앙보다 뒤쪽에서 불분명하다. 종류가 많아서 종의 분류는 어렵다. 자연에서는 바위의 틈이나 오버행한 바위의 뒤쪽, 떠있는 바위 아래 등에 숨어 있다. 수조 내에서도 복잡하게 배치한 수조에서는 라이브 록의 그늘 등에 숨어 좀처럼 그 모습을 찾을 수 없는 경우가 많다. 잊을 만하면 우연히 볼 수 있는 매력이라고 할 수 있을지도 모르겠

화이트 타이거 고비의 일종
학명 / Priolepis sp.
분포 / 인도양-태평양 　 크기 / 4cm

다. 사진은 세부섬에서 수입된 개체.

화이트 타이거 고비
같은 종류로 흰색과 흑갈색의 대비가 아름다운 종이다. 수입되는 개체에는 몇 가지 변형이 보이지만 단순한 변형인지 종의 차이에 의한 것인지는 불분명. 인도네시아에서 수입한다.

하프바드 고비
암초나 산호초 지역에 서식하는 종류로 암초의 틈 등에 서식하고 있으며 거꾸로 되어 있는 것이 많다. 사육은 용이하고 동물성 플랑크톤과 소형 갑각류를 즐겨 먹는다.

화이트 타이거 고비의 일종
화이트 타이거 고비와 매우 유사한 종이지만 블랙 밴드 부분이 본종에서는 속이 비친 것처럼 얇고 또 밴드와 밴드 사이에 더 얇은 밴드가 들어간다. 인도네시아의 발리 등에서 가끔 수입되며, 최근에는 이 패턴 개체가 풀문 암초 고비보다 수입이 많은 것 같다. 습성은 다른 프리오레피스 속의 종과 같고 바위의 구멍이나 오버행한 장소에 거꾸로 붙어 있는 경우가 많다. 쌍 이외를 좁은 장소에 여러마리 넣으면 싸움을 하기 때문에 주의가 필요하다.

보드바드 고비
학명 / *Gobiodon histrio*

분포 / 서부태평양	크기 / 3cm

0713

레드스포티드 코랄고비
학명 / *Gobiodon aoyagii*

분포 / 서부태평양	크기 / 3cm

0712

포이즌 고비
학명 / *Gobiodon citrinus*

분포 / 인도양-태평양	크기 / 5cm

0714

파이브라인드 코랄고비
학명 / *Gobiodon quinquestrigatus*

분포 / 중-서부태평양	크기 / 3cm

0715

옐로우 크라운 고비
학명 / *Gobiodon okinawae*

분포 / 서부태평양	크기 / 3cm

0716

화이트라인드 코랄고비
학명 / *Gobiodon albofasciatus*

분포 / 서부태평양	크기 / 3cm

0717

블랙핀 코랄고비
학명 / *Paragobiodon lacunicolus*

분포 / 서부태평양	크기 / 2.5cm

0718

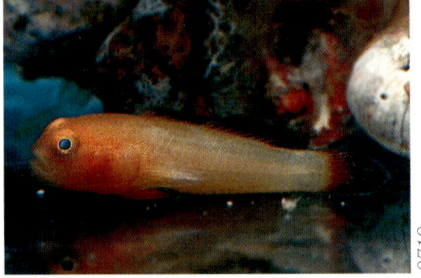

카사이 코랄고비
학명 / *Paragobiodon kasaii*

분포 / 서부태평양	크기 / 2.5cm

0719

레드스포티드 코랄고비
관상어 업계에서는 후술하는 보드바드 고비의 타입을 이 이름으로 부르는 경우가 많지만 본래 레드스포티드 코랄고비를 부여받은 것은 사진과 같이 전반적인 반점을 가진 것이다. 사진의 개체는 오키나와산 개체로 몸쪽 일부에서 반점이 연속되기 때문에 타종의 가능성도 있다.

보드바드 고비
서식환경이나 사육에 대해서는 키이로산호고비와 같다. 사진의 개체는 필리핀산으로 G. histrio의 가능성도 생각된다.

타이거 고비
학명 / *Gobiosoma macrodon*
분포 / 플로리다 크기 / 5cm

네온 고비
학명 / *Gobiosoma oceanops*
분포 / 카리브해 크기 / 5cm

그린밴디드 고비
학명 / *Gobiosoma multifasciatum*
분포 / 카리브해 크기 / 4cm

옐로우 프로우 고비
학명 / *Gobiosoma xanthiprora*
분포 / 자메이카, 서부카리브 크기 / 4cm

샤크노즈 고비
학명 / *Gobiosoma evelynae*
분포 / 바하마 크기 / 6cm

블루라인 고비
학명 / *Gobiosoma sp*
분포 / 카리브해 크기 / 5cm

포이즌 고비
다소 대형인 고비. 입에서 아가미덮개에 걸쳐 4개의 가는 청색 수직선이 있다. 체색에는 변이가 보인다.

파이브라인드 코랄고비
온대역에까지 분포하는 산호고비로 산호초역에서도 볼 수 있다. 전체적으로 밝은 색을 나타내는 개체와 뺨 부분만이 밝은 색을 나타내는 것 등 변이가 보인다. 사육에 대해서는 옐로우 크라운 고비를 참조할것. 또 본종은 비슷한 근사종과는 선 모양의 들어가는 방법으로 구별.

옐로우 그리운 고비
본 속은 소형이고 귀엽고, 게다가 아름다운 것이 많기 때문에 매우 인기 있는 고비류이다. 본종은 산호초지역의 내만 등에서 산호가 발달한 곳이라면 보통 볼 수 있다. 플랑크톤식이지만 익숙해지면 플레이크 형태의 인공사료도 먹는다. 무척추동물 수조 등에서 산호류와 함께 사육하는 것이 컨디션이 좋은 것 같다.

화이트라인드 코랄고비
서식처등 옐로우 크라운 고비와 거의 비슷하지만 본종은 가시산호등에서 볼 수 있으며 다른 종과는 혼생하지 않는다. 또 젊은 개체일수록 모양이 선명하다. 성어가 되면 거의 검은색이 된다. 사육은 옐로우 크라운 고비에 준하다. 본

속 고비류는 피부에서 미독을 분비하기 때문에 수송 시 약해지는 경우가 자주 있다.

블랙핀 코랄고비
이름처럼 흰색과 검은색 팬더 모양을 가진 소형 고비의 종류. 인기는 높지만 수입은 적다.

카사이 코랄고비
블랙핀 코랄고비와 매우 유사한 종이지만 본종의 가슴지느러미는 투명하기 때문에 구별은 용이하다.

타이거 고비
저생성의 소형 고비로 극히 얕은 여울 파도가 치는 곳 등에 서식하며 이끼가 낀 비위나 해면류 위에서 먹이활동을 하거나 또는 남조류 속에 숨어 있거나 한다. 다소 겁이 많은 성질의 고비이므로 사육에서도 기가 강한 물고기 등과의 합사는 불가하다. 산호수족관 등 차분한 환경에서의 사육이 적합하다.

네온 고비
본 속은 클리너 피쉬로도 유명한 아름다운 소형 고비류로 특히 본종은 인기가 높아 외국에서는 예전부터 아쿠아리움 피쉬로 취급되어 번식도 잘 이루어지고 있다. 카리브해의 산호초 지역의 수심 40m이하의 얕은 산호군등에 서식하는 보통종이다. 밑이붙임이 좋은 고비로서 인공사료를 바로 먹는다. 복수 사육은 피해야 하며

동종, 동속 간에는 격렬하게 싸워 최종적으로 단독 또는 쌍밖에 남지 않는 결과가 된다. 또 사육 초기에는 백점병에 걸리기 쉽다.

그린밴디드 고비
이 동료들 중에서도 독특한 아름다운 컬러 패턴으로 인기가 많은 종이지만 분포지역이 한정되어 있기 때문에 수입은 적다.

옐로우 프로우 고비
옐로우네온 고비의 이름으로 수입되는 개체로 머리 모양은 보이지 않으나 몸쪽의 옐로우 라인 아래 검은색 부분이 나타나는 것으로 볼 때 해당종으로 생각된다.

샤크노즈 고비
네온고비와 매우 비슷하지만 머리 모양이 V자로 이어지는 점과 다소 체형이 슬림한 점으로 구별된다. 본종에는 3가지 칼라 패턴이 있는데 사진의 개체 외에 노란색 줄무늬, 블루 줄무늬, 머리 부분만 노란색 줄무늬 인 것이 있다. 사육에 관해서는 네온 고비와 마찬가지로 생각해도 좋을 것이다. 본종은 미국편으로 네온 고비의 이름으로 수입되어 오는데 수는 네온 고비보다 적다.

블루라인고비
네온 고비와 비교해 지수가 짧은 체형을 가시는 종으로 다른 네온 고비와 섞여 수입된다

0726

레드스포티드 피그미고비
학명 / *Trimma rubromaculatus*
분포 / 중-서부태평양 | 크기 / 3cm

0727

네온 피그미고비
학명 / *Eviota pellucida*
분포 / 인도-태평양 | 크기 / 4cm

0728

라치데베레스 드워프고비
학명 / *Eviota lachdeberei*
분포 / 인도양-중서부태평양 | 크기 / 3cm

0729

레드벨리 드워프고비
학명 / *Eviota nigriventris*
분포 / 인도-태평양 | 크기 / 4cm

레드스포티드 피그미고비

붉은 안개무늬를 가진 소형으로 아름다운 고비의 종류. 비슷한 종들과의 구별은 머리에 블루무늬가 들어가지 않는 점과 가슴지느러미 기부에 암색반점이 들어가지 않는 점을 특징으로 한다. 이 종류는 인도네시아 등에서 수입한다.

네온 피그미고비

인도네시아의 발리편과 세부편 등으로 수입되어 오는 소형으로 아름다운 드워프고비의 종류. 밝은 적색의 몸에 정수리와 눈을 통과하는 엘로우 라인이 특징. 이 종류를 포함한 소형 드워프고비 속의 고비는 암초나 산호수족관과 같은 차분한 환경에서 다른 얌전한 물고기와 합사시킴으로써 컨디션 좋게 사육할 수 있게 된다. 먹이는 세세한 배합사료도 먹지만 브라인 슈림프 등을 즐겨 먹는다.

라치데베레스 드워프고비

다소 체고가 있는 종으로 몸 중앙에 어두운 적갈색의 굵은 밴드가 들어가고 꼬리지느러미의 밑부분에는 검은색 스팟을 빨간 스팟이 끼우는 듯한 무늬가 들어간다. 또한 복부와 등부분에는 흰색의 작은 점이 세로줄을 이룬다. 레드벨리 드워프고비 등에 섞여 수입되지만 수는 적다.

레드벨리 드워프고비

투스트라이프 드워프고비와 마찬가지로 유영성이 강한 종류이다. 그 이름 그대로 신체는 빨강과 흰색으로 구분되며 암수 모두 등지느러미의 제 1 가시조는 길어진다. 투스트라이프 드워프고비와 마찬가지로 산호초 지역의 내만 수심 10m전후에 서식하며 소수의 그룹이나 단독으로 가지 산호 속에 있는 경우가 많고 바깥쪽을 잘 헤엄치지 않는다. 최근에는 이 종류의 수입은 늘어나고 있지만 그 중에서는 본종의 수입이 그다지 많지 않은 것은 이러한 성질에 의한 것이다.

0730

브로치테일 피그미고비
학명 / *Trimma caudomaculatum*

| 분포 / 서부태평양 | 크기 / 3.5cm |

0731

투스트라이프 드워프고비
학명 / *Eviota bifasciata*

| 분포 / 서부태평양 | 크기 / 3cm |

0732

레드밴디드 고비(A)
학명 / *Trimma sp.*

| 분포 / 인도양-서부태평양 | 크기 / 4cm |

브로치테일 피그미고비
본 속의 고비류는 본종과 마찬가지로 작고 아름다운 종류가 많다. 산호초 지역에서 조수가 잘 통하는 곳에 있는 바위 구멍 부근에서 무리로 서식한다. 일반적으로 머리가 위쪽방향 비스듬한 상태로 정지해 있다. 무척추동물수조 등 조용한 환경에서 사육하면 좋다. 익숙해지면 잘게 썬 한 인공사료를 먹는다.

투스트라이프 드워프고비
본 속은 산호초지역에 서식하는 소형 고비류로 매우 많은 종류가 포함되어 있다. 착저 경향이 깅힌 깃이 많은 동속 중에서 본종은 가장 유영성이 강한 종류이다. 산호초 지역 내만 6~10m 정도에 서식하며 산호 속이나 그 부근을 군으로 호버링하고 있다. 매우 작고 예민한 고비이므로 소규모 산호수족관 등에서 사육하는 것이 이상적이다. 먹이는 냉동 브라인 슈림프 외에 익숙해지면 인공사료도 잘 먹는다.

레드밴디드 고비(A)
본종에도 비슷한 컬러 패턴을 가진 종에 캔디케인 고비(Trimma sp.)가 알려져 있으나 레드밴드의 굵기 등에 차이가 있다. 인도네시아나 모리셔스편 등으로 수입되지만 수는 적다.

레드밴디드 고비(B)
아름다운 소형 고비의 일종으로 빨강과 휘색

0733

레드밴디드 고비(B)
학명 / *Trimma sp.*

| 분포 / 인도양-서부태평양 | 크기 / 3cm |

줄무늬를 가진다. 이 속의 고비는 종류가 많고 비슷한 특징을 가진 것도 많이 보이기 때문에 그 분류를 하기 어렵다. 인도네시아나 모리셔스편 등으로 수입되어 오는데 수는 적다. 전체 길이 4cm로 산호 위에 타고 있는 경우가 많은데 수중에서 호버링하는 모습도 잘 보인다. 사육은 쉽고 산호수족관의 탱크 메이트로도 적합하다.

드워프 다트고비
노란 머리와 검은 라인, 꼬리자루 부분의 블랙스팟이 특징적인 소형으로 사랑스러운 고비의 송류. 서식지에서는 몇 미리에서 수십 미리로 무리지어 있다.

0734

드워프 다트고비
학명 / *Aioliops megastigma*

| 분포 / 인도양-서부태평양 | 크기 / 3cm |

195

블루밴디드 고비
학명 / *Lythrypnus dalli*
분포 / 캘리포니아만 | 크기 / 4cm

레드헤드 고비
학명 / *Elacantinus punticulatus*
분포 / 캘리포니아만 | 크기 / 4cm

마스크드 고비
학명 / *Coryphopterus personatus*
분포 / 플로리다, 카리브 | 크기 / 4cm

페퍼민트 고비
학명 / *Coryphopterus lipernes*
분포 / 카리브해 | 크기 / 5cm

타일페이스 슬립퍼
학명 / *Calumia godeffroyi*
분포 / 인도양-태평양 | 크기 / 3cm

스몰아이드 고비
학명 / *Austrolethops waradi*
분포 / 인도양-태평양 | 크기 / 3cm

마스크드 고비
미국편에서 페퍼민트 고비 등과 함께 비교적 일정하게 수입되는 소형 고비로 산호 위에 타고 있는 경우가 많지만 사진처럼 수중에서 호버링 하는 모습도 잘 보인다. 사육은 쉽고 산호 수족관의 탱크 메이트에도 적합한 종이다.

블랙밴디드 고비
매우 아름다운 소형 고비로 예전부터 아쿠아리움 피쉬로 인기가 높다. 암초역 수심 6m아래로 바위의 틈이나 작은 구멍 등에 서식하는 보통종. 암수의 구별은 등지느러미 제 1 가시조의 신장 정도에 따른다. 무척추동물수조 등에서 단독 또는 쌍으로 사육하는 것이 이상적이다. 또 고수온에는 약하고 22℃ 정도까지가 적성이다. 수입수는 많다.

레드헤드 고비
본 속은 대서양쪽의 고비오소마속과 매우 가깝고 같은 속으로 보는 견해도 있다. 본 종의 서식환경은 블랙밴디드 고비와 유사하다. 매우 튼튼한 고비로 장기적으로도 사육할 수 있지만 동종이나 근연속과는 격렬하게 싸우므로 복수 사육 등은 피하는 것이 좋다. 고수온에는 약한 종으로 여름기 사육에는 냉각설비가 필요하다. 미국편으로 가끔 수입되어 오지만 한 번의 수입량은 그리 많지 않다.

페퍼민트 고비
부유성의 소형 고비이다. 산호초지역의 다소 깊은 곳에 있는 산호상에서 무리를 형성해 호버링하고 있다. 사육에 관해서는 민감한 물고기이기 때문에 무척추동물 수조등에서 조용한 환경을 설정해 주는게 좋다. 또한 근사종에 상술한 마스크드 고비가 있지만 두종 모두 수입수는 적다.

타일페이스 슬립퍼
그 모습은 언뜻 보는 것만으로는 카디날피쉬 과의 종류를 연상시켜 도저히 고비라고는 생각되지 않는다. 이름의 유래는 꼬리지느러미에 두 개의 안상 반점을 가지고 있는데 그것이 얼굴을 상상하게 하는데서 비롯된다. 성장해도 3cm정도의 소형종으로 평소에는 바위 그늘 등에 숨어 있는 경우가 많다.

스몰아이드 고비
독특한 풍모를 가지는 소형 고비로 그 이름대로 몸에 비해 작은 눈이 특징이다. 인도네시아 에서 수입되지만 수는 적다.

일곱동갈망둑
열대산 고비와 비교해도 손색이 없는 아름다운 체색을 가진 종이다. 대형 개체는 다소 깊은 곳에 서식하지만 소형 개체는 조수웅덩이 등에서 흔히 볼 수 있다.

흰줄망둑
머리와 몸쪽에 황갈색 노란띠가 있고, 제2 등지느러미와 뒷지느러미에는 적갈색의 세로띠가 있다. 조수웅덩이등에서 무리지어 중층에 떠있는 모습을 볼 수 있다.

퍼스픽 고비
사진에서는 불선명하지만 암갈색의 두개 밴드가 들어가는 고비의 종류. 이 종류도 비슷한 종이 많아 미기재종도 발견되고 있다. 산호초 지역에서 볼 수 있으며 5cm정도까지 자란다.

투시 고비
소프트 코랄등 평면상으로 펼쳐진 산호 위에서 볼 수 있는 고비의 종류. 이 동료에는 비슷한 종이 많아 종 분류는 어렵다. 드물게 인도네시아나 필리핀 등에서 수입되는 정도로 입수는 어렵다. 산호수족관에서의 사육이 적합하다.

0741

일곱동갈망둑
학명 / *Pterogobius elapoides*
분포 / 한국, 일본 | 크기 / 11cm

0742

흰줄망둑
학명 / *Pterogobius zonoleucus*
분포 / 북서태평양 | 크기 / 4cm

0743

퍼스픽 고비
학명 / *Callogobius sclateri*
분포 / 서부태평양 | 크기 / 3cm

0744

투시 고비
학명 / *Pleurosicya mossambica*
분포 / 인도양-중서부태평양 | 크기 / 3cm

0745

글라스 고비
학명 / *Bryaninopus yongei*
분포 / 인도양-서부태평양 | 크기 / 3cm

0746

프레우로시샤의 일종
학명 / *Pleurosicya sp.*
분포 / 인도양-서부태평양 | 크기 / 7cm

글라스 고비
이름대로 다소 투명한 몸을 가진 종으로, 막대기 모양으로 성장하는 뿔산호등에서 생활하고 있다. 수입은 적지만 간혹 인도네시아나 필리핀으로부터 수입되는 일이 있다. 산호수족관에서의 사육이 적합하다.

프레우로시샤의 일종
초록빛이 도는 가늘고 긴 몸에 붉은 색 점선 무늬를 가진 아름다운 고비의 종류. 본종은 그린의 색채를 띠기 때문에 주로 내만의 해조 위를 거저로 하고 있는 것으로 보인다. 이 송류는 해조류 외에 바다 버섯이나 소프트 코랄 등의 평판상의 산호 위에서 볼 수 있으며 미기재 종을 포함하여 많은 종류가 알려져 있다. 이 개체는 세부 항공편으로 수입되었다.

옐로우스트라이프 웜피쉬
마치 블레니의 종류를 연상시키는 길쭉한 몸을 하고 있지만 웜피쉬의 종류이다. 본종은 오렌지와 블루 라인으로 물들여져 있기 때문에 아름답고 감상 가치가 높다. 이 종류에게는 비슷한 종이 몇 종 알려져 있으며 본종 외에 꼬리지느러미의 밑 부분에 검은반점이 들어가는 (Gunnel-lichthys curiosus)도 가끔 수입된다.

0747

옐로우스트라이프 웜피쉬
학명 / *Gunnellichthys viridescens*
분포 / 인도양-태평양 | 크기 / 8cm

런던 동물원

1828년에 개장한 세계에서 가장 오래된 동물원이다. 특별한 동물도 많았지만 흥미로웠던 것은 연출법이다. 사진의 화장실은 게코 도마뱀류의 전시를 위해 만들어진 세트장이다. 슬리퍼를 유니언 잭을 둔것을 봐라. 또한 아프리카 부족의 집을 연출하여 내부에 뱀을 전시하고 있다. 이러한 디테일과 유머러스함이 좋다.

Text. 김 승민 / Photo. 김 승민

옐로우 탱
학명 / *Zebrasoma flavescens*
분포 / 인도양-태평양 　　크기 / 20cm

서전 피쉬나 탱으로 불리는 종류도 산호초지역을 중심으로 서식하는 대표적인 물고기들 중 하나이다. 나비고기 등과 마찬가지로 체고가 있는 몸이 옆으로 크게 편향되어서 산호 숲이 있는 암초지대를 헤엄치는 데 편리한 비율을 가지고 있다.

이 동료들 중 상당수는 비교적 수심이 얕은 장소에서 볼 수 있다. 이것은 그들의 식성과도 크게 관련되어 있는데 초식성이 강한 종류는 먹이가 얻어지게 하는 태양광선이 충분히 머무르는 비교적 얕은 환경이 적합한 서식지가 되기 때문이다. 하지만 모든 종류가 그렇다는 것은 아니다. 그들 중에는 유영하면서 다양한 종류의 먹이를 먹는 종류도 있다.

수족관에서 그들은 매우 활발하며 헤엄치는 방법도 다른 어종과는 조금 다른 느낌으로 우아하게 헤엄치기 때문에 엔젤피쉬나 버터플라이 등과 합사시켜도 변화가 생겨 재미있는 존재이다. 색채에 있어서도 옐로우 탱이나 블루 탱등과 같이 강렬한 개성을 가진 물고기들도 많다. 사육에 있어서는 종류에 따라 동종을 복수 사육하는 경우 꼬리부분에 수납된 날카로운 가시를 세우면서 격렬하게 싸우기도 한다. 사육자도 이것으로 상처받을 수 있으므로 취급은 신중하는 것이 좋다.
한편 래빗피쉬류도 소수이긴 하지만 관상용 종류가 수입되어 마린아쿠아리움을 떠들썩하게 하고 있다. 이 래빗피쉬의 종류는 등지느러미의 가시에 독이 있으므로 취급에 충분한 주의가 필요하다.

옐로우 탱(백변종)
학명 / *Zebrasoma flavescens*
| 분포 / 인도양-태평양 | 크기 / 20cm |

세일핀 탱
학명 / *Zebrasoma veliferum*
| 분포 / 태평양 | 크기 / 30cm |

세일핀 탱(인도양산)
학명 / *Zebrasoma veliferum var.*
| 분포 / 인도양 | 크기 / 30cm |

롱노우즈 서전피쉬
학명 / *Zebrasoma rostratum*
| 분포 / 중부태평양 | 크기 / 25cm |

브라운 탱
학명 / *Zebrasoma scopas*
| 분포 / 인도양-태평양 | 크기 / 20cm |

스포티드 탱
학명 / *Zebrasoma gemmatum*
| 분포 / 마다가스카르 | 크기 / 18cm |

퍼플 탱
학명 / *Zebrasoma xanthurus*
| 분포 / 홍해 | 크기 / 20cm |

옐로우 탱
하와이에서 수입되는 탱으로 선명한 체색과 사육의 용이성으로 인기가 높다. 일본에서도 오가사와라 제도이 미쿠쿠 등기에서 볼 수 있지만 하와이산의 개체에 비해 체색이 다소 칙칙한 개체가 많다. 본 종은 잡식성이나 초식성 경향이 강하기 때문에 해조로 배치된 수조에는 적합하지 않다. 동 종간에 다투는 일은 적기 때문에 복수 사육이 가능하다. 백변 개체도 알려져 있다. 주로 하와이편 등으로 수입되지만 매년 가격이 오르고 있다.

세일핀 탱
필리핀, 인도네시아에서 일정하게 수입되고 있다. 특히 5~6cm의 유어는 그 모습이 귀엽기 때문에 인기가 높다. 다만 유어는 마르기 쉽기 때문에 등살이 빠지지 않은 개체를 선택하는 것이 중요하다. 최대 30cm를 되는 대형종으로 싱어가 등지느러미와 뒷지느러미를 가득 필친 모습은 훌륭하다. 10cm를 넘는 무근에서 농종간에는 다소 싸우는 경향이 보이며 약한 개체는 지느러미를 너덜너덜하게 만들 수 있다. 그 때문에 복수 사육에는 주의 필요하다. 체색

등이 다른 인도양과 홍해형이 존재했지만 최근에는 동종으로서 취급되고 있다.

롱노우즈 서전피쉬
중부 태평양이 크리스마스 섬 주변에서 알려긴 대형 탱으로 20cm 가까운 개체가 수입된다. 유어의 체색은 온몸이 새까맣지만 성어가 되면 몸 쪽 앞부분이 푸르스름하고 멋진 물고기가 된다. 동종 사이에서는 다투기 때문에 복수 사육은 피한다. 하와이 경유로 수입되고 있다.

브라운 탱
본 속 물고기 중에서는 가장 수입이 많고 대중적인 탱의 일종. 주로 필리핀에서 수입되는데 5cm이하의 소형 개체는 적고 7cm이상의 것이 대부분이다. 튼튼하고 사육하기 쉽지민 다른 탱과 마찬가지로 식물성 먹이를 많이 주지 않으면 몸이 상하기 쉬운 것 같다. 함사어 수속 관에서의 사육에도 적합하여 초보자용 해수어

스포티드 탱
검은색 바탕에 흰색 섬 무늬들 가신 매우 아름다운 탱의 종류. 모리셔스편으로 수입되지만 최근에는 거의 수입이 보이지 않는다. 인기가 높은 만큼 일정한 수입이 기다리는 종류이다.

퍼플 탱
수입 직후 깊고 진한 체색을 유지시키는 것은 의외로 어렵고 영양의 균형이나 태양광에 가까운 파장의 조명을 사용하는 등의 배려가 필요할 것이다. 동종간에는 격렬하게 싸우는 경우가 있으므로 기본적으로는 1마리씩 사육해야 한다. 엔젤류나 버터플라이의 종류와의 협조성은 좋은 것 같다. 수온이 다소 높은 것을 선호하고 먹이는 식물성 타입을 많이 주는 것이 좋다.

재팬 서전피쉬
학명 / *Acanthurus japonicus*

분포 / 서부태평양	크기 / 25cm

벨벳 서전피쉬
학명 / *Acanthurus nigricans*

분포 / 인도양-태평양	크기 / 25cm

아킬레스 탱
학명 / *Acanthurus achilles*

분포 / 중부태평양	크기 / 20cm

미믹 서전피쉬
학명 / *Acanthurus tristis*

분포 / 인도양	크기 / 20cm

컨빅트 탱
학명 / *Acanthurus triostegus*

분포 / 인도양-태평양	크기 / 7cm

옐로우미믹 서전피쉬
학명 / *Acanthurus pyroferus*

분포 / 인도양-중서부태평양	크기 / 20cm

파우더 블루탱
학명 / *Acanthurus leucosternon*

분포 / 인도양	크기 / 20cm

재팬 서전피쉬

대부분 벨벳 서전피쉬와 같은 칼라 패턴을 가지며 최근까지 동종으로 취급되었으나 현재는 이 학명이 알려지고 있다. 벨벳 서전피쉬와의 큰 차이는 눈 밑에 들어가는 백색 반점으로 본종에서는 눈 밑에서 입끝에 걸쳐 크게 들어가는 반면 벨벳 서전피쉬에서는 눈 밑에 가장자리에 들어갈 뿐이다. 필리핀 등에서 벨벳 서전피쉬와 특별하게 구별되지 않고 수입된다.

벨벳 서전피쉬

몸은 흑갈색으로 눈의 하부가 하얗고 꼬리자루에서 등지느러미 기부, 뒷지느러미 기부를 따라 노랗게 물든다. 기가 강한 탱류로 동종이나 근연종 간에서는 꼬리자루 가시를 사용해 싸우는 일이 있다. 이 가시는 움직이고 날카로운 상대에게 상처를 주기에 충분하기 때문에 취급에도 주의가 필요하다. 필리핀에서 수입.

아킬레스 탱

하와이 제도 주변에 서식하는 본종은 그 특징적인 색조로 인기가 높아 일정하게 수입되고 있다. 벨벳 서전피쉬와는 근연에서 자주 교잡이 일어나는 것 같다. 교잡종은 두 종의 피 비율에 따라 체색이 다르지만 대부분 아킬레스 탄의 특징인 체후방의 주황색 마크는 나타나지 않는다. 성질은 다소 강하고 쌍 이외의 동종이나 근연종 간 이외에서는 자주 싸운다. 다른 버터플라이와 엔젤의 동료와의 협조성은 좋다.

화이트스포티드 서전피쉬
학명 / *Acanthurus guttatus*	
분포 / 중-서부태평양	크기 / 25cm

아틀란틱 블루탱
학명 / *Acanthurus coeruleus*	
분포 / 대서양	크기 / 20cm

크라운 서전피쉬
학명 / *Acanthurus lineatus*	
분포 / 인도양~중서부태평양	크기 / 25cm

미믹 서전피쉬
인도네시아에서 수입되는 탱의 종류로 유어는 에이블스 피그미엔젤과 비슷한 체색을 가진다. 튼튼한 종이지만 마른 개체가 많으므로 구입 시 체크할 필요가 있을 것이다. 먹이는 역시 다른 탱과 마찬가지로 식물성을 중심으로 주면 좋다.

컨빅트 탱
인도양에서 태평양에 걸쳐 널리 분포되어 있으며 여름부터 가을에 걸쳐 어린 물고기를 드물게 볼 수 있다. 산호초지역의 얕은 곳에서 큰 무리를 짓는 것으로 알려져 있으며 수심 40m의 장소에서도 확인되고 있다. 사육에 있어 서도 어느 정도 정돈된 수를 넣어 두는 것이 침착해지는 것 같다. 체색은 상태가 좋을 때는 밝고 나쁠 때에는 거무스름해진다. 필리핀 등에서 수입되고 있지만 수는 그리 많지 않다.

옐로우미믹 서전피쉬
인도양에서 태평양에 걸쳐 널리 분포하고 있으며 이 해역에 서식하는 켄트로피게속의 엔젤에 의태하는 것으로 알려져 있다. 레몬필에 의태하는데 그 장점은 불명한 점이 많다. 이 의태는 유어기에 보이며 성어에서는 전혀 다른 물고기처럼 된다. 유어기에는 타종의 유어와 구별이 어려워 혼동되는 경우도 많은데, 본종의 꼬리 지느러미가 둥그스름을 띠는 것으로 구별할 수 있다. 옐로우 탱으로 필리핀 등에서 수입된다.

파우더 블루탱
인도양을 대표하는 탱으로 큰 무리를 지을 때가 있다. 자연의 바다 속에서는 무리를 만드는 경우가 있지만 수조 내에서는 복수 사육은 어렵다. 이름 그대로 파우더 블루의 몸에 노란 등지느러미를 가진 아름다운 종으로 인기도 높지만 백점병에 걸리기 쉬우므로 수온, 수질의 변화에는 주의가 필요하다. 먹이는 식물성이 좋고 자주 급여하는 것이 장기 사육의 포인트로 조식성이 강하기 때문에 대형의 산호수족관에서는

닥터피쉬 탱
학명 / *Acanthurus chirurgus*	
분포 / 대서양	크기 / 25cm

사상 조류를 먹일 목적으로 사육되는 경우도 많다. 인도네시아와 스리랑카에서 수입된다.

화이트스포티드 서전피쉬
중~서부 태평양에 분포하는 30cm가 되는 대형 종으로 파도가 다소 거친 곳에 무리로 출현하는 경우가 많다. 이러한 장수는 바다에 거품이 많이 보여서 모양을 위장하는 효과가 있다. 초식성이기 때문에 식물성 먹이를 많이 주지 않으면 상태 좋게 기를 수 없다. 수입은 드물고 유어가 가끔 수입되어 오지만 가게에서 보는 것은 적은 종류이다.

아틀란틱 블루탱
카리브해에서 많이 볼 수 있는 탱의 종류로 미국편에서 가끔 수입된다. 수입되는 것은 성어보다 유어가 많다. 유어는 노란색이나 회색의 체색을 띠고 있으며, 이렇처럼 파란 개체는 적고 별종처럼 느껴진다. 또 마른 개체가 많기 때문에 구입 시 체크할 필요가 있다. 다른 탱의 종류와 마찬가지로 먹이는 식물성을 중심으로 준다. 동 종간에서도 크게 다투는 일은 없고 복수 사육은 가능하다.

크라운 서전피쉬
인도양에서 태평양으로 분포하고 있다. 튼튼하고 아름답고 게다가 가격도 저렴하기 때문에

소할 탱
학명 / *Acanthurus sohal*	
분포 / 홍해	크기 / 30cm

입문종으로 적합하다. 다만 동 종간에는 다투는 경향이 있기 때문에 너무 심하게 보이면 격리하는 등의 대책을 고민해야 한다. 그러나 다른 물고기가 어느 정도 들어있는 것 같은 수조에서는 크게 싸울 일은 없을 것이다.

닥터피쉬 탱
멕시코 만에서 카리브해 대서양의 온해역에 널리 분포하는 탱으로 전체 길이 25cm정도가 된다. 몸은 거의 전체가 다갈색이며 몸 쪽에는 10~12개의 체색보다도 약간 진한 색의 가로 줄무늬를 가지고 있다. 수수한 체색 때문에 별로 수입되지 않는다. 초식성이므로 식물성 먹이를 많이 주도록 한다. 소형 개체는 마른 경우가 많으며 특히 등살이 빠진 개체는 회복시키기 어렵기 때문에 피하는 것이 좋다.

소할 탱
홍해에서 아라비아 만에 걸쳐 분포하는 대형 탱으로 전체 길이 30cm가까이 된다. 탄력 있는 무늬와 아름다운 색채로 인기가 높지만 강한 개체가 많기 때문에 동종 간의 복수 사육은 피하는 것이 좋다. 버터플라이와 내형 엔젤과의 합사에는 문제가 없는 것 같다. 튼튼하고 장기 사육의 예가 많다. 스리랑카 등에서 다른 홍해산의 종류와 함께 수입된다.

203

0768

쉐브론 탱
학명 / *Ctenochaetus hawaiiensis*
| 분포 / 중부태평양 | 크기 / 25cm |

0769

콜 탱
학명 / *Ctenochaetus strigosus*
| 분포 / 인도양-중서부태평양 | 크기 / 18cm |

0770

토미니 서전피쉬
학명 / *Ctenochaetus tominiensis*
| 분포 / 중서부태평양 | 크기 / 13cm |

0771

블루 탱
학명 / *Paracanthurus hepatus*
| 분포 / 인도양-태평양 | 크기 / 30cm |

0772

옐로우테일 서전피쉬
학명 / *Prionurus punctatus*
| 분포 / 동부태평양 | 크기 / 60cm |

0773

블루스핀 유니콘피쉬
학명 / *Naso unicornis*
| 분포 / 인도양-태평양 | 크기 / 60cm |

0774

제주 표문쥐치(나소탱)
학명 / *Naso lituratus*
| 분포 / 태평양 | 크기 / 45cm |

0775

엘레간트 유니콘피쉬
학명 / *Naso elegans*
| 분포 / 인도양 | 크기 / 45cm |

0776

깃대돔(무리쉬 아이돌)
학명 / *Zanclus cornutus*
| 분포 / 인도양-태평양 | 크기 / 18cm |

쉐브론 탱
하와이 제도 주변에 분포하는 탱으로 체색의 오렌지색이 돋보이는 아름다운 물고기이다. 이 아름다운 체색은 유어기에만 있을 뿐 성어에서는 그다지 눈에 띄지 않는 수수한 체색이 되어 버린다. 잡식성으로 인공사료로도 잘 먹지만 식물성 먹이를 많이 주는 것이 컨디션 좋게 사육할 수 있다.

콜 탱
하와이에서 일정하게 수입되는 탱으로 수수한 체색이지만 튼튼하며 갈색 이끼 퇴치에도 효과가 있기 때문에 인기가 있다. 스리랑카에는 지역 변이가 알려져 있다. 동종 간에는 다소 싸우는 경향이 있으나 그다지 격렬하지 않기 때문에 어느 정도의 넓이가 있는 수조라면 복수 사육은 가능하다. 사육은 다른 탱과 같다.

토미니 서전피쉬
산호초 외연 수심 40m까지의 드롭오프에 단독 또는 소수의 군으로 서식하고 있으나 드문 종류로 수는 많지 않다. 사진의 개체는 유어로 성장함에 따라 몸 쪽의 줄무늬는 소실되는 듯하지만 특징적인 흰 꼬리지느러미와 등지느러미 및 뒷지느러미 외연에 들어가는 노란색 색채는 남는다. 수입은 적다.

브로치드 폭스페이스
학명 / *Siganus unimaculatus*
분포 / 서부태평양 　　크기 / 20cm

비컬러드 폭스페이스
학명 / *Siganus uspi*
분포 / 피지 　　크기 / 20cm

메그니피센트 래빗피쉬
학명 / *Siganus magnificus*
분포 / 동부인도양 　　크기 / 25cm

더블바 래빗피쉬
학명 / *Siganus virgatus*
분포 / 인도양-서부태평양 　　크기 / 25cm

블루스포티드 스핀풋
학명 / *Siganus coralinus*
분포 / 인도양-서부태평양 　　크기 / 23cm

블루 탱
디즈니의 만화 니모를 찾아서의 주인공 친구이다. 완전한 해수어의 표본과도 같은 체색을 가진 본종은 인도양에서 태평양으로 넓게 분포하고 있고 지역에 의한 변이가 약간 보인다. 싱장하면 20cm이상이 되는데 3cm정도의 유어에서 10cm전후의 어린 물고기가 수입되고 있다. 협조성이 좋고 동종 간에도 크게 다투지 않기 때문에 복수 사육이 가능하다. 특히 유어의 경우 5~10마리 단위로 수용하는 것이 빨리 진정되는 것 같다. 잡식성으로 플레이크 사료 등도 잘 먹지만 역시 식물성을 많이 주는 것이 컨디션은 좋은 것 같다. 백점병에 걸리기 쉽기 때문에 항상 수온이나 수질 체크를 해야한다.

옐로우테일 서전피쉬
캘리포니아 만에서 엘살바도르 암초 지역에서 흔히 볼 수 있다. 일반적으로 큰 무리를 짓는 것으로 알려져 있으며, 6~12m수심에서 먹이 행동이 관찰된다. 주식은 바위에 부착되어 있는 조류로 사육하는 경우에도 다른 탱과 마찬가지로 식물성 먹이를 많이 줄 필요가 있다. 이 요구를 충족시키지 않으면 점차 말라버려서 컨디션이 나빠진다. 사육에 관해서는 그다지 고수온에는 강하지 않기 때문에 온도 관리가 가능한 시스템을 준비해야 장기 사육이 가능.

블루스핀 유니콘피쉬
탱의 유어는 서로 닮아서 구별이 어렵지만 꼬리 무늬부의 가시의 수나 색깔, 모양으로 분류할 수 있는 경우가 많다. 블루스핀 유니콘피쉬의 특징은 가시가 한쪽에 2기씩 달려 있어 파랗게 물들어 있다는 것이다. 사육에 관해서도 그다지 어려운 면은 없지만 초식성이기 때문에 식물성 먹이를 많이 주어 컨디션 좋게 만들어야 한다. 유어는 인도네시아에서 수입된다.

제주 표문쥐치(나소탱)
대형이 되는 탱으로 90cm가 넘는 개체도 볼 수 있다. 국내 제주도 및 태평양에 분포하고 있으며 엘레간트 유니콘피쉬와는 머리부터 등지느러미 후단의 색 차이로 구별할 수 있다. 식물성 먹이를 자주 먹이지 않으면 마른다. 동종 사이에서도 그렇게 격렬 한 싸움은 보이지 않지만 성장한 수컷끼리는 종종 싸울 수 있다.

엘레간트 유니콘피쉬
이전에는 제주 표문쥐치의 인도양 타입으로 되어 있던 종. 미리에서 등지느러미 뒤쪽 끝까지 노란색으로 물들기 때문에 더욱 화려한 느낌.

깃대돔(무리쉬 아이돌)
특징적인 체형과 호리호리한 생김새로 인기가 높은 해수어. 분포역이 넓은 물고기로 인도양에서 태평양에 걸쳐 서식하고 있다. 유어의 생태는 불분명한 점이 많은 듯하나 4cm정도까지는 전체적으로 둥근 체형을 띠고 있으며 체색은 반투명하다. 무리를 짓는 습성 이 있으므로 사육할 경우에는 어느 정도 정리된 수를 수용하는 것이 침착하기 쉽고 먹이 주기도 쉬워진다. 잡식성이지만 식물성 먹이가 더 좋다.

브로치드 폭스페이스
특징적인 입을 가진 래빗피쉬로 쉽게 타종과 구별된다. 서부 태평양 산호초 시역에는 흔히 볼 수 있으며 산호에 부식하는 소뉴늘 수식으로 하고 있으며 대군을 형성하기도 한다. 튼튼해서 기우은 어렵기는 않기만 식문성 먹이를 가주 주지 않으면 마르기 쉽다. 보통 몸 쪽에는 검은 색 큰 반점이 있지만 전혀 없는 개체도 있다.

비컬러드 폭스페이스
체형적으로는 브로치드 폭스페이스 와 비슷하나 몸의 중앙보다 약간 후방에서 색이 뚜렷하게 나뉘어져 있다. 전방은 흑갈색이고 후방은 황색이다. 성질은 브로치드 폭스페이스와 같고 튼튼하여 기르기 쉽지만 수입량은 적다.

메그니피센드 래빗피쉬
동부 인도양에 분포하기 때문에 상업 루트가 어렵고 태국 연안에서 채집된 것이 극히 드물게 수입된다. 잡식성으로 무엇이든 잘 먹지만 식물성 먹이를 중심으로 주는 것이 좋다.

더블바 래빗피쉬
본종만으로 모아서 수입되는 일은 없고 대부분 다른 래빗피쉬에 섞어 수입한다. 서부 태평양에서 동부 인도양에 걸쳐 분포한다. 색채적으로 화려함이 없기 때문인지 수입량은 적다. 잡식성이시만 식물성을 주는 것이 상태가 좋다.

블루스포티드 스핀풋
이 조류에서는 비교적 체고가 있는 종으로, 유어때는 자리돔의 종류나 타종의 유어와 같이 산호 가시 속에 숨어 있는 경우가 많다. 제색이 노란 것이 본종의 특징으로 수조 내에서도 이 선명한 색채는 다른 색채의 물고기와의 좋은 대비기 된다. 수조 내에 발생되는 이끼고류를 즐겨 먹어주기 때문에 작은 개체에서는 암초 수족관등에서 이끼제거로도 도움이 된다.

205

시카고 셰드 수족관

11930년에 개장한 수족관으로 한때는 세계 최대의 수족관이었다. 전시구역중 오래된 구역은 자연광이 들어오는 구조로 자연에 침식당하면서 보다 자연과 가까운 전시를 하게 되었고 신규로 리뉴얼을 한 구역은 사진과 같이 CG 같은 모습을 연출하여 실제 앞에 있어도 너무도 투명하고 그라데이션으로 표현뒤 뒷벽으로 인해 잠시 헷갈려지는 정도이다. 현재에도 년 간 200만 정도가 방문하고 있다.

Text. 김 승민 / Photo. 김 승민

TRIGGER FISHES, FILE FISHES

파랑쥐치(크라운 트리거피쉬)
학명 / *Balistoides conspicillum*
분포 / 인도양-서부태평양 │ 크기 / 50cm

위/유어   오른쪽/성어

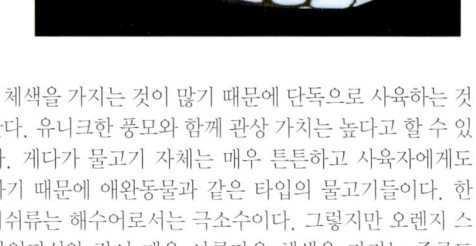

말상의 능청스러운 얼굴을 미워할 수 없는 트리거의 동료들. 체색은 이 종류를 대표하는 파랑쥐치(크라운 트리거피쉬)를 필두로 꽤 환상적인 발색을 보여준다. 복어목에 포함된 트리거의 종류는 이 트리거와 파일피쉬로 구성되어 있으며 해수어로서 예전부터 사랑받아 다양한 종류가 일정하게 수입되어 온다. 둔해 보이는 얼굴과는 반대로 복어와 마찬가지로 튼튼한 치아와 턱을 가지고 주로 갑각류와 연체 동물등 저생 생물을 주식으로 하고 있다.

파일피쉬의 동료는 매우 성질이 거칠어서 다른 물고기와 합사시키면 그 성질의 거칠기를 드러내어 다른 물고기를 쫓아다니며 지느러미나 눈, 몸의 일부 등을 물어뜯는 등의 나쁜 버릇을 가지고 있다. 상점에서도 잘 볼 수 있는 물고기이기 때문에 합사되어 있는 주변을 잘 확인 후에 구입하도록 하는 것이 좋다.

아름다운 체색을 가지는 것이 많기 때문에 단독으로 사육하는 것도 추천한다. 유니크한 풍모와 함께 관상 가치는 높다고 할 수 있을 것이다. 게다가 물고기 자체는 매우 튼튼하고 사육자에게도 잘 적응하기 때문에 애완동물과 같은 타입의 물고기들이다. 한편 파일피쉬류는 해수어로서는 극소수이다. 그렇지만 오렌지 스포티드 파일피쉬와 같이 매우 아름다운 체색을 가지는 종류도 존재하며 성질도 얌전하여 합사어 수족관에서도 가능한 것도 많다.

0783

블랙베리 트리거피쉬
학명 / *Rhinecanthus verrucosus*
분포 / 인도양-서부태평양 | 크기 / 22cm

0784

피카소 트리거피쉬
학명 / *Rhinecanthus assasi*
분포 / 홍해 | 크기 / 30cm

0785

화이트밴디드 트리거피쉬
학명 / *Rhinecanthus aculeatus*
분포 / 인도양-중서부태평양 | 크기 / 25cm

0786

옐로우마진 트리거피쉬
학명 / *Pseudobalistes flavimarginatus*
분포 / 인도양-중서부태평양 | 크기 / 60cm

0787

오렌지라인드 트리거피쉬
학명 / *Balistapus undulatus*
분포 / 인도양-태평양 | 크기 / 30cm

0788

퀸 트리거피쉬
학명 / *Balistes vetula*
분포 / 태평양 | 크기 / 50cm

파랑쥐치(크라운 트리거피쉬)
컬러풀한 디자인과 사람에게 잘 어울리는 성질 때문에 인기가 높은 종으로 필리핀 인도네시아에서 수입한다. 특히 유어는 성어와 비교하여 노란색 부분이 짙하고 아름다운 모습을 하고 있어 인기가 있으나 수입량은 그다지 많지 않다. 인도양에서 서부 태평양의 산호초 지역에는 흔히 볼 수 있는 종류이다. 성장하면 30cm 가까이 되고 성질도 다소 거칠어지므로 합사시킬 경우 조합에 주의가 필요하다. 장기 사육을 하려면 식물성 먹이는 반드시 주어야한다.

블랙베리 트리거피쉬
몸 쪽 하부에 검고 큰 반점을 가진 종으로 인도양에서 서태평양 산호초 지역에 분포하고 있다. 전체 길이는 20cm가까이 되며 동종이나 동속간에서는 다소 싸우는 장면을 볼 수 있지만 그다지 격렬하지 않은 듯하다. 식성은 잡식성으로 무엇이든 잘 먹지만 식물질 먹이도 주지 않으면 장기 사육은 어렵다.

피카소 트리거피쉬
홍해에 서식하는 트리거로 화이트밴디드 트리거피쉬의 몸 쪽 무늬를 완전히 없앤 듯한 모습을 하고 있다. 본종을 포함해 트리거의 종류는 등지느러미에 있는 가시조가 마치 권총의 방아쇠처럼 보이기 때문에 영명으로 트리거 피쉬의 이름이 붙여졌다. 외부에서 적등에게 쫓기면 몸의 크기와 비슷한 바위 구멍이나 틈새로 도망쳐 이 가시조를 세워 구멍에서 끌어내려 해도 가시조가 당겨져 끌어낼 수 없는 구조로 되어 있다. 성질은 다소 거칠고 동종끼리 싸우는 경우가 많기 때문에 단독 사육이 기본이다. 치아가 강하고 이로 인해 엔젤이나 버터플라이 피쉬들 다치게 할 경우가 있으므로 합사에는 주의가 필요하다. 수입량은 그다지 많지 않다. 습성은 후술하는 화이트밴디드 트리거피쉬에 준한다.

화이트밴디드 트리거피쉬
비교적 대중적인 트리거의 종류로 인도양에서 태평양의 산호초역에 흔하다. 필리핀에서 5cm 정도의 유어가 일정하게 수입된다. 성장하면 20cm정도 되는데 대형 개체끼리도 그다지 격렬하게 다투는 일은 없다. 소형 개체라면 복수 사육이 가능하다. 튼튼해서 사육하기 쉽다.

옐로우마진 트리거피쉬
인도양에서 서부 태평양 산호초 지역에서 볼 수 있는 트리거의 종류로 전체 길이 50cm나 되는 대형종이다. 관상어로는 5cm전후의 유어가 필리핀과 인도네시아에서 수입되고 있다. 유어 중에는 크림색의 체색에 검은 줄이 들어가는 귀여운 모습이지만 성장함에 따라 수수한 색조로 변화해 버린다. 비교적 튼튼하고 기르기 쉬운 종류이지만 유어기에는 금식에 약하기 때문에 먹이가 끊어지지 않도록 유의해야 한다.

오렌지라인드 트리거피쉬
인도양에서 태평양 산호초 지역에 서식하며 지역에 따른 변이가 알려져 있다. 블루의 몸에 오렌지의 사선이 들어가 이 종류에서는 특징적인 컬러 패턴을 가지고 있다. 성장하면 20cm 정도가 되지만 대형 개체는 물론 어린 물고기 끼리도 성질이 강하므로 가급적 단독 사육이 바람직하다. 잡식성으로 먹이는 것은 좋지만 식물질의 먹이를 주지 않으면 상태가 나빠진다.

퀸 트리거피쉬
카리브해, 멕시코만에서 서부 태평양에 널리 분포하는 대형 트리거 피쉬. 지느러미가 크고 우아한 모습에서 인기가 있다. 40cm가까이 되는 대형종이지만 수입되는 것의 대부분은 5~6cm의 유어이다. 유어에서는 얼굴에 여러가닥의 푸른 라인이 들어가고 몸에는 비스듬히 검은 라인이 들어간다. 유어 중에는 마르기 쉽기 때문에 식물질의 먹이를 포함해 균형 잡힌 균일한 먹이급여가 필요하다. 미국편으로 수입되어 오는데 수는 그리 많지 않다.

플래그테일 트리거피쉬
학명 / *Sufflamen chrysopterus*
분포 / 인도양-서부태평양 | 크기 / 25cm

왼쪽/성어   위/유어

길디드 트리거피쉬
학명 / *Xanthichthys auromarginatus*
분포 / 인도양-중서부태평양 | 크기 / 20cm

레드투스드 트리거피쉬
학명 / *Odonus niger*
분포 / 인도양-증서부태평양 | 크기 / 30cm

핑크테일 트리거피쉬
학명 / *Melichthys vidua*
분포 / 인도양-태평양 | 크기 / 30cm

레드테일 파일피쉬
학명 / *Pervagor melanocephalus*
분포 / 서부태평양 | 크기 / 10cm

사르가숨 트리거피쉬
학명 / *Xanthichthys ringens*
분포 / 대서양 | 크기 / 25cm

오렌지스포티드 파일피쉬
학명 / *Oxymonacanthus longirostris*
분포 / 인도양-서부태평양 | 크기 / 8cm

화이트스포티드 파일피쉬
학명 / *Cantherines macroceros*
분포 / 플로리다, 카리브해 | 크기 / 30cm이상

러프레더자켓
학명 / *Scobinichthys granulatus*

분포 / 호주	크기 / 7cm

가시쥐치
학명 / *Chaetodermis penicilligerus*

분포 / 서부태평양	크기 / 10cm

날개쥐치
학명 / *Aluteruus scriptus*

분포 / 전세계 열대역	크기 / 75cm

숏노우즈 트라이포드피쉬
학명 / *Triacanthus biaculeatus*

분포 / 인도양-서부태평양	크기 / 25cm

플래그테일 트리거피쉬

꼬리의 후연이 하얗게 변하여 이 이름이 붙었다. 분포는 인도양에서 서태평양 산호초 지역. 필리핀 인도네시아에서 10cm이하의 개체가 수입된다. 잡식성으로 먹이는 것은 좋고 무엇이든 먹지만 식물질의 먹이도 골고루 주도록 한다. 자라면 20cm 가까이 된다.

길디드 트리거피쉬

인도양에서 태평양의 산호초 지역에 서식한다. 전체 길이 15cm가 되지만 관상용으로 수입되는 것은 10cm이하의 개체가 많다. 뺨 부분이 파랗게 물드는 것이 특징인데 특히 수컷에서는 그 경향이 두드러진다. 육식성으로 크릴등 새우류를 선호한다. 동종 간에도 별로 싸우지 않는 종류이다.

레드투스드 트리거피쉬

꼬리의 상하 양끝이 늘어나 다른 트리거류와는 조금 느낌이 다른 물고기이다. 영명은 붉은 치아를 가지고 있어서 붙여진 이름이지 체색이 붉은 것은 아니다. 체색은 약간 푸르스름한 암녹색으로 얼굴은 회갈색이다. 동종에서는 잘 싸우지 않기 때문에 복수 사육이 가능하다. 육식성으로 동물질이라면 대부분의 먹이는 먹는다.

핑크테일 트리거피쉬

핑크색의 꼬리와 검정색 몸을 가진 트리거피쉬로 인도양에서 태평양에 이르는 수심 50m 이하의 산호초에 서식하고 있다. 다른 종류에 비해 헤엄을 잘 치기 때문에 다소 넓은 수조를 준비하는 것이 좋다. 성질은 다소 거칠고 동종 간에 자주 싸운다. 잡식성으로 먹이는 무엇이든 잘 먹지만 식물성 먹이도 주지 않으면 상태가 나빠질 수 있다. 필리핀 등에서 유어가 비교적 일정하게 수입된다.

레드테일 파일피쉬

재령피쉬고느(T. janthinosoma)의 피의 치이가 없기 때문에 동종으로 생각된 적도 있다. 체색은 전체의 약 2/3이 오렌지색을 하고 있으므로 다른 파일피쉬의 동료들과는 구별은 쉽다. 본종을 포함한 파일피쉬의 연구는 그다지 진행되지 않았기 때문에 앞으로의 연구에 따라서는 다시 분류기 번경 될 기능성도 있다.

사르가숨 트리거피쉬

서태평양 카리브해에 서식하는 아름다운 종류. 먹이는 갑각류를 즐겨 먹지만 사육시에는 익숙해지면 인공사료 등도 먹게 된다. 미국편으로 수입되지만 수는 그다지 많지 않다.

오렌지스포티드 파일피쉬

아름다운 체색과 특이한 체형으로 인기가 높은 종류. 인도양에서 서태평양 산호초 지역에 분포한다. 입수는 쉽지만 사육은 먹이면에서 다소 어렵다. 입이 작기 때문에 먹이의 크기에 한계가 있고 게다가 생미끼가 아니면 좀처럼 받아주지 않기 때문에 살아있는 브라인 슈림프를 준비해야 한다. 또 산호의 폴립이나 산호를 먹어 버리므로 산호를 메인으로 한 산호 수족관으로 사육할 경우에는 180cm크기의 수조에서 2개체 정도에 머물러 두는 것이 좋다. 이 정도의 밀도로 컨디션이 좋은 수조라면 산호의 생육이 오렌지스포티드 파일피쉬의 먹이부족을 해결해준다.

화이트스포티드 파일피쉬

몸 전체에 하얗고 약간 큰 스팟이 들어가는 카리브해 산의 파일피쉬로 30cm이상 되는 대형 종이다. 파일피쉬의 종류는 동종 간에 자주 싸우기 때문에 복수 사육은 피하는 편이 좋다. 입은 작지만 소형 물고기의 지느러미등을 갉아 먹을 수도 있기 때문에 조합에도 주의해야 한다. 잡식성으로 크릴이나 조개등도 즐겨 먹지만 동물질 먹이뿐이라면 컨디션을 무너뜨리기 쉽기 때문에 반드시 식물질의 먹이도 주도록 한다. 미국편으로 수입되어 오는데 수는 적다.

러프레더자켓

남호주의 해초가 많은 해역에서 볼 수 있으며 때로는 기수역에도 들어간다. 약 35cm가 되지만 수입되는 개체는 10cm이하의 유어가 많다. 잡식성으로 곧바로 먹이를 주게 되는데 식물질의 먹이도 주지 않으면 상태가 나빠지기 쉬우므로 반드시 주도록 한다. 수온은 약간 낮은 22℃ 정도가 적합하다.

가시쥐치

몸 곳곳에 해초와 같은 피판을 가진 파일피쉬의 종류로 서부 태평양 암초 지역에 서식한다. 그 형태에서 해조류로 의태할 것이라는 것은 예상하기가 어렵지 않다. 몸길이는 20cm정도까지 되는데, 10cm이하의 어린 물고기가 자주 수입된다. 동종 간에는 자주 싸우기 때문에 단독 사육이 바람직하다. 먹이는 동물성을 선호하지만 균형 있게 식물성 먹이도 주어야 한다.

날개쥐치

성장하면 불규칙한 블루의 선형 무늬가 은몸에 들어가는 대형의 파일피쉬의 종류. 개체에 따라서는 독을 가지는 것도 있다. 유어는 흐르는 조류에서 볼 수 있다.

숏노우즈 트라이포드피쉬

은빛의 몸이 특징으로 산호초가 얕은 해역에서 무늬를 이루며 생활하고 있다. 필리핀이나 인도네시아에서 수입되지만 숫자는 많지 않다.

ペルーのコリドラスを探しに行こう！

コロンビア

ペルーの首都リマを出発。
ジープに乗り、標高約4,800m地点のアンデス山脈を横断し、
アマゾン源流からジャングルまでの15日間の旅です。

エクアドル

ペルー日程

1日目：ペルー首都リマ
2日目：リマ→アンデス山脈を越えてティンゴマリアへ
　　　　標高4,800m→アマゾンのジャングルへ
4日目：プカルパ（ネグロ川）
　　　　コリドラス・パンダを探して
6日目：タラポート（ワイヤ川）
　　　　コリドラスsp.（イルミネータブロンド）を探して
7日目：アマゾン本流の町イキトス→レケーナへ
　　　　インディオの村
8日目：レケーナ→エスパーニャ
　　　　R発営地キャンプして移動
9日目：コロンビアーノ頭
　　　　テントで生活
11日目：フロンテーラ（ブランコ川）
　　　　R4コリドラス・ヒベリナを探して
13日目：イキトスへ
　　　　ボート＆カヌーで川づたいに移動
15日目：ナナイ川
　　　　テトラオスとコリドラスを探して

ペルー

ブラジル

토토 수족관

나고야에서 1시간 정도 떨어져 있는 수족관으로 민간이 위탁운영을 하고 있다. 세계최대 담수수족관이라고 소개하고 있지만 분명하게 현재까지는 세계최대가 미국 테네시 수족관임이 명확하다. 가장 특별했던 이벤트는 아쿠아리스트들이 15일의 일정으로 떠난 남미 투어를 연출한 것인데 그곳에서 포획해보거나 발견했던 어류를 전시해한 것으로 보는 동안 감탄을 하게 만들었다. 그 외 앞쪽에는 수조를 연출하고 트릭아트처럼 뒤쪽에 자연의 사진을 연출한 것도 호기심을 유발시켰다. 또한 이곳에서 자연으로 연출한 대부분은 세계적인 수준이었다. 사진은 토토아쿠아의 운영진으로 도쿄에서도 아쿠아리움을 운영하고 있다.

Text. 김 승민 / Photo. 김 승민

스트라이프드 박스피쉬
학명 / *Ostracion solorensis*
분포 /동인도양–서부태평양 | 크기 / 10cm

코믹한 캐릭터로 사육욕을 돋우는 박스피쉬나 복어의 동료들. 얼핏 유머러스해 보이는 이들도 트리거류와 같이 턱의 힘이 세고 날카로운 이빨을 가지고 있으며 투쟁심도 강하기 때문에 합사시에는 주의가 필요하다. 사육자에게도 잘 익숙해져 합사어 수족관에서 사육을 시도할 것이 아니라 오히려 애완동물 감각으로 적극적으로 단독 사육하면 좋은 결과를 얻을 수 있을 것이다.

먹이도 문제없이 먹기 때문에 사육면에 대해서는 큰 문제는 없다. 국내 근해의 복어는 고급 요리로도 유명하다. 이 때 화제가 되는 것이 몸의 각 기관이 가지고 있는 맹독 이야기다. 종류에 따라 어디에 저장되는지는 다르지만 테트로도톡신이라는 독을 갖고 그것이 원인이 되어 사람을 죽이기까지 한다. 다만 수조 내에서 사육하는 만큼은 아무런 문제가 없다.

하지만 아쿠아리움 사육에서 문제가 되는 것은 박스피쉬의 종류들이다. 박스피쉬의 종류는 모두 체표가 단단한 골질판으로 덮여 있는데 놀라거나 흥분하면 그 단단한 체표에서 독을 분비 하기도 한다. 채집한 박스피쉬를 다른 물고기와 양동이등의 작은 용기에 넣어 두면 박스피쉬가 분비한 독의 영향으로 다른 물고기 가 죽을 수도 있고 심할 때에는 스스로도 자신이 낸 독에 죽을 수 있다.

해양 수족관에서 사육하더라도 당연히 그 현상은 나타나고 박스피쉬 들이 약해지거나 죽으면 대량의 파프톡신 이라는 점막독을 내기 때문에 항상 물고기의 상태를 확실히 잘 관찰해 둘 필요가 있다. 그리고 조금이라도 컨디션이 이상하거나 이상이 발견된다면 격리해서 사육하는 것이 안전하다. 박스피 쉬류나 복어류 모두 동작은 비교적 느리고 그것이 또한 이 캐릭터를 한층 흥미롭게 귀엽게 만든다.

위트레이 박스피쉬
학명 / *Ostracion whitleyi*
분포 / 중부태평양 | 크기 / 10cm

거북복(유어)
학명 / *Ostracion immaculatus*
분포 / 남아프리카-서태평양 | 크기 / 20cm

노랑거북복(유어)
학명 / *Ostracion cubicus*
분포 / 남아프리카-서태평양 | 크기 / 25cm

거북복(성어)
학명 / *Ostracion immaculatus*
분포 / 남아프리카-서태평양 | 크기 / 20cm

스포티드 박스피쉬
학명 / *Ostracion meleagris*
분포 / 인도양-서부태평양 | 크기 / 15cm

노랑거북복(성어)
학명 / *Ostracion cubicus*
분포 / 남아프리카-서태평양 | 크기 / 25cm

스트라이프드 박스피쉬

그다지 수입량이 많지 않은 박스피쉬의 종류로 필리핀과 인도네시아에서 수입된다. 서부 태평양 연안의 암초 지역에 서식하며 바위에 부착되어 있는 작은 동물과 조류를 먹고 있다.

거북복

분포 영역은 불분명한 점이 많지만 온대종인 것은 확실한 듯 하다. 연안 암초지역에서 볼 수 있으며 초여름부터 가을까지는 유어가 출현한다. 체표에서는 점액독을 분비할 수 있으므로 수조에 넣은 직후나 비정상적으로 호흡이 빠른 경우 등은 주의하고 이상이 보이는 경우 수소에서 꺼내 격리 수족관으로 옮길 필요가 있다.

위트레이 박스피쉬

중부 태평양에 분포하며 하와이 경유로 수입된다. 어느 지역에서도 수는 그다지 많지 않은 것 같고 수입량은 적으며 특히 수컷이 수입은 드물다. 전신이 푸르스름한 체색에 등 부분에는 하얀스팟이 다수 들어간다. 몸 쪽 상단과 하단에는 하늘색 라인이 들어간다.

스포티드 박스피쉬

소형 개체는 모두 암컷이며 어느 정도 성장하면 수컷으로 성전환을 한다. 색채도 암수가 달라 수컷에서는 친체적으로 파랗게 물들어 아름답다. 인도양에서 태평양으로 분포한다. 육식성

으로 작은 동물을 먹지만 먹이 붙임은 어렵다.

노랑거북복

인도양에서 태평양에 걸쳐 분포하고 있는 대중적인 박스피쉬로 유어는 황색 빛이 나는 몸에 검은 물방울 무늬가 귀엽고 인기도 높다. 5cm가 넘는 개체에서는 점액독의 양도 많기 때문에 박스피쉬의 상태를 항상 체크해 둘 필요가 있다. 백점병에 걸리기 쉽기 때문에 수질 수온의 급변은 피하는 것이 좋다. 육식성으로 양보다 횟수를 많이 주는 것이 좋다. 자주 먹이를 주지 않으면 마른다. 필리핀 등에서 수입되어 온다.

블루테일 트렁크피쉬

홍해 산호초 지역에서 볼 수 있다. 성장하면 몸 쪽에서 꼬리에 걸쳐 짙은 파란색으로 물들지만 유어에서는 스팟이 들어갈 뿐이다. 키우기 쉽지만 먹이는 식물성을 주지 않으면 장기 사육은 어렵다. 동종간, 근연종간에도 다투는 일은 적고 복수 사육은 가능하다. 다른 홍해산 해수어와 같은 루트로 수입되지만 수는 적다.

러프스킨 트렁크피쉬

모리셔스 주변에만 분포하며 깊은 곳에 서식한다. 일반적으로 박스피쉬의 동료들은 감압에 약하며 깊은 곳에서 채집된 개체들의 생존율은 매우 낮다. 통상 25m이상으로 서식하기 때문에 감압이 어렵고 수입은 매우 드물다. .

블루테일 트렁크피쉬
학명 / *Ostracion cyanurus*
분포 / 홍해 | 크기 / 10cm

러프스킨 트렁크피쉬
학명 / *Ostracion trachys*
분포 / 모리셔스 | 크기 / 20cm

손백 카우피쉬
학명 / *Lactoria fornasini*
분포 / 인도양-서부태평양 | 크기 / 15cm

롱혼 카우피쉬(유어)
학명 / *Lactoria cornuta*
분포 / 인도양-서부태평양 | 크기 / 20cm

롱혼 카우피쉬
학명 / *Lactoria cornuta*
분포 / 인도양-서부태평양 | 크기 / 20cm

스무스 트렁크피쉬
학명 / *Lactophrys triqueter*
분포 / 서부태평양 | 크기 / 45cm

험프백 터릿피쉬
학명 / *Tetrosomus gibbosus*
분포 / 인도양-서부태평양 | 크기 / 20cm

라운드벨리 카우피쉬
학명 / *Lactoria diaphana*
분포 / 인도양-서부태평양 | 크기 / 20cm

버팔로 트렁크피쉬
학명 / *Lactophrys trigonus*
분포 / 서부태평양 | 크기 / 45cm

스포티드 트렁크피쉬
학명 / *Lactophrys bicaudalis*
분포 / 서부태평양 | 크기 / 43cm

스크롤드 카우피쉬
학명 / *Acanthostracion quadricorniis*
분포 / 카리브해 | 크기 / 43cm

프레임 박스피쉬(수컷)
학명 / *Anoplocapros lenticularis*
분포 / 서호주   크기 / 30cm

프레임 박스피쉬(암컷)
학명 / *Anoplocapros lonticularis*
분포 / 서호수   크기 / 30cm

스트라이프 카우피쉬(암컷)
학명 / *Aracana aurita*
분포 / 서호주   크기 / 25cm

옐로우 스트라이프 박스피쉬
학명 / *Kentrocapros flavofociaatus*
분포 / 남중국해   크기 / 15cm

스트라이프 카우피쉬(수컷)
학명 / *Aracana aurita*
분포 / 서호주   크기 / 25cm

손백 카우피쉬

산호초 지역보다 암초 지역에서 많이 볼 수 있는 종으로, 라운드벨리 카우피쉬와 마찬가지로 수입에서는 극히 드물게 수입되는 정도. 황색 빛이 강한 몸에 코발트블루의 벌레기 먹은 듯한 무늬가 들어가 이 종류 중에서는 특히 아름답다. 자연에서는 할렘을 만드는 것으로 알려져 있지만 무리는 만들지 않는다. 3m정도의 잠수를 통해서 채집을 하고 있다. 사육시에는 크릴등에도 먹이 붙임이 가능하지만 백점병에 걸리기 쉽기 때문에 주의가 필요하다.

롱혼 카우피쉬

전후 4개의 가시를 가지는 특징적인 체형을 하고 있고 동작이 귀엽기 때문에 매우 인기가 높다. 전체 길이 20cm이상이 되지만 아직 뿔이 나지 않은 유어가 많이 수입된다. 움직임이 둔하기 때문에 움직임이 빠른 물고기와의 합사를 하게되면 먹이를 섭취하기 어렵다. 백점병에 걸리기 쉬운 경향이 있어 수온, 수질의 변화에 주의해야 한다. 동물질 먹이를 먹는다.

스무스 트렁크피쉬

버뮤다에서 멕시코만 북부 카리브해를 거쳐 브라질 연안 대서양에 분포하고 있다. 성장하면 45cm가 되지만 수입되는 것은 대개 20cm 이하의 유어나 어린 물고기인 경우가 많다. 몸에는 미세하게 하얀 스팟이 불규칙하게 들어가지만, 몸쪽 중앙부에는 들어가지 않는 영역을 가진다. 식물성 먹이를 주지 않으면 장기 사육은 어렵다. 백점병에 걸리기 쉬우므로 주의가 필요하다. 미국편으로 가끔 수입된다.

험프백 터릿피쉬

통칭 카멜이라고 불린다. 단면은 삼각형을 하고 있으며 롱혼 카우피쉬와 함께 인기가 높은 종류이지만 수입량은 적고 채집되는 시기도 한정되어 있다. 인도양에서 서태평양 산호초 지역에 서식하며 크게 길이 00cm까지가 된다. 매우 튼튼하고 키우기 쉽지만 마르기 쉽기 때문에 부

지런한 먹이급여가 바람직하다.

라운드벨리 카우피쉬

성어는 롱혼 카우피쉬와 비슷하지만 뿔이 짧고 유어에서는 흰 체색을 가지는 것이 많기 때문에 구별이 된다. 수입되는 경우는 거의 없지만 남일본에서는 대중종이며 10cm이상의 어린물고기~성어는 연안부 얕은 곳에서도 흔하다. 어린 물고기 때는 몸이 둥글고 색도 반투명하지만 성어가 되면 투명감은 없어지고 체형도 가늘고 길어진다.

버팔로 트렁크피쉬

녹갈색 몸에 암갈색 반점이 몸 쪽 두 곳에 들어간다. 먹이를 주는 것은 간단하고 사육하기 쉽지만 단일 먹이로는 마르는 경우가 많기 때문에 여러 종류를 조합해 주어야 한다. 성장하면 45cm가 되므로 대형 수조가 필요하다.

스포티드 트렁크피쉬

플로리다 주변, 멕시코만 남부 바하마에서 브라질에 걸쳐 분포하고 있다. 흑색과 흑갈색의 스팟이 거의 전체에 들어간다. 수입량은 적다. 믹이는 동물질이 좋고 조개, 크릴등이 적합하다. 동속 사이에서는 다소 싸우는 경향이 있어 합사시키지 않는 편이 좋을 것이다.

스그놀느 카우피쉬

카리브해에 분포하는 트렁크 피쉬의 동료.

밝은 노란색 몸에 코발트 블루의 벌레 먹는 모양이 들어가 얼핏보기엔 손백 카우피쉬와 분위기가 비슷하다. 다른 트렁크 피쉬와 마찬가지로 본 종도 매우 대형이 되는 종으로 성장하면 40cm가 넘는 사이즈가 된다.

프레임 박스피쉬

독특한 선명한 색채로 인기가 높은 호주산 박스피쉬의 동료. 일반적으로 모든 소형 개체는 암컷이다. 적정온도는 22℃ 정도이지만 25℃ 정도까지는 순응할 것이다. 잡식성으로 먹이를 주는 것은 좋지만, 치우친 먹이를 주지 않는다.

옐로우 스트라이프 박스피쉬

박스피쉬의 동료처럼 몸은 단단한 골판으로 덮여 있지만 단면은 사각형이 아니고 육각형이다. 수입되는 것은 거의 없고 입수하기 어려운 종.

스트라이프 카우피쉬

남호주에서 서호주 연안에 서식하고 있다. 암초 지역에 많지만 조류장에서도 볼 수 있다. 암컷은 다소 수수한 체색을 띠고 있지만 수컷은 블루와 옐로우의 스트라이프가 아름답다. 보통 수컷이 서식수심이 깊기 때문에 수입은 적다. 사육에 있어서 가장 큰 포인트가 되는 것은 수온으로, 여름철 온도 상승에 대한 처치를 할 수 없다면 어려울 것이다. 식물성 먹이를 주지 않으면 상태가 나빠지기 쉽다.

217

오네이트 카우피쉬(암컷)

오네이트 카우피쉬(수컷)
학명 / *Aracana ornata*

분포 / 서호주	크기 / 15cm

웨스턴 스무스 박스피쉬(수컷)
학명 / *Anoplocapros amygdaloides*

분포 / 호주남부	크기 / 25cm

웨스턴 스무스 박스피쉬(암컷)
학명 / *Anoplocapros amygdaloides*

분포 / 호주남부	크기 / 25cm

오네이트 카우피쉬(암컷)

스트라이프 카우피쉬에 근연으로 암수의 체색에 차이가 있는 박스피쉬이다. 스트라이프 카우피쉬에 비해 약간 작고 15cm정도밖에 되지 않는다. 남호주에서 서호주에 걸쳐 분포하는데 태즈메이니아 주변에 특히 많은 것 같다. 수온은 22℃ 정도로 억제하는 것이 최선이며, 그 이상이면 먹이 먹기가 어려워지거나 병에 걸리기 쉬워진다.

웨스턴 스무스 박스피쉬

호주 남부에 분포하는 프레임 박스피쉬와 동속의 박스피쉬이다. 하얀 몸에 다갈색 스팟이 들어간다. 사육에서는 프레임 박스피쉬에 준한

다.

임마쿠라트 푸퍼

네로우라인 푸퍼의 검은 라인을 전혀 없앤 것 같은 느낌의 복어로 인도양에서 서부 태평양에 분포하고 있다. 네로우라인 푸퍼와는 매우 가까운 관계라고 생각되고 실제로 두 종의 중간적인 무늬를 보이는 개체도 많이 볼 수 있다. 잡식성으로 먹이는 크릴이나 조개 등이 적합할 것이다.

블랙스포티드 푸퍼

인도양에서 서부 태평양 산호초 지역에서 볼 수 있으며 그 얼굴 때문에 도그페이스 푸퍼로 불리기도 한다. 드물게 황화 개체도 보인다.

색채적으로 그다지 아름답다고는 할 수 없지만 유머러스한 표정이나 동작에 인기가 있다.

기니파올 푸퍼

인도양에서 태평양에 걸쳐 널리 분포하지만 근해에서는 적다. 몸에 들어가는 스팟은 변이가 많아 드물게 황화 개체도 볼 수 있다. 동종 간에는 싸우기 때문에 단독 사육이 기본이다. 동물성 먹이만으로는 살이 빠지는 경우가 많기 때문에 주의가 필요하다.

흰점꺼끌복

인도양에서 서부 태평양 산호초 지역에서 흔히 볼 수 있다. 지역에 의한 변이가 알려져 있어 인도양산 타입에서는 복부의 흰 라인이 완전히 사라진다.

레티큘라티드 푸퍼

눈을 백색선이 둘러싸는 것, 등에 백점이 아닌 백색선이 들어가는 것이 종의 특징으로서 다른 비슷한 복어와 구별은 용이하다.

꺼끌복

전체 길이 50cm나 되는 대형 종이지만 수입되는 개체는 10cm이하가 많다. 특히 5cm이하의 개체에서는 오렌지색 체색을 띠기도 하여 아름답다. 유어에서는 꼬리를 몸에 접어 붙이고 있는 것이 많다.

네로우라인 푸퍼

회갈색 몸에 블랙라인이 세로로 들어가는 종으

임마쿠라트 푸퍼
학명 / *Arothron immaculatus*
| 분포 / 인도양-서부태평양 | 크기 / 18cm |

블랙스포티드 푸퍼
학명 / *Arothron nigropunctatus*
| 분포 / 인도양-서부태평양 | 크기 / 20cm |

기니파울 푸퍼
학명 / *Arothron meleagris*
| 분포 / 인도양-서부태평양 | 크기 / 25cm |

흰점꺼끌복
학명 / *Arothron hispidus*
| 분포 / 인도양-서부태평양 | 크기 / 30cm |

레티큘라티드 푸퍼
학명 / *Arothron reticularis*
| 분포 / 인도양-서부태평양 | 크기 / 25cm |

꺼끌복
학명 / *Arothron stellatus*
| 분포 / 인도양-서부태평양 | 크기 / 50cm |

네로우라인 푸퍼
학명 / *Arothron manilensis*
| 분포 / 호주-서부태평양 | 크기 / 30cm |

숏핀 푸퍼
학명 / *Torquigener brevipinnis*
| 분포 / 인도양-서부태평양 | 크기 / 15cm |

흰점복
학명 / *Takifugu pecilonotus*
| 분포 / 북-서부태평양 | 크기 / 20cm |

로 수심 30m이하의 모래바닥에 서식하며 맹그로브가 우거진 기수역에서도 볼 수 있다. 따라서 드물게 해수어가 아닌 열대어로 수입되기도 한다. 필리핀 등에서 가끔 수입되기도 한다.

숏핀 푸퍼
수심 40m이하에 서식하는 열대성 복어로 몸쪽 중앙 후반에 오렌지색 라인이 들어가고 그 위에는 갈색 바탕에 불규칙하고 미세한 백색반점이 들어가지만 아래로는 무늬가 전혀 들어가지 않는다. 드물게 필리핀 등에서 수입되는 정도로 수입은 적다.

흰점복
연안 지역에서 많이 보이는 중형 복어로 얼굴 전체에 흰색반점이 들어가는 것이 특징이다. 거의 수입되지 않고 입수는 낚시 등의 채집에 따른다.

밀크스포티드 푸퍼
인도양에서 서부 태평양의 온대역에 분포하며 일본에서도 오키나와 이남에서 일반적으로 볼 수 있다. 본종은 기수지역에 침범하기 때문에 담수어로 수입되기도 한다. 동종 간에 싸우는 일은 적고 복수 사육은 가능하다. 먹이로는 크릴, 조개류 등 동물성이 좋다.

밀크스포티드 푸퍼
학명 / *Chelonodon patoca*
| 분포 / 인도양-서부태평양 | 크기 / 25cm |

캐리비안 샤프노즈 푸퍼
학명 / *Canthigaster rostrata*
분포 / 멕시코-남아메리카　크기 / 11cm

스포티드 샤프노즈 푸퍼
학명 / *Canthigaster solandri*
분포 / 인도양-태평양　크기 / 10cm

허니콤브 토비
학명 / *Canthigaster janthinoptera*
분포 / 인도양-동서부태평양　크기 / 10cm

발렌티니 푸퍼
학명 / *Canthigaster valentini*
분포 / 인도양-서부태평양　크기 / 8cm

크라운드 푸퍼
학명 / *Canthigaster coronata*
분포 / 인도양-서부태평양　크기 / 8cm

하와이안 화이트스포티드 토비
학명 / *Canthigaster jactator*
분포 / 화와이섬　크기 / 6cm

스포티드 샤프노즈드 푸퍼
학명 / *Canthigaster punctatissima*
분포 / 캘리포니아　크기 / 9cm

콤프레스드 토비
학명 / *Canthigaster compressa*
분포 / 인도양-서부태평양　크기 / 10cm

캐리비안 샤프노즈 푸퍼
이 종류에서는 드물게 스팟 무늬가 들어가지 않는 타입의 복어로 몸의 등부분이 다갈색, 그 외가 흰색으로 명료한 염색을 보인다. 또 꼬리 지느러미의 양 끝에서 몸쪽 후부에 걸쳐 블랙 라인이 들어가는 것도 본종의 특징이다. 비슷한 종으로 Canthigaster smithae)가 알려져 있지만 몸쪽 중앙보다 약간 아래쪽에 오렌지 줄무늬가 세로로 들어가기 때문에 구별이 된다. 미국편으로 수입되어 오는데 수는 많지 않다.

스포티드 샤프노즈 푸퍼
인도양에서 태평양 산호초 지역에서는 흔히 볼 수 있는 복어. 온몸에 푸른 반점이 들어가는 아름다운 종으로 허니콤브 토비와 매우 비슷하며 본종의 등지느러미의 기부에는 블루로 가장자리의 블랙 스팟이 명료하게 들어가는 점에서 구별이 된다. 필리핀 인도네시아에서 수입된다. 동종간 근연종에는 싸우기 때문에 함께 수용해서는 안 된다. 동물성 먹이를 좋아하지만 식물성 먹이도 주는 것이 좋다.

허니콤브 토비
스포티드 샤프노즈 푸퍼와 매우 흡사한 종이지만 본종은 등지느러미의 기부에 블랙 스팟이 들어가지 않는다. 스포티드 샤프노즈 푸퍼와 구별되지 않고 필리핀과 인도네시아에서 비교적

블루스포티드 푸퍼
학명 / *Omegophora cyanopunctata*
분포 / 호주　크기 / 12cm

콤프레스드 토비(색채변이)
학명 / *Canthigaster compressa*
분포 / 인도양-서부태평양　크기 / 10cm

버드비크 버피쉬
학명 / *Cyclichthys orbicularis*
분포 / 태평양 온-열대역   크기 / 17cm

스파이니 박스 버피쉬
학명 / *Chylomycterus schoepfi*
분포 / 플로리다   크기 / 25cm

가시복(유어)
학명 / *Diodon holocanthus*
분포 / 전세계온대역   크기 / 20cm

가시복
학명 / *Diodon holocanthus*
분포 / 전세계온대역   크기 / 20cm

블랙블로치드 포큐파인피쉬
학명 / *Diodon liturosus*
분포 / 인도양 서부태평양   크기 / 50cm

일정하게 수입된다. 사육은 스포티드 샤프노즈 푸퍼에 준한다.

발렌티니 푸퍼
인도양에서 서부 태평양에 걸쳐 분포하고 있는 복어의 종류다. 다른 어종과의 합사에는 문제는 없는 것 같지만 동종이나 근연종간에는 싸우는 것이 많기 때문에 한 수조에는 한마리라고 하는 것이 기본이다. 잡식성으로 무엇이든 잘 먹지만 동물성 먹이에만 치우치면 상태가 나빠지는 경우가 많다. 비슷한 종으로 Canthigaster coronata가 알려져 있으나 본종에서 볼 수 있는 다갈색 스팟은 보이지 않고 오렌지색의 복잡한 무늬가 들어가기 때문에 구별이 된다. 필리핀 등에서 가끔 수입한다.

크라운드 푸퍼
발렌티니 푸퍼와 닮은 컬러 패턴을 가지지만 보다 화려하다. 필리핀 등에서 수입되지만 비교적 온대역에 적응하고 있다.

하와이안 화이트스포티드 토비
하와이 제도에만 분포하는 소형 복어로 암갈색 몸에 이 종류로서는 비교적 큰 스팟을 가진다. 소형종류로 6cm정도밖에 안 된다. 연안 암초 지역에 매우 얕은 장소 에도 출현한다. 영역 의식이 깅하기 때문에 같은 수조에는 한미리기 원칙이고 복수로 넣을 경우에는 바위를 복잡하게 놔줘서 영역을 확보 해줄 필요가 있을 것이다. 잡식성으로 식물성 사료도 필요하다.

스포티드 샤프노즈드 푸퍼
멕시코 동부 태평양 연안에서는 흔히 볼 수 있는 종으로 얕은 암초 지역에서 저생동물등을 먹는다. 색채적으로는 스하와이안 화이트스포티드 토비를 닮았지만 본종이 더 섬세한 스팟을 가신다. 미국에서 수입되지만 수는 적다. 사육은 하와이안 화이트스포티드 토비에 준한다.

블루스포티드 푸퍼
호주 서부에 분포하는 비교적 소형 복어의 종류로 이름 그대로 전신에 블루 스팟을 흩뿌린다.

같은 체형을 가지며 비슷한 종으로는 링드 토드피쉬 (Omegophoraarmilla)가 알려져 있으나 링드 토드피쉬의 몸쪽에는 검은색으로 둘러싸인 약간 큰 암갈색 반점이 들어가 본종에서 볼수 있는 것과 같은 블루 스팟은 들어가지 않아 구별은 쉽다. 고수온에는 다소 약한 면을 보이기 때문에 사육 시 냉각설비를 이용해 수온을 20~23℃정도가 좋다.

콤프레스드 토비
산호초지역의 암초지에서 볼 수 있으나 수는 그리 많지 않다. 이 종류는 지역이나 개체에 따라 모양이나 색채에 약간의 차이를 보이며 비슷한 타종과 구별하기 어려운 것이 많지만 이 종류로서는 몸에 들어가는 블루 스팟이 촘촘히 들어가기 때문에 비교적 구별은 쉽다. 필리핀이나 인도네시아 등에서 수입되어 오는데 수는 적다. 최근에는 사진처럼 등에 블루가 강하세 발색한 개체도 수입됐다.

버드비크 버피쉬
인도양에서 서부 태평양, 남중국해에 분포하며 필리핀에서 타종에 섞여 수입되는 경우가 많다. 성질은 온화하다기보다는 약간 겁이 많아 환경에 익숙해지기 전까지는 먹이를 주기 어려운 면을 보인다. 몸 기의 전체에 부동의 가시를 가지지만 그 끝은 날카롭지 않다.

스파이니 박스 버피쉬
플로리다 반도의 멕시코만쪽 해안에서는 흔하지만 그 밖의 곳에서는 그다지 많지 않다. 몸을 덮는 가시는 부동이어서 옆으로 접을 수 없다. 성질은 얌전한 부류에 들어가기 때문에 거친 물고기와의 합사는 피하는 것이 좋다.

가시복
세계의 온대에서 열대에 걸쳐 분포하고 있으며 국내에서도 볼 수 있다. 때로 대군을 만들때가 있지만 수조 내에서의 복수사육은 어렵다. 이 종류에서는 가장 기진 종류이시빈 사빔에게도 잘 어울린다. 육식성으로 크릴과 조개를

선호한다. 치아가 강력하기 때문에 물리면 위험하기 때문에 주의가 필요하다. 독은 없다.

블랙블로치드 포큐파인피쉬
가시복과 비슷한 종으로 본종쪽이 다소 길쭉한 체형을 가지고 있으며 가시복과 비교하면 훨씬 대형으로 성장 한다. 또 본종의 눈밑에 가장자리가 흰색으로된 검은색 가로띠가 들어가는 점에서도 구별이 된다. 필리핀 등에서 수입될 때는 본종과 가시복이 구별되지 않고 수입되는 경우가 많다. 사육에 관해서는 먹이를 주기는 쉽지만 디소 기긴 먼을 보이기 때문에 기은 물고기나 동속의 물고기와의 합사은 피하는 것이 좋다.

스위스 취리히 동물원

세계 최고의 코끼리의 사육장이라고 알려진 동물원이고
주말에 코끼리의 수영을 볼 수 있다고 해서 방문하였다.
시간을 맞추지 못해서 코끼리의 수영은 보지 못했지만
사진에 보이는 코끼리의 내사 수준이 대단했고 디자인
또한 감탄이 나왔다.

자연속이라고 혼돈을 일으키게 하는 전시기법과 마다카
스카르관은 고민한 흔적이 매우 많이 보였다. 오른쪽의
사진처럼 바위를 갈라지게 하여 호기심을 유발하는 동선
효과와 실제 자재까지 복원하여 제작한 정글의 집과
정글 에서 회손된 텐트등의 효과는 정글을 다녀본
경험자의 기억을 그대로 가져온것과 같았다.

Text. 김 승민 / Photo. 서 병향

SCORPION FISHES, STONE FISHES

위디 스콜피온 피쉬
위/퍼플타입   오른쪽/레드타입
학명 / *Rhinopias frondosa*
분포 / 인도양-태평양   크기 / 25cm

수많은 해수어 중에서도 특히 개성있는 캐릭터를 가진 그룹, 그것이 스콜피온피쉬, 스톤피쉬등 바닥층을 생활장소로 하는 종류들이다. 우아한 드레스를 입은 듯한 쏠배감펭의 종류들을 비롯해 스톤 피쉬의 호칭이 수긍이 되는 모양. 그 중에서도 리프 스톤 피쉬는 압권이다. 이것이 물고기인가? 라고 생각되는 풍체를 보여주는 희귀물고기, 이상한물고기에 취미가 있는 매니아를 만들어 주는 존재다. 몸 전체가 해저의 바위 그 자체이다. 게다가 가만히 움직이지 않는 모습은 아무리 봐도 물고기라고는 생각되지 않는다.

그 밖에도 큰 날개 같은 가슴지느러미를 펼치는 성대등 언뜻 보기에 괴기한 모습도 천천히 보면 그들의 매력을 만날 수 있다. 스콜피온피쉬와 스톤피쉬의 종류중 상당수는 그 특별한 모습 때문에 거친 물고기로 생각되기 쉽지만 실제로는 얌전하고 크기만 고려하면 합사시킬 수 있는 물고기도 많다.

오히려 동작이 느린 물고기이기 때문에 긴 지느러미나 피판 등을 쪼이기 쉬운 물고기라고 할 수 있을지도 모른다. 다만 이 종류의 물고기들은 육식성의 종류가 많아 큰 입을 가지고 꽤 큰 물고기까지 잡아먹어 버리기 때문에 입에 들어갈 만한 물고기나 갑각류와의 합사은 피해야 한다. 또한 등지느러미의 가시에 독이 있는 종류가 많아 리프 스톤피쉬등은 심할 경우 어른이라도 사망할 정도의 독을 가지고 있기 때문에 취급은 신중하게 할 필요가 있다.

스트레인지아이드 스콜피온피쉬(레드)
학명 / Rhinopias xenops
| 분포 / 태평양 | 크기 / 25cm |

스트레인지아이드 스콜피온피쉬(퍼플)
학명 / Rhinopias xenops
| 분포 / 태평양 | 크기 / 25cm |

스트레인지아이드 스콜피온피쉬(오렌지)
학명 / Rhinopias xenops
| 분포 / 태평양 | 크기 / 25cm |

리프 스콜피온피쉬(레드)
학명 / Taenianotus triacanthus
| 분포 / 인도양-태평양 | 크기 / 8cm |

위디 스콜피온 피쉬
몸에 많은 피판을 달고 있기 때문에 그 모습이 누더기를 걸친 것처럼 보이는 종으로, 독특한 모습과 풍부한 칼라 변이로 아쿠아리움 피쉬뿐만 아니라 다이버들에게도 인기가 많은 종이다. 다소 깊은 암초역에 서식하고 있다.

스트레인지아이드 스콜피온피쉬
위디 스콜피온 피쉬와 함께 스콜피온피쉬의 희귀종으로 여겨지는 물고기이다. 체색의 색채 변이도 여러색이며 아름다운 개체도 많다. 이 종은 자연에서는 수심 30m보다 깊은 지점에 서식하며, 해소류에 의태함으로써 접근해 오는 작은 물고기를 포식한다. 수조 사육에 있어서는 자리돔 등을 먹이로 하는 경우가 일반적이며 운동량도 적기 때문에 60cm 수조에서의 사육도 충분히 가능하다. 수온은 25℃ 전후를 유지하는 것이 좋다.

리프 스콜피온피쉬
편평한 체형과 기묘한 동작이 특징. 칼라변이도 핑크 레드 황갈색 흑갈색 등을 볼 수 있다. 이것은 외적 요인에 의한 것으로 비록 화려한 체색일지라도 주위에 비슷한 색의 것이 없으면 체색은 희미해져 버린다. 평소에는 흐름에 따라 몸을 흔들며 다가오는 식은 물고기를 잡아먹는다. 살아있는 물고기와 새우를 주면 좋다.

리프 스콜피온피쉬(핑크)
학명 / Taenianotus triacanthus
| 분포 / 인도양 태평양 | 크기 / 8cm |

리프 스콜피온피쉬(옐로우)
학명 / Taenianotus triacanthus
| 분포 / 인도양-태평양 | 크기 / 8cm |

리프 스콜피온피쉬(화이트)
학명 / Taenianotus triacanthus
| 분포 / 인도양-태평양 | 크기 / 8cm |

쏠배감펭
학명 / *Pterois lunulata*
분포 / 인도양-태평양 　　크기 / 25cm

김수염쏠베감펭
학명 / *Pterois antennata*
분포 / 인도양-태평양 　　크기 / 15cm

점쏠배감펭
학명 / *Pterois volitans*
분포 / 인도양-태평양 　　크기 / 25cm

방사쏠배감펭
학명 / *Pterois radiata*
분포 / 인도양-서부태평양 　　크기 / 15cm

트윈스팟 라이언피쉬
학명 / *Dendrochirus biocellatus*
분포 / 인도양-태평양 　　크기 / 10cm

버터플라이 스콜피온피쉬
학명 / *Dendrochirus bellus*
분포 / 서부태평양 　　크기 / 12cm

제브라 라이언피쉬
학명 / *Dendrochirus zebra*
분포 / 인도양-태평양 　　크기 / 20cm

점쏠배감펭
이 그룹 중에서는 가장 일반적이다. 쏠배감펭와 흡사하지만 본종의 경우 정수리에 피판이 있는 것으로 구별할 수 있으며 색채 변이의 변형이 많은 것도 본종의 특징이다. 또 본종에서는 꼬리지느러미에 잔무늬가 들어가지만 쏠배감펭에는 무늬가 들어가지 않는다. 사육은 초보자도 간단한 물고기이지만 육식성으로 입에 들어가는 크기의 물고기는 잡아먹기 때문에탱크 메이트에 소형종은 적합하지 않다. 물론 등지느러미의 가시에는 독을 가지고 있으므로 취급은 주의해야한다.

쏠배감펭
정수리에 피판이 없는 것이 특징. 유어는 점쏠배감펭와 매우 비슷하기 때문에 구별은 어려울 것이다. 가슴지느러미와 등지느러미도 성어에서는 점쏠배감펭보다 커지지 않아 부족한 느낌이 든다. 사육에 관해서는 전종에 준한다.

김수염쏠베감펭
가슴지느러미와 등지느러미의 각 가시조가 안테나 형태로 발달하는 아름다운 종류이다. 이 그룹은 낮에는 동작이 둔해 바위의 틈이나 바위 구멍 등에 숨어 있지만 어둑어둑해지면 구석에서 나와 먹이를 찾기 시작한다. 육식성으로 사

옐로우핀 스콜피온피쉬(오렌지타입)
학명 / Scorpaenopsis neglecta
분포 / 인도양-서부태평양 | 크기 / 15cm

옐로우핀 스콜피온피쉬(피부변이타입)
학명 / Scorpaenopsis neglecta
분포 / 인도양-서부태평양 | 크기 / 15cm

옐로우핀 스콜피온피쉬(화이트타입)
학명 / Scorpaenopsis neglecta
분포 / 인도양-서부태평양 | 크기 / 15cm

육시에는 소형 물고기까지 먹어 버리지만 주인에게도 잘 익숙해져 손에서 어육 조각 등을 잘 받아 먹어준다. 일단 진정되면 병에 걸리지 않고 사육도 용이하다.

방사쏠배감펭
등지느러미나 가슴지느러미의 가시조가 안테나 형태로 늘어나는데 등지느러미의 가시조에 각각 지느러미가 달려 있고 몸쪽으로 들어가는 줄무늬도 앞뒤가 붙어버리는 느낌이 드는 것이 특징. 분포지역은 넓고 태평양, 인도양, 홍해에 이른다. 완전 성장해도 15cm정도.

트윈스팟 라이언피쉬
주둥이의 피판이 촉각형이고 유니크한 체형의 소형종이다. 다른 쏠배감펭처럼 가슴지느러미는 크게 발달하지 않지만 등부분은 융기하고 등지느러미가 두드러지기 때문에 외적으로부터 몸을 지키기에는 한층 적절한 체형을 하고 있다. 경계심이 강하고 쏠배감펭보다 더 헤엄쳐 다니는 일은 적다. 10cm내외로 소형종이다.

버터플라이 스콜피온피쉬
가끔 마닐라편 등으로 수입되는 쏠배감펭의 근연종이다. 온대역에 분포하고 있기 때문에 성어의 체색은 쏠배감펭보다 붉은 것이 특징이지만 수온 25℃에서의 사육시에는 체색이 많이 올라오지 않고 흰빛을 띠는 경우도 있다. 바위 등으로 레이아웃 한 환경조성도 필요할 것이다.

제브라 라이언피쉬
체형이 좁고 약간 작다. 서식지도 얕은 곳이어서 바다웅덩이 등에 남겨지기도 한다. 가슴지느러미는 펼치면 부채모양이며 쏠배감펭 등과 비교하면 가시조가 일체화된 것이 특징이다. 체색에 색채변이는 적지만 대비가 강하고 아름답다. 이 그룹은 바위등으로 적당히 레이아웃 한 수조에서의 합사도 충분히 가능하다. 필리핀 등에서 일정하게 수입되어 온다.

옐로우핀 스콜피온피쉬
스톤피쉬의 이름으로 수입되어 오는 물고기로

옐로우핀 스콜피온피쉬(레드타입)
학명 / Scorpaenopsis neglecta
분포 / 인도양 서부태평양 | 크기 / 15cm

가슴지느러미의 뒷면에 선명한 오렌지 옐로우에 검은 테두리가 들어간다는 특징을 가진다. 식용으로도 되지만 지느러미 가시에는 맹독을 가지고 있으며 쏘이면 매우 위험하기 때문에 취급에는 세심한 주의가 필요하다.

폴스 스톤피쉬
가장 넓은 분포를 가지며 서부~중부태평양, 인도양~홍해까지 분포한다. 옐로우핀 스콜피온피쉬와 닮았고 외모만으로는 구별이 어렵지만 가슴지느러미 안쪽의 무늬가 다르기 때문에 구별된다.

폴스 스톤피쉬
학명 / Scorpaenopsis diabolus
분포 / 인도양-서부태평양 | 크기 / 15cm

227

0872

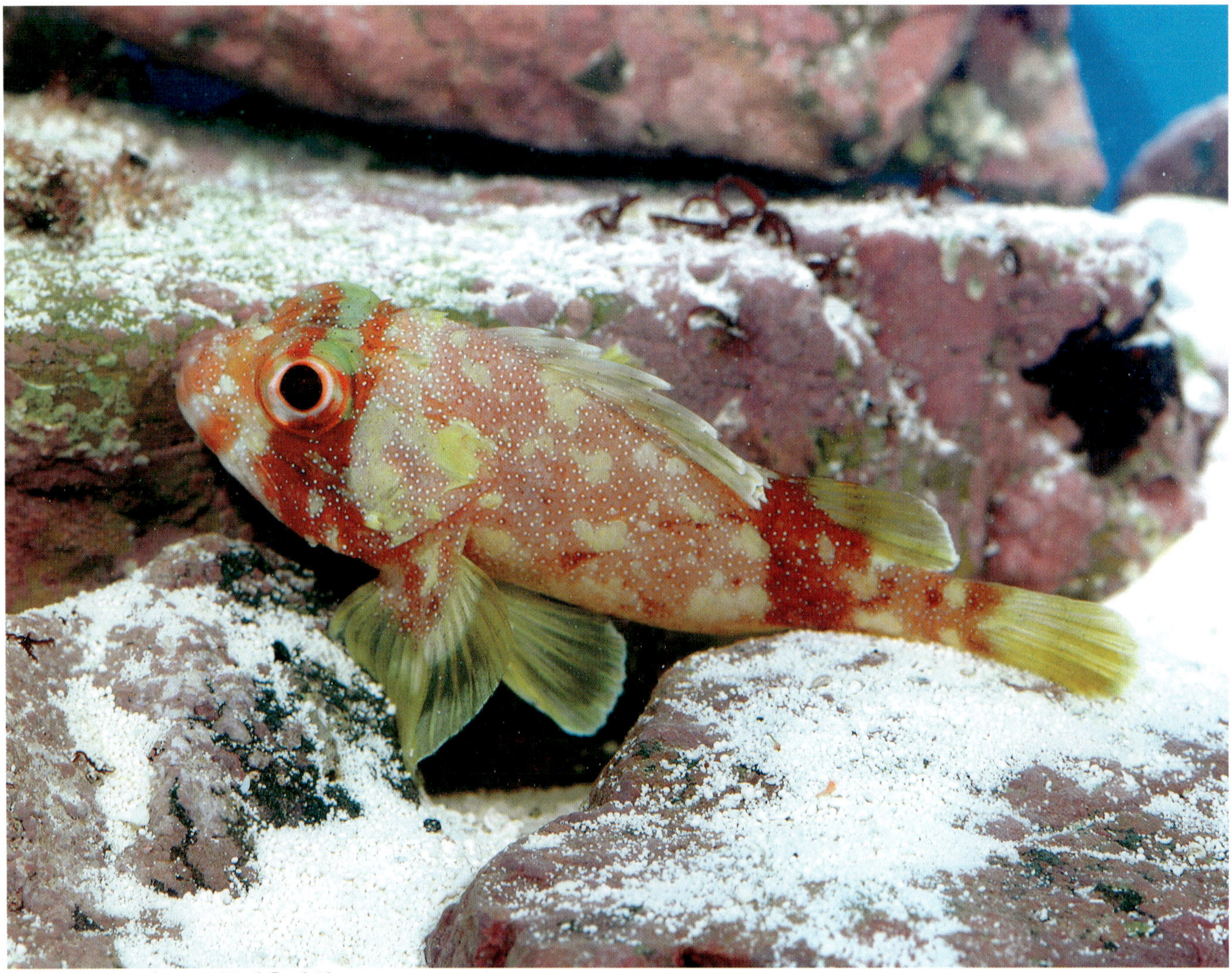

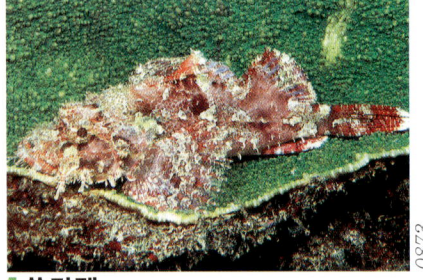

옐로우스포티드 스콜피온피쉬
학명 / *Sebastapistes albobrunnea*
분포 / 인도양-태평양 | 크기 / 5cm

0873

쑥감펭
학명 / *Scorpaenopsis cirrhosa*
분포 / 인도양-서부태평양 | 크기 / 20cm

0874

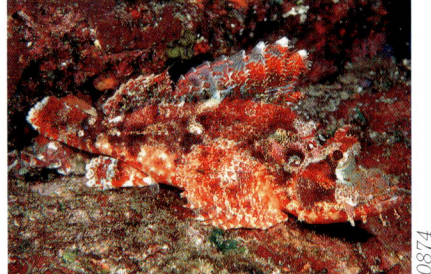

테슬 스콜피온피쉬
학명 / *Scorpaenopsis oxycephala*
분포 / 인도양-태평양 | 크기 / 20cm

0875

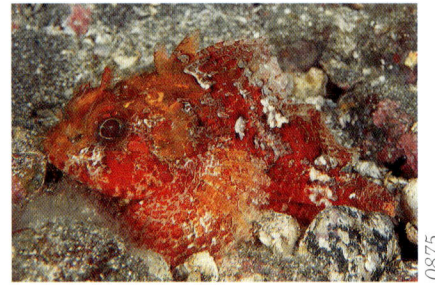

점감펭(색변이종)
학명 / *Scorpaena onaria*
분포 / 북서태평양 | 크기 / 20cm

0876

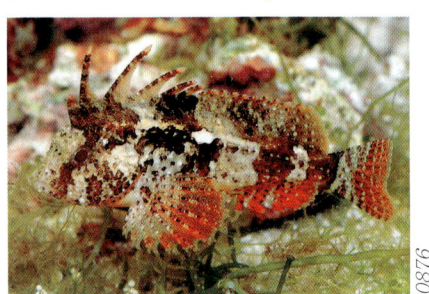

미역치
학명 / *Hypodytes rubripinnis*
분포 / 북서부태평양 | 크기 / 10cm

0877

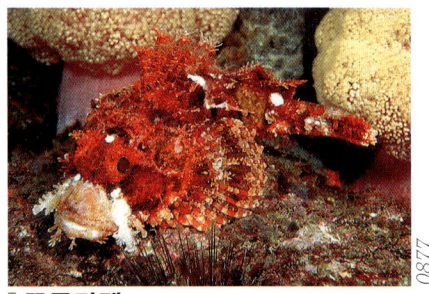

쭈굴감펭
학명 / *Scorpaena miostoma*
분포 / 북서부태평양 | 크기 / 8cm

0878

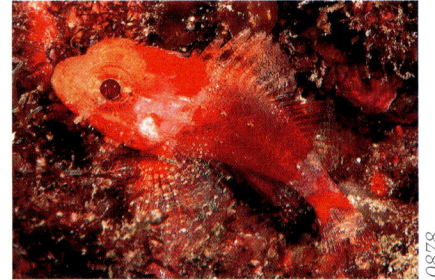

점감펭
학명 / *Scorpaena onaria*
분포 / 북서태평양 | 크기 / 20cm

쏨뱅이
학명 / Sebastiscus marmoratus
분포 / 한국-동중국해　　크기 / 25cm

주홍감펭
학명 / Scorpaenodes littoralis
분포 / 인도양-태평양　　크기 / 12cm

암본 스콜피온피쉬
학명 / Pteroidichthys amboinensis
분포 / 인도양-서부태평양　　크기 / 7cm

옐로우스포티드 스콜피온피쉬
산호를 집으로 하는 소형종이다. 그렇다고 산호의 폴립을 먹는 습성은 없기 때문에 수조내에서는 비교적 사육하기 쉽다. 사육시에는 컨디션이나 기분으로 체색을 변화시키며 상태가 양호한때에는 화려한 체색이 된다.

쑥감펭
남해 암초밭에 분포한다. 체색의 변이가 크고빨강이나 핑크 등 아름다운 색채를 가지는 것도적지 않다. 산호초와 암초 지역에 서식하여 식용으로 잡힌다.

테슬 스콜피온피쉬
쑥감펭와 닮았지만 가슴지느러미의 안쪽 상반부에 갈색 반점이 들어가는 점에서 구별된다.산호초와 암초 지역에 서식한다.

점감펭
국내에서는 중 남부 및 제주도 근처의 약간깊은 암초역과 그 주변의 모래지에 서식한다.빨강을 기조로 한 색채를 가지지만 컬러 패턴은매우 풍부하고 아름다운 개체도 적지 않지않다.20cm정도로 성장하기 때문에 수족관 물고기로 취급은 적다. 깊은 곳의 배낚시로 어획되어국이나 튀김으로 식용되는 경우가 많다.

미역치
동 남해 연안 등에서 흔히 볼 수 있다. 움직임은둔하고 채집은 쉽지만 등지느러미의 가시에는강한 독이 있으므로 맨손으로 취급하는 것은 피한다. 튼튼하고 건조사료에도 익숙해지기 쉽기때문에, 사육은 용이하다.

쭈굴감펭
점감펭와 닮았지만 입이 약간 작은 점으로구별이 된다. 국내 남부의 온대 암초역에 서식.

쏨뱅이
국내 전연안에 널리 분포하는 인기있는 종으로식용이나 낚시 물고기로 인기가 높고 최근에는루어 낚시 대싱 물고기로도 취급되고 있다.연안 암초 바닥에 서식하며 텃세가 강한 어종

그립타우첸의 일종
학명 / Glyptauchen sp.
분포 / 태즈메이니아　　크기 / 12cm

스콜파엔이데의 일종
학명 / Scorpaenidae sp.
분포 / 호주　　크기 / 12cm

오렌지밴디드 스콜피온피쉬
학명 / Neosebastes entaxis
분포 / 북서부태평양　　크기 / 7cm

이오프 스콜피온피쉬
학명 / Scorpaenopsis iop
분포 / 태평양　　크기 / 8cm

이다. 본종은 난태생어로 알려져 있어 수 만마리의 치어를 산출한다.

주홍감펭
동해 중부이남, 남해, 제주도 연안에 바위지역에 분포하는 소형종으로 성장해도 10cm정도.연안부의 바위 아래나 바위 그늘에 흔히 볼 수있으며 아가미뚜껑 아래쪽의 짙은 반점이 특징이다. 등지느러미 가시에는 약한 독을 가진다.

암본 스콜피온피쉬
눈 위에 뿔 모양으로 길게 뻗은 피판이 특징의종으로 수심 14~30m의 장소에서 확인되고있지만 수는 직고 매우 드문 종류이다.

그립타우첸의 일종
Glyptauchen panduratus에 비해 머리가 큰것이 특징인 스콜피온피쉬의 종류. 호주에서수입된 스콜피온피쉬 종류로 Centropogonaustralisni와 매우 비슷하지만 모양이 약간다르다. 수입은 거의 없다.

오렌지밴디드 스콜피온피쉬
큰 지느러미를 가진 종으로 다소 깊은 암초역이나 그 주변의 모래지에 서식하고 있다.

이오프 스콜피온피쉬
둥그스름한 몸과 개구리처럼 튀어나온 큰 눈을가진 사랑스러운 소형종. 성장하면 8cm정도이고 색채적으로 변형이 많다.

에스투아린 스톤피쉬
학명 / *Synanceia horrida*
분포 / 인도양-서부태평양 | 크기 / 45cm

리프 스톤피쉬
학명 / *Synanceia verrucosa*
분포 / 인도양-태평양 | 크기 / 40cm

피티드 스톤피쉬
학명 / *Erosa erosa*
분포 / 서부태평양 | 크기 / 11cm

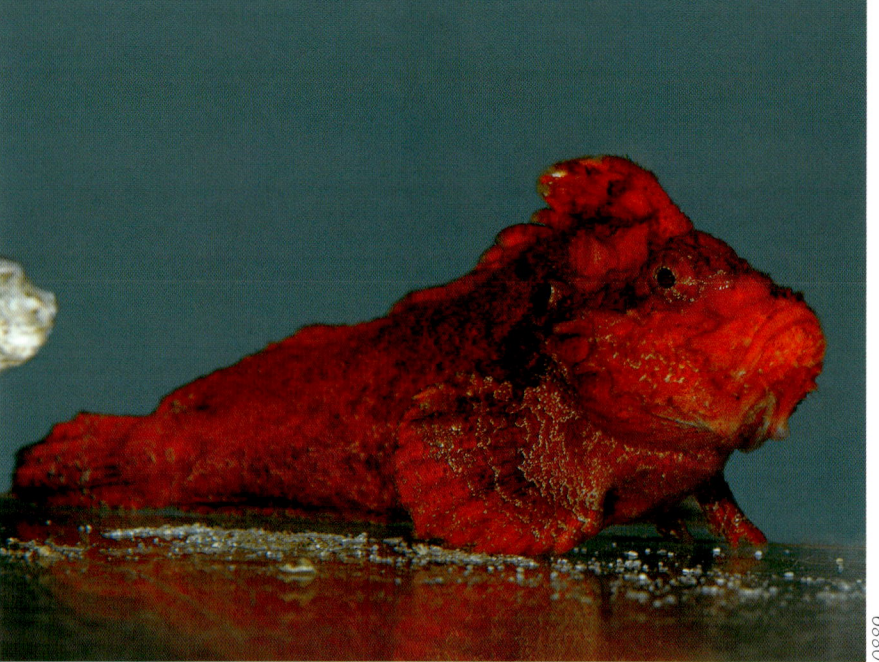

수루 벨벳피쉬
학명 / *Paraploactis obbesi*
분포 / 서부태평양 | 크기 / 20cm

워티 프로우피쉬
학명 / *Aetapcus maculatus*
분포 / 테즈메니아 | 크기 / 14cm

위스피 와스프피쉬
학명 / *Paracentropogon longispinus*
분포 / 인도양-서부태평양 | 크기 / 12cm

벌감펭
학명 / *Apistus carinatus*
분포 / 인도양-서부태평양 | 크기 / 15cm

돌팍망둑
학명 / *Pseudoblennius percoides*
분포 / 서부태평양 | 크기 / 20cm

유어

쭉지성대
학명 / *Dactyloptena orientalis*
분포 / 인도양-서부태평양 | 크기 / 10cm

통구멩이
학명 / *Uranoscopus bicinctus*
분포 /서부대평양 동인도 | 크기 / 30㎝

다힐스 프로그피쉬
학명 / *Batrachomoeus dahli*
분포 / 호주북서부 | 크기 / 20㎝

꼬마곰치
학명 / *Liparis punctulatus*
분포 / 북서부대평양 | 크기 / 8㎝

엄지도치(레드)
학명 / *Lethotremus awae*
분포 / 태평양연안 | 크기 / 4cm

엄지도치(브라운)
학명 / *Lethotremus awae*
분포 / 태평양연안 | 크기 / 4cm

엄지도치(그린)
학명 / *Lethotremus awae*
분포 / 태평양연안 | 크기 / 4cm

엄지도치(핑크)
학명 / *Lethotremus awae*
분포 / 태평양연안 | 크기 / 4cm

에스투아린 스톤피쉬

리프 스톤피쉬와 비슷한 종으로 리프 스톤피쉬와 비교하면 미리가 약긴 돌출되어 있고 눈도 눈에 띈다. 몸쪽은 사마귀 모양의 돌기로 덮여 있어 마치 바위에 따개비가 부착한 듯이 군데군데 오렌지색으로 꾸며져 있다. 내만부와 하구역 등에서도 볼 수 있기 때문에 하구(estuary) 스톤피쉬의 영명이 붙여져 있다. 필리핀이나 인도네시아에서 리프 스톤피쉬와 구별되지 않고 수입되어 오는데 수는 적다.

리프 스톤피쉬

모래가 있는 산호초나 라군내의 얕은 물에 서식하는 대형 스톤피쉬류이다. 꽤 멋진 의태를 보이는 물고기로 몸의 각 부위가 어디가 어디인지 쉽게 알 수 없는 물고기이다. 비닥층에 가만히 있는 모습은 돌 그 자체로 스톤피쉬의 영명도 수긍이 간다. 등지느러미에 맹독이 있어 쏘이면 사망할 수 있으며 다이빙 등으로 갑자기 발로 밟으면 매우 위험하다. 또 사육에 있어서도 취급에 세심한 주외가 필요하다. 보통은 바위름 등에서 바위에 의태하고 있으나 큰 가슴지느러미를 능숙하게 사용하여 모래 속에 몸을 숨기고 작은 눈만 모래 위로 내밀어 다가오는 작은 물고기를 포식하기도 한다. 아쿠아리움 피쉬로는 그다지 흔하지 않으며 드물게 마닐라편으로 몸길이 20cm정도의 개체가 수입한다.

피티드 스톤피쉬

머리가 크고 특이한 체형을 한 스톤피쉬로 주로 온대역의 해안에 분포한다. 모래바닥이 있는 암초지역을 선호하며 리프 스톤피쉬처럼 가슴지느러미를 흔들면서 모래 속으로 잘 몸을 숨길 수 있다. 체색은 바위 표면이나 바닥의 색에 따라 미묘하게 변화시켜 색채의 변형도 많다. 육식성으로 작은 물고기 등을 포식하고 있다. 사육시에도 살아있는 작은 물고기를 주면 역동적인 포식장면을 볼 수 있다.

수부 벨벳피쉬

인도네시아에서 수입된다. 짙은 오렌지색의 색조를 띠고 있지만 칼라 변이도 볼 수 있다. 평소에는 그늘등 장애물 근처에서 가만히 있는 경우가 많다. 야행성이 강하며 소형 생선이나 새우 등을 즐겨 먹는다.

워티 프로우피쉬

서부 오스트레일리아에서 태즈메이니아해 온대역에 서식하는 희귀종이다. 등지느러미가 정수리에서 시작되는 독특한 체형과 겉보기에 육질의 체표가 특징적이다. 체색은 다갈색이나 오렌지색등 상당한 컬러 변이가 있으며 이것이 주위 환경에 대한 의태에도 도움이 되고 있다. 성장시에는 탈피를 하는 등 특이한 생태를 관찰할

수 있다. 사육하는 환경은 수온을 20℃이하로 유지해야 한다.

위스피 와스프피쉬

미역치와 닮은 물고기. 미역치와 비교하면 체색이 다갈색을 띠고 있고 환경이 바뀌어도 붉은 색채는 들어가지 않는다. 인도네시아와 필리핀에서 가끔 수입된다.

벌감펭

야행성으로 낮에는 모래 속에 숨어 있는 경우가 많다. 등지느러미에는 독가시에 찔리면 위험.

돌팍망둑

바다웅덩이 속에서도 탁 트인 곳보다 해초 속 등에 숨어 있는 경우가 많고 잘 돌아다니지 않는 종이다. 웅덩이에서는 다소 대형이 된다.

쪽지성대

해안의 모래 바닥에 서식하는 기괴한 물고기이다. 약간 얕은 수심 20~30m에서 관찰할 수 있다. 거대한 가슴지느러미에는 유어에서는 의안무늬가 있어 위쪽에서 덮쳐 오는 대형 물고기 위협에 도움이 된다. 또한 유영할 때에는 이것을 펼쳐 이동하며 몸을 좌우로 흔들어 능숙하게 모래 속으로 몸을 숨길 수도 있다. 동남해의 대륙붕에 서식하며 마닐라편이나 인도네시아편에서 볼 수 있는 물고기이다. 또 플로리다편으로 수입되는 성대는 플라잉 가나드 피

쉬라고 불리며 튼튼하고 사육하기 쉬운 물고기.

통구멩이

상당히 특이한 체형을 한 물고기. 두 눈은 머리 뒤쪽에 위치하며 입도 받침으로 꽤 크게 열린다. 모래바닥 지역에 서식하며 몸을 모래에 파묻고 눈만 들여다보게 하고 부근을 통과하는 물고기를 공격하여 포식한다. 온대역에서 산호초 지역까지 넓게 분포하며 필리핀 등에서 수입.

다힐스 프로그피쉬

호주 북서부에 분포하는 라이언피쉬의 종류. 주로 하구지역에 서식하는 종류가 많지만 본 종은 산호초역에서 볼 수 있다. 호주에서 수입.

꼬마곰치

소형종. 고온에는 약하고 수온은 22℃이하로 유지해야 하지만 겨울철등 온도가 낮을 때 사육은 용이하다. 먹이는 생먹이등을 즐겨 먹는다.

엄지도치

스타적인 존재로 그 귀여운 모습으로 다이버에게도 인기가 높다. 칼라 변이도 풍부하고 소형 수조에서도 즐길 수 있다는 점도 인기를 끌고 있다. 다민 사육에는 수온을 22℃이하로 유지할 필요가 있기 때문에 사육시에는 냉각설비가 필요하다. 곤쟁이 등 살아있는 먹이를 즐겨 먹지만 익숙해지면 냉동 알테미아나 장구벌래도 먹게 된다.

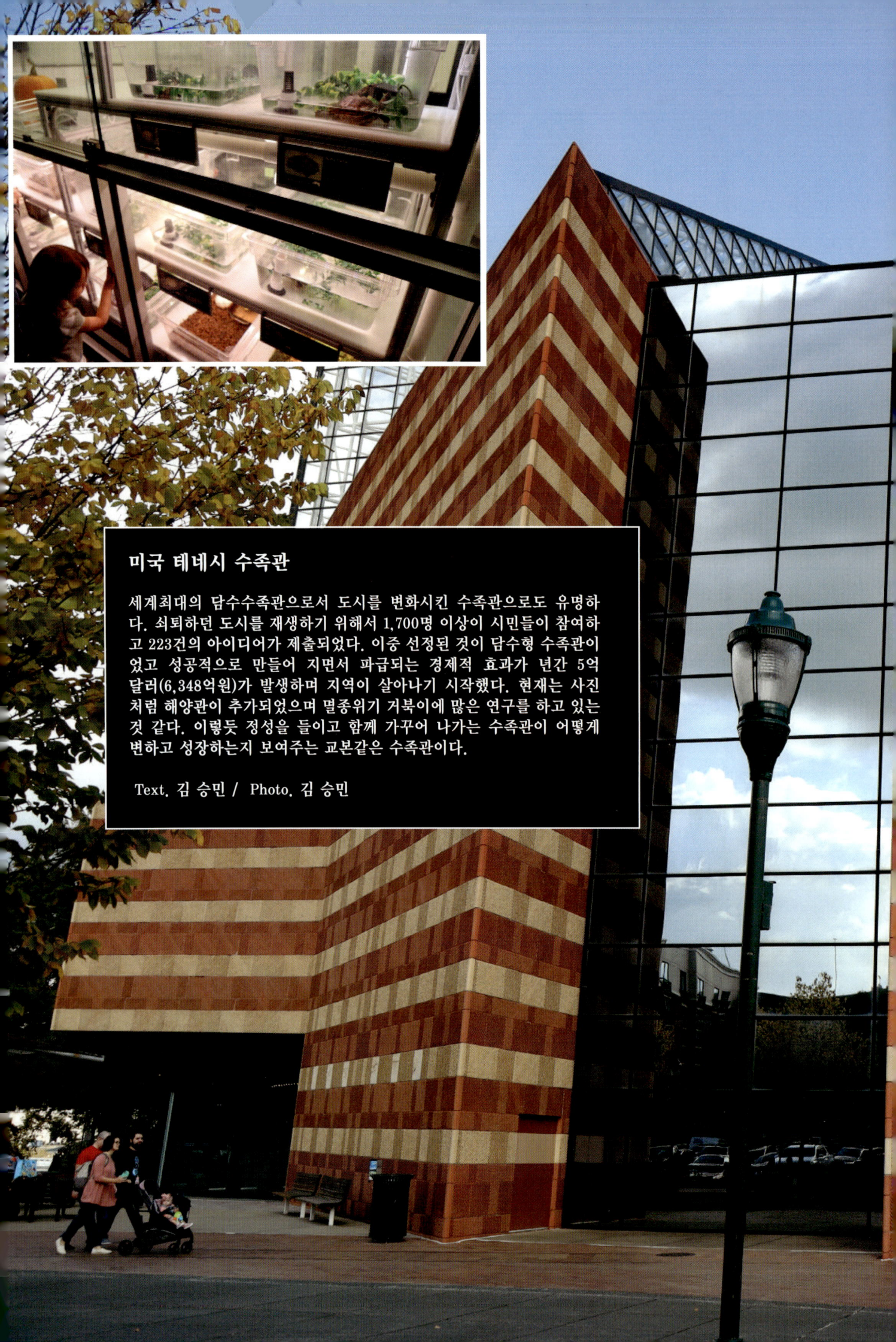

미국 테네시 수족관

세계최대의 담수수족관으로서 도시를 변화시킨 수족관으로도 유명하다. 쇠퇴하던 도시를 재생하기 위해서 1,700명 이상이 시민들이 참여하고 223건의 아이디어가 제출되었다. 이중 선정된 것이 담수형 수족관이었고 성공적으로 만들어 지면서 파급되는 경제적 효과가 년간 5억 달러(6,348억원)가 발생하며 지역이 살아나기 시작했다. 현재는 사진처럼 해양관이 추가되었으며 멸종위기 거북이에 많은 연구를 하고 있는 것 같다. 이렇듯 정성을 들이고 함께 가꾸어 나가는 수족관이 어떻게 변하고 성장하는지 보여주는 교본같은 수족관이다.

Text. 김 승민 / Photo. 김 승민

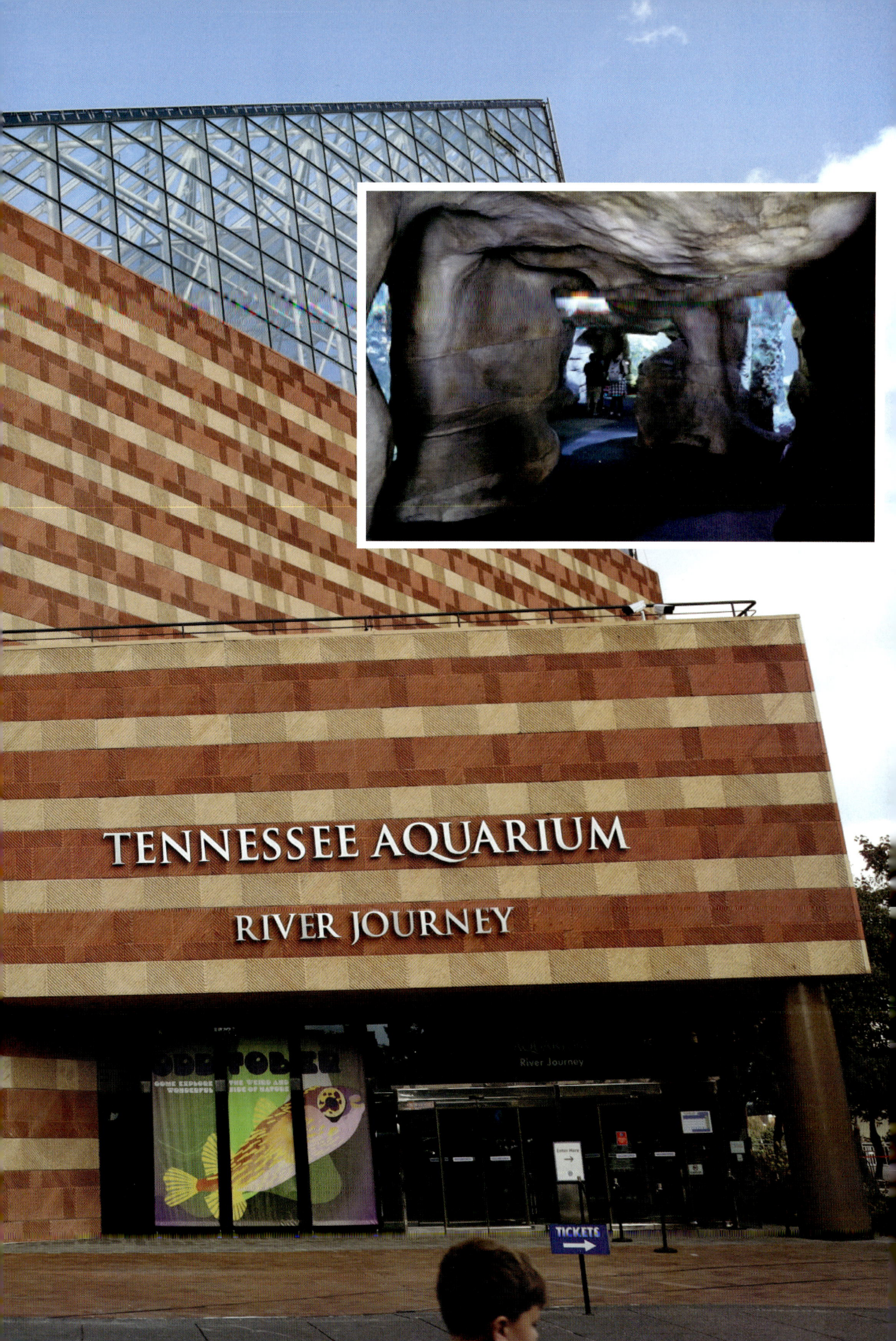

TENNESSEE AQUARIUM

RIVER JOURNEY

0902

페인티드 프로그피쉬(핑크)
학명 / *Antennarius pictus*
분포 / 인도양-태평양   크기 / 18cm

마치 물고기라고는 생각할 수 없는 모습을 가진 프로그피쉬의 종류들. 저생성의 종류가 중심이며, 바닥층에 가만히 있으면 주위에 녹아들어 해저의 일부가 되어 버린다. 의태를 하는 물고기 는 많이 알려져 있지만 그중에서도 진정한 위장의 달인이라고 할 수 있을 것이다. 이러한 성질은 스스로를 외적으로부터 보호하는 동시에 그다지 활동적이지 않은 이들에게 먹이를 가져다 주는 중요한 역할을 하고 있다.

프로그피쉬의 대부분은 머리에 마치 낚싯대와 같은 돌기를 가지고 있는데 그 끝에 먹이처럼 보이는 것을 미세하게 낚시하듯 흔들어서 작은 물고기를 유인한 뒤 가까이 온 것을 그 모습에서는 상상할 수 없는 전광석화의 빠른 솜씨로 삼키듯이 먹어 버린다.

이렇게 바다 속에서 이들의 목표는 뭐니뭐니해도 먹이가 되는 작은 물고기들을 사냥하는 것이다.

이렇게 의태를 잘하는 물고기여서 어쩌면 수수하고 눈에 띄지 않는 종류처럼 보이지만 개중에는 페인티드 프로그피쉬나 무당 씬벵이와 같이 선명한 노란색이나 오렌지, 빨강등의 아름다운 개체도 수입되고 있어 높은 인기를 얻고 있다.

빅스케일 솔저피쉬 등도 마린피쉬로 예전부터 사랑받고 있는 종류들이다. 여러 종류 수입되고 있으나 유사한 종류가 많아서 종의 분류는 어렵다. 또 야행성의 종류가 많은데 그러한 이유로 몸에 비해 큰 눈과 붉은 몸을 가진 것이 많다.

자연에서는 낮에 바위 그늘 등에 숨어있는 경우가 많지만 비교적 사육은 쉽고 얌전하기 때문에 합사어 수족관에서 사육하기에 적합한 물고기라고 할 수 있다. 단 입에 들어가는 사이즈의 물고기는 먹어 버리므로 조합에 관해서는 자리돔와 같은 작은 물고기와의 합사는 피할 필요가 있다.

페인티드 프로그피쉬(옐로우)
학명 / Centropyge flavicauda
분포 / 인도양-태평양 크기 / 18cm

자이언트 프로그피쉬(핑크)
학명 / Antennarius commersoni
분포 / 인도양-태평양 크기 / 30cm

페인티드 프로그피쉬(레드)
학명 / Antennarius pictus
분포 / 인도양-태평양 크기 / 18cm

빨간씬벵이(옐로우)
학명 / Antennarius pictus
분포 / 인도양-서부태평양 크기 / 18cm

자이언트 프로그피쉬(연핑크)
학명 / Antennarius commersoni
분포 / 인도양-태평양 크기 / 30cm

자이언트 프로그피쉬(옐로우)
학명 / Antennarius commersoni
분포 / 인도양-태평양 크기 / 30cm

페인티드 프로그피쉬

이름과 같이 칼라 변이가 매우 풍부한 종류로
황색 오렌지 빨강 핑크 화이트 갈색 검정색등
외에 이들의 색채가 복잡하게 뒤섞인 개체도 볼
수 있다. 무당씬벵이에 이어 아쿠아리움에서는
인기가 높은 종이다. 본종은 중형종으로 18cm
정도가 된다. 발리편이나 세부편 등으로 가끔
수입되어 온다.

자이언트 프로그피쉬

본종도 페인티드 프로그피쉬와 같이 컬러 변이
가 많은 종으로 페인티드 프로그피쉬와는 등지
느러미의 제 2 가시 형성등으로 구별되지만 색
채적으로 많이 닮은 개체가 많아 사진으로 구별
은 어렵다. 대형종으로 30cm를 넘는다.

빨간씬벵이

발달한 제1 등지느러미의 가시조를 먹이처럼
능숙하게 움직여 작은 물고기를 유인해 순식
간에 삼켜 버리는 생태를 가지기 때문에 영명으
로는 앵글로 피쉬라고도 불리고 있다. 본종에는
컬러변이 외에 체표에 피판을 많이 붙인 변이가
보인다. 먹이주기에는 처음에는 생새우 등을
핀셋등으로 집어주고 거기에 익숙해지면 죽은
새우와 작은 물고기를 핀셋으로 잡고 눈앞에서
움직이면 잘 먹게 된다.

빨간씬벵이(화이트)
학명 / Antennarius striatus
분포 / 인도양-서부태평양 크기 / 18cm

무당씬벵이(화이트)
학명 / *Antennarius maculatus*
분포 / 인도양-태평양 ｜ 크기 / 14cm

0910

무당씬벵이(옐로우)
학명 / *Antennarius maculatus*
분포 / 인도양-태평양 ｜ 크기 / 14cm

0912

무당씬벵이(블랙)
학명 / *Antennarius maculatus*
분포 / 인도양-태평양 ｜ 크기 / 14cm

0911

무당씬벵이(유어)
학명 / *Antennarius maculatus*
분포 / 인도양-태평양 ｜ 크기 / 14cm

0913

스팟핀 프로그피쉬(오렌지)
학명 / *Antennarius nummifer*
분포 / 인도양-태평양   크기 / 10cm

스팟핀 프로그피쉬(화이트)
이빙 / □□□□□□□□□□□□□□□□□
분포 / 인도양 대평양   크기 / 10cm

스팟핀 프로그피쉬(블랙)
학명 / *Antennarius nummifer*
분포 / 인도양-태평양   크기 / 10cm

스크립티드 프로그피쉬(화이트)
학명 / *Antennarius scriptissimus*
분포 / 인도양-서부태평양   크기 / 45cm

스크립티드 프로그피쉬
학명 / *Antennarius scriptissimus*
분포 / 인도양-서부태평양   크기 / 45cm

노랑씬벵이
학명 / *Histrio histrio*
분포 / 전세계열대및 아열대   크기 / 10cm

무당씬벵이
프로그피쉬에서 가장 인기있는 종. 발리편 등으로 수입되어 오는데 수는 적다. 제주도 남부 해역에 암초지대, 산호초 지대에 서식한다. 일본 오세자키 근처에서 발견되면 촬영 대기의 다이버가 행렬을 만든다고 한다. 특징은 눈 뒤에 명료한 선상반점이 들어가는 점. 이 종류에서는 비교적 소형종.

스팟핀 프로그피쉬
이 종류로서는 소형의 종류로 성장해도 10cm 정도 밖에 되지 않는다. 붉은 계열의 색채를 가지는 깃이 많다.

스크립티드 프로그피쉬
연안의 암초 지역에 서식하는 종으로 이 종류로서는 대형이 되며 큰 것은 30cm를 넘는 사이즈가 된다. 가끔 유어가 수입되어 오지만 본종으로 팔리고 있는 것은 적다. 본종의 특징은 가슴지느러미의 지느러미가 분기하기 때문에 다른 종과 비교해 가장자리가 둥글게 되는 점이다.

노랑씬벵이
프로그피쉬에 포함되지만 별 속으로 나뉘어져 있는 종. 조류등의 수류가 있는 곳에서 다양한 유어를 낚는다. 따라서 본종을 보기 위해서는 흐류이 있는 곳을 찾는 것이 필요하다.

노랑씬벵이(다크브라운)
학명 / *Histrio histrio*
분포 / 전세계열대및 아열대   크기 / 15cm

237

0921

빨강부치
학명 / *Halieutaea stellata*

| 분포 / 인도양-서부태평양 | 크기 / 35cm |

0922

태설드 앵글러피쉬
학명 / *Rhycherus filamentosus*

| 분포 / 테즈메니아 | 크기 / 20cm |

0923

투버쿠라티드 프로그피쉬
학명 / *Antennarius tuberosus*

| 분포 / 인도양-태평양 | 크기 / 7cm |

0924

스플릿핀 플래쉬라이트피쉬
학명 / *Anomalops katoptron*

| 분포 /중서부태평양 | 크기 / 15cm |

0925

파인애플피쉬
학명 / *Cleidopus gloriamaris*

| 분포 / 호주 | 크기 / 15cm |

0926

빅스케일 솔저피쉬
학명 / *Myripristis berndti*

| 분포 / 인도양-태평양 | 크기 / 10cm |

0927

철갑둥어
학명 / *Monocentris japonicus*

| 분포 / 인도양-서부태평양 | 크기 / 10cm |

0928

에폴렛 솔저피쉬
학명 / *Myripristis kuntee*

| 분포 / 인도양-태평양 | 크기 / 12cm |

빨강부치
심해성 어류로 한국 일본등에 서식하는 종이지만 이 동료는 필리핀이나 인도네시아에서도 수입된다. 편평한 매우 특징적인 외관을 하고 있어 가슴지느러미와 배지느러미를 사용해 바닥층을 기어다니듯 돌아다닌다. 바다 모래에 숨어있는 습성도 있고 사육 수조에 미세한 모래를 깔아두면 숨어서 눈 부분만을 내고 있도록 하고 있다. 폭넓은 머리 부분에 있는 입은 크기 때문에 소형 물고기나 새우류 등과의 합사에는 적합하지 않다. 수입되는 개체는 일반적인 수온으로 사육 가능하다.

태설드 앵글러피쉬
온몸에 털이 난 듯 세세하게 갈라진 피판이 밀생하는 특징의 종류로 호주에서 수입되지만 수는 적고 드물다. 냉각 설비를 이용해 수온을 20~22℃로 유지하면 좋다.

투버크라티드 프로그피쉬
황갈색 바탕에 검은색을 기조로 한 흐트러진 무늬가 들어가는 소형의 프로그피쉬의 종류. 본 종처럼 소형의 종류는 생먹이가 아니면 어렵기 때문에 담수성 송사리 등을 먹이로 주는 경우가 있다.

란달리 솔저피쉬
학명 / *Myripristis randalli*
분포 / 인도양-서부태평양 | 크기 / 10cm

0929

적투어
학명 / *Myripristis murdjah*
분포 / 인도양-태평양 | 크기 / 25cm

0930

사브레 스쿼럴피쉬
학명 / *Sargocentron spiniferum*
분포 / 인도양-태평양 | 크기 / 40cm

0931

레드코트
학명 / *Sargocentron ruburum*
분포 / 인도양-태평양 | 크기 / 20cm

0932

스몰마우스 스쿼럴피쉬
학명 / *Sargocentron microstoma*
분포 / 인도양-태평양 | 크기 / 12cm

0933

크라운 스쿼럴피쉬
학명 / *Sargocentron diadema*
분포 / 인도양-태평양 | 크기 / 15cm

0934

스플릿핀 플래쉬라이트피쉬
발광 물고기로 유명한 물고기로 눈 아래에 큰 발광 기관이 있으며 이 발광 기관을 안쪽으로 반전시킴으로써 빛의 점멸을 만든다. 일본에서도 지바현 이남에 분포하고 있지만 일본의 종류는 대형이며 시식지도 수심 200m정도의 장소에 서식하고 있다. 일반적으로 수입되어 오는 서부 태평양산 개체는 수심 10m전후로서 사육이 좀더 용이하다고 생각된다. 랜턴 피쉬의 이름으로 필리핀 등에서 드물게 수입되어 온다.

파인애플피쉬
분포 영역이 넓은 철갑둥어에 비해 본종의 분포는 호주 동쪽 해안에 한정되어 있다. 성질이나 습성도 마찬가지이나, 본종의 경우 분포역 관계로 수온 20℃에서의 사육이 조건이다.

철갑둥어
본 종의 가장 큰 특징은 아래턱에 발광 박테리아를 공생시키고 있어 어둠 속에서 빛나 보이는 성질이다. 스플릿핀 플래쉬라이트피쉬와 비교하면 빛은 약하다. 신경질적이고 소형 갑각류를 즐겨 먹기 때문에 사육하에서도 살아있는 크릴 등으로 먹이를 준다. 수입은 적지만 정치망 등에 들어간 것이 어판장에서 발견되기도 한다.

빅스케일 솔저피쉬
이름으로 수입되는 종에는 여러 종이 섞여있으며 비슷한 종과의 구별은 매우 어렵다. 본종의 특징은 아가미덮개 외연에 들어가는 어두운 띠가 도중에 끊어지는 것. 사육은 쉽고 크릴 등에 먹이를 잘 먹어준다. 성격도 얌전하고 합사에 적합한 종이지만 입에 들어가는 크기의 작은 물고기와 갑각류는 먹어 버리기 때문에 합사할 수 없다. 이 종류는 야행성이 대부분으로 낮에는 바위 그늘 등에 숨어 있는 경우가 많기 때문에 수조 내의 레이아웃도 라이브 블럭 등을 조립하여 전면을 향해 입을 벌린 동굴처럼 만들어 7 (불명) 부서지 (불명) 필리핀 등에서 수입되어 온다.

삼마라 스쿼럴피쉬
학명 / *Neonpihon sammara*
분포 / 인도양-태평양 | 크기 / 15cm

0935

에플렛 솔저피쉬
아가미 뒤쪽으로 한가닥 띠가 들어가는 솔저피쉬의 보통종이다. 원래는 야행성으로 낮에는 동굴 등에 숨어 있다가 어두워지면 나와서 행동하지만 수조 내에서는 의외로 잘 헤엄쳐 다니고 먹이 주기도 쉬운 물고기이다.

란달리 솔저피쉬
빅스케일 솔저피쉬와는 가슴지느러미의 겨드랑이에 비늘이 들어가지 않는 점에서 구별되지만 외관상 구별은 어렵다. 사육은 빅스케일 솔저피쉬에 준한다. 필리핀에서 빅스케일 솔저피쉬와 구별되지 않고 수입한다.

적투어
이 동료 중에서는 몸의 붉은 빛이 강하고 빅스케일 솔저피쉬와 매우 비슷하지만 아가미 덮개 외연에 들어가는 검은색 부분이 끊김 없이 가슴지느러미의 밑 부분까지 들어간다. 사육에 관해서는 빅스케일 솔저피쉬와 같다.

사브레 스쿼럴피쉬
스쿼럴피쉬 중에서도 대형이며 성어는 몸길이 40cm가까이 된다. 체고가 높고 입도 크기 때문에 소형 물고기는 삼켜 버린다. 낮에는 바위 아래를 들락날락 하고 있기 때문에 사육시에도 (불명) 지기 쉬울 것이다.

샤이 솔저피쉬
학명 / *Plectrypops lima*
분포 / 중부태평양 | 크기 / 18cm

0936

레드코트
레드 스트라이프가 특징인 매우 튼튼한 종으로 환경 변화에도 비교적 강하고 먹이를 주기도 쉬워 입문종으로도 적합하다. 입이 크고 많이 먹기 때문에 본종 전체 길이의 1/3 이하의 물고기는 합사시키지 않는 것이 좋다.

스몰마우스 스쿼럴피쉬
레드코트와 닮은 종이지만 체형이 가늘고 길며 등지느러미의 중앙이 하얗게 빠진다. 본종도 다른 스쿼럴피쉬류와 구별되지 않고 스쿼럴피쉬의 인보이스 네임으로 필리핀 등으로부터 수입되어 온다. 사육은 빅스케일 솔저피쉬와 같다.

크라운 스쿼럴피쉬
작고 아름다운 종이다. 유어는 가지산호 속에서 생활하기도 한다. 저렴하고 구하기 쉬운 종.

삼마라 스쿼럴피쉬
이 종류는 자연에서 작은 무리로 생활하며 바위 구멍 등을 집으로 하고 있다. 몸길이에 비해 입은 크지만 작은 물고기는 먹지 않기 때문에 크릴등으로 먹이를 주는 것이 좋다.

샤이 솔저피쉬
중부 태평양에 분포하는 빅스케일 솔저피쉬에 가까운 물고기. 체색은 균일하게 붉고 큰 눈과 (불명) 한 얼굴을 하고 있다.

요코하마 핫케이지마 수족관

2010년 방문한 핫케이지마 수족관에서 관찰장이라는 것을 보았다. 한국에서는 체험이라고 해서 물고기를 잡고 만지고 죽이는 체험을 하는 반면 일본에서는 사진과 같은 긴 수경을 이용하여 각종 생물들을 관찰하고 있었다. 이제 한국에도 동물원 및 수족관 법이 개정됨에 따라 체험 들이 차츰 금지가 되고 있으니 앞으로 이러한 관찰장이 만들어 질 것이라 생각한다.

Text. 김 승민 / Photo. 김 승민

0937

왕관해마
학명 / *Hippocampus coronatus*
분포 / 태평양연안　　크기 / 6cm

좀처럼 물고기라고는 생각되지 않는 유머러스한 모습으로 인기가 높은 해마의 종류들. 암컷이 수컷 육아낭에 산란하고 수컷이 새끼를 돌보는 특이한 습성으로 인해 말린 해마는 안전한 출산을 위한 부적으로 여겨지는 곳도 있다. 또한 한약재로도 사용되며 단순한 관상어 뿐만이 아니라 예전부터 그 이름이 알려진 물고기이다.

끈처럼 길쭉한 몸이 특징적인 파이프피쉬도 몸에 대담한 줄무늬가 들어간 밴디드 파이프피쉬나 매니밴디드 파이프피쉬 등 아름다운 종류도 많이 알려져 있어 인기가 높은 그룹이다.

이 종류는 해마와 함께 파이프피쉬 그리고 해룡과 드래곤피쉬 등 독특한 모습을 가진 물고기가 이 그룹에 포함되어 있다.

해마와 파이프피쉬의 종류들을 사육하는 경우 문제가 되는 것은 그 먹이이다. 이 종류는 입이 작고 움직이는 먹이만 먹는 것이 대부분이다. 그 때문에 작은 종류는 부화시킨 브라인 슈림프 등을 주고 약간 큰 종류에는 송사리나 생새우 등을 주지만 최근에는 수조 내에 설치해 자동으로 부화한 브라인슈림프만 분리되어 수조 내로 들어가는 구조가 된 편리한 기구도 발매 되고 있다고 하니 예전 보다 간단하게 이 종류의 사육을 즐길 수 있게 되었다.

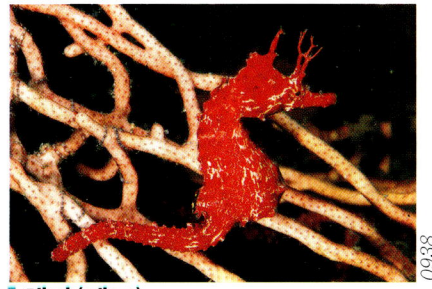

해마(레드)
학명 / Hippocampus coronatus	
분포 / 태평양연안	크기 / 7cm

0938

플렛페이스 씨호스(옐로우)
학명 / Hippocampus takakurae	
분포 / 서부태평양, 태국	크기 / 20cm

0939

플렛페이스 씨호스
학명 / Hippocampus takakurae	
분포 / 서부태평양, 태국	크기 / 20cm

0940

0941

신도 해마
학명 / Hippocampus sindonis	
분포 / 태평양아열대지역	크기 / 8cm

0942

가시 해마
학명 / Hippocampus histrix	
분포 / 인도양-서부태평양	크기 / 12cm

왕관해마

물고기라고는 생각되지 않는 모습으로 인기가 많은 종으로 뿔산호류 등에 꼬리를 감고 내려오는 동물성 플랑크톤을 섭취한다. 체표의 돌기는 일종의 의태로 체색에는 변형이 많고 빨강이나 핑크의 색채를 가지는 개체는 특히 인기가 높다. 본 책에서는 왕관해마에 H. coronatus, 신도 해마에 H. sindonis의 학명을 사용하고 있지만 호주 어류학자인 RUDIEH.KUITER에 의하면 그 저서인 Seahorses Pipefishesandrelatives 중 두 종에 반대되는 학명을 사용하고 있다. 조사가 필요하다. 이 동료의 사육에는 먹이가 중요한 포인트가 되는데, 소형의 것으로는 부화시킨 브라인 슈림프를, 약간 대형의 개체에는 구피 등의 유어를 먹이로 준다. 오래동안 우리나라에 대표적인 해마로 알려졌는데 최근 일본에만 서식하는 것으로 조사되었다.

플렛페이스 씨호스

복 해마와 닮은 종이지만 복 해마보다 소형으로 머리의 돌기도 눈에 띄지 않는다. 색채는 흑갈색을 주제로 한 것이 많다.

신도 해마

어류도감 등에서 오랫동안 해마로 소개되는 경우가 많았지만 현재 본종을 신도해마로 분류하고 있다. 해마와 비교하여 한층 크고 또 큰 특징은 머리의 돌기가 긴 것이 특징이다.

가시 해마

이름에서 알 수 있듯이 체륜을 따라 여러개의 돌기가 보이며 전신 가시가 있는 것처럼 보이는 해마이다. 서식대는 다소 깊고 20~30m부근에 많다. 칼라 변형은 노린색과 흰색 핑크 등도 볼 수 있다. 지금까지 이 이름으로 취급되고 있던 종의 대부분은 필리핀에서 수입되는 바버스 씨호스로 진짜 가시 해마가 수입되기 시작한 것은 비교적 최근이 되고 나서이다. 국내에서 는 (H. naemia), 산호 해마, 곡해마, 가시해마, 심해마 (H. trimaculatus)가 알려지고 있다.

0943

바버스 씨호스
학명 / Hippocampus barbouri	
분포 / 필리핀-인도네시아	크기 / 15cm

0944

산호 해마
학명 / Hippocampus mohnikei	
분포 / 서부태평양	크기 / 16cm

바버스 씨호스

수족관 업계에서는 오랫동안 가시 해마로 취급되어 온 종으로 주로 필리핀에서 수입된다. 해마 중에서 가장 대중적인 종으로 수입도 많다. 이런 종류의 특징은 이름 그대로 주둥이에 얼룩말 무늬가 들어가는 것이다.

산호 해마

대부분의 경우 복 해마나 플렛페이스 씨호스와 혼동되고 있다. 본종의 큰 특징은 꼬리부분에 명료한 흰색 밴드가 들어간다는 점에 있다. 꼬리의 밴드가 매우 뒤슈타이 꼬리와 비슷하기 때문에 리머테일 씨호스라는 별칭이 있다.

롱스나우트 씨호스
학명 / *Hippocampus reidi*
분포 / 서부태평양 　크기 / 15cm

0946

0945

롱스나우트 씨호스(옐로우)
학명 / *Hippocampus reidi*
분포 / 서부태평양 　크기 / 15cm

0947

롱스나우트 씨호스(레드)
학명 / *Hippocampus reidi*
분포 / 서부태평양 　크기 / 15cm

0948

복 해마(옐로우)
학명 / *Hippocampus kuda*
분포 / 인도양-태평양 　크기 / 30cm

0949

빅벨리 씨호스(암컷)
학명 / *Hippocampus abdominalis*
분포 / 호주남서부 　크기 / 10cm

0950

복 해마
학명 / *Hippocampus kuda*
분포 / 인도양-태평양 　크기 / 30cm

0951

빅벨리 씨호스(수컷)
학명 / *Hippocampus abdominalis*
분포 / 호주남서부 　크기 / 10cm

롱스나우트 씨오스
미국 항공편으로 수입되는 다소 대형이 되는 해마. 오렌지와 레드 옐로우 등 아름다운 컬러 변형이 많아 인기도 높다. 캐리비안 씨호스라는 별칭이 있다. 마찬가지로 미국에서는 닮은 라인 드 시호스(H. erectus)가 알려져 있지만 라인 드 시호스에는 몸에 가는 라인이 세세하게 옆으로 들어가기 때문에 구별 된다. 먹이는 살아있는 곤쟁이가 최적이지만 큰 개체는 구피나 어린 물고기도 좋은 먹이가 된다.

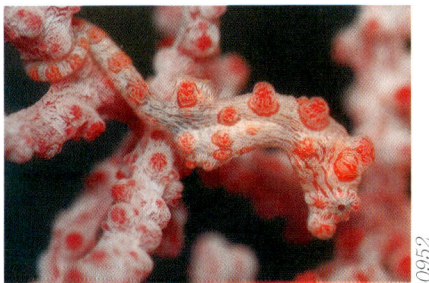

피그미 씨호스(암컷)
학명 / *Hippocampus bargibanti*
분포 / 서부태평양 | 크기 / 2cm

바스타드 씨호스
학명 / *Acentronura gracilissima*
분포 / 서부태평양 | 크기 / 10cm

피그미 씨호스(수컷)
학명 / *Hippocampus bargibanti*
분포 / 서부태평양 | 크기 / 2cm

오네이트 파이프피쉬
학명 / *Halicampus macrorhyncus*
분포 / 인도양 시부대평양 | 크기 / 15cm

복 해마
마닐라편이나 인도네시아편으로 일정하게 수입되는 해마로 자이언트 씨호스의 이름으로 수입된다. 성어는 몸길이 20cm이상이 되는 대형종이다 칼라 변형도 제법 풍부하고 흑갈색을 비롯해 황색이나 연한 오렌지 등이 있다. 해마 중에서도 튼튼해 사육하기 쉬우며 수입시 봉지 안에서 새끼를 낳아 버리는 일도 있다. 수조 내에서의 번식도 충분히 노릴 수 있고 가능한 종류이다.

빅벨리 씨호스
남서 오스트레일리아산이 특이한 해마이다. 체색은 회백색으로 컬러변이가 없고 머리에는 뿔과 같은 피판이있는 것이 특징이다. 자연에서는 해초가 잘 우거진 포인트를 좋아하고 짝을 이루는 경우가 많다. 사육 포인트는 수온으로서 적어도 18~20℃를 유지하지 않으면 장기 사육은 불가능하다. 브리딩된 개체가 호주에서 수입한다.

피그미 씨호스
매우 작고 아름다운 해마로 사진 속 뿔산호와 똑같은 색을 띠고 있으며 몸에 폴립이 수축하는 니지럼 노름부께 그니스립게 비려 있이 기베히

봐도 수중에서 발견하기가 매우 어렵다. 포인트 에 따라서는 촬영하려는 다이버가 차례를 기다 릴 정도로 인기종이 되고 있다.

바스타드 씨호스
해마와 파이프피쉬의 중간적인 특징을 가진 종으로 서부 태평양에 널리 분포한다. 성장해도 10cm정도의 소형종으로 해마처럼 해초 등에 꼬리를 감고 있는 경우가 많다. 사진에서도 알 수 있듯이 컬러 변형이 매우 많으며, 개중에는 빨강이니 그린색등의 이름다운

개체도 볼 수 있다. 내만의 쓰레기가 쌓인 듯한 장소를 잘 찾아보면 발견되는 경우가 많다고 하지만 관상어로 수입되는 것은 적다.

오네이트 파이프피쉬
바스타드 씨호스와 마찬가지로 파이프피쉬의 특징을 보이며 등에는 9개의 눈에 띄는 피판이 있다. 칼라 변형도 많고 개중에는 빨갛게 물드는 아름다운 것도 볼 수 있다. 파이프피쉬로서는 비교적 큰 입을 가지고 있으며 사육시에는 살아있는 고재이를 작 먹는다.

거물가시치
학명 / *Trachyrhamphus serratus*	
분포 / 인도양-서부태평양	크기 / 33cm

부채꼬리 실고기
학명 / *Doryrhampus japonicus*	
분포 / 서부태평양	크기 / 10cm

등흰점 실고기
학명 / *Festucalex erythraeus*	
분포 / 서부태평양	크기 / 10cm

클리너 파이프피쉬
학명 / *Doryrhamphus janssi*	
분포 / 서부태평양	크기 / 10cm

매니밴디드 파이프피쉬
학명 / *Doryrhamphus multiannulatus*	
분포 / 서부태평양	크기 / 14cm

밴디드 파이프피쉬
학명 / *Dunckerocampus dactyliophorus*	
분포 / 서부태평양	크기 / 15cm

부채꼬리 실고기
꼬리지느러미의 노란 반점이 보통 3개이고 몸 쪽 블루 밴드도 가늘게 들어가는 것이 특징이다. 암초 지역의 바위 틈이나 바위그늘에 서식하고 있다.

거물가시치
수심 15~100m의 모래바닥에서 볼 수 있는 비교적 길쭉한 실고기. 필리핀 등에서 수입되지만 수입은 드물다. 수컷의 꼬리 배 쪽 앞부분에 육아낭이 있으며 알에서 깬 어린 개체는 수컷의 혈관을 통하여 영양을 공급받는다. 제주도에 분포한다.

등흰점 실고기
소형종으로 붉은색이나 오렌지색에서 사진과 같은 흰색 밴드가 들어가는 등의 컬러 변이가 다양하다. 암초역의 바위 아래 서식하고 있어 좀처럼 모습을 볼 수 없다. 최근에는 관상어 루트에서도 수입되고 있으며 붉은 색등의 아름다운 개체는 인기가 높다.

클리너 파이프피쉬
몸의 중앙부분에서 선명한 오렌지색으로 물드는 아름다운 실고기. 주로 인도네시아 항공편으로 수입한다. 파이프피쉬는 해마와 달리 수컷은 육아주머니를 갖지 않기 때문에 복부가 V자 모양으로 움푹 들어가 있고 잘 보면 암수 구분

풀 해마
학명 / *Urocampus nanus*	
분포 / 인도양-태평양	크기 / 15cm

0963

메스메이트 파이프피쉬
학명 / *Corythoichthys haematopterus*
분포 / 인도양-서부태평양   크기 / 12cm

0964

띠거물가시치
학명 / *Halicampus boothae*
분포 / 인도양-서부태평양   크기 / 17cm

이 된다. 자연에서도 짝을 이루는 경우가 많기 때문에 수조에서도 짝을 지어 사육하고 있으면 번식도 가능하다.

매니밴디드 파이프피쉬
스리랑카편 등으로 수입되는 인도양산의 파이프피쉬이다. 체색은 이름처럼 온몸이 오렌지와 갈색 줄무늬를 보이고 붉은 꼬리지느러미가 포인트가 되어 매우 아름답다. 산호수족관에 적합한 종으로 미세한 동물성 플랑크톤을 주식으로 하고 있기 때문에 먹이를 주기 어렵다.

밴디드 파이프피쉬
가장 대중적이고 아름다운 파이프피쉬이다. 마닐라편에서의 수입량도 많다. 수입 직후의 컨디션에는 주의가 필요하며 일어서서 수조 내를 천천히 헤엄치고 있는 개체를 선택하지 않으면 단명으로 끝날 수도 있다. 사육에 있어서는 상태가 좋은 산호수족관에 수용하면 수조 내에 발생하는 플랑크톤도 섭취할 수 있고 장기 사육도 가능하게 된다.

풀 해마
내만 조류장에 사는 소형종으로 성상해도 15cm정도. 갈색이나 녹갈색 황갈색 등의 체색에 코발트 블루의 작은점을 새겨 아름답다. 수입되는 것은 거의 없다.

메스메이트 파이프피쉬
바닥이나 바위 표면을 마치 기어가는 듯한 특징적인 수영을 보여주는 파이프피쉬. 자연에서도 모래땅이 있는 산호초에 서식하기 때문에 체색도 하얗고 위장에 도움이 되는 색을 하고 있다. 헤엄치는 방법도 빠르고 유머러스하다. 사육 방법은 다른 파이프피쉬와 다르지 않아 대형 물고기나 활발한 어종이 없는 산호수족관에서의 사육에 적합할 것이다.

띠거물가시치
몸이 가늘고 긴 입이 매우 짧은 것이 특징인 종으로 암초역에 서식하고 있다. 체색은 사진처럼 직갈색을 띤 것이 많다.

엘리게이트 파이프피쉬
체색이 명록색으로 아름다운 파이프피쉬이다. 이 체색은 조류 등에서 몸을 숨기는 위장역할을 하고 있다. 몸길이도 20cm가까이 되는 대형종이다. 마닐라나 인도네시아로부터의 수입이 된다. 다른 파이프피쉬들이 부채 모양의 꼬리지느러미를 가지는 반면 본종의 경우는 꼬리지느러미는 투명하고 눈에 띄지 않는 것이 특징

실고기
가장 대중적인 종으로 잘피가 생육하는 사니질의 연안 주변에 서식한다. 부산, 진해, 하동, 여수, 목포에서 서식이 확인되었다. 체색은 비교적 수수하고 담갈색~갈색 녹갈색 등이다.

0965

엘리게이트 파이프피쉬
학명 / *Syngnathoides biaculeatus*
분포 / 인도양-서부태평양   크기 / 20cm

0966

실고기
학명 / *Syngnatus schlegeli*
분포 / 한국, 일본, 러시아   크기 / 30cm

위디 씨드래곤
학명 / *Phyllopteryx taeniolatus*

| 분포 / 호주-테즈메니아 | 크기 / 30cm |

위디 씨드래곤(유어)
학명 / *Phyllopteryx taeniolatus*

| 분포 / 호주-테즈메니아 | 크기 / 30cm |

리피 씨드래곤
학명 / *Phycodurus eques*

| 분포 / 호주남부 | 크기 / 35cm |

롱테일 씨마우스
학명 / *Pegasus volitans*

| 분포 / 인도양-서부태평양 | 크기 / 8cm |

레이저피쉬
학명 / *Aeoliscus strigatus*

| 분포 / 서부태평양 | 크기 / 8cm |

할리퀸 고스트 파이프피쉬
학명 / *Solenostomus paradoxus*

| 분포 / 인도양-서부태평양 | 크기 / 12cm |

리피 씨드래곤
호주 남부에 서식하는 세계적인 희귀어로 해룡이라는 이름을 가진다. 이름에서 알 수 있듯이 몸속에 해조를 생각하게 하는 잎 모양 돌기를 붙이고 바닷속에 있을 때는 해조와 전혀 구별이 되지 않는다. 수족관에서도 볼 수 있는 것은 드문 종이지만 지금까지 몇 마리 수입되고 있다. 사육에 있어서는 18℃ 전후를 유지해 먹이는 살아있는 곤쟁이를 주면 좋다. 모든것에 있어서 급격한 쇼크는 절대 금지로서 특히 강한 빛을 받으면 먹이를 먹지 않게 되어 죽어 버리는 경우도 있다.

위디 씨드래곤
리피 씨드래곤과 마찬가지로 남서 호주산의 진귀한 종이다. 해초에 의태한 체형과 체색이 특징이다. 리피 씨드래곤과 마찬가지로 사육은 수온을 18℃ 정도로 유지해야 한다. 본종의 생태 특징은 또 하나가 있는데 수컷은 다른 해마처럼 육아낭을 가지지 않고 복부 표면의 오목부에 알을 붙이고 부화까지 돌본다. 체색도 수컷이 붉은 빛이 강하고 약간 화려하다. 리피 씨드래곤보다 수입수는 많지만 그래도 상당히 드물다.

롱테일 씨마우스
모래바닥에 서식하는 저생의 물고기로 넓은 의

리틀 드래곤피쉬
학명 / *Eurypegasus draconis*

| 분포 / 인도양-태평양 | 크기 / 7cm |

쏠종개
학명 / *Plotosus lineatus*
| 분포 / 인도양-서부태평양 | 크기 / 25cm |

옐로우일 고비
학명 / *Gobulina tupae*
| 분포 / 서부태평양 | 크기 / 12cm |

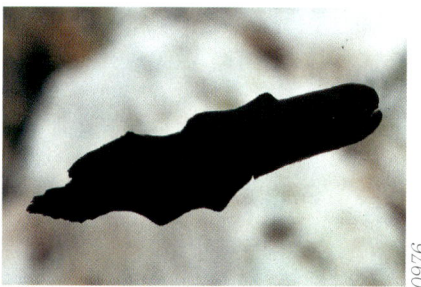

블랙 보로투라
학명 / *Sivanumina minicuta*
| 분포 / 비히비 쿠바 | 크기 / 8cm |

피콕 소울
학명 / *Paradachirus pavoninus*
| 분포 / 인도양-서부태평양 | 크기 / 25cm |

![콕카투 라이트아이 플라운더 사진]

콕카투 라이트아이 플라운더
학명 / *Samaris cristatus*
| 분포 / 인도양-서부태평양 | 크기 / 20cm |

피콕 플라운더
학명 / *Bothus mancus*
| 분포 / 인도양-태평양 | 크기 / 42cm |

미로 파이프피쉬의 종류라고 본다. 체형은 편평하고 가슴지느러미가 크고 입끝은 돌출하고 있는 것이 특징이다. 몸은 파이프피쉬나 해마와 같이 딱딱한 비늘로 덮여 있어 외적 으로부터 몸을 지키는데 도움이 된다. 입은 코 가 아니라 아래쪽을 향하고 있고 모래 위의 동물성 플랑크톤을 주식으로 하고 있다. 주로 마닐라편이나 인도네시아편으로 수입한다.

레이저피쉬
머리를 아래로 한 독특한 수영으로 유명한 물고기. 무리로 행동하며 이 헤엄치는 방법은 성어가 되면 가지산호등 안에 들어가 외적으로부터 몸을 지키기에 적합하다. 입은 작고 섬세한 동물성 플랑크톤을 주식으로 하고 있기 때문에 사육시에는 먹이를 주기 어렵지만 수조 내에 설치할 수 있는 염수 연속 부화 시스템이 있어서 번거로움 없이 사육이 가능하다고 한다.

할리퀸 고스트 파이프피쉬
오네이트 고스트파이프 피쉬라고도 불리며 온몸에 돌기가 있는 이상한 스타일링이 특징이다. 체색에는 몇 가지 번이가 있어 뿔산호에 의태하는 레드 타입과 비디나리에 의태하는 블랙 타입이 자주 보이는 컬러이다. 수송이나 환경 변화에 매우 민감하고 수조에서의 장기 사육은 꽤 어렵다. 인도네시아 항공편으로 수입되고 있

다. 사육시 너무 강한 수류는 피하는 것이 좋다.

리틀 드래곤피쉬
마치 물고기라고는 생각되지 않는 독특한 모습을 한 종으로 내만의 모래바닥 등에서 짝을 지어 걷는 것처럼 헤엄치고 있다. 색채적으로는 흰색에서 적갈색 흑갈색 등이 보인다. 먹이는 살아있는 곤쟁이 등을 먹지만 움직임이 느리기 때문에 움직임이 빠른 먹이는 먹기 어려운 것 같다. 그 때문에 모래땅 공간을 마련한 암초 아쿠아리움 등에서 사육하면 자연적으로 수조에 생겨나는 작은 각갑류 등을 먹는다.

쏠종개
성어는 다소 깊은 곳에 서식하지만, 유어는 내만에서 많이 볼 수 있다. 황색과 탄갈색의 줄무늬를 하고 있으며, 유어는 구형으로 무리지어 피쉬볼을 만들며 이 행동은 수조 내에서도 관찰할 수 있다. 주의할점으로 등지느러미와 꼬리지느러미에는 독이 있는 가시가 있어 찔리면 매우 아프기 때문에 취급 시 맨손으로 만지는 것은 피하는 것이 좋다. 남해 및 제주지역에서 낚시나 포획용 어항으로 채집한다.

옐로우일 고비
꼬리지느러미가 작게 퇴화하고 대신에 등지느러미를 물결치며 헤엄치는 유니크한 물고기이다. 이 종류는 세계의 산호초 지역을 중심으로

널리 분포한다. 본종은 체색이 황색으로 선명하기 때문에 이 그룹에서는 수입량이 많다. 마닐라편이나 인도네시아 스리랑카편 등으로 수입한다. 기본적으로는 튼튼하고 사육이 쉽다.

블랙 보로투라
카리브해의 고유종으로 다스키 옐로우일 고비와 같이 등지느러미와 꼬리지느러미를 물결치며 헤엄친다. 본종은 이 종류 중에서도 소형종으로 성어도 몸길이는 8cm이하이다. 성질은 매우 얌전하기 때문에 활발한 물고기에게 괴롭힘을 당하기 쉽다.

곡카투 라이드아이 플라운디
등지느러미 맨 앞부분의 연조가 10~15개 매우 길게 자라며 끝이 하얗고 뿌리 부분이 검게 되는 것이 특징으로 전체 길이 20cm로 이 종류에서는 소형종이다. 수입되는 일은 적다.

피콕 소울
본종을 비롯해 이 종류들은 사육시에 고운 산호모래를 준비하고 조개류로 먹이를 주면 먹이기 쉽다. 필리핀 등에서 가끔 수입한다.

피콜 플라운더
산호초 지역의 모래 진흙질의 해저에서 서식하고 생선 조개류 외에 건조 새우 등도 먹게 된다. 신체 측면의 흑반이 특성으로 상당히 내영이 되는 종이다.

샌디에이고 동물원

세계최고의 동물원으로 뽑히는 샌디에이고 동물원은 요
소요소가 흥미로웠다. 북극곰의 사육장에 눈처럼 보이는
것은 실제 얼음과 눈이다. 샌디에이고는 일 년 내내 따뜻
하고 온화한 날씨를 가지고 있으니 얼음과 눈 아래에는
냉각판이 있을것으로 생각된다. 위에 사진은 지나가는
지역에 있는 것인데 처음에는 갈색제비의 집으로 생각했
지만 새를 자세히 보니 아프리카에 서식하는 흰목벌잡이
새들의 둥지였다. 학습적으로도 기술적으로도 많은 시간
을 앞서있다는 것을 느끼게 한다.

Text. 김 승민 / Photo. 김 승민

타이거 스네이크일

학명 / *Myrichths maculosus*

분포 / 인도양-태평양   크기 / 100cm

인간에게 뱀을 연상시키는 길쭉한 모습을 가진 생물이라는 것은 아무래도 꺼려지기 쉽다. 마린 아쿠아리움의 세계에서 그런 종류의 생물에 해당하는 것이 모레이 일의 종류 즉 곰치이다. 남부 제주도 해안 지역에 서식하는 곰치. 여름철 해수욕 시즌에 암석 등을 관찰하면 볼 수 있는 종류이다. 문어 등의 먹이를 찾아서 매우 얕은 곳에도 오는 것 같아 생각보다는 만나는 것이 가능하다. 그래도 수경을 끼고 들여다 본 바닷속의 바위 틈에서 그들의 모습을 발견하면 역시 가슴이 철렁내려 앉는다.

답답한 듯 반 벌린 입과 그 입에 늘어선 날카로운 이빨, 가슴 지느러미도 배지느러미도 없는 몸 황갈색과 갈색 갈색의 복잡한 체반. 그 굉장한 표정에 깜짝 놀라게 되는 것이다. 언뜻 보기에는 사나워 보이지만 특별히 흉포한 물고기는 아니고 상대방도 갑자기 온 침입자의 모습에 아마 당황했을 것이다.

하지만 어둠 속에서 손을 내밀거나 놀라게 하면 날카로운 이빨로 물어 꽤 큰 부상을 입을 수도 있어 다이버나 해녀들이 싫어하는 물고기이다. 물론 사육에서도 마찬가지로 취급에는 세심한 주의가 필요하다.

이렇게 아무래도 기피되기 쉬운 물고기이지만 그 반면 열대역에 서식하는 것 중에는 아름다운 종류도 많고 또 놀래키지 않으면 먹이사냥 등으로 사람들에게도 익숙해지기 쉬워 습성을 잘 알게 된 다이버에게 인기가 있는 것도 사실이다.

해양 수족관 물고기로 가장 대중적인 곰치류는 역시 리본 일이다. 이름이 나타내는 바와 같이 이 종류 중에서도 크게 긴 몸을 가진 물고기이다. 또한 여러마리가 모래속에서 얼굴만 빼고 있는 가든 일은 언제나 인기 있는 아쿠아리움 피쉬이다.

스노우플레이크 모레이
학명 / *Echidna nebulosa*
분포 / 인도양-중서부태평양 크기 / 60cm

레오파드 모레이일
학명 / *Muraena pardalis*
분포 / 습서무내변화 크기 / 90cm

제브라 모레이
학명 / *Gymnomuraena zebra*
분포 / 인도양-태평양 크기 / 100cm

타이거 스네이크일

흰색 바탕에 검은색 무늬의 스팟이 규칙적으로 들어가는 매우 아름다운 종. 모래땅에 서식하며 낮에는 모래 속에 숨어 있고 얼굴만을 내밀고 있다. 수입은 드물고 입수는 어렵다. 운 좋게 입수했을 때에는 수조에 제대로 뚜껑을 닫는 것이 중요하고 틈이 있으면 거기에서 도망쳐 버리는 경우가 많다.

스노우플레이크 모레이

이 종류에서는 인기있는 종이다. 매우 광역에 분포하고 있으며 일본 오키나와의 산호초역에서도 매우 일반적으로 볼 수 있는 종류이다. 산호초 지역의 극히 얕은 곳에 서식하고 있으며 유어 등은 타이드 풀이나 간조시 남겨진 웅덩이에 있는 경우도 많다. 본 속은 자연에서는 갑각류를 전식하고 있다. 사육시에는 새우 오징어 어육 또는 건조 크릴 등 동물질은 무엇이든 먹지만 살아있는 작은 물고기를 덮치는 일은 거의 없다. 필리핀 등에서 비교적 일정하게 수입되어 온다.

레오파드 모레이일

후비관이 발달하기 때문에 영명으로는 "드래곤 모레이" 라고 불리며 외국에서는 매우 귀중하고 고액에 거래되고 있다. 온대계의 광익 분포종으로 연안의 암초역에서는 극히 일반적으로 볼 수 있으며 열대역에서는 비교적 드문 부류에 속한다. 오렌지색 짙은 것부터 희끗희끗한 담색의 것까지 해역에 따라 변이가 보인다. 민첩한 먹이를 빠르고 확실하게 잡기 때문에 이빨은 날카롭고 양턱은 슬림하며 굽어 있다. 성격은 거칠고 물릴 경우 큰 부상을 입을 우려도 있기 때문에 부주의하게 수조 내에 손을 넣지 말고 조심해서 다루어야 한다.

제브라 모레이

독특한 무늬와 특수화된 체형을 가진 1속 1종의 모게기료 이넘 처럼 온몸에 얼룩반 무양이 아름다운 종이다. 등지느러미는 거의 발달하지

리본 일
학명 / *Rhinomuraena quaesita*
분포 / 인도양-서부태평양 크기 / 120cm

않아 다른 모레이처럼 몸을 굽혀 중층을 헤엄치는 일은 것은 없다. 성장함에 따라 머리가 크게 높아지는데 이는 식성과 관련되어 있으며 주식인 갑가류나 성게 혹은 이매패 등을 분쇄하기 위한 교근의 발달에 기인한다. 또한 치아는 날카롭지 않고 모두 어금니 모양을 이루고 있다. 사육시에는 특별히 가리시 않고 동물질이면 무엇이는 잘 먹는다.

리본 일

아쿠아리움피쉬로서 예전부터 사랑받고 있는 아름다운 모레이이 종류 이 종은 수컷신숨을 하는 것으로 알려져 있으며 유어는 검은 색을

띠고 있지만 모든 개체가 먼저 수컷으로 성숙하여 밝은 파란색을 나타낸다. 전장 1m 전후로 성장하면 암컷으로 성전환하는 것이 나타나 체색이 황색 빛을 띠게 된다. 암컷의 비율은 적고 통상 수입되는 개체는 대부분 푸른 수컷 개체. 녹색을 띤 노란색을 보이는 개체는 극소수 밖에 수입되지 않는다. 물고기 자체는 매우 튼튼하지만 먹이를 주는 것은 다소 어려우며 처음에는 작은 금붕어 등 살아있는 물고기를 주고 서서히 물고기나 오징어룡의 토막에 길들어지도록 하면 좋다 필리핀과 인도네시아에서 비교적 일정하게 수입되시나 숫사는 그리 많지 않다.

레이스드 모레이
학명 / *Gymnothorax favagineus*
분포 / 인도양-인도네시아 　크기 / 200cm

그레이페이스 모레이 일
학명 / *Gymnothorax thyrsoideus*
분포 / 서부태평양 　크기 / 60cm

바드 모레이
학명 / *Echidna polyzona*
분포 / 인도양-중서부태평양 　크기 / 60cm

곰치
학명 / *Gymnothorax kidako*
분포 / 서부태평양 　크기 / 80cm

레티큐라트 훅죠 모레이
학명 / *Enchelycore lichenosa*
분포 / 태평양 　크기 / 90cm

Y패턴드 모레이
학명 / *Gymnothorax berndti*
분포 / 인도양-서부태평양 　크기 / 100cm

레이스드 모레이
산호초 바깥 가장자리의 경사면에 서식하고 있으며 매우 대형이 되어 모레이류에서는 최대급의 종이다.

그레이페이스 모레이 일
산호초의 얕은 장소에 서식하는 종으로 이름대로 체색을 띠고 있다. 이빨은 그다지 날카롭지 않고 얕은 산호초 지역에서는 대중종이다. 사육은 쉽고 익숙해지면 동물질 먹이라면 무엇이든 먹게 된다. 가끔 필리핀 등에서 수입되어 오는데 수는 그리 많지 않다.

그린 모레이
학명 / *Gymnothorax funebris*
분포 / 대서양 　크기 / 200cm

골든테일 모레이 일
학명 / *Gymnothorax miliaris*
분포 / 대서양 　크기 / 60cm

화이트 리본 일
학명 / *Pseudechidna brummeri*
분포 / 인도양-중서부태평양 　크기 / 80cm

바드 모레이
사진은 성어에 가까운 개체이지만 유어기는 명료한 밴드 모양을 보여준다. 일반적으로 본 속의 모레이는 얌전하지만 개체에 따라 동종에 대해 공격을 하는 것이 있다. 또 성어는 전혀 무반의 변이가 있다. 산호초 지역의 얕은 곳에 서식하고 주식은 갑각류이다. 모레이는 어느 종류나 매우 튼튼하여 거의 병에 걸리지 않지만 의외로 신경이 예민하기 때문에 수조 내 레이아웃 변경 등을 할 때에는 안정될 때까지 먹이를 받아들이지 않게 되는 일이 있다. 또한 후각은 매우 민감하여 산화된 먹이나 오래된 물에서의 사육에서도 섭취하지 않는 경우가 있다.

제브라 가든 일
학명 / *Heteroconger polyzona*
분포 / 인도양-서부태평양 | 크기 / 30cm

테일러스 가든 일
학명 / *Heteroconger taylori*
분포 / 인도네시아, 뉴기니아 | 크기 / 40cm

스포티드 가든 일
학명 / *Heteroconger hassi*
분포 / 인도양-태평양 | 크기 / 35cm

스프렌디드 가든 일
학명 / *Gorgasia preclara*
분포 / 인도양-서부태평양 | 크기 / 38cm

밴디드 스네이크 일
학명 / *Mirichthys colubrinus*
분포 / 인도양-서부태평양 | 크기 / 100cm

곰치
가장 대중적인 모레이의 종류로 낚시꾼으로부터 미움을 받고 있다. 독특한 풍모 때문에 애호하는 매니아도 많고, 이 동료를 중심으로 수집하고 있는 사람도 많다. 사람에게도 잘 익숙하지만 날카로운 이빨을 갖고 있기 때문에 취급에는 세심한 주의가 필요하며, 잘 길든 개체일수록 뜻하지 않게 다치는 경우가 많다.

레티큐라트 훅죠 모레이
다소 몸집이 큰 그물무늬를 가진 종으로 양턱이 굽어 있기 때문에 항상 입을 열고 있는 것처럼 보이는 것이 특징이다. 사육은 곰치에 준하지만 수입은 적다.

Y패턴드 모레이
희긋희긋한 몸에 흑갈색의 거친 그물 모양을 가진 아름다운 종으로 머리에도 같은색으로 미세한 그물 패턴이 들어가는 것으로 타종과 구별된다. 사육은 곰치와 같다. 가끔 필리핀이나 하와이편으로 수입되어 오는데 수는 적다.

그린 모레이
서인도 제도나 카리브해에서 매우 일반적으로 서식하고 있는 종류로 대서양 해역에서는 최대의 모레이로 알려져 있으며 큰 개체는 전체 길이 2.5m 몸무게 30kg에 이른다. 산호초 시역의 수심 3~45m정도까지의 모든 환경에 서식하고 있다. 전형적인 야행성으로 낮에는 바위 구멍등에서 휴식하고 있는 경우가 많다. 매우 공격적인 모레이이므로 사람도 물기 때문에 이송시나 급여시 충분히 주의한다. 동종 간에는 거의 싸우지 않는 모레이류이지만 본종은 다른 모레이류에도 공격을 가하기 때문에 단독 사육이 좋다. 독특한 아름다운 색채로 인해 인기가 높은 종류로 미국편으로 수입되지만 특별히 주문을 하는 것 외에는 수입되는 경우가 없다.

골든테일 모레이 일
플로리다 주변 지역이나 서인도 제도에서는

드물고 약간 남쪽에 분포하고 있으며, 특히 브라질 연안지역에서 대서양 중부역에 걸쳐 많이 서식하는 소형이고 아름다운 모레이이다. 모레이속으로 분류되어 있으나 형질적으로는 Siderea속에 가까운 종류이다. 무늬변이가 매우 많고 노멀, 라지, 스팟, 마블 등이 있으며 각각 등급별로 가격차이가 있다. 산호초 지역 수심 1~15m정도에 서식하며, 바위가 있는 지대에 많이 볼 수 있다. 아름답기 때문에 외국에서도 인기종으로 모레이류로서는 꽤 고액으로 거래되고 있다.

화이트 리본 일
사진의 개체는 태평양쪽에 분포하는 것으로 머리에 작은 반점을 가지지만 인도양산은 반점은 없고 체색도 약간 갈색이 강하다. 필리핀 등에서 수입되지만 수는 그리 많지 않다.

제브라 가든 일
이름 그대로 휘색 바탕에 검은 제브라 무늬를 가진 가든 일로 인도네시아에서 수입된다.
테일러스 가든 일
옅은 올리브 그린의 몸에 암갈색 스팟이 전신에 박혀있다. 이 스팟은 등지느러미에도 들어가 그것이 본종의 특징이 되고 있다. 인도네시아에서 수입된다.

스포티드 가든 일
가든 일의 명칭으로 알려진 종이다. 특수한 생태로 특히 다이버들에게 인기가 높은 어종이다. 산호초 지역의 약간 흐름이 강한 평평한 모래 바닥에 서식하고 일정한 장소에 식민지를 형성하고 있다. 서식 수심은 7~45m정도이나 수심 10m 전후에서도 볼 수 있다. 일반적으로 수컷이 암컷보다 큰 것으로 알려져 있다. 사육 환경에서는 수류와 몸을 숨기기 위한 파우더 형태의 바닥 모래(약 20cm 두께)가 필요하다. 사육 에 홍미니는 무척추 등물 수족관에 더르 봉기를 넣고 모래를 재우는 사육 방법이 있다. 이 방법이라면 효율적으로 몸을 숨길 수 있고

먹이인 브라인 슈림프 등을 많이 줄 경우 생기는 로스를 무척추동물에게 섭취시킬 수 있기 때문에 편리하다. 익숙해지면 냉동 알테미아나 부서진 크릴을 수류에 띄워주면 먹게 된다. 필리핀에서 수입된다.

스프렌디드 가든 일
1981년에 기재된 비교적 새로운 종류이다. 몰디브에서 흔히 볼 수 있는 종류이다. 본 속 가든일은 전종처럼 머리가 둥그름하지 않고 아래턱이 돌출되어 다소 각진 느낌이 있다. 산호초 지역 수심 30m이상에 서식하며 흐름이 강한 약간 경사가 된 모래 바닥지에서 볼 수 있다. 드물게 근연종과 혼생하는 경우가 있다. 수입수는 매우 적다. 사육에 대해서는 스포티드 가든일와 같고 약간 두껍게 파우더 형태의 모래를 깔고 먹이는 살아있는 곤쟁이나 브라인슈림프로 먹이를 준 뒤 크릴이나 냉동 알테미아로 길들여 가면 된다.

밴디드 스네이크 일
휘색과 검은색 지브라 패턴이 아름다운 바다뱀과 닮고기로 산호초의 모래 바닥에 서식하고 있다. 이빨은 재브러피되어 있어 신연류 생연류 소개유를 밥반해 먹는 고기로 길게 밸비 수신 것이 좋다. 느물게 필리핀 등에서 수입된다.

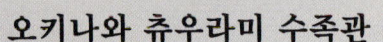

오키나와 츄우라미 수족관

1975년 개장한 수족관으로 2005년 까지 세계최대 수족관
이었다. 방문했을 때 수족관 뒤쪽에 있는 연구소와 수장
고에서 장수거북을 보여주었다. 그리고 전시하고 있지
않지만 관리자 동선에는 심해어를 사육하는 감압기를 몇
대 보았는데 심해어를 연구하고 있다는 것이 부럽기도
하고 배우고 싶기도 하다.

Text. 김 승민 / Photo. 김 세윤

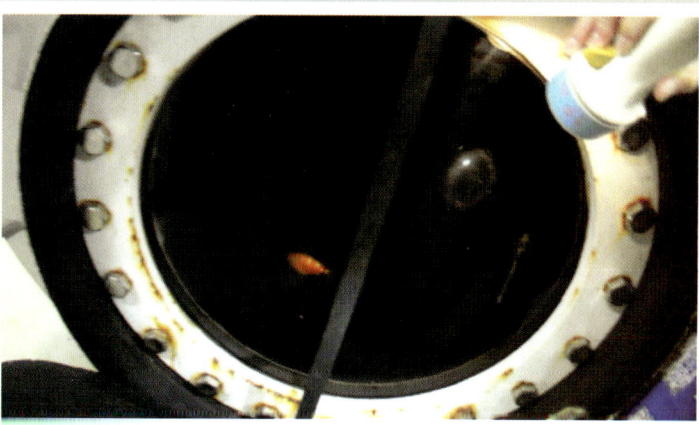

고래상어
학명 / *Rhincodon typus*
분포 / 온대 및 열대 지역 | 직경 / 18m

6660

흑점얼룩상어
학명 / *Chiloscyllium punctatum*
분포 / 인도양-서부태평양 | 크기 / 100cm

상어와 가오리의 종류는 연골어류에 속하며 진화 과정에서 농어, 참치, 붕어와 같은 이른바 경골어류와는 다른 길을 걸어 온 한 무리이다. 상어는 아주 오래된 시대에 지구에 나타났으며 여전히 왜곡된 꼬리의 오래된 특성을 유지하고 있다.

특히 외양성의 종류에서는 유선형으로 수영에 매우 적합하며, 먹이사슬의 피라미드 꼭대기를 지배하는 생물이기도 하다. 시력은 약한 것으로 알려져 오로지 후각에 의지해 먹이를 포획하고 있다.

대부분의 종은 육식성이지만, 가장 큰 물고기라고 불리는 고래상어의 먹이는 먹이를 적극적으로 공격하는 것이 아니라 입을 벌리고 헤엄쳐 거기에서 모은 먹이를 먹는 여과식성이라고 하는 것도 흥미롭다.

한편 매우 독특한 체형을 가진 것이 가오리의 종류들이다. 과장되게 말하면 상어를 위아래로 짓누른 듯한 모양새라고 말 할 수

있다. 크게 종편한 몸을 가지고 크게 벌어진 가슴 지느러미를 가진다. 상어류와 다른 점은 가오리에서는 아가미구멍이 배 쪽으로 뚫려 있다는 점이다.

성질은 얌전하고 만타가오리 등의 대형종도 존재하지만 아쿠아리움 트레이드 되는 것은 일반 적으로 소형의 종류이다. 그 중에서도 리본테일 레이는 제반 전체에 들어가는 코발트 블루 스팟이 아름다운 종류로 모양만큼이나 색상도 즐길 수 있는 종류다.

관상어로 취급되는 상어류는 괭이상어등 저생성으로 온화한 것이 중심으로 비교적 소형의 것이 많다. 흑점얼룩상어나 레오 파드 상어처럼 꽤 아름다운 종류도 있다. 영화 '조스' 등에서 등장한 백상어와 같은 외양종에서는 자칫 그 흉포한 이미지만 앞서는 경향이 있지만 마린 아쿠아리움을 떠들썩하게 하는 상어 들은 또 다른 매력을 갖춘 물고기라고 할 수 있다.

너스 샤크
학명 / *Ginglymostoma cirratum*

분포 / 태평양　　　크기 / 430cm

에퍼렛 샤크
학명 / *Hemiscyllum ocellatum*

분포 / 호주-뉴기니　　크기 / 100cm

제브라 샤크
학명 / *Stegostoma fasciatum*

분포 / 인도양-중서태평양　크기 / 350cm

그레이 뱀부샤크
학명 / *Chiloscyllium griseum*

분포 / 인도양-서부태평양　크기 / 75cm

백점얼룩상어
학명 / *Chiloscyllium plagiosum*

분포 / 동인도양-서부태평양　크기 / 100cm

흑점얼룩상어

유어기는 극히 명료한 밴드 무늬를 가지나, 성장하면 작은 반점을 가지는 것이나 개체에 따라서는 무늬가 불명확해지는 것이 있다. 사육 시에는 생먹이를 선호하지만 익숙해지면 건조 크릴도 먹는다. 상어류 중에서는 고온에도 비교적 견딜 수 있는 종류이다. 인도네시아나 필리핀 등에서 일정하게 수입되어 오는 인기 있는 종으로 유어 외에 부화 직전의 알로도 수입 .

너스 샤크

유일하게 대서양에 서식하는 너스상어과로 같은과 중에서 가장 커지는 종류이다. 식욕도 왕성하고 성장도 빠르기 때문에 유어에서도 미리 큰 수조를 준비할 필요가 있을 것이다. 덧붙여 본종은 너스상어과로 분류되고 있지만 학자에 따라 다른 과로 보는 견해도 있다. 미국 편으로 30~50cm의 유어가 가끔 수입된다.

에퍼렛 샤크

어깨에 큰 반점이 특징인 종. 현재 5종류가 알려져 있으며, 본종은 그 중에서도 가장 대형이 되는 종류이다. 사육은 흑점얼룩상어와 같지만 본종은 가슴지느러미를 사용하여 돌아다니며 비바로 지느러미로 민는다. 가끔 수입되는 정도로 수입 개체는 다소 크다. 육지를 걸어다니는 상어로도 유명하다.

제브라 샤크

어린 물고기때는 사진처럼 검은 몸에 하얀 얼룩말 무늬를 가지고 있지만 성장에 따라 표범 무늬로 바뀌어 간다. 필리핀이나 인도네시아 등에서 유어나 알이 수입되기도 한다.

그레이 뱀부샤크

본 속 중에서 가장 소형의 종류. 유어기는 사진과 같은 무늬를 가지는데, 성장하면 균일히게 회갈내을 띠며 흑점얼룩상어와 매우 비슷한 모습이 된다. 갓 부화한 개체에서 총 길이 20cm정도까지의 유어가 인도네시아에서 수입된다. 흑점얼룩상어와 마찬가지로 먹이를 주는 것도 쉽고 키우기 쉽다.

백점얼룩상어

앞서 언급한 흑점얼룩상어보다 약간 소형의 종류로 유어에서 성어까지 체색에 그다지 변화가 없다. 또한 성장해도 흑점얼룩상어처럼 등지느러미의 뒷각이 뾰족하지 않고 라운드 엔드다. 먹이주기도 쉽고 사육하기 쉬운 상어 중 자나이다. 수족관 사육으 ㄹ 25년 살았던 기록누 있다. 본종도 인도네시아와 필리핀에서 유이기 수입되어 오는 인기있는 상어이다.

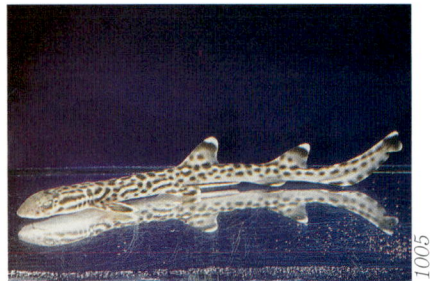

코랄 캣샤크의 일종
학명 / *Atelomycteus sp*

| 분포 / 중서부태평양 | 크기 / 150cm |

넥클리스 카펫샤크
학명 / *Parascyllium variolatum*

| 분포 / 테즈메니아 | 크기 / 90cm |

코랄 캣샤크
학명 / *Atelomycteus marmoratus*

| 분포 / 인도양-서부태평양 | 크기 / 150cm |

괭이상어
학명 / *Heterodontus japonicus*

| 분포 / 서태평양, 아프리카 | 크기 / 120cm |

크레시티드 불헤드 샤크
학명 / *Heterodontus galetaus*

| 분포 / 호주동부 | 크기 / 150cm |

혼 샤크
학명 / *Heterodontus francisci*

| 분포 / 동부태평양 | 크기 / 120cm |

포트잭슨 샤크
학명 / *Heterodontus portusjacksoni*

| 분포 / 호주 | 크기 / 160cm |

코랄 캣샤크의 일종
코랄 캣샤크에는 매우 유사한 종이 몇 가지 알려져 있으며 본 종도 그 중 하나에 포함되지만 종 판별은 어렵다. 가장 가까운 특징을 가지는 것은 비교적 예민한 블랙 스팟이 온몸에 산재해 있는 A. macleayi(호주 마블샤크)인데, 본종에서는 더욱 섬세한 스팟이 들어간다. 이 동료 중 가장 대중적이고 많이 수입되는 것이 코랄 캣샤크이다. 본종의 수입은 적다.

넥클리스 카펫샤크
7종류 알려지며 대부분 호주 주변 영역에 분포하고 있다. 또 이 동료는 온대에 적응하고 있으며 매우 긴 체형을 하고 있는 것이 특징이다. 호주 빅토리아에서 태즈메이니아에 걸쳐 많이 서식하는 종류로 중간 지점의 킹섬 주변 지역에서는 보통종이다. 자연에서는 갑각류나 갯고동류 또는 작은 물고기를 주식으로 한다. 기본적인 사육은 흑점얼룩상어 등과 같지만 서식지로부터 적정 수온은 22℃전후가 이상적이라고 생각된다.

코랄 켓샤크
산호초 얕은 곳에서 볼 수 있는 종으로 흰색과 어두운 갈색 패턴이 아름다운 종이다. 바지락과 갑각류 작은 물고기 등을 즐겨 먹는다. 흑점얼룩상어 만큼은 저생성이 아니며 많이 헤엄치지도 않는다. 인도네시아 필리핀 등에서 수입된다. 닮은 종에는 A. macleayi(호주 마블샤크)가 알려져 있지만 본종보다 미세한 블랙 스팟이 들어가기 때문에 구별된다. 사육은 비교적 쉽고 고수온에도 익숙해지기 쉽다.

크레시티드 불헤드 샤크
호주 동쪽 해안에 분포하는 괭이상어의 종류로 눈 위에 계관모양의 돌기를 가진 독특한 종이다. 수심 90m이하의 암초역이나 해초 덤불 속에 서식하며 갑각류와 성게 문어 오징어

블랙팁 리프샤크
학명 / *Carcharhinus melanopterus*
분포 / 인도양-태평양 | 크기 / 200cm

샌드타이거 상어
학명 / *Carcharias taurus*
분포 / 아열대바다 | 크기 / 320cm

레오파드 상어
학명 / *Triakis semifasciata*
분포 / 동부태평양 | 크기 / 180cm

화이트팁 리프샤크
학명 / *Triaenodon obestus*
분포 / 인도양-태편양 | 크기 / 200cm

조개류 등을 먹는다. 드물게 호주에서 수입.

괭이상어
괭이상어목은 1과 1속 8종으로 이루어진 다소 원시적인 형질을 갖춘 상어류로 태평양 인도양의 온대에서 아열대지역에 서식하고 있다. 사육 환경은 수류가 있는 산소량이 풍부한 상태가 좋다. 자연에서의 주식은 조개류, 성게, 갑각류등의 단단한 껍질을 갖는 것을 선호한다. 최대 수온은 25℃ 정도를 기준으로 한다.

혼 샤크
사진으로 봐도 알 수 있는 독특한 무늬로 인해 다른 종과의 구별이 가장 쉬운 괭이상어의 일종으로 태평양 남서부에서 호주에 걸쳐 분포하고 있다. 20~30cm의 유어가 호주편으로 가끔 수입된다.

포트잭슨 샤크
캘리포니아 연안에서 코르테츠해에 걸쳐 많이 서식하는 괭이상어로 이 종류로는 드물게 검은색 작은 스팟이 온몸에 흩어져 있다. 이러한 무늬를 가진 또 다른 종은 페루해안에서 동태평양의 갈라파고스까지 분포하는 H. quoyi로 알려져 있다. 자연에서는 조개류, 성게, 연체류 등은 주식으로 하고 사육환경은 괭이상어와 같다. 미국편으로 비교적 일정하게 수입되어 오는 종이다.

블랙팁 리프샤크
관상어로 수입되어 오는 상어 가운데 몇 안되는 유영성 상어로 그 상어다운 대담한 모습으로 인기가 높다. 수조 내에서도 항상 헤엄쳐 다니기 때문에 깊이는 그다지 필요 하지 않지만 폭 180cm, 깊이 100cm이상의 수조가 필요하다.

샌드타이거 상어
아쿠아리움에서 가장 많이 사육되고 있는 종류이다. 심각한 멸종위기에 속해있기 때문에 매우 고가에 무역이 되고 있다. 얼굴괴는 다르게 번식기를 세외하면 매우 순한종류이다. 우리나라에서는 무래뱀상어로 분린다.

레오파드 상어
동부 태평양 지역의 종류. 사육시에는 생먹이 외에 건조 크릴 등도 먹는다. 유영성 상어류는 환경의 급격한 변화로 호흡곤란이 올 수 있으므로 도입 시에는 시간을 들여 신중하게 물을 맞추는 것이 중요. 장기사육에는 냉각 설비가 필요.

화이트팁 리프샤크
이 이름으로 불리는 상어는 본종 외에 검은 꼬리 상어도 알려져 있지만 같은 상어과의 물고기 중에서도 십은꼬리상어는 유영성이지만 본종은 낮 동안 동굴이나 바위 그늘에서 움직이 지 않고 가만히 있는 것이 많다.

스포티드 워베공
학명 / *Orectolobus maculatus*
분포 / 서부태평양 　 크기 / 330cm

1016

수염상어
학명 / *Orectolobus japonicus*
분포 / 서부태평양 　 크기 / 100cm

1018

태설드 워베공
학명 / *Eucrossorhinus dasypogon*
분포 / 호주 　 크기 / 300cm

1019

스포티드 워베공
수염상어의 종류에서는 가장 대형이 되는 종류이다. 본종은 성미가 거친 수염상어로서 취급에는 세심한 주의가 필요하다. 사육 환경은 바닥면적을 많이 확보하고 쉘터는 하나 정도로 해주면 좋다. 또 여름 사육에서는 냉각 설비가 있는 것이 무난하다. 호주에서 유어가 수입.

가래상어
특이한 체형을 가진 가오리의 종류로 현재 40종 이상이 알려져 있다. 또한 이 종류는 난태생으로 작은 것은 한번에 5마리 그리고 큰 개체의 경우에는 거의 30마리 가까운 새끼를 낳는다. 광범위하게 분포해서 멀리는 아라비아해에도

1017

가래상어
학명 / *Rhinobatos schlegelii*
분포 / 서부태평양-동중국해 　 크기 / 100cm

서식하는 것으로 알려져 있지만 실제로는 별종일 가능성도 있다. 자연에서는 조개류, 갯고동류 모래 바닥 지역의 어류와 갑각류를 주식으로 하고 있다. 수입은 극단적으로 어렵다.

수염상어
매우 편평한 체형을 한 저생성 상어류. 머리에는 독특한 피질돌기를 가지고 있다. 수염상어류는 현재 7종류가 알려져 있으며, 그 중 본종은 가장 흔히 볼 수 있는 소형의 종류이다. 연안 암초지역 또는 산호초역 수심 10~30m정도에 서식하고 있다. 자연에서는 주로 저생성의 어류를 먹는다. 난태생 상어로 내만의 잔잔한 곳에서 1~27마리 정도의 새끼를 낳는다. 갓 태어난 유어는 전체 길이 20cm정도이다. 이 종류의 상어류는 튼튼하고 먹이도 잘 먹기 때문에 사육이 용이하나 동작이 느려서 위쪽에서 받아먹는 어종과의 합사는 불가능하다. 본종은 수족관 무역으로는 취급되지 않지만 본종이나 꽹이상어와 같은 근해성 상어는 해안을 따라 활어를 취급하고 있는 생선 가게에서 입수할 수 있다.

태설드 워베공
1속 1종의 수염상어과 상어로 머리 측면의 피질 돌기가 가장 많이 갖춰져 있는 종류이다. 겉보기에는 얌전해 보이지만 수염상어의 종류 중에서는 가장 공격적인 성격으로 다이버등을 물어뜯을 때가 있다. 수조 내에서도 취급에 주의가 필요하고 부주의하게 만지면 뜻밖의 부상을 입을 수 있다. 사육에 관해서는 수염상어에 준하지만 동속 타종에 비해 고수온에는 강한 편이다. 갓 태어난 유어는 전체 길이 22cm정도로 호주 등에서 수입되지만 최근에는 수입이 적다.

걸프 토르페도 레이
전기가오리의 종류로서 성장하면 130cm가 된다. 몸에 들어가는 마블 모양이 특징으로 인도네시아에서 작은 개체가 수입된다.

오셀라티드 일렉트릭 레이
사이클롭스의 속칭으로 알려진 종. 만내의 모래 바닥이나 바위 등에 서식하고 있으며 수심은 극히 얕은 곳에서 50~60m정도까지가 서식 수심으로 한다. 본 속에는 그 밖에 대서양 쪽에 서식하고 있는 페인티드 일렉트릭 레이 (D. pictus)가 알려져 있지만 학자에 따라서는 본종의 변종으로 취급되고 있다. 전기가오리의 동료이므로 가슴지느러미에 발전 기관을 갖기 때문에 취급에는 주의를 요한다. 야행성. 냉각 설비는 있는 것이 좋다. 드물게 미국에서 수입.

걸프 토르페도 레이
학명 / *Torpedo sinuspersici*

분포 / 인도양-홍해	크기 / 8cm

오셀라티드 일렉트릭 레이
학명 / *Diplobatus ommata*

분포 / 동부태평양	크기 / 25cm

리본테일 레이
학명 / *Taeniura lymma*

분포 / 인도양-중서부태평양	크기 / 35cm

이스턴 피들러 레이
학명 / *Trygonorrhina fasciata*

분포 / 호주남동부	크기 / 130cm

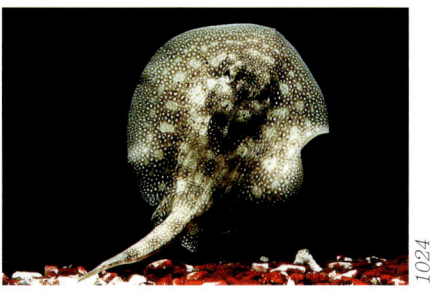

옐로우 스팅레이
학명 / *Urolophus jamaicensis*

분포 / 멕시코— 카리브해	크기 / 30cm

블루스포티드 스팅레이
학명 / *Daxyatis kuhlii*

분포 / 인도양-서부태평양	크기 / 40cm

리본테일 레이
매우 광범위하게 분포하고 있으나 서부 태평양 지역에서는 필리핀 이남에 많다. 황갈색 몸에 블루 스팟이 흩어진 매우 아름다운 가오리로 인기도 높다. 필리핀이나 인도네시아에서 비교적 일정하게 수입되어 오는데 민감한 가오리로 수입 직후의 개체를 수조에 수용할 때는 신중하게 물을 맞춘 뒤 수조에 풀어주는 것이 좋다. 사육시에는 미세한 바닥모래와 넓은 바닥 면적이 필요하다. 생먹이를 선호하지만 적극적으로 먹이를 먹지 않으며 먹이는데 끈기가 필요하다. 또 조용한 환경을 설정해 주는 것도 중요하다.

이스턴 피들러 레이
호주 주변 지역에만 분포하는 상어과의 물고기로 가래상어속보다 가슴지느러미가 더 발달해서 가오리형의 체형을 하고 있다. 사육은 쉽고 먹이 붙임도 좋아서 처음부터 건조 크릴 등을 먹는다. 여름철의 사육에서는 냉각 설비가 있는 것이 좋다. 호주에서 수입되지만 수입 수는 적다. 남서부 호주에는 체반 뒷면의 무늬가 단조로운 서넌 피들러 레이(T. guaneria)가 서식.

옐로우 스팅레이
온대에서 열대에 걸쳐 서식하는 소형 가오리류로 30종 이상이 알려져 있으며 둥근 체반과 꼬리지느러미 끝이 지느러미 모양으로 되어

있는 것이 특징이다. 본종은 플로리다 주변지역에서도 매우 보통으로 볼 수 있는 종류로 본과 중에서는 중형의 부류이다. 산호초 지역의 내만과 초호의 수심 20m 이내에 서식하며 산호군 부근의 모래 바닥에서 볼 수 있으며 흔히 모래를 뒤집어 쓰고 몸을 숨기고 있다. 포식 방법은 다르며 몸의 앞부분을 들어 올려 정지시킨후 가짜 동굴을 만들어 주식 갑각류나 작은 물고기를 끌어들여 먹는다. 본과의 가오리류는 난태생으로 본종은 한 배에 2~4마리의 새끼를 낳는다. 먹이주기 쉽고 사육도 용이. 미국편으로 수입되어 오지만 수입은 적다.

블루스포티드 스팅레이
체형 은 전형적인 가오리속의 것으로 사진에서는 알기 어렵지만 체반 배면에 얇은 블루 반점이 산재 하고 꼬리 끝에는 줄무늬가 들어간다. 연안의 암초역과 산호초역 수심 50m이내의 모래땅에 서식하고 있다. 간조 시에는 깊은 곳에 있으나 조수가 차면 얕은 물로 이동하고 강을 거슬러 올라가는 경우가 있다. 자연에서는 매우 신경질적인 가오리로 알려져 있다. 가오리 속의 사육 많으나 수줍음이 없지만 일순레시면 적극적으로 먹이를 사냥한다. 본종에 한정되지 않고 가오리류는 가급적 바닥모래를 깔아줘야 안정된다.

MINUTES TO NEXT STORM
01:54

Piranha are known to be pack hunters but some think they actually swim in large groups for protection.

미국 필라델피아 수족관

아마존의 우기를 컨셉으로 하는 수족관의 연출은 매우 다양하다. 스콜을 연출하여 비가 내리게 하거나 우기나 건기의 아마존을 레이아웃을 하여 설명을 하는 등으로 대부분의 수족관에서 볼 수 있다. 그런데 필라델피아 수족관은 연출이 아닌 어트렉션의 수준으로 만들었는데 모니터에 시간이 완료되면 비만 오는 것이 아니라 상부에서 대형 폭포처럼 말그대로 물이 쏟아져 메인 수조의 수위가 올라간다. 더욱이 층고도 높게 하여 임팩트가 느껴진다. 이러한 새로운 시도는 아쿠아리움의 품격을 올려주는 것 같다.

Text. 김 승민 / Photo. 김 도윤

STONY CORALS

1026

아크로포라 나나(퍼플)
학명 / *Acropora nana*
분포 / 태평양열대역

산호는 자포동물문 산호충강에 속하는 동물의 총칭으로 강장과 입을 가진 작은 개체인 산호충이 모여있는 군체이다. 산호충강은 팔방산호와 육방산호의 2아강으로 나누어지는데 경산호는 6의 배수만큼 씩의 촉수가 있어 육방산호류로, 연산호는 여덟 개의 촉수를 가져 팔방산호류라 구분한다. 마린아쿠아리움의 세계에서는 편의상 석회질 뼈를 가지고 해저에 붙거나 굴러 생활하는 넓은 의미의 산호를 편의상 경산호라고 부르고 있다.

이 경산호류는 zooxanthella(갈충조류)를 세포 속에 살게 하여 산호 본체와 공생을 하면서 생활하는 호일성 산호와 태양의 혜택을 받지 않고 바위나 산호의 뒤쪽에서 아득한 심해까지 그 생활권을 넓힌 음일성 산호로 나뉜다. 음일성 산호는 그 생명 에너지를 모두 포식으로 충당해야 한다. 이러한 이유로 촉수 전체에 큰 폴립과 입, 긴 촉수, 자포가 있어 포식에 편리한 형태를 취하고 있다.

호일성 산호는 갈충조류 광합성을 통해 포식보다 훨씬 더 많은 에너지를 얻고 있다. 산호가 체내로 방출하는 노폐물과 이산화탄소는 갈충조류에 의해 유기 화합물로 변환되고 산호에는 상당량의 글리세롤, 탄수화물, 유기산류, 아미노산으로 귀환된다. 또한 갈충조류는 에너지뿐만 아니라 산호의 필요량을 훨씬 초과하는 산소를 광합성에 의해 방출한다. 호일성 산호는 이 갈충조류의 힘을 빌려 빠른 성장을 계속해 지구상에 광대한 산호초를 만들어 온 것이다. 경산호의 사육은 이상의 점에 유의하고 음일성 산호에게는 부지런한 먹이급여, 호일성 산호에는 충분한 빛을 주는 것에 신경을 쓰도록 하다.

많은 종이 CITES이기 때문에 일정한 수입이 어렵고 나아가 환경보호의 입장에서도 손에 넣은 개체는 전력을 다해 사육하며 번식에도 도전해 보자.

아크로포라 휴밀리스
학명 / *Acropora humilis*
분포 / 서부태평양

아크로포라 크란우로사
학명 / *Acropora granulosa*
분포 / 태평양역대역

아크도포라 곤티구로사
학명 / *Acropora monticulosa*
분포 / 태평양열대역

아크로포라 세카레
학명 / *Acropora secale*
분포 / 태평양열대역

아크로포라 투라키
학명 / *Acropora turaki*
분포 / 서부태평양열대역

아크로포라 수브그라브라
학명 / *Acropora subglabra*
분포 / 서부태평양

아크로포라 카르두우스
학명 / *Acropora carduus*
분포 / 태평양열대역

아크로포라 밀레포라
학명 / *Acropora millepora*
분포 / 태평양열대역

아크로포라 나나

비교적 수입되는 경우가 많은 아크로포라로 끝 부분이 핑크나 보라색, 블루에 물드는 아름다운 개체도 많다. 강한 조명과 수류에 의해 아름다운 가지모양을 보여준다.

아크루푸라 휴밀리스

본종도 비교적 견고한 골격을 가지는 아크로포라지만 아크로포라 몬티쿠로사에 비해 골격은 원통형으로 선단부는 완만한 곡선을 그린다. 라군 내부와 산호초 외연부에서 비교적 일반적으로 보인다. 칼라변이는 갈색, 녹색, 핑크, 보라.

아크로포라 크린우로사

개개의 폴암초가 약간 통 모양으로 성장하는 아크로포라의 종류로 닮은 형상을 가지는 종도 많아 종의 식별은 어렵다. 사진과 같은 생생한 녹색 종은 드물며 밝은 갈색과 회갈색이 많다.

아크로포라 몬티쿠로사

삼각형을 연상시키는 짧은 가지를 가진 아크로포라의 종류로 비교적 조수가 잘 통하는 곳에서 많이 볼 수 있다. 해류가 강한 곳에서는 보다 골격이 강해지고 전체가 덩어리처럼 느껴진다. 칼라 변이는 갈색이나 녹색이 많다.

아크르포라 세카레

아크로포라 휴밀리스의 가지를 한층 더 가늘게 한 형상을 가지는 아크로포라로 핑크나 보라색

등 아름다운 색채를 가지는 것도 많다. 파도등 환경에 따라 골격의 형상은 변화한다.

아크로포라 투라키

부드러운 표면을 가진 얇은 가지를 가진 아크로포라의 종류. 서부 태평양의 열대역에 분포한다. 색채적으로는 희끗희끗한 것이 많지만 아름다운 블루로 물드는 것도 있다.

아크로포라 수브그라브라

심세한 골격을 가진 종류. 골격은 외형보다는 단단하지만 끝부분이 부러지기 쉽기 때문에 취급에는 주의가 필요. 사진과 같은 딤길색 외 블루 색채도 볼 수 있다. 이종은 다소 깊은 산호

초의 파도와 함께 조용한 곳에서 자란다.

아크로포라 카르두우스

통 모양으로 길게 뻗은 골격을 갖는 것이 특징인 종. 폴립 크기 등이 다른 여러 종과 비슷하고 생육 환경에 따라서도 형상이 변화하기 때문에 구별은 어렵다. 특별히 구별되지 않고 수입한다.

아크로포라 밀레포라

폴립의 배열이 솔방울 모양으로 아름답게 늘어신 아크로포라의 종류로 비교직 수입도 많다. 본종을 포함해 아크로포라 종류의 육심에는 각종 침가제나 길슘 침가, 밝은 조명이 포인드가 된다.

아크로포라 로리페스
학명 / *Acropora loripes*
분포 / 태평양열대역

1035

아크로포라 그라우카
학명 / *Acropora glauca*
분포 / 태평양열대역

1036

아크로포라 로카니
학명 / *Acropora lokani*
분포 / 서부태평양열대역

1037

아크로포라 겜미페라
학명 / *Acropora gemmifera*
분포 / 서부태평양열대역

1038

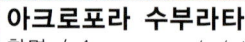

아크로포라 수하르소노이
학명 / *Acropora suharsonoi*
분포 / 인도네이사, 발리

1039

아크로포라 수부라타
학명 / *Acropora subulata*
분포 / 태평양열대역

1040

아크로포라 테누이스
학명 / *Acropora tenuis*
분포 / 태평양열대역

1041

아크로포라 하이아신수스
학명 / *Acropora hyacinthus*
분포 / 태평양열대역

1042

아크로포라 로리페스
상태가 좋으면 낮에도 폴립를 펴고 있는 경우가 많은 아크로포라로 가지의 중심부에 있는 폴립은 측면에 붙어 있는 폴립보다 크다. 이 동료중에서는 온대역에서도 볼 수 있는 종류이다.

아크로포라 그라우카
온대역에 적응한 종. 다소 탁한 내만 부분에 서식하는 것으로는 아름다운 형광 그린 색채를 가지고 있는 경우가 많지만 보통은 약간 녹색을 띤 회갈색을 하고 있다. 형광 그린의 아름다운 색채를 유지하기 위해서는 너무 밝은 조명보다 적당한 밝기의 블루계열 조명이 적합하다.

아크로포라 기르스티아에
학명 / *Acropora kirstyae*
분포 / 서부태평양

아크로포라 와린디
학명 / *Acropora walindii*
분포 / 서부태평양열대역

아크로포라 라티스텔라
학명 / *Acropora latistella*
분포 / 태평양열대역

아크로포라 로카니
표면이 매끈하고 둥근 가지를 드문드문 뻗는 종이지만, 가지의 길이나 밀도는 환경에 따라 변화한다. 색채는 사진처럼 초록빛이 도는 것이나 블루나 보라색등 아름다운 색채를 가지는 것도 적지 않다.

아크로포라 겜미페라
아크로포라 휴밀리스나 아크로포라 몬티쿠로사와 비슷한 종으로 환경에 따라 구별이 어려워지지만 가지의 중심에 있는 중축 폴립의 크기가 아크로포라 휴밀리스보다 작고 아크로포라 몬티쿠로사와 비교해 가지의 밑부분으로 갈수록 폴립이 큰 것이 특징이다. 색채는 다양하며 핑크, 그린, 옐로우, 적갈색 등 아름다운 것도 많다.

아크로포라 수하르소노이
인도네시아 발리 섬 주변에서 발견되어 1994년에 기재된 깊은 곳에 서식하는 아크로포라이 종류. 바늘 모양으로 갈라진 골격의 끝부분에만 폴립을 붙인다. 보통은 유백색 색채가 많으며 미기재의 비슷한 종이 수입되어 온다.

아크로포라 수부라타
인도네시아에서 비교적 일정하게 수입되는 종. 끝부분의 폴립은 약간 더 크며 작은 폴립이 그 주위에 위쪽으로 붙는다. 컨디션이 좋으면 낮에도 폴립을 늘리고 있는 경우가 많다.

아크로포라 테누이스
아크로포라 밀레포라와 같이 솔방울 모양으로 폴립을 늘어놓지만 본종 쪽이 개별 폴립이 드문드문하다. 사진과 같은 녹색 외에도 크림색과 끝부분이 분홍색으로 물드는 아름다운 색상 변형이 보인다.

아크로포라 하이아신수스
성장하면 테이블 모양의 군체를 만드는 이른바 테이블 산호 중 하나로 겹지도록 발달한 듯 군락도 있다. 칼라변이는 담갈색~그린이 많다.

아크로포라 기르스티아에

아크로포라 람브레리
학명 / *Acropora rambleri*
분포 / 태평양열대역

섬세한 골격을 가진 아크로포라의 종류로 거칠게 다루면 가지가 부러지기 쉬우므로 주의가 필요하다. 담갈색의 군체가 많지만 청색 등의 군체도 보인다. 거의 수입되지 않는다.

아크로포라 와린디
마치 뿔산호 동료처럼 가지 모양으로 퍼지는 독특한 골격을 가진 종으로 인도네시아에서 깊은 곳의 아크로포라로 수입되어 오지만 수는 그리 많지 않다. 가지 끝은 미세하고 섬세한 골격을 가지므로 취급에는 충분한 주의가 필요하다. 기르기 위해서는 블루 계의 메탈램프가 좋다.

아크로포라 라티스텔라
지름 1m이상의 테이블 모양의 군체가 되는 아크로포라의 일종으로, 낮에도 폴립을 늘리고 있는 경우가 많다. 칼라변이는 연한 보라색이나 그린계열이 많다. 아름다운 모습으로 키우려면 수류가 포인트가 된다.

아크로포라 람브레리
인도네시아에서 수입되는 아크로포라의 종류로 섬세한 골격을 가지기 때문에 현지에서는 파도의 영향을 받지 않는 암초사면의 약간 깊은 곳에 시식하고 있는 경우가 많다. 아름답게 키우기 위해서는 블루계의 메탈램프가 좋다.

아크로포라 포르모사
학명 / *Acropora formosa*
분포 / 서부태평양

1048

아크로포라 아스페라
학명 / *Acropora aspera*
분포 / 서부태평양

1047

아크로포라 그란디스
학명 / *Acropora grandis*
분포 / 서부태평양

1049

아크로포라 노빌리스
학명 / *Acropra nobilis*
분포 / 태평양열대역

1050

아크로포라 투미다
학명 / *Acropora tumida*
분포 / 서부태평양

1051

포실로포라 베르루코사
학명 / *Pocillopora verrucosa*
분포 / 서부태평양

1052

아크로포라 바리다
학명 / *Acropora valida*
분포 / 서부태평양

1053

포실로포라 다미코르니스
학명 / *Pocillopora damicornis*
분포 / 서부태평양

1054

포실로포라 메안드리나
학명 / *Pocillopora meandrina*
분포 / 서부태평양

1055

세리아토포라 카리엔드럼
학명 / *Seriatopora caliendrum*
분포 / 서부태평양

세리아토포라 히스트리스
학명 / *Seriatopora histrix*
분포 / 서부태평양

스틸로포라 피실라타(그린)
학명 / *Stylophora pisillata*
분포 / 서부태평양

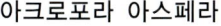

아나크로포라 포르베시
학명 / *Anacropora forbesi*
분포 / 서부태평양열대역

아크로포라 아스페라
사슴뿔 모양이 되는 아크로포라 중에서는 비교적 가는 가지를 가지며 파도가 약한 장소에서 볼 수 있다.

아크로포라 포르모사
아크로포라 노빌리스와 닮아으며 약간 삭은 점을 제외하면 구별이 어렵다.

아크로포라 그란디스
사슴뿔 모양의 아크로포라의 종류. 색채는 적갈색이나 푸르스름한 등 변이가 많다.

아크로포라 노빌리스
사슴뿔 모양이 되는 아크로포라의 종류로 같은 골격을 가지는 종류에는 아크로포라 포르모사 아크로포라 그란디스 등이 알려져 있다.

아크로포라 투미다
온대역에 적응한 종으로 군락을 만든다. 회갈색 외에 사진과 같은 선명한 형광 녹색 그룹도 볼 수 있다.

포실로포라 베르루코사
포실로포라과에 포함되는 종으로 굵은 골격을 가지고 있는 것이 특징이다.

아크로포라 바리다
기본 적으로는 전체적으로 마살색으로 산부분이 보라색이나 핑크에 물드는 비교적 소형의 종류.

포실로포라 다미고르니스

몬티포라 스텔라타
학명 / *Montipora stellata*
분포 / 서부태평양열대역

가장 대중적인 가지산호로 아크로포라와는 별도의 포실로포라산호과에 포함된다.

포실로포라 메안드리나
포실로포라 베르루코사를 닮았지만 표면이 보다 매끈한 느낌의 돌기를 가진다.

세리아토포라 히스트리스
끝이 뾰족한 가는 가지모양의 모습을 가진다. 담갈색이나 핑크의 색채를 가지는 것이 많다. 환경이 나쁘면 폴립이 골격에서 빠져 나온다.

세리아토포라 카리엔드럼
가시가 굵은 것이 특성인 통으로 색채는 밀질색 외 사진과 같은 아름다운 핑크 색채를 지닌

것도 볼 수 있다.

스틸로포라 피실라타
서식환경에 따라 가지 굵기 등이 크게 달라 마치 별종처럼 보이는 경우도 많다.

아나크로포라 포르베시
이 속의 산호는 가지 끝부분에 중축 폴립을 가지지 않기 때문에 구별된다.

몬티포라 스텔라타
가지 모양으로 뻗는 타입의 산호로 다소 평평하게 성장한 가시에는 가시 모양 돌기가 보이고 가시의 끝부분에는 폴립이 없고 둥그스름하며 색채도 옅은 것이 특징이다.

몬티포라 포리오사
학명 / *Montipora foliosa*
분포 / 서부태평양

1061

몬티포라 베노사
학명 / *Montipora venosa*
분포 / 서부태평양

1062

몬티포라 아에쿠이투베르쿠라타
학명 / *Montipora aequituberculata*
분포 / 서부태평양

1063

몬티포라 그리세아
학명 / *Montipora grisea*
분포 / 서부태평양열대역

1064

1066

몬티포라 펠티포르미스
학명 / *Montipora peltiformis*
분포 / 서부태평양열대역

1065

몬티포라 모나스테리아타
학명 / *Montipora monasteriata*
분포 / 서부태평양열대역

몬티포라 인포르미스
학명 / *Montipora informis*
분포 / 서부태평양열대역

1067

몬티포라 포리오사
몬티포라 아에쿠이투베르쿠라타와 비슷한 종으로 환경에 따라서는 구별이 어렵다. 특징으로는 몬티포라 아에쿠이투베르쿠라타와 비교하여 본종 쪽이 능선 부분이 보다 명료하다.

몬티포라 베노사
몬티포라 산호의 종류에서도 닮은 종이 많아 골격을 세밀하게 관찰하지 않는 한 종의 정확한 구별은 어렵다. 보통 담갈색 군체가 많고 사진과 같은 아름다운 녹색 군체는 드물다.

몬티포라 아에쿠이투베르쿠라타
절구처럼 성장하는 산호의 종류로 산호초를 형상화하는 독특한 모습에서 인기가 높은 산호의 일종. 색채적으로는 갈색 개체가 많지만 사진처럼 오렌지나 녹색의 아름다운 색채를 가지는 것도 볼 수 있다. 사육에 있어서는 조명이 포인트가 되지만 적응폭은 넓어 형광등 정도의 조명에서도 생육하는 것이 가능하다. 그러나 아름답고 단단한 골격으로 키우기 위해서는 첨가제와 메탈 램프를 사용하는 것이 바람직하다.

몬티포라 그리세아
표면에 미세한 가시 모양의 돌기를 밀생시키기 위해 거친 느낌이 강한 산호로 다갈색 외에 핑크 와 보라색, 녹색등 아름다운 색채를 가진 것도 많아 인기가 높다.

몬티포라 다나에
학명 / *Montipora danae*
분포 / 서부태평양열대역

몬티포라 디시타타
학명 / *Montipora digitata*
분포 / 서부태평양열대역

몬티포라 세부엔시스
학명 / *Montipora cebuensis*
분포 / 서부태평양열대역

몬티포라 운다타
학명 / *Montipora undata*
분포 / 서부태평양

폴리테스 시린드리카
학명 / *Porites cylindrica*
분포 / 서부태평양열대역

포리테스 헤론엔시스
학명 / *Porites heronensis*
분포 / 서부태평양

몬티포라 펠티포르미스
얕은 암초 사면에서 흔히 볼 수 있다. 바위 위를 덮개 모양으로 성장해 다른 산호를 덮는 일도 적지 않다. 담갈색이나 그린, 보라색, 핑크등 컬러변이도 많이 알려져 있다.

몬티포라 모나스테리아타
같은 산호라도 바위 위에 덮개 형태로 육성하는 타입. 표면에 둥그런 작은 사마귀가 다소 조밀하게 들어가는 것이 특징. 사육은 비교적 쉽고 아크로포라와 동일한 관리로 아름다운 색채를 유지할 수 있다.

몬티포라 인포르미스
작은 폴립은 조밀하게 늘어놓는다. 아름다운 군체도 볼 수 있다.

몬티포라 다나에
덮개 모양의 군체에 드문드문 사마귀와 같은 돌출부가 특징인 산호의 종류이다. 색채에는 변이가 보이고 사진처럼 폴립만이 블루의 색채를 가지는 것도 볼 수 있다.

몬티포라 디시타타
아크로포라처럼 가지 모양으로 뻗는 타입의 산호로 비슷한 종류가 많아 구별은 어렵다. 색재는 그린 외에 회색이나 회갈색인 것이 많다.

몬티포라 세부엔시스

파키세리스 루고사
학명 / *Pachyseris rugosa*
분포 / 서부태평양

포리데스 리첸
학명 / *Porites lichen*
분포 / 서부태평양열대역

매끄러운 조밀한 미로 모양의 돌기를 가진 몬티포라 산호의 종류. 닮은 종이 많아서 종 판별은 어렵다.

몬티포라 운다타
표면의 미로가 특징인 종으로 색채도 그린이 빛나는 것이나 담갈색 핑크등 변이가 많다.

폴리테스 시린드리카
아크로포라처럼 가시 모양으로 된 산호의 종류. 색채는 담갈색, 녹색 등이 있다.

포리테스 헤론엔시스
평평한 판 위에서 손가락 모양의 놀기를 뻗는 산호의 종류. 밝은 환경을 선호한다.

파키세리스 루고사
잔주름이 모인 듯한 골격을 가진 산호로 바위 위에 덮개 형태로 육성한다. 야간에도 폴립을 늘리지는 않지만 근처의 산호는 격막사(극포를 가진 실모양의 소화기관으로 잡아들인 먹이를 소화 흡수할 뿐만 아니라 입에서 밖으로 내보내고 체외소화를 위해 소화액을 방출하여 공격하고 소화액을 내고 체외 소화를 한다.)를 내어 공격한다.

포리테스 리첸
표면을 덮듯이 퍼지는 산호의 종류로, 매우 유사한 종이 많아, 종의 구분은 어렵다.

고니오포라 크프루무나
학명 / *Goniopora cplumuna*
분포 / 태평양열대역

시파스테레아 미크로피시아르마
학명 / *Cyphasterea microphthalma*
분포 / 서부태평양

고니오포라 스토케시
학명 / *Goniopora stokesi*
분포 / 서부태평양

고니오포라 로바타
학명 / *Goniopora lobata*
분포 / 서부태평양

고니오포라 테누이덴스(레드)
학명 / *Goniopora tenuidens*
분포 / 서부태평양열대역

고니오포라 소마리엔시스
학명 / *Goniopora somaliensis*
분포 / 서부태평양열대역

시파르테레아 미크로피시아르마
작은 폴립을 가진 산호. 이 동료에게는 비슷한 몇가지 종이 알려진다.

고니오포라 크프루무나
성장함에 따라 골격이 가지모양으로 갈라지는 고니오포라의 동료로, 가지모양으로 갈라진 골격 기부는 죽어 있는 경우가 많다.

고니오포라 스토케시
본 종은 몸의 일부가 분열해, 작은 골격을 만들고, 새로운 군체를 형성하는 처녀 군체 형성이라고 불리는 방법으로 무성생식한다. 바위 등에는 고착되지 않고 물밑으로 굴러가게 하여 생활하고 있는 경우가 많은 것도 본종의 특징이다. 황갈색 개체가 많지만 아름다운 녹색 개체도 볼 수 있다.

고니오포라 로바타
이 종류에서는 대중적인 종으로 다양한 장소에서 볼 수 있다. 이 종류들은 낮부터 폴립을 늘리고 있기 때문에, 사육에는 밝은 조명이 적합하다. 골격은 덮개 모양으로 바위 위를 덮는다.

고니오포라 테누이덴스
촉수 끝이 가늘고 길게 늘어나지 않고 잘린 것처럼 정렬되어 있는 것이 특징인 산호로, 통상은 황갈색이나 초록빛 색채가 많지만 그중에 는 사진과 같은 핑크나 오렌지 색채를 가진 것도

고니오포라 디지보우티엔시스
학명 / *Goniopora djiboutiensis*
분포 / 서부태평양

알베오포라 벨릴티아나
학명 / Alveopora verrilliana
분포 / 서부태평양열대역

알베오포라 에스셀사
학명 / Alveopora excelsa
분포 / 서부태평양열대역

알베오포라 알린기
학명 / Alveopora allingi
분포 / 서부태평양열대역

극소수지만 볼 수 있다.

고니오포라 소마리엔시스
바위 위를 덮는 듯한 덮개 모양의 군체를 만드는 고니오포라로, 끝부분이 얇아서 폴립도 그리 길지 않다. 다른 고니오포라들과 함께 수입되어 오는데 수는 그리 많지 않다.

고니오포라 디지보우티엔시스
구반이 솟아올라 형성하는 것이 특징. 군체는 덩어리 또는 준 덩어리이며, 이들이 서로 겹쳐 큰 군체를 만들 수 있다. 갈충조류에 의존하는 큰 산호이기 때문에 그다지 먹이를 필요로 하지 않는다. 수입은 드물다.

알베오포라 벨릴리아나
알베오포라라고 하면 형광색의 아름다운 종을 떠올리게 된다.

알베오포라 에스셀사
알베오포라 벨릴리아나보다 섬세한 폴립을 가진 종으로 인도네시아에서 알베오포라 벨릴리아나의 속명으로 수입되어 온다. 컬러 패턴은 파스텔이 도는 갈색이나 녹색이 많다. 사육에는 첨가제와 조명이 중요하다.

알베오포라 알린기
알베오포라 벨릴리아나보다 섬세한 폴립을 가진 종으로 인도네시아에서 알베오포라 벨릴리아나의 속명으로 수입되어 온다. 컬러 패턴은 파스텔이 도는 갈색이나 녹색이 많다. 사육에는 첨가제와 조명이 중요하다.

하이드노포라 본사이
하이드노포라 에세사와 닮았지만 보다 섬세한 골격을 가진다.

하이드노포라 리지다
가지모양의 산호. 보통 볼 수 있는 것은 더 가는 가지이기 때문에 다른 종류의 가능성도 있다.

하이드노포라 에세사
분포 범위가 매우 넓은 산호로, 내만부의 탁한 곳에서 조수기 갈 통히는 암초 경시면에서도 볼 수 있다. 튼튼한 종류로 가까운 산호는 격막사를 사용하여 공격한다.

하이드노포라 본사이
학명 / Hydnophora bonsai
분포 / 서부태평양

하이드노포라 리지다
학명 / Hydnophora rigida
분포 / 서부태평양열대역

하이드노포라 에세사
학명 / Hydnophora exesa
분포 / 서부태평양

컬러스트레아 풀카타
학명 / *Caulastrea furcata*
분포 / 서부태평양

컬러스트레아 투미다
학명 / *Caulastrea tumida*
분포 / 서부태평양

파비아 베로니
학명 / *Favia veroni*
분포 / 서부태평양

파비아 스페시오사
학명 / *Favia speciosa*
분포 / 서부태평양

바라바토이아 아미코리움
학명 / *Barabattoia amicorum*
분포 / 서부태평양

파비아 리자르덴시스
학명 / *Favia lizardensis*
분포 / 서부태평양

컬러스트레아 풀카타
나무가지 모양의 군체로 컬러스트레아 투미다
보다 약간 작다. 구반은 다른 부분과는 다른 색
을 가지는 경우가 많다. 인도네시아에서 수입되
지만 숫자는 많지 않다.

컬러스트레아 투미다
특이한 골격을 갖고 있으며 성장하면 각 폴립이
독립하여, 튜브 다발과 같은 군체가 된다. 색채
는 갈색에서 그린을 기조로 한 것이 많으며, 빨
강 등의 색채는 볼 수 없다.

파비아 베로니
끝부분이 깊고, 전체적으로 불규칙한 형상이
되는 것이 많다. 개별 폴립은 크고 지름은 2cm
가 넘는다. 갈충조류에 의한 영양분 공급은
90%가 넘기 때문에, 사육에 있어서는 밝은
조명과 첨가제 공급이 필수적이다.

파비아 스페시오사
파비아의 대표종. 아름다운 골격을 이용해 산호
염색에도 이용되고 있다. 색채는 그린에서 담갈
색, 담회색이 많다. 인도네시아에서는 이 이름
으로 여러 종류가 혼동하여 수입된다.

바라바토이아 아미코리움
특징적인 개체에서는 공골이 발달하여 원통형
으로 돌출하기 때문에 다른 종류와 구별이 용이
하다. 칼라 변이는 다갈색의 개체가 많지만,

파비아 파부스
학명 / *Favia favus*
분포 / 서부태평양

1096

프레시아스트레아 베르시포라
학명 / *Plesiastrea versipora*
분포 / 인도양-태평양

1097

프라티지라 다에다레아
학명 / *Platygyra daedalea*
분포 / 서부태평양

1098

고니아스드레아 데포르미스
학명 / *Goniastrea deformis*
분포 / 서부태평양

1099

프라티그라 피니
학명 / *Platygra pini*
분포 / 서부태평양열대역

1100

파비테스 콤프라나타
학명 / *Favites complanata*
분포 / 서부태평양

1101

파비테스 하리코라
학명 / *Favites halicora*
분포 / 서부태평양

1102

고니아스트레아 오스트라리엔시스
학명 / *Goniastrea austrariensis*
분포 / 서부태평양

1103

파비테스 프레수오사
학명 / *Favites flexuosa*
분포 / 서부태평양

녹색이나 핑크 등 아름다운 것도 볼 수 있다.

파비아 리자르덴시스

파비아 스페시오사와 닮은 종으로 암초 사면에 서식하고 있지만 수는 그리 많지 않다. 인도네시아에서 다른 파비아류에 섞여 수입 된다.

피비아 파부스

파비아 스페시오사와 비슷한 종이지만 각종 폴립은 뚜렷한 늑골 (꼬투리 외부를 형성하는 골격 부분)이 보이고, 개별 폴립은 파비아 스페시오사보다 떨어져 보인다. 색채는 회갈색 에서 녹색이 많다.

프레시아스트레아 베르시포라

개체는 원형이나 타원형으로, 끝부분 벽은 다른 산호 개체와는 공유하지 않는다. 갈색의 군체가 많지만, 메탈릭 그린의 아름다운 군체도 있다.

프라티지라 다에다레아

가늘고 긴 고랑을 가진 산호의 동료. 스위퍼 촉수를 내기 때문에 다른 산호는 근처에 두지 않는 것이 좋다.

고니아스드레아 데포르미스

비교적 인기 있는 산호. 색채의 변이가 매우 많으며 단색의 것으로부터 구반과 주위의 색채가 다른 것까지 다양하다. 조명 등 컨디션이 좋으면 별다른 먹이를 주지 않아도 성장한다.

프라티그라 피니

소형의 폴립을 가지는 산호로, 골짜기가 짧아 고니아스드레아 데포르미스를 연상시킨다.

파비테스 콤프라나타

Favites pentagona와 매우 비슷한 종으로 양자 구별이 어렵다. 칼라변이는 풍부하며, 본체에 격벽을 따라 미세한 스트라이프가 들어가는 것이 특징이다.

파비테스 하리코라

괴상 군체로 표면은 다양한 방향을 향하기 때문에 불규칙하고, 폴립의 크기도 균일하지 않다. 끝 벽은 두껍고 격벽은 잘 발달되어 있다. 갈색이 대부분이며 드물게 핑크 군체도 보이지만 적다. 인도네시아에서 수입되지만 다른 파비테스에 비해 적은 것 같다.

고니아스트레아 오스트라리엔시스

골짜기는 길고, 언뜻 프라티그라처럼 보이지만, 끝 벽이 두껍기 때문에 구별할 수 있나. 구반과 끝 벽의 색이 다른 것이 보통이다. 인도네시아에서 파비테스류에 섞여 수입되지만 수는 적다.

파비테스 프레수오사

갈색의 군체가 많지만, 드물게 메탈릭 그린의 군체도 수입한다. 군체의 형상은 서식하는 환경에 따라 다양하다. 산호 개체는 크고 다각형인 경우가 많다.

아칸타스트레아 에치나타
학명 / *Acanthastrea echinata*
분포 / 서부태평양

1104

아칸타스트레아 헴프리치
학명 / *Acanthastrea hemprichii*
분포 / 서부태평양

1105

아칸타스트레아 아마쿠센시스(그린)
학명 / *Acanthastrea amakusensis*
분포 / 서부태평양

1106

아칸타스트레아 힐라에(그린)
학명 / *Acanthastrea hillae*
분포 / 서부태평양

1107

1109

아칸타스트레아 힐라에(레드)
학명 / *Acanthastrea hillae*
분포 / 서부태평양

1108

아칸타스트레아 아마쿠센시스
학명 / *Acanthastrea amakusensis*
분포 / 서부태평양

아칸타스트레아의 일종(그린)
학명 / *Acanthastrea sp.*
분포 / 서부태평양

1111

1110

1112

아칸타스트레아의 일종(레드)
학명 / *Acanthastrea sp.*
분포 / 서부태평양

아칸타스트레아 보위르반키
학명 / *Acanthastrea bowerbanki*
분포 / 서부태평양

아칸타스트레아 로드호웬시스(투톤)
학명 / *Acanthastrea lordhowensis*
분포 / 서부태평양

아칸타스트레아 로드호웬시스(스트라이프)
학명 / *Acanthastrea lordhowensis*
분포 / 서부태평양

아칸타스트레아 로드호웬시스(그린)
학명 / *Acanthastrea lordhowensis*
분포 / 서부태평양

아칸타스트레아 로드호웬시스(레드)
학명 / *Acanthastrea lordhowensis*
분포 / 서부태평양

아칸타스트레아 에치나타
끝 벽은 두껍고, 톱니를 가지고 있다. 산호 개체는 원형이며 덮개 또는 반구형 군체를 형성한다. 색채는 오렌지와 그린 등이 섞이는 경우가 많고 아름답기 때문에 인기가 높다. 산호 개체는 다소 작기 때문에 먹이로 하는 조개류의 다진것은 미세하게 써는 것이 좋다. 이때 영양제를 첨가하는 것도 중요하다.

아칸타스트레아 헴프리치
아칸타스트레아 힐라에와 같은 크기의 폴립을 가지지만, 개개의 폴립은 독립적으로 부풀어 오르지 않고, 골격을 보지 않으면 파비테스이 종류처럼 보인다. 색채는 다양하고, 개중에는 오렌지의 색채를 가지는 것도 볼 수 있다.

아칸타스트레아 아마쿠센시스
아칸타스트레아 로드호웬시스와 닮은 산호이지만, 그보다 더 소형이고, 폴립의 지름 은 1cm에 못 미친다. 색채적으로는 화려한 것 이 많고, 빨강이나 녹색 형광색을 가지는 것도 많다.

아칸타스트레아 힐라에
두꺼운 끝 벽괴 큰 테두리, 격벽의 큰 톱니가 특징으로 덮개 또는 덩어리 모양의 군체를 형성한다. 메탈릭 그린과 레드 등의 아름다운 군체가 많고, 사육도 용이하기 때문에 인기가 높다. 먹이에는 영양 첨가를 한 소개류의 다신것들

아칸타스트레아 로드호웬시스(오렌지)
학명 / *Acanthastrea lordhowensis*
분포 / 서부태평양

족집게로 각 폴립에 넣어준다. 촉수를 대면 더 준다. 이를 반복함으로써 간단하게 폴립을 열게 된다.

아칸타스트레아의 일종
아칸타스트레아 로드호웬시스와 비슷한 종류이지만, 그보다 폴립이 크고, 더 크게 부풀어 오르는 것이 특징. 아칸타스트레아 로드호웬시스의 다자란 개체일 가능성도 높지만, 자세한 것은 불명하다.

아칸타스트레아 보워르반기
아칸타스트레아 로드호웬시스와 혼봉하여 시판 되고 있는 경우가 많지만, 공육이 약간 얇고,

부풀림도 적다. 색채적으로는 적색 계열 의 색채가 많고, 녹색 개체는 적은 것 같다.

아칸타스트레아 로드호웬시스
언뜻 보면 파비테스의 종류처럼 보이지만, 각각의 폴립은 독립적으로 부풀어 오른다. 칼라 변이는 매우 많으며, 개중에는 3색 이상이 복륜상으로 겹쳐 들어가는 개체도 있어, 인기가 높은 산호이다. 서식 장소에 따라서는, 폴립의 크기에 차이가 보이고, 상낭히 크게 부풀어 오르는 것도 있다. 서식 장소는 비교적 얕은 곳이 많고, 적극적으로 먹지만, 메탈등 블루계열의 밝은 조명이 아름다운 색채를 유지하기 좋다.

279

로보필리아 파치셉타
학명 / *Lobophyllia pachysepta*
분포 / 태평양열대역

1118

심필라 라디안스
학명 / *Symphyllia radians*
분포 / 서부태평양열대역

1119

심필라 아가리시아
학명 / *Symphyllia agaricia*
분포 / 서부태평양열대역

1120

로보필리아 하타이
학명 / *Lobophyllia hataii*
분포 / 태평양열대역

1121

1123

로보필리아 헴프리치
학명 / *Lobophyllia hemprichii*
분포 / 서부태평양, 인도양

1122

로보필리아의 일종
학명 / *Lobophyllia sp.*
분포 / 서부태평양열대역

1124

심필라 발엔시엔네시(투톤)
학명 / *Symphyllia valenciennesii*
분포 / 서부태평양

1125

심필라 발엔시엔네시(레드)
학명 / *Symphyllia valenciennesii*
분포 / 서부태평양

1126

심필라 발엔시엔네시(그린)
학명 / *Symphyllia valenciennesii*
분포 / 서부태평양

스코리미아의 일종(레드)
학명 / *Scolymia sp.*
분포 / 서부태평양열대역

스코리미아의 일종(그린)
학명 / *Scolymia sp.*
분포 / 서부태평양열대역

스코리미아 아우스트라리스
학명 / *Scolymia australis*
분포 / 태평양열대역

로보필리아 파치셉타
격벽 부분에는 큰 톱니가 들어가고, 그 부분의 공육이 사마귀처럼 부풀어 보인다.

심필라 라디안스
심필라 발엔시엔네시와 매우 비슷하지만, 크게 부풀어 오른 골격을 가지며, 인접한 격벽 부분은 고착하는 것이 특징이다.

심필라 아가리시아
넓게 벌어진 골격을 가진 종으로, 심필라 발엔시엔네시를 닮았지만, 골짜기의 폭이 넓기 때문에 구별이 된다. 심필라 발엔시엔네시와 같이 칼라 변이는 풍부.

로보필리아 하타이
구반부가 떨어지지 않고 평평하고 넓으며 입이 2열로 늘어선 것이 특징. 사료에 의해 서서히 밝은 장소에서도 촉수를 뻗게 된다. 먹이는 조개류를 잘게 자른 것을 입 근처에 스포이드로 붙어 넣는다.

로보필리아 헴프리치
대형이 되는 심필라 발엔시엔네시의 종류로, 사진의 개체는 아직 어린 군체이기 때문에 그 특징을 나타내지 않지만, 큰 군체에서는 독립적인 둥근 폴립이 모인 형상을 가진다. 색채는 변이가 많고, 형광색을 가지는 개체도 많다.

로보필리아의 일종
심필라 발엔시엔네시의 이름으로 유통되고 있는 경우가 많지만, 특징은 로보필리아 헴프리치에 가깝다. 그러나 폭이 좁기 때문에 별종이라고 생각된다.

심필라 발엔시엔네시
덩어리 군체로 로보필리아 하타이를 닮았다. 골싸기는 깊고, 구반은 평탄하지 않을 때가 많다. 수입량은 적다. 색채는 갈색이 많지만, 아름다운 형광 그린과 레드의 개체도 볼 수 있다. 형광색의 아름다운 색채를 유지하기 위해서는 블루계열의 조명이 적합하다.

스코리미아 아우스트라리스

로보피리아의 일종(레드)
학명 / *Lobophyllia sp.*
분포 / 시부대평양

오랫동안 상기 종들에 이 이름이 붙여져 있었지만, 진짜 스코리미아 아우스트라리스는 본종을 말하며, 끝 부분은 부풀어 오르지만 시나리나 라크리마리스 만큼은 부풀지 않는다.

스코리미아의 일종
소형의 스코리미아 아우스트라리스의 종류로, 성장해도 직경 6 cm전후이며 색채에는 변이가 많아 사진과 같이 형광색 레드나 그린의 아름다운 개체도 볼 수 있다.

로보피리아의 일종
로보필리아 헴프리치의 어린 개체와 매우 비슷하다. 현재로서는 해당되는 종류는 찾을 수 없다. 컬러 변이가 많아 인기가 높다.

로보피리아의 일종(멀티컬러)
학명 / *Lobophyllia sp.*
분포 / 서부태평양

트라치필리아 제오프로이(그린스트라이프)
학명 / *Trachyphyllia geoffroyi*
분포 / 서부태평양

트라치필리아 제오프로이(레드)
학명 / *Trachyphyllia geoffroyi*
분포 / 서부태평양

트라치필리아 제오프로이(핑크)
학명 / *Trachyphyllia geoffroyi*
분포 / 서부태평양

시나리나 라크리마리스(그린)
학명 / *Cynarina lacrymalis*
분포 / 서부태평양

시나리나 라크리마리스
학명 / *Cynarina lacrymalis*
분포 / 서부태평양

시나리나 라크리마리스(레드)
학명 / *Cynarina lacrymalis*
분포 / 서부태평양

시나리나의 일종(오렌지)
학명 / *Cynarina sp.*
분포 / 서부태평양

시나리나의 일종(그린)
학명 / *Cynarina sp.*
분포 / 서부태평양

시나리나의 일종(레드)
학명 / *Cynarina sp.*
분포 / 서부태평양

블기스드무시 웰시(케드)
학명 / *Blastomussa wellsi*
분포 / 서부태평양

블라스토무사 웰시(투톤)
학명 / *Blastomussa wellsi*
분포 / 서부태평양

블라스토무사 웰시(그린)
학명 / *Blastomussa wellsi*
분포 / 서부태평양

블라스토무사 메르레티
학명 / *Blastomussa merleti*
분포 / 서부태평양

트라치필리아 제오프로이
매우 컬러 변이가 많고, 이 종류만을 수집하는 매니아도 많다. 아름다운 형광색을 유지하기 위해서는, 블루계열 램프가 필수이다.

시나리나 라크리마리스
낮에는 제벽을 부풀리고 밤에는 촉수를 낸다. 갈색, 흰색외에 그린이나 레드등 아름다운 색채를 가지는 것은 인기도 높다. 튼튼하고 꽤 큰 먹이도 먹고, 크릴등은 삼켜 버릴 정도이다.

시나리나의 일종
시나리나 라크리마리스처럼 잘 부풀어 오르는 산호로, 스코리미아 아우스트라리스의 이름으로 소개되는 종이 많았지만, 이곳에서 소개한 종이 진짜 스코리미아 아우스트라리스이다.

블라스토무사 웰시
군체는 덩어리형태로 대형 산호 개체를 가진, 언뜻 보면 디스크 산호와 같은 인상을 받는다. 구반은 넓고, 다른 부분과는 다른 색을 하고 있는 것이 많다. 갈색의 군체가 많지만, 그린이나 레드 등 아름다운 군체도 볼 수 있다.

블라스토무사 메르레티
블라스토무사 웰시를 좀 더 소형으로 한 듯한 종으로 원통형 골격이 무인 모습으로 군체를 형성한다. 그 끝 부분에 작은 디스크 산호와

페크티니아 아이레니
학명 / *Pectinia ayleni*
분포 / 시부대평양

같은 폴립을 펼칩니다. 갈색 등의 수수한 색채를 가진 것이 많지만, 드물게 그린이나 형광 레드 개체도 볼 수 있다.

페크티니아 아이레니
작은 군체에서는 겹친 듯한 모습이 되는 종으로, 큰 군체에서는 1m를 넘는 크기가 된다.

페크티니아 라크투카
대형의 군체는 직경이 1m가 넘고 아름다운 레이스 모양이 된다. 낮에는 폴립을 펴지 않고 야간에 투명한 가늘고 긴 촉수를 핀다. 형광 그리과 오레지의 색채가 섞이 아름다운 개체도 볼 수 있다.

페크티니아 라크투카
학명 / *Pectinia lactuca*
분포 / 서부태평양

에치노필리아 아스페라
학명 / *Echinophyllia aspera*
분포 / 서부태평양

1147

에치노필리아 젬마세아
학명 / *Echinopora gemmacea*
분포 / 서부태평양

1148

가라세아 파스치쿠라리스
학명 / *Galaxea fascicularis*
분포 / 서부태평양

1149

파보나 카크투스
학명 / *Pavona cactus*
분포 / 서부태평양열대역

1150

1152

파보나 데쿠스사타
학명 / *Pavona decussata*
분포 / 서부태평양

1151

프삼모코라 콘티구아
학명 / *Psammocora contigua*
분포 / 서부태평양열대역

1153

렙토세리스 가디네리
학명 / *Leptoseris gardiner*
분포 / 서부태평양열대역

에치노필리아 아스페라
오버행한 벽 뒷면 등, 비교적 어두운 환경에 육성하는 경우가 많은 산호로서 그린이나 레드 등 아름다운 형광색을 가지는 것도 많다. 형광 등 정도의 조명에서도 육성은 가능하다.

에치노필리아 젬마세아
사진과 같은 담갈색~크림색, 녹갈색 등의 색채를 가지는 덮개모양의 산호로서 표면에 사마귀 모양의 둥근 모양을 늘어놓는다.

가라세아 파스치쿠라리스
아름다운 꽃 모양의 골격을 가진 작은 폴립들이 모인 아름다운 산호. 야간에는 긴 스위퍼 촉수를 늘려 근처에 있는 다른 종류의 산호를 공격하기 때문에 다른 산호를 함께 배치할 때는 충분히 간격을 벌릴 필요가 있다.

파보나 카크투스
섬세한 골격을 가진 파보나의 종류로서 렙토세리스 가디네리와 매우 닮았으며, 표면 상태를 세밀하게 관찰하지 않으면 구별은 어렵다.

파보나 데쿠스사타
두께 5mm정도의 판을 조합한 듯한 독특한 모습이다. 초지 등 파도가 비교적 잔잔한 장소에 서식하고 있으며 거대한 반구형의 군체를 형성한다.

에우필리이 그라브레스켄스
학명 / *Euphyllia glabrescens*
분포 / 서부태평양

에우필리아 안코라
학명 / *Euphyllia ancora*
분포 / 서부태평양

에우필리아의 일종
학명 / *Euphyllia sp.*
분포 / 서부태평양

에우필리아 크리스타타
학명 / *Euphyllia cristata*
분포 / 서부태평양

프삼모코라 콘티구아
이 종류로서는 드물게 가지 모양을 이루는 종으로, 이 종 특유의 표면은 벨벳과 같은 미세한 돌기가 표면에 밀생한다.

렙토세리스 가디네리
파보나 카크투스를 닮았지만 그것보다 섬세한 골격을 가지고 있다. 하지만 환경에 따라서는 많이 닮은 모습이 되기 때문에 구별은 어렵다. 내만의 파도와 조용하고 약간 깊은 곳에서 볼 수 있다.

에우필리아 그라브레스켄스
지름이 수 cm의 골격을 가진 폴립들이 모여 큰 군체를 이룬다. 보통은 회갈색의 색채가 많지만, 드물게 아름다운 형광 그린 색채를 가지는 것도 볼 수 있다. 수질의 악화에 취약하기 때문에 육성하려면 청정한 수질을 유지해야한다.

에우필리아 안코라
길어지는 모양의 촉수가 있는 폴립은 판모양의 골격 상단에 위치하며 골격은 분기를 반복해 반구형의 군체가 된다. 메탈릭 그린의 군체도 볼 수 있지만, 이러한 색채를 가지는 것에는 블루계열 램프가 필수이다.

에우필리아의 일종
둥근 알갱이가 모인 것 같은 독특한 형상을 한 폴립을 가지는 종으로, 최근에 알려진 산호이다. 수입되는 것은 사진과 같은 색채를 가지 는 것이 많다.

에우필리아 디비사
본종의 특징은 분기된 촉수를 갖는 것이다.

에우필리아 크리스타타
이 종류에서는 소형 산호로서 성장해도 골격의 직경은 통상 4cm전후 밖에 되지 않는다. 수심 50m부근의 비교적 깊은 곳에서도 볼 수 있으며 강한 광선은 필요 없고 소형 수조에서도 즐길 수 있다.

프레로기라 시누오사
"버블코럴"이라고도 불리며 인도네시아에서 일정하게 수입된다. 격벽은 발달하여 공골에서

에우필리아 디비사
학명 / *Euphyllia divisa*
분포 / 서부태평양

프레로기라 시누오사
학명 / *Plerogyra sinuosa*
분포 / 서부태평양

네멘조필리아 투르비다
학명 / *Nemenzophyllia turbida*
분포 / 인도네시아

크게 돌출하고 있다. 통상은 야간에 촉수를 늘려, 별종과 같은 모습이 되어 버린다. 그린과 옐로우 군체도 알려져 있으며, 선이 들어간 개체는 '캣츠아이'라고 불린다.

네멘조필리아 투르비다
골격을 보지 않으면 디스크 코랄 같은 모습을 한 독특한 산호. 인도네시아에서 가끔 수입되이 온다.

카타라필리아 자르디네이
"트림펫코럴"로 붂리며, 폴립을 펴고 있을 때는 마치 말미잘처럼 보인나. 식싱노 미붓하며 물고기를 잡기도 한다. 인도네시아로부터의 수입량은 많다.

카타라필리아 자르디네이
학명 / *Catalaphyllia jardinei*
분포 / 서부태평양

1162

펀지아 바리다
학명 / *Fungia valida*
분포 / 서부태평양

1163

펀지아 콘크인나
학명 / *Fungia concinna*
분포 / 서부태평양

1164

펀지아 펀지테스
학명 / *Fungia fungites*
분포 / 서부태평양

1165

펀지아의 일종
학명 / *Fungia sp.*
분포 / 서부태평양열대역

1166

펀지아 레판다
학명 / *Fungia(Verrillofungia)repanda*
분포 / 서부태평양열대역

1167

폴리필리아 탈피나
학명 / *Polyphyllia talpina*
분포 / 서부태평양

1169

헤리오펀지아 아크티니포르미스
학명 / *Heliofungia actiniformis*
분포 / 서부태평양

펀지아 바리다
격벽 상부가 톱처럼 들쑥날쑥한 종으로, 비교적
일정하게 수입된다. 사진처럼 주변부가 분홍색
으로 물든 개체도 볼 수 있다.

펀지아 콘크인나
펀지아 레판다와 닮았지만 보다 대형이 된다.
작은 개체에서는 골격의 세밀한 형상으로 구별
할 수 있지만, 외형으로부터의 구별은 어렵다.

펀지아 펀지테스
원형의 골격을 가진 단일 산호로, 밑면에 원뿔
형의 가시가 많다. 짧은 촉수가 드물게 나온다.
갈색 개체 이외에 녹색인 것도 알려져 있으며
둘레는 분홍색이 되기도 한다.

1168

펀지아 파우모텐시스
학명 / *Fungia paumotensis*
분포 / 서부태평양

키크로세리스 키크로리데스
학명 / Cycloseris cyclolites
분포 / 서부태평양

키크로세리스 코스투라타
학명 / Cycloseris costulata
분포 / 서부태평양

키크로세리스 바우그하니
학명 / Cycloseris vaughani
분포 / 서부태평양

디아세리스 디스토라타
학명 / Diaseris distorata
분포 / 서부태평양

펀지아의 일종

이 종류에서는 드물게 자라도 바위 등에 고착된 채 성장한다. 그래서, 비교적 파도의 영향을 받기 쉬운 얕은 곳에서도 볼 수 있다.

펀지아 레판다

이름 그대로 매우 둥근 펀지아로 성장하면 25cm가 된다. 이 종류에서는 비교적 인기가 있고 수입량도 많지만, 사진과 같은 아름다운 형광 그린이나 핑크의 개체는 적다.

폴리필리아 탈피나

가늘고 길게 양쪽 끝이 둥근 군체성 산호로, 촉수는 군체의 표면 전체에서 나온다. 갈색이 많다.

펀지아 파우모텐시스

가늘고 긴 모양을 가진 펀지아의 종류로 직경 15cm이상으로 성장한다. 색채는 보통 담갈색 개체가 많지만, 수입되는 것은 사진과 같이 아름다운 그린 색채를 가진 것도 많다.

헤리오펀지아 아크티니포르미스

원형 골격을 가지는 단일 산호로, 중앙 입으로 부터 둘레를 향해 방사형 격벽이 튀어나온다. 촉수는 굵고 길며 끝이 부풀어 하얗게 변한다.

키크로세리스 키크로리테스

이 종류에서는 가장 북쪽까지 분포가 확인되고 있다. 민두형으로 높이 솟아오른 골격을 가지며, 색채적으로는 담갈색에서 녹갈색이 대부분이지만, 드물게 그린 개체도 볼 수 있다.

키크로세리스 코스투라타

둥글고 강하고 높게 솟아오른 골격을 가진 종으로 키크로세리스 키크로리테스와 비슷하다. 다소 깊은 밑바닥에 서식하고, 수입량은 적다. 색채는 다갈색이 기본이지만, 부분적으로 그린이 들어가는 것도 보인다.

키크로세리스 바우그하니

비교적 깊은 곳에 시식하는 키그로세리스의 종류로 보통은 다간색이거나 흰색 간은 색을 하고 있지만, 개중에는 사진과 같은, 선명한 오렌지색 색채를 갖는 것도 볼 수 있다.

투르비나리아 페레타타
학명 / Turbinaria peletata
분포 / 서부태평양

투르비나리아 메센테리나
학명 / Turbinaria mesenterina
분포 / 서부태평양

투르비나리아 레니포르미스
학명 / Turbinaria reniformis
분포 / 서부태평양

디아세리스 디스토라타

골격 곳곳에 큰 힘줄이 들어가고, 그 부분에서 여러조각으로 갈라져 각각 독립된 개체가 된다는 독특한 증식을 실시하는 종으로, 커져도 3cm 정도의 소형종이다.

투르비나리아 페레타타

평탄한 테이블 모양이 되는 경우가 많으며, 일부가 기둥 모양이 되는 경우도 있다. 폴립은 살 열리고 서로 가까워지기 때문에 공골이 숨어비리지만, 퇴축해 있을 때 떨어져 있는 깃을 안 수 있다. 골우은 부풀지 않는다. 머이는 조개류와 새우류의 다진고기를 스포이드로 불어 넣는다. 회갈색이 많지만, 드물게 메탈릭

그린의 아름다운 군체도 볼 수 있다.

투르비나리아 메센테리나

일반적으로 화분 모양의 군체를 만들지만, 환경에 따라 사진과 같이 덮개형태로 성장하는 경우도 있다. 투르비나리아 페레타타와 비교하면 폴립은 소형으로, 담갈색이나 녹갈색 외에, 그린이나 황색이 빛나는 색채도 알려 져 있다.

투르비나리아 레니포르미스

투르비나리아 페레타타와 투르비나리아 메센테리나의 중산석인 폴립 크기들 가신 종으로, 서긴의 군체고는 알기 이렵지만, 가깅재리기 전체의 색채보다 밝은 색을 띤다. 색상은 황갈색에서 녹색이 많다.

진홍나팔돌산호
학명 / *Tubastraea coccinea*
분포 / 서부태평양

1177

투바스트라에아 시보가에
학명 / *Tubastarea sibogae*
분포 / 서부태평양

1178

투바스트라에아 니크란사
학명 / *Tubastraea nicrantha*
분포 / 인도양-태평양열대역

1179

덴드로필리아 고아르크타타
학명 / *Dendrophyllia coarctata*
분포 / 서부태평양

1181

덴드로필리아 시린드리카
학명 / *Dendrophyllia cylindrica*
분포 / 서부태평양

1180

덴드로필리아의 일종(A)
학명 / *Dendrophyllia sp.*
분포 / 서부태평양

1182

덴드로필리아의 일종(B)
학명 / *Dendrophyllia sp.*
분포 / 서부태평양

1183

덴드로필리아 코크시네아
학명 / *Dendrophyllia coccinea*
분포 / 서부태평양

1184

유착나무돌산호
학명 / *Dendrophyllia cribrosa*
분포 / 서부태평양

1185

바라노필리아 폰데로사
학명 / *Balanophyllia ponderosa*
분포 / 서부태평양

1186

관목나무돌산호
학명 / *Dendrophyllia arbuscula*
분포 / 서부태평양

1187

덴드로필리아 보스치마이
학명 / *Dendrophyllia boschmai*
분포 / 서부태평양

1188

라이조트로추스 니이노이
학명 / *Rhizotrochus niinoi*
분포 / 서부태평양

데스모필리움 인시그니스
학명 / *Desmophyllum insignis*
분포 / 홍해

라이조트로추스 타이푸스
학명 / *Rhizotrochus typus*
분포 / 인도양-서부태평양

진홍나팔돌산호
오렌지색의 군체는 수조내에서도 눈에 잘 띤다. 체내에 갈충조류를 갖지 않기 때문에 자주 먹이를 주지 않으면 공육이 마른다. 폴립은 쉽게 열리며 냄새가 강한 먹이를 흘리거나 직접 폴립에 밀어 넣을 수 있다. 촉수는 밝은 노란색이며, 다수의 폴립이 열린 모습은 꽃밭처럼 매우 아름답다. 인도네시아에서 일정한 수입이 있으며 입수가 쉽다.

투바스트라에아 시보가에
최근까지 진홍나팔돌산호와 혼동되어 있던 종으로 많이 비슷하다. 큰 차이점은 공유뼈가 옆으로 퍼지지 않고 위로 성장한다는 것이다. 군체는 오렌지색이 많지만 어두운 녹색을 선호하므로 레이아웃 할 때 이것을 고려해야 한다.

투바스트라에아 니크란사
진홍나팔돌산호와 함께 인도네시아에서 수입되어 오는 돌산호의 종류. 이 종류로서는 드물게 검은 몸을 가졌지만, 그 중에는 아름다운 형광 그린의 촉수를 가진 것도 볼 수 있다.

덴드로필리아 시린드리카
관목나무돌산호와 혼동되기 쉬운 돌산호이지만, 관목나무돌산호 쪽이 약간 작고, 본종은 측면 가지가 비스듬히 늘어나지만, 관목나무돌산호는 수직으로 나오고 나서 위쪽을 향하기 때문에 구별된다. 촉수의 색은 오렌지~황색.

덴드로필리아 고아르크타타
현재는 돌산호속으로 분류되고 있다. 끝은 두껍고 공유 뼈에서 잘 돌출하지 않는다. 군체는 보통 오렌지이지만 흰색 군체도 볼 수 있다. 폴립을 열게 하려면 다소 시간이 걸리므로 끈기 있게 급여를 반복하는 것이 중요하나. 수류도 필요하고 무엇보다 필요한 것은 깨끗한 바닷물이다.

덴드로필리아의 일종(A)
수심 40m이상 깊은 곳에 서식하는 기낫기기 모양이 되는 돌산호의 종류. 사진으로는 알수 없지만 촉수는 투명감이 있는 오렌지색.

덴드로필리아의 일종(B)
모습과 크기는 덴드로필리아 시린드리카와 흡사하지만, 골격은 보다 단단하고, 또 끝부분의 색깔은 살색이고, 폴립이 흰색인 것이 특징이다.

덴드로필리아 코크시네아
최근 연구 결과 돌산호속으로 분류되어 학명도 개칭되었다. 체벽은 핑크색으로 구반은 빨강, 촉수는 황색 타입이 일반적이다. 수류를 좋아하고, 여기에 플랑크톤계등 냄새가 강한 먹이를 흘려 폴립을 열게 한다. 이것으로도 열리지 않을 때는 직접 폴립에 먹이를 넣으면 된다. 튼튼한 종이지만 체벽에 상처 등이 있으면 장기 사육을 바랄 수 없기 때문에 구입 시 체크해야 한다.

유착나무돌산호
골격은 수상이고 산호 개체는 공골에서 잘 돌출하지 않는다. 이 때문에 급여는 직접 폴립으로 하기 어렵다. 본종은 폴립을 열게 하기 어려운 돌산호의 하나로 청정한 바닷물과 끈기가 필수불가결하다. 수입은 드물다.

바라노필리아 폰데로사
기본적으로는 단일 산호이지만, 분열 증식하기 위해 사진과 같이 가지 모양의 것을 볼 수 있다. 골격은 원주형인 경우가 많으며, 지름 1~2cm, 높이는 2~5cm가 보통이다. 체벽은 오렌지에서 핑크, 촉수는 오렌지 ~ 노란색이다.

관목나무돌산호
수심 25m이상의 암초역에 서식하고 있다. 수형 골격을 가지며, 즉 가지는 거의 수직으로 나왔다가 약간 위를 향하는 경향이 있다. 군체는 오렌지이고 촉수는 노란색이다. 군체를 강하게 잡아 버리면 오렌지색의 점액이 벗겨 시디 주이한다. 유류와 튼냥구몸게 미이도

시아델리아 아실라리스
학명 / *Cyathelia axillaris*
분포 / 서부태평양

폴립을 열게 된다. 폴립을 열면 새우와 조개를 잘게 썬 것을 준다.

덴드로필리아 보스치마이
선명한 오렌지색 골격에 드물게 짧게 돌출된 폴립을 붙인다. 본종은 촉수의 색이 유백색인 것이 특성으로 나른 종과 구별이 된다.

라이조트로추스 니이노이
소형의 단일 산호로, 풍부한 칼라 변이를 가진다. 입수는 어렵다.

데스모필리움 인시그니스
수심 30m이상에서 서식하는 단일 산호. 투명감이 있는 촉수에는 하얀 힘줄이 들어간다. 입수는 어렵고, 저인망 등에 들어가는 것이, 드물게 입수할 수 있는 정도.

라이조트로추스 타이푸스
학명과 화명이 개칭되었다. 공육은 오렌지, 화이트, 핑크, 옐로우 등 변이가 많다. 영양제 첨가가 바람직하고, 수온은 22℃ 이하를 유지하는 것이 좋다.

시아델리아 아실니리스
골격은 가지가 있는 수상이며, 산호체는 가지의 끝이나 분기점 주간에 직접 붙는 경우도 있다. 주간은 흰색, 산호체는 갈색이 많지만 느불게 배탄티 그린노 볼 수 있나. 속수는 두명하나

국 조지아 수족관

고라는 칭송을 듣는 비영리 공공수족관이다. 낙후된 정어리어촌 도시를 관광도시로의 변화를 만들어
었다. 2010년에 방문했을때는 카운터에서 매표를 하는 방식이었는데 2021년에 방문했을 때에는
표직원과 1:1로 대화를 하면 매표를 하는 방식으로 변경되었다. 이런 변화는 참 좋다.
상어를 최장기간 전시한것도 유명하지만 이곳의 최고는 다시마가 살고있는
족관으로서 이곳의 심벌마크이기도 하다. 대략 수족관 연출에
억이 사용되었다고 하는데 의견을 만든 기획자와 그것을
명한 경영진 모두가 대단하다. 그러한 도전을
거주고 승인한다는 것은 많은
기가 필요하다.

xt. 김 승민 / Photo. 김 승민

OCTO CORALS

1193

네피데아 차브로리
학명 / *Nephthea chabrolii*
분포 / 서부태평양

연산호의 종류에는 빨강이나 노란색으로 채색된 아름다운 색채를 가지는 바다맨드라미, 가시 산호의 종류. 그 이름대로 버섯 같은 모습을 가진 사르코피돈의 종류. 작은 꽃과 같은 폴립을 펼치는 제니아 종류 등 수조 내에 아름다운 꽃밭을 재현하는 매력적인 종류를 많이 볼 수 있다. 이 유형은 모두 팔방 산호아강으로 분류된다. 이것은 육방산호아강이 6의 배수의 촉수를 가지는 반면 촉수수가 전종 일정한 8개인 데서 유래 한다.

이 연산호 중 바다맨드라미와 가시 산호 등에서 생생한 붉은색과 노란색 색상을 가진 종류의 대부분은 플랑크톤등을 섭취하여 에너지를 얻는 음일성 연산호에 포함되어 조명이 조금 어두워도 문제는 없지만 사육하기 위해서는 부지런한 급여가 필요하다. 이러한 종류를 사육하는 포인트로는 먹이를 자주 먹일 필요가 있기 때문에 고능력의 단백질 스키머를 사용하고

최초의 단계에서 유기물을 제거하면서 자주 환수를 실시해 청정한 수질을 유지해야 한다. 또 이 종류는 조수가 잘 통하는 깊은 곳에 서식하기 때문에 수온도 다소 낮게(20~23℃)로 유지해 주는 것이 좋다. 먹이에는 갓 부화한 브라인 슈림프등을 주는 것이 좋다.

제니아 종류, 사르코피돈류, 바다맨드라미에서도 다갈색의 색채를 가지며 체내에 갈충조류를 공생시키는 종류는 호일성 연산호에 포함되어 있으며 이들 종류는 첨가제와 메탈 램프 등의 밝은 조명하에서는 특별히 먹이를 주지 않아도 성장한다. 같은 방법으로 육성할 수 있는 것이 같은 연산호이라도 팔방산호에 포함되는 디스코소마나 조안수스 에리스로클로로스의 동료들이다. 이들 동료에게는 형광색을 가지는 것도 많으며 사육도 쉽고 튼튼하기 때문에 초보자용의 연산호라고 할 수 있을 것이다.

수지맨드라미류
학명 / *Dendronephthya sp*
분포 / 서부태평양

덴드로네피디아 하베레리
학명 / *Dendronephthya habereri*
분포 / 서부태평양

덴드로네피디아 무크로나타
학명 / *Dendronephthya mucronata*
분포 / 서부태평양

네피데아의 일종
학명 / *Nephthea sp.*
분포 / 서부태평양

검붉은수지맨드라미
학명 / *Dendronephthya suensoni*
분포 / 서부태평양

덴드로피디아 기간테아
학명 / *Dendronephththya gigantea*
분포 / 서부태평양

덴드로피디아 데쿠스사토스피노사
학명 / *Dendronephthya decussatospinosa*
분포 / 서부태평양

네피데아 차브로리
핑크등 아름다운 색채도 많은 토사카의 동료로 선명한 색채의 것은 인기가 높다. 이 종류는 호일성의 특징을 가지고 있다. 보통은 약간 분홍빛이 도는 회갈색이 것이 많지만 사진과 같이 아름다운 분홍색을 띤 것도 볼 수 있다.

수지맨드라미류
덴드로네피디아 하베레리와 비슷한 종으로 폴립은 덴드로네피디아 하베레리와 비교해 다소 드문드문 붙는다. 노란색 폴립의 색이 본종의 특징이다.

덴드로네피디아 하베레리
수심 20m부근의 암초 지역에 서식한다. 수류가 닿는 장소에 배치해 먹이를 스포이드로 뿜는다.

덴드로네피디아 무크로나타
군체는 수형으로 갈라지고. 폴립은 작은 덩어리 형태로 모인다. 먹이는 스포이드로 불어 넣는 방법이 좋다.

네피데아의 일송
본종도 네피데아 차브로리처럼 호일성의 특징을 가진 종으로 산호초의 암초 등 비교적 얕은 곳에서 볼 수 있다. 네피데아 차브로리 등과

함께 수입되지만 수는 그리 많지 않다.

검붉은수지맨드라미
수심 20m전후의 암초역에 서식하며 커지면 15cm전후가 된다. 인도네시아에서 수입되어 수입량은 많다. 먹이는 스포이드로 뿌려주면 좋지만 너무 많이 주면 수질을 악화시키기 때문에 이러한 먹이를 사용할 경우에는 강력한 단백질 스키머를 사용하면 수질을 유지하는데 효과 적이다.

덴드로피디아 기간테아
음일성 타입의 바다맨드라미 중에서는 대중적인 종으로 큰 것에서는 길어지면 50cm가 넘지만 수입되어 오는 것은 20cm 미만인 것이 많다. 컨디션 좋게 사육하려면 위해서는 청정한 해수와 부지런한 먹이급여가 필요하다.

덴드로피디아 데쿠스사토스피노사
군체는 커지면 150cm정도 되는 대형종으로 병부는 전체의 약 2/3를 차지하고 관부는 5개로 분기힌 주지로부디 형성된다. 기지로 나뉘어신 주시는 분홍색이나 퍼플 외에 흰색, 황색, 오렌지등 컬러변이가 많아 인기가 높다. 비교적 깊은 곳에 서식하고 있기 때문에 수족관 가게에 수입되는 것은 적은 종이다.

분홍바다맨드라미(레드)
학명 / *Alcyonium gracillimum*
분포 / 서부태평양

1202

분홍바다맨드라미
학명 / *Alcyonium gracillimum*
분포 / 서부태평양

1201

네피디고르기아의 일종(오렌지)
학명 / *Nephthygorgia sp.*
분포 / 인도양-서부태평양

1203

바다딸기
학명 / *Bellonella rubra*
분포 / 서부태평양

1204

스데레온에피디아 루브리포드
학명 / *Stereonephthya rubriford*
분포 / 서부태평양

1206

네피디고르기아의 일종(레드)
학명 / *Nephthygorgia sp.*
분포 / 인도양-서부태평양

1205

등색관산호
학명 / *Siphonogorgia dofleini*
분포 / 서부태평양, 뉴칼레도니아

1207

관산호의 일종
학명 / *Siphonogorgia sp.*
분포 / 서부태평양, 뉴칼레도니아

1208

안소마스투스 무스카리오이데스
학명 / *Anthomastus muscarioides*
분포 / 서부태평양

1209

미나베아 보부스타
학명 / *Minabea robusta*
분포 / 서부태평양

네오손고데스의 일종
학명 / *Neosongodes sp.*
분포 / 인도양-서부태평양

스테레오데피디아 자포니카
학명 / *Stereonephthya japonica*
분포 / 서부태평양

네피디고르기아의 일종(레드)
인도네시아에서 수입되어 오는 바다딸기와 비슷한 특징을 가진 종으로 큰 것으로는 맨드라미처럼 가지치기를 한다. 튼튼하지만 컨디션이 좋지 않으면 폴립을 늘리지 않는다.

스데레온에피디아 루브리포드
스테레오데피디아 자포니카와 닮은 종으로, 본종은 폴립의 뿌리등이 붉기 때문에 구별이 된다. 이 종도 비교적 얕은 곳에서 볼 수 있어 밝은 환경에서의 사육이 적합하다.

등색관산호
본종은 수형의 군체를 가지며 수심 20m전후의 암초역에 서식한다. 높이는 15cm정도가 되며, 관부는 병부가 여러차례 분기한 가늘고 긴 가지로 구성된다. 수온은 약간 낮은 23℃정도가 좋다.

관산호의 일종
통상 등색관산호의 색채는 그 이름대로 살빛을 하고 있지만 본종에서는 사진과 같이 등나무 보라색의 색채를 가신다.

안소마스투스 무스카리오이데스
트롤등에 들어오는 돌등에 따라오는 심해성의 팔방 산호. 수입은 적고 드물다. 사육은 낮은 수온이 바람직하다.

미나베아 보부스타
바다딸기와 비슷한 군체로 수심 30m전후의 암초 지역에 서식하고 있다. 폴립은 백색을 띠는 경우가 많고 군체 표면의 전역에 분포하고 수입은 매우 드물다.

네오손고데스의 일종
인도네시아나 필리핀에서 수입되어 오는 종 중에는 아름답고 이름이 불명한 것이 많이 섞여 있다. 본종도 그런 것 중 하나로 진한 핑크의 몸에 크림색의 폴립을 가져 아름답다.

스테레오데피디아 자포니카
언뜻 보면 음일성으로 보이지만 빛이 들어오는 얕은 곳에 서식하고 있다. 그래서 사육에 있어서도 밝은 환경이 적합하다.

분홍바다맨드라미
오렌지색이나 핑크색 색채를 가진 아름다운 바다맨드라미의 일종으로 이 종류에서는 부드러운 몸을 가졌기 때문에 손으로 만져 보면 구별이 쉽다. 일단 수조에 집착해 버리면 비교적 사육도 용이하다.

네피디고르기아의 일종(오렌지)
전종과 매우 비슷한 종으로 오렌지의 몸을 가진다. 전종의 칼라 변이의 가능성도 높지만 본종 쪽이 폴립을 열기 쉽다. 인도네시아에서 비다딸기의 일종(레드)과 섞어 수입된다.

바다딸기
군체는 다육질의 곤봉모양으로 레드, 오렌지가 알려져 있다. 폴립은 다소 노란빛이 도는 흰색인 경우가 많다. 먹이는 액상의 것을 스포이드로 뿌려주면 좋다. 본종은 암반에 착생하고 있기 때문에 채집이 어렵고 벗겨져 수입되는 경우가 많다. 다른 바위에 착생하는 데 시간이 걸리므로 가능하면 다소나마 바위가 붙어 있는 군체를 구입하는 것이 좋다. 사육에는 고수온은 금물로 가능하면 쿨러 등을 이용하여 여름철의 수온을 23℃ 정도로 맞추면 좋다.

리토피톤 비스키둠
학명 / *Litophyton viscidum*
분포 / 서부태평양

시누라리아 카필로사
학명 / *Sinularia capillosa*
분포 / 서부태평양

렘나리아의 일종
학명 / *Lemnalia sp.*
분포 / 서부태평양

시누라리아 파비다
학명 / *Sinularia pavida*
분포 / 서부태평양

네피데아 에레크타
학명 / *Nephthea erecta*
분포 / 인도양-서부태평양

네피데아의 일종
학명 / *Nephthea sp.*
분포 / 인도양-서부태평양

시누라리아 포리다크티라
학명 / *Sinularia polydactyla*
분포 / 서부태평양

리토피톤 비스키둠
군체가 점막으로 덮여 있다. 폴립에 뼈 조각이 없기 때문에 따끔따끔한 감촉은 없다. 이 속의 연산호에는 비슷한 종이 많아 종류의 판별은 어렵다.

시누라리아 카필로사
다소 딱딱한 줄기는 나뭇가지 모양으로 분기해 그 전체에 폴립을 붙인다. 흰색 빛이 강한 색채를 가지는 것이 많지만 갈색이나 녹색 띠는 개체도 볼 수 있다. 사육은 쉽고 튼튼하지만 폴립은 좀처럼 열리지 않는다.

렘나리아의 일종
호일성의 연산호로 밝은 환경이 적합한 종으로 비교적 큰 폴립을 가지는 것이 특징적. 이 속도 비슷한 종이 많아 별다른 구별없이 수입되어 오기 때문에 종 판별은 어렵다. 아름다운 종이지만 인도네시아에서 가끔 수입되는 정도로 수는 많지 않다.

시누라리아 파비다
관부에 수상돌기가 있고 폴립은 돌기에 밀접하게 분포한다. 수류와 강한 조명이 필요하며 먹이는 폴립이 열려있을 때 주면된다.

네피데아 에레크타
퇴축 시에는 중심부에 함몰이 있지만 확장되면

카프넬라의 일종(A)
학명 / Capnella sp.

분포 / 서부태평양

크라이엘라 디지투라타
학명 / Cladiella digitulata

분포 / 서부태평양

카프넬라 인브리카타
학명 / Capnella inbricata

분포 / 서부태평양

렘나리아의 일종
학명 / Lemnalia sp.

분포 / 인도양–서부태평양

카프넬라의 일종(B)
학명 / Capnella sp.

분포 / 서부태평양

5~6배가 된다. 미세하게 분기한 자루에 작은 폴립을 밀생시킨다. 사육에 있어서는 메탈등의 강한 광선과 너무 강하지 않은 수류를 맞추면 성장도 빠르다.

네피데아의 일종
네피데아 에레크타에 매우 가까운 동료로 동종일 가능성도 높다. 이 종류는 비슷한 종류도 많고 종의 식별은 어렵다.

시누라리아 포리다크티라
짧은 사루부와 뻥뻥한 관부도 무성돼며 판부는 불규칙하게 분기하고 주변부는 손가락 모양의 돌기가 나온다. 폴립은 지상돌기에 집중한다.

카프넬라 인브리카타
비교적 큰 폴립을 가진 호일성 연산호의 종류. 폴립을 열면 꽃이 핀 것처럼 화려하고 아름답다.

카프넬라의 일종(A)
본종은 카프넬라 인브리카타의 희명으로 수입되어 오는 종으로 이 종류에서는 페 큰 폴립을 가지며 아름답다. 완만한 수류와 밝은 환경을 선호한다.

크라이엘라 디지두라타
손가락이라는 별명을 가진 연산호로서 손가락 모양의 돌기를 가지고 다갈색이 폴립을 밀생

시킨다.

렘나리아의 일종
비교적 큰 폴립을 가진 종으로 리토피톤 비스키둠과 같이 체내에 뼛조각을 갖지 않기 때문에 감촉은 부드럽다. 인도네시아에서 가끔 수입되이 오지만 숫자는 많지 않다. 호일성 언산호로 밝은 환경이 적합하다.

카프넬라의 일종(B)
자루 끝단부에 손가락 모양의 돌기를 늘어놓아 그곳에 폴립을 밀생시키는 종으로 이미도 기프넬라 인브리카타와 동속이라고 생각되나 자세한 것은 분분명하다.

사르코피톤 그라우캄
학명 / *Sarcophyton glaucam*
분포 / 서부태평양, 홍해

1225

사르코피톤 트로체리오포룸
학명 / *Sarcophyton trocheliophorum*
분포 / 서부태평양

1226

사르코피톤의 일종
학명 / *Sarcophyton sp.*
분포 / 서부태평양

1227

사르코피톤 키네레움
학명 / *Sarcophyton cinereum*
분포 / 서부태평양

1228

사르코피톤 에레간스
학명 / *Sarcophyton elegans*
분포 / 서부태평양

1229

로보피툼의 일종
학명 / *Lobophytum sp.*
분포 / 인도양-서부태평양

1230

시누라리아의 일종
학명 / *Sinularia sp.*
분포 / 인도양-서부태평양

1231

사르코피돈 그라우캄
직경 1m가 넘는 대형 종으로 관부 둘레는 물결을 친 것처럼 된다. 폴립을 펴고 있는 모습은 말미잘처럼 보이기도 한다. 촉수가 노란색이나 형광그린인 아름다운 개체도 수입된다.

사르코피톤 트로체리오포룸
자루부는 가늘고 길게, 관부는 크게 돌출하고 둘레는 물결친다. 관부가 얇고 거기에서 나오는 폴립은 짧고 작다. 폴립은 보통 갈색 또는 황갈색이고 관부 상면은 녹갈색인 경우도 있다.

사르코피톤의 일종
폴립의 크기 등은 사르코피돈 그라우캄과 많이 비슷하지만 2차 폴립이 순백색을 하고 있기 때문에 구별이 된다. 수는 적다.

사르코피돈 키네레움
얇은 자루부와 나팔 모양의 관부를 가진 사르코피돈으로 폴립은 길고 촉수는 흰색인 경우가 많다. 수심 20m이내의 서식한다. 비교적 소형이고 높이 7~8cm, 지름은 5cm정도 이다.

사르코피돈 에레간스
굵고 짧은 자루부와 중앙이 약간 오목한 관부를 가진 사르코피돈으로 높이는 약 10cm, 지름은 20cm 전후의 군체를 이룬다. 폴립은 옐로우, 그린이 알려져 있지만 색채를 유지하기 위해서는 청색 파장영역이 나오는 형광등이 필요하다.

헤테로제니아 에리사베사에
학명 / *Heteroxenia elisabethae*
분포 / 서부태평양

핀가라스 헤이미
학명 / *Fangalao hoimi*
분포 / 서부태평양

제니아 마이
학명 / *Xenia mayi*
분포 / 서부태평양열대역

제니아 브루미
학명 / *Xenia blumi*
분포 / 서부태평양

안데리아의 일종
학명 / *Anthelia sp.*
분포 / 서부태평양

케스피투라리아의 일종
학명 / *Cespitularia sp*
분포 / 서부태평양

헤테로제니아의 일종
학명 / *Hoteroxenia sp.*
분포 / 서부태평양열대역

로보피둠의 일종
호일성의 연산호로 손가락 모양의 돌기를 가진다. 밝은 환경에서는 2차 폴립을 늘려 아름답다. 사육은 사르코피돈류처럼 튼튼한 종류로 먹이를 주지 않아도 빛만으로 성장해 간다.

시누라리아의 일종
인도네시아 등으로부터 비교적 일정하게 수입되어 오는 연산호로 사르코피돈 등에 가까운 종류이지만 사르코피돈류 처럼 줄기부를 가지지 않고 바위 위를 피복하듯 펴져 나간다.

헤테로제니아 에리사베사에
길쭉한 자루의 끝에 폴립을 집합시키고 폴립이 수축하고 있을 때는 버섯과 같은 형상을 가진다. 컨디션 좋게 수입한 것은 비교적 튼튼하지만 수송의 데미지에는 약하다. 수입시 암석바닥을 고무밴드로 스티로폼조각에 고정하고 비닐봉지에 넣어 잠기지 않도록 서로도 떠 있게 한다.

판가라스 헤이미
자루부는 짧고 굵으며, 폴립은 퇴축 시 군체 안에 매몰된다. 군체는 회갈색이며 색 변이는 흔하지 않다. 빛에 대한 의존도가 높아 먹이는 그다지 필요하지 않다.

세니아 마이
제니아 브루미에 가까운 동료로 밝은 조명아래

적절한 환경에서 서로 번식한다. 수송에 의한 데미지를 받기 쉽지만 일단 진정되면 비교적 튼튼하다.

제니아 브루미
파도가 잔잔한 곳에 서식하기 때문에 그다지 강한 수류는 좋아하지 않는다. 폴립은 라이트 블루나 그레이로 블루계의 램프를 조사하면 블루가 강조되어 아름답다. 인도네시아에서 바위에 붙은 채로 수입되지만 벗겨지기 쉽기 때문에 취급에 주의한다.

안데리아의 일종
본종은 바위 표면을 덮듯이 판 모양의 바닥를 가지는 것이 특징인 종으로 많은 유사한 종을 분류하기는 어렵다. 육성은 빛에 의존한다.

케스피투라리아의 일종
본종의 특징은 자루 부분이 분기되는 것으로 이 동료에는 다양한 장소에서 많은 종류가 알려져 있어 종류의 동정은 어렵다. 인도네시아에서 수입된다.

헤테로제니아의 일종
종의 동정은 어렵다. 이 개체의 특징은 자루부의 색채가 폴립부분과 달리 갈색을 띤다는 점이고, 그 밖의 특징은 헤테로제니아 에리시베사에와 매우 비슷하다. 육성은 밝은 환경이 필요.

디스코소마 브리오이데스(그린)
학명 / *Discosoma bryoides*
분포 / 서부태평양

디스코소마 브리오이데스(브라운)
학명 / *Discosoma bryoides*
분포 / 서부태평양

디스코소마 브리오이데스(레드)
학명 / *Discosoma bryoides*
분포 / 서부태평양

디스코소마의 일종 (블루스팟)
학명 / *Discosoma sp.*
분포 / 인도양-서부태평양

디스코소마의 일종 (레드)
학명 / *Discosoma sp.*
분포 / 인도양-서부태평양

디스코소마의 일종 (블루스트라이프)
학명 / *Discosoma sp.*
분포 / 인도양-서부태평양

디스코소마의 일종 (블루)
학명 / *Discosoma sp.*
분포 / 인도양-서부태평양

디스코소마 브리오이데스

차종과 마찬가지로 디스코소마로 수입되는 종으로 차종만큼은 아니지만 많은 컬러변이가 알려져 있다. 촉수는 꽃잎 모양으로 둘레 촉수는 잘 발달하고 포식도 활발히 실시한다. 그러나 갈충류 조류도 공생하기 때문에 빛도 필요하다. 인도네시아에서 수입되는 타입은 메탈릭 그린의 아름다운 것이 많지만 메탈 등의 강한 조명 아래에서는 곧바로 갈색으로 변해 버린다. 역시 블루계열의 램프를 사용하지 않으면 형광색은 유지할 수 없는 것 같다.

디스코소마의 일종

칼라변이가 매우 많은 종류로 사진에서 소개한 블루 스트라이프, 블루 스폿, 블루, 그린스트라이프, 옐로우, 레드퍼플, 브라운등 외에도 다양한 변형이 알려져 있다. 아마도 이러한 색상 변형 중에는 2종류 이상이 포함되어 있다고 생각되지만 동정은 어렵다. 사육은 쉽고 적절한 조명 하에서 분열에 의해 번식해 간다. 또한 형광색을 가지는 것은 블루계의 조명이 적합하고 형광등 정도의 조명으로도 사육은 가능하다. 수입되어 오는 것은 모두 바위 등에 고정되어 있지만 정성스럽게 떼어내고 다른 바위로 옮기는 것도 가능하며, 최근에는 이러한 방법으로

리코르데아 펀기포르메(레드)
학명 / *Ricordea fungiforme*
분포 / 서부태평양

리코르데아 펀기포르메(오렌지)
학명 / *Ricordea fungiforme*
분포 / 서부태평양

리코르데아의 일종
학명 / *Ricordea sp.*
분포 / 서부태평양

리코르데아 펀기포르메(그린)
학명 / *Ricordea fungiforme*
분포 / 서부태평양

디스코소마 하웨시(그린)
학명 / *Discosoma hawesii*
분포 / 서부태평양

디스코소마 하웨시
학명 / *Discosoma hawesii*
분포 / 서부태평양

하나의 바위에 여러 가지 다른 컬러 패턴의 디스코소마를 붙인 것도 수입되고 있다.

리코르데아 펀기포르메
끝이 둥근 촉수를 가진 특징이 있는 디스코소마로, 그 형상에서 디스코소마 "버블"의 이름으로 수입되는 경우가 많다. 칼라 변이도 많이 알려져 있어 사진에 소개한 선명한 그린이나 오렌지, 레드 외에 퍼플등의 타입도 수입한다. 사육은 다른 디스코소마처럼 쉽지만 아름다운 색채를 유지하기 위해서는 블루 계열의 조명이 필요하다.

리코르데아의 일종
물방울 같은 큰 돌기를 한면에 늘어놓는 디스코소마의 일종이다. 형광레드에 흰색 줄무늬가 들어가는 아름다운 종이지만 수입은 매우 적어 볼 기회는 거의 없다. 사육은 다른 디스코소마처럼 쉽다.

디스코소마 하웨시
실 모양의 촉수를 가지고 포식을 하기 때문에 자주 먹이를 주면 크게 자라고 잘 번식한다. 자포는 그다지 강하지는 않지만 너무 다른종을 가까이 하면 석박사를 방출하고 공격하기 때문에 주의가 필요하다. 본종에도 칼라 변이가 알

디스코소마 브리오이데스(그린메탈)
학명 / *Discosoma bryoides*
분포 / 인도양—서부태평양

디스코소마 포네스트라페라
학명 / *Discosoma fonestrafera*
분포 / 서부태평양

려져 있어 아름다운 그린의 개체도 드물게 수입한다.

디스코소마 브리오이데스(그린메탈)
인도네시아에서 주로 수입된다. 이 종류로서는 비교적 대형이 되는 종으로, 많은 디스코소마가 하나의 바위에 여러 개체가 붙은 상태로 수입되어 오는데 본종은 가격으로 인해서 인지 대량으로 수입되어 오는 것이 많다. 선명한 그린 형광색을 가진 것은 인기가 많아 그린 메탈릭의 이름으로 수입되어 온다.

디스코소마 포네스트라페라
이 종류에서는 매우 대형이 되는 종으로, 그 크기와 형상 때문에 엘리펀트 이어라는 이름으로도 불리며 지름 30cm이상이 된다. 촉수는 가늘고 짧으며 구반에 은밀하게 분포한다. 둘레에는 촉수가 없고 수름진 모양으로 되어 있다. 포식을 성행하기 때문에 소형 물고기와 새우는 잡아 먹을 수 있다. 통상 수입되어 오는 개체는 사진과 같은 회갈색의 개체가 많지만 드물게 메탈릭 그린의 아름다운 개체도 수입되는 일이 있다. 튼튼하지만 사육에는 충분한 공간이 필요하다.

조안수스 베트남엔시스
학명 / *Zoanthus vietnamensis*
분포 / 서부태평양

조안수스 에리스로클로로스
학명 / *Zoanthus erythrochloros*
분포 / 인도양-서부태평양

조안수스의 일종(그린)
학명 / *Zoanthus sp.*
분포 / 인도양-서부태평양

조안수스 파키피에아스
학명 / *Zoanthus aff. pacifieas*
분포 / 서부태평양

조안수스 시밀리스
학명 / *Zoanthus aff. similis*
분포 / 서부태평양

조안수스 그노포데스
학명 / *Zoanthus gnophodes*
분포 / 서부태평양

조안수스 산시바리쿠스(오렌지)
학명 / *Zoanthus sansibaricus*
분포 / 인도양-서부태평양

파리조아 욘게이
학명 / *Palythoa yongei*
분포 / 인도양-서부태평양

프로토파리조아 베스티투스
학명 / *Protopalythoa vestitus*
분포 / 카리브해

조안수스 베트남엔시스
이름에서 알 수 있듯이 구반의 색채가 등나무색에서 핑크빛이 도는 것이 특징이다. 조안수스 에리스로클로로스로 등과 비교해 약간 큰 폴립을 가진다.

조안수스 에리스로클로로스
비교적 얕은 바위 위를 덮는 큰 군체를 볼 수도 있다. 사진과 같은 오렌지색의 색채를 지닌 것이 특징이며 이전에 본종의 칼라변이로 되어 있던 그린의 종류는 조안수스 그노포데스

조안수스의 일종(그린)
이 동료는 비슷한 종이 많고 또 개체에 따라서도 칼라변이를 보이는 것도 있기 때문에 종의 동정은 매우 어렵다. 형광색을 가지는 타입은 환경에 따라 갈색으로 바뀌기도 하기 때문에 사육에는 블루계열 조명이 적합하다.

조안수스 파키피에아스
구반의 둘레와 체벽이 하얀 것이 특징이며 인도네시아에서 수입된다. 구반의 색채에는 그린이나 레드 등이 알려져 블루계열 램프를 조사함으로써 아름다움을 더욱 끌어낼 수 있다.

조안수스 시밀리스
오렌지색 촉수를 가진 아름다운 종이지만 블루계열 램프를 사용하지 않으면 아름답게 보이지 않을 뿐만 아니라 그 아름다움을 오래 유지할 수 없다.

조안수스 그노포데스
매우 아름다운 종류로 구반과 촉수가 선명한 그린 색채를 가지는 것이 특징이다. 비슷한 산시바리쿠스와의 구별은 어렵지만 산시바리쿠스는 구반이 흰색이기 때문에 구별이 된다.

조안수스 산시바리쿠스(오렌지)
아주 예민한 모래알을 육부에 도입해 몸을 지탱하고 있다. 본종도 갈충조류에 대한 의존도가 높기 때문에 비교적 강한 빛에 잘 자란다.

그라부라리아 인프라타
학명 / *Clavularia inflata*
분포 / 서부태평양

클라불라리아
학명 / *Clavularia racemosa*
분포 / 서부태평양

파라조안투스 일종
학명 / *Parazoanthus sp*
분포 / 인도양-서부태평양

파키크라부라리아 비오라크바(그린)
학명 / *Pachyclavularia violacva*
분포 / 서부태평양

파키크라부라리아 비오라크바
학명 / *Pachyclavularia violacva*
분포 / 서부태평양

팜조안투스 그라키리스
학명 / *Pamzoanthus gracilis*
분포 / 서부태평양

투비포라 무시카(그린)
학명 / *Tubipora musica*
분포 / 인도양-서부태평양

투비포라 무시카(화이트)
학명 / *Tubipora musica*
분포 / 인도양-서부태평양

코리나크티스 비르이디스
학명 / *Corynactis aff. viridis*
분포 / 서부태평양

파리조아 욘게이
"그린 버튼"이라고도 불리며 메탈릭 그린의 구반을 가진 타입이 많다. 형광색을 유지시키기 위해서는 블루 계열의 램프가 필수적이다. 먹이로는 조개류와 새우류의 다진 것을 준다.

프로토파리조아 베스티투스
지름 2~3cm나 되는 큰 폴립을 가진 종류. 미국편으로 수입되어 오지만 수는 그리 많지 않다.

크라부라리아 인프라타
군체는 주근이라 불리는 옆으로 뻗어있는 관에서 직립하는 꽃무늬로 불리는 관으로 형성된다. 폴립은 크고 갈색 타입부터 그린, 옐로우 등의 칼라 변이가 알려져 있다. 한번 수조에 익숙해져 버리면 비교적 튼튼한 종이지만 수송 등의 컨디션이 나쁘면 썩듯이 죽어 버리는 경우가 많다. 급식은 특별히 필요하지 않고 조명만으로도 사육은 가능하다.

송이곤봉산호
크라부라리아 인프라타보다 소형이며, 컬러 변이는 별로 보이지 않고 통상 갈색의 촉수를 가지는 것이 많지만, 입 부분이 흰색이나 그린의 아름다운 개체도 수는 많지 않다고 알려져 있다. 매우 튼튼하고 먹이는 주지 않아도 빛만으로 잘 자란다. 인도네시아에서 일정한 수입이 있다.

파라조안투스의 일종
각 개체는 팜조안투스 그라키리스와 비슷하지만 바위에 착생하고 있다. 조개류와 새우류의 다진것을 자주 주지 않으면 마르기 쉽다.

파키크라부라리아 비오라크바(그린)
그린 스타폴립이 이름으로 수입되는 파키크라부라리아 비오라크바로 메탈릭 그린 촉수를 가진 타입은 그 아름다운 색채를 유지하기 위해 블루계열 조명이 필수적이다.

파키크라부라리아 비오라크바
주근은 막대상태로 퍼플이나 그레인인 경우가 많다. 통칭 스타폴립이 더 잘 알려져 있나. 인산호 중에서는 가장 튼튼한 종 중 하나로 형광등 정도의 조명에서도 성장하지만 컨디션이 맞지 않으면 폴립을 늘리지 않는 경우도 있다.

팜조안투스 그라키리스
Dentitheca habereri에 기생하여 결국 숙주를 죽인다. 수류를 좋아하며 붉살을 타고 오는 먹이를 포식한다. 조개류의 다진 것 등을 자주 준다.

투비포라 무시카(그린)
파이프오르간 산호의 이름으로 수입되는 종으로 경산호류처럼 관 모양의 붉은 곡격을 가지는데 촉수가 8개이기 때문에 팔방산호류이다. 약간 강한 빛을 필요로 한다.

프테로에이데스 스파르만니이
학명 / *Pteroeides sparmannii*
분포 / 인도양-서부태평양

투비포라 무시카(화이트)
투비포라 무시카의 칼라 변이로 사진과 같은 아름다운 흰색 외에 그린도 알려져 있다.

코리나크티스 비르이디스
곡격은 갖지 않기 때문에 말미잘의 종류처럼 보이지만 돌산호에 가까운 특징을 가지는 송이다. 촉수의 끝이 둥글게 부풀어 오르는 것이 특징

프테로에이데스 스파르만니이
봄의 절반가량을 모래 속에 파묻혀 생활하기 때문에 수조 내에서도 군체에 맞는 두께의 모래를 깔 필요가 있다.

진총산호의 일종
학명 / *Euplexaura sp.*
분포 / 서부태평양

벨루켈라 미니아케아
학명 / *Verrucella miniacea*
분포 / 서부태평양

직립진총산호
학명 / *Euplexaura erecta*
분포 / 서부태평양

에치노고르지아 프라에론가
학명 / *Echinogorgia praelonga*
분포 / 서부태평양

큰민가시산호
학명 / *Acalycigorgia graodiflora*
분포 / 서부태평양

가시산호의 일종(A)
학명 / *Acanthogorgia sp.*
분포 / 서부태평양

에치노고르지아 스피니페라
학명 / *Echinogorgia spinifera*
분포 / 인도양-서부태평양

민가시산호
학명 / *Acalycigorgia inermis*
분포 / 서부태평양

에치노고르지아 리지다
학명 / *Echinogorgia rigida*
분포 / 인도양-서부태평양

수베르고르지아 푸르크라
학명 / *Subergorgia pulchra*
분포 / 서부태평양

쇼피니페라 가시산호
학명 / Acanthogorgia spinifera
분포 / 서부태평양

디오도그르그지아 노두리페라
학명 / Diodogorgia nodulifera
분포 / 카리브애

부채뿔산호
학명 / Melithaea flabellifera
분포 / 서부태평양

가시산호의 일종(B)
학명 / Acanthogorgia sp.
분포 / 서부태평양

스피니페라의 유사종
학명 / Echinomcricea sp. cf. spinifera
분포 / 서부태평양

벨루켈라 미이아케아
잘게 갈라져 부채 모양으로 퍼지는 것이 특징이다. 폴립 색깔은 흰색.

진총산호의 일종
해면질의 굵은 가지를 가지고 있으며 그곳에 빈 구멍에서 길게 폴립을 뺄는 아름다운 종으로 폴립의 색에는 블루 외에 붉은 보라색이나 오렌지 등의 색채가 알려져 있으나 동종인지 여부는 불분명하다. 폴립을 열기 위해서는 막 부화한 브라인슈림프 등의 세심한 먹이와 수류가 중요한 포인트가 된다.

직립진총산호
부채 모양으로 잘게 갈라져 퍼지는 것이 특징인 종. 이 종류는 비슷한 종이 많아 판별이 어렵다.

에치노고르지아 프라에론가
원줄기는 3~4회 분기하여 부채 모양을 형성한다. 가지산호의 동료는 영양이 부족하면 공육이 말라오므로 빈번한 급여가 바람직하다.

큰민기시산호
군체의 색채는 블루, 오렌지, 갈색 등이 알려져 있으며 폴립은 군체 전면에 조밀하게 분포하기 때문에 공육은 보이지 않는다. 원줄기는 여러번의 분기를 반복해 두께를 가진 군체가 된다.

가시산호의 일종(A)
폴립은 크기가 크고 뼈축에 맞지 않는 것이 특징이며 컬러 변이는 오렌지 외에도 황색, 빨강, 보라색 등이 있다.

민가시산호
폴립이 수축되어도 공육내로 퇴축하지 않고 좌우로 늘어선 사마귀 모양 같은 돌기가 되어버린다. 색채의 변이도 심하고 공육, 폴립 모두 다양한 칼라 변이가 있다. 이 종류 중에서는 특톡하고 사육하기 쉽다

에치노고르지아 스피니페라
분기는 군체의 하부에서 일어나며 원줄기에서 2~3회 이루어진다. 폴립은 쉽게 열리므로 먹이를 뿌려주면 된다. 가지산호의 종류들은 수송 시에 끝이 손상되기 쉽기 때문에 구입시에

는 이러한 점에 주의해야 한다.

에치노고르지아 리지다
군체는 레드, 퍼플이며 폴립도 군체와 같은 색이다. 스리랑카에서 수입되는 경우가 많다. 폴립은 열리기 쉽지만 선단부가 손상된 군체가 많기 때문에 구입시에 체크해야 힐 것이다.

수베르고르지아 푸르크라
원줄기에서 여러 차례 분기하여 측 가지를 형성하지만 약간 평면으로 전개한다. 군체는 레드 또는 그에 가까운 색으로 폴립은 흰색이다.

스피니페라 가시산호
군체는 짧은 원줄기가 분기를 반복하여 부채꼴이 되는 경우가 많다. 전체적으로 오렌지색으로 보이지만 폴립은 약간 하얗다.

디오도그르고지아 노두리페라
카리브해에 분포하는 축이 두꺼운 가지산호의 종류로 사진과 같은 노란색 칼라 변이는 이 이름으로 불리고 있어 같은 종이라도 붉은 축가지는 타입은 레드 핑거라고 부른다.

부채뿔산호
군체는 평면적으로 전개되어 2종, 3종이 될 수 있으며 레드, 오렌지, 핑크, 옐로우 등이 알려져 있어 아름답다. 폴립은 매우 작기 때문에 액상 먹이가 적합하다. 수온은 약간 낮은 것이 좋고, 23℃이하로 유지하고 싶다.

큰꽃해송
학명 / Antipathes grandiflora
분포 / 서부태평양

나선실해송
학명 / Cirripathes spiralis
분포 / 서부태평양

가시산호의 일종(B)
주축은 잘게 갈라져 크고 밝은 오렌지색 폴립을 편다. 먹이는 브라인 슈림프의 연속 부화기 등을 사용하여 주면 좋다.

스피니페라의 유사종
가시는 원줄기로부터 약 90노 각노로 분기하기 때문에 타종과의 구별은 용이하다. 군체, 폴립 모두 하얗고 폴립이 전개가 되었을 때는 타종과 멋을 다르게 한다.

큰꽃해송
오렌지색 폴립을 가진 종으로 개별 폴립은 나선실해송과 매우 비슷하지만 폴립은 작고 본종에서는 수목 모양으로 가지를 펼치기 때문에 차이는 분명하다. 플랑크톤 푸드나 부화시킨 브라인 슈림프를 주면 좋다.

나선실해송
니선형의 군체가 특징. 공육은 마르기 쉽고 짖은 급여가 필요하다. 먹이는 폴립이 비교적 크기 때문에 곤쟁이류를 잘게 썬 것도 잘 먹는다. 군체의 색깔은 갈색 위에 레드, 옐료우, 오렌시, 회이트 등의 아름다운 개체도 볼 수 있다. 수심 30m보다 깊은 암초 지역에 시식하기 때문에 수입은 드물고 고수온에는 다소 약한 면을 보이지만 사육은 그리 어렵지 않다. 본종은 6개의 촉수를 가지고 있다.

도쿄 씨라이프 파크

사진으로 보고 방문한 참치의 수족관은 실제로 보니 생각 보다 큰 임팩트를 보여줬다. 먹이를 줄때 템포가 빠른 클래식 음악이 있으면 좋겠다는 생각을 했지만 없어도 만족스러웠다. 또한 나오면서 만나는 담수의 수족관도 마치 자연을 자른 모습의 연출에 감탄이 나왔다.

Text. 김 승민 / Photo. 김 승민

SEA ANEMONES

1290

크리스퍼스 아네모네
학명 / *Radianthus crispus*
분포 / 서부태평양

말미잘 종류의 특징은 몸을 보강하기 위한 골격이나 골편을 형성하지 않으며 또한 근육도 발달시키지 않는 다는 점이다. 이 때문에 체조직 내에 조개껍질이나 모래알, 다종의 골편 과 같은 이물질을 받아들여 보강을 하고 있다. 또 다른 특징은 자포 이외에도 공육 중에 팔리톡신(Palytoxin)이라고 불리는 해산물에서 가장 강한 신경을 마비시키는 독성 성분을 가진다는 점이다.

꽃말미잘목의 종류는 말미잘류와 비슷하지만 모래 진흙질의 해저에서 점액을 분비하여 만든 서관에 사는 것이 특징이다. 이 때문에 착생할 필요를 잃은 체 하단부는 말단에 하나의 구멍이 있을 뿐 가늘고 뾰족한 형태를 취한다. 자포의 독성이 강하고 작은 물고기를 잡아 먹는다.

미스코소마의 종류는 촉수를 갖지 않거나 흔적 정도 혹은 촉수를 크게 발달시켜 대형이 되는 것 두 가지로 나눌 수 있다. 전자는 태양에너지에 대한 의존도가 높고 후자는 태양에너지와 함께 포식도 왕성하다.

말미잘의 종류들은 전 세계 곳곳에 서식하며 종류도 많다. 전체적인 특징으로 단일 폴립으로 생활하고 골격 골편 골축을 가지지 않고 체하단부에 있는 족반이라 불리는 기관으로 바위 등에 정착하는 것을 들 수 있다. 또한 다른 생물과 공생하는 것으로 알려져 있으며 특히 흰동가리와의 공생이 유명하다. 이 공생을 즐기고 싶기 때문에 마린 아쿠아리움을 시작했다는 분도 많을 것이다.

메트텐스 카펫 아네모네
학명 / *Stichodactyla mertensii*
분포 / 서부태평양

1291

세베 아네모네
학명 / *Radianthus lobatus*
분포 / 인도양-서부태평양

1294

자이언트 카펫 아네모네
학명 / *Stichodactyla gigantea*
분포 / 인도양-서부태평양

1295

하드돈스 아네모네(퍼플)
학명 / *Stichodactyla haddoni*
분포 / 서부태평양

1292

하드돈스 아네모네(그린)
학명 / *Stichodactyla haddoni*
분포 / 서부태평양

1293

마그니피카 아네모네
학명 / *Parasicyonis magnifica*
분포 / 서부태평양

1296

도레엔시스 아네모네
학명 / *Antheopsis doreensis*
분포 / 서부태평양

1297

도레엔시스 아네모네(핑크)
학명 / *Antheopsis doreensis*
분포 / 서부태평양

1298

크리스퍼스 아네모네

주로 필리핀, 인도네시아에서 수입되는 종으로 다양한 컬러 변이가 있다. 먹이로는 조개류나 새우류가 적합하지만 급여 직후에 토해내지는 않는지 확인해야 한다. 흰동가리등과 공생한다.

메트텐스 카펫 아네모네

말미잘 중에서 가장 큰 종으로 성장하면 지름 100cm를 넘는 사이즈가 된다. 사진의 개체도 지름 70cm를 넘고 있다. 촉수는 하드돈스 아네모네에 비해 가늘고 길며 체벽에 있는 돌기가 붉은 것도 본종의 특징이다. 커지기 때문에 사육에는 깊이가 있는 대형 수조가 적합하다. 또한 메탈등과 같은 밝은 조명도 본종의 육성에 효과적이다.

하드돈스 아네모네

이 종류 중에서는 짧은 촉수를 갖는 것이 특징으로 흰동가리, 자리돔과의 공생이 알려져 있다. 독성이 강하기 때문에 다른 종과의 접촉은 피한다. 그린이나 블루, 퍼플 개체는 퇴색하기 쉽고, 블루계열 램프를 사용할 필요가 있다

세베 아네모네

가장 수입이 많은 말미잘로 이전에는 크리스퍼스 아네모네로 취급되고 있었다. 수입되는 개체 의 대부분은 흰색~담갈색으로 촉수 끝이 분홍 색으로 물드는 컬러 패턴이다. 비교적 튼튼하 고 흰동가리와의 궁합도 좋다.

자이언트 카펫 아네모네

촉수는 짧고 끝은 부풀지 않는다. 대형 말미잘 이다. 독성이 강해 다른 말미잘과 접촉하지 않도록 한다. 갈색 외에 블루, 그린, 레드가 있다.

마그니피카 아네모네

본종도 크리스퍼스 아네모네처럼 대형이 되는 말미잘로 많은 흰동가리가 즐겨 들어간다. 본종의 특징은 족반 부분이 보라색을 띠고 있기 때문에 비슷한 다른 말미잘과 구별된다. 대형 개체는 일본에서도 수입이 가능하지만 주로 인도네시아 등에서 수입된다. 대형이 되기 때문에 대형 수조용 말미잘이라고 할 수 있을 것이다.

도레엔시스 아네모네

L.T.(롱텐타클) 아네모네의 명칭으로 수입되는 대중적인 종으로 컬러변이가 매우 풍부하고 인기도 높다.

람사이 아네모네
학명 / *Entacmaea ramsayi*
분포 / 중부태평양

람사이 아네모네(그린)
학명 / *Entacmaea ramsayi*
분포 / 중부태평양

엔타크마에아의 일종
학명 / *Entacmaea sp.*
분포 / 중부태평양

큰산호말미잘(레드)
학명 / *Entacmaea actinostoloides*
분포 / 서부태평양

큰산호말미잘(그린)
학명 / *Entacmaea actinostoloides*
분포 / 서부태평양

마지마 아네모네
학명 / *Entacmaea maxima*
분포 / 중부태평양

띠녹색열말미잘
학명 / *Antheopsis maculata*
분포 / 서부태평양

플로리다 아네모네
학명 / *Condylactis passiflord*
분포 / 플로리다

람사이 아네모네
선단부가 둥글고 공이 모인 것 같은 독특한 촉수를 가지는 말미잘이지만 상태에 따라서는 산호이소긴척과 구별이 어려운 형상이 될 수도 있다. 컬러 패턴은 선단부에 흰색 링이 들어가는 다갈색과 회색 개체가 많은데, 그 중에는 매우 아름다운 형광 레드나 그린 개체도 수입된다

엔타크마에아의 일종
람사이 아네모네에 포함된다고 생각되는 종으로 선단부까지 굵기가 변함없는 촉수와 선단부가 하얀 것이 특징이다.

큰산호말미잘
선단부가 양파형으로 부풀어 오르는 것이 특징인 종이지만 사육시에는 이 특징은 없어지는 경우가 많다. 흔히 대 군락을 형성한다. 보통 녹갈색의 색채가 많지만 빨강이나 오렌지 그린 등의 아름다운 개체도 볼 수 있다.

마지마 아네모네
큰산호말미잘과 닮은 종이지만 그보다 대형이고 길쭉한 촉수를 가진다.

띠녹색열말미잘
본종의 특징은 촉수에 흰 줄무늬가 들어가는 것으로 구별이 된다. 암초 주변의 모래 땅에서 볼 수 있다.

자이언트 아네모네
학명 / *Condylactis gigantea*
분포 / 플로리다

무스코수스 아네모네
학명 / *Phymanthus muscosus*
분포 / 서부태평양

글라스 아네모네
학명 / *Dofleinia armata*
분포 / 호주

안누라타 아네모네
학명 / *Bartholomea annulata*
분포 / 대서양

가넨시스 아네모네
학명 / *Mesactinia ganensis*
분포 / 서부태평양

마그누스 아네모네
학명 / *Pachycerianthus magnus*
분포 / 서부태평양

밴디드 튜브 드웰링 아네모네
학명 / *Pachycerianthus maua*
분포 / 서부태평양

칼르그레니 아네모네
학명 / *Halcurias carlgreni*
분포 / 서부태평양

플로리다 아네모네
다소 차가운 해역에 서식하며 독성이 다소 강해 물고기와의 합사는 권장되지 않는다. 서식하는 환경의 관계로 고수온에 약하고 25℃를 넘지 않도록 해야 한다.

자이언트 아네모네
미국에서 수입되는 말미잘로 하얀 몸에 선단부가 핑크에 물드는 아름다운 종. 독성이 강하고 흰동가리를 좋아하지 않는다.

무스코수스 아네모네
지름 10~15cm가 되며 촉수 양측에는 다수의 돌기가 늘어선다. 갈색이 많지만 레드 등 아름다운 개체도 볼 수 있다. 주로 필리핀 인도네시아에서 수입되지만 수는 적다.

글라스 아네모네
촉수는 길고 자포독이 상당히 강하기 때문에 맨손으로 만지는 것은 위험하다. 또 다른 말미잘도 자포독에 피해를 받기 때문에 같은 종반으로 사육해야 한다. 칼라 변이로 그린이나 핑크의 개체도 알려져 있다.

안누라타 아네모네
미국편으로 수입되는 소형 말미잘로 투명감 있는 긴 촉수에는 나선형으로 자포가 줄지어 아름답다. 폭은 상나.

가넨시스 아네모네
군체에서 생활하는 경우가 많은 말미잘로 몸은 비교적 작고 구반의 직경은 2~3cm정도. 색채는 다갈색을 띤 것이 많지만 그 중에는 형광그린의 개체도 드물게 보인다. 아네모네락의 이름으로 인도네시이 등에서 수입되어 온다.

마그누스 아네모네
약간 외양성의 모래지역에 서식하는 종으로 다른 말미잘과 마찬가지로 진흙 관에 들어가 있다. 녹색 촉수의 안쪽 양면에 각 1개의 흰줄이 그어진다. 모래는 서관이 묻힐 정도의 두께가 좋다.

밴디드 튜브 드웰링 아네모네
흰색과 갈색, 핑크 및 그린의 컬러 변이가 알려져 있다. 주로 필리핀에서 수입된다. 생선고기와 조개류를 썰어 주면 잘 먹는다.

칼르그레니 아네모네
종류에서는 소형 종류로 높이 2~4cm정도 밖에 되지 않는다. 약간 오렌시색이 도는 몸에 흰색 촉수와 레몬 옐로우 입이 특징인 아름다운 종.

레비스 아네모네
선명한 레몬 옐로우의 대형이 되는 말미잘의 종류로 수심 40m부근에 군생하여 생활하고 있다. 사육에 있어서는 약간 낮우(20~23℃)이 수우이 석합아나.

레비스 아네모네
학명 / *Halcurias levis*
분포 / 시부태핑힝

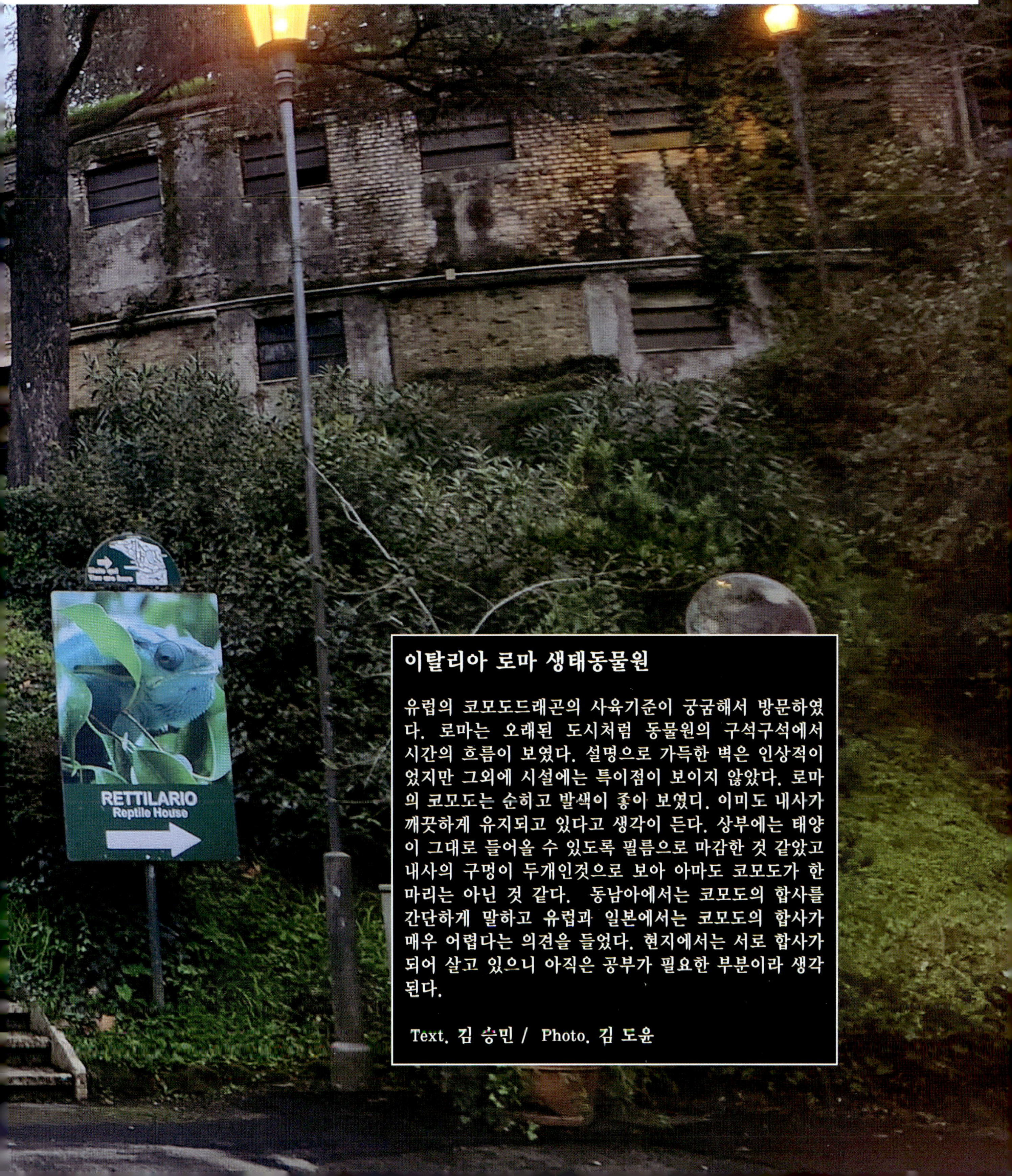

RETTILARIO
Reptile House
→

이탈리아 로마 생태동물원

유럽의 코모도드래곤의 사육기준이 궁금해서 방문하였다. 로마는 오래된 도시처럼 동물원의 구석구석에서 시간의 흐름이 보였다. 설명으로 가득한 벽은 인상적이었지만 그외에 시설에는 특이점이 보이지 않았다. 로마의 코모도는 순히고 발색이 좋아 보였디. 이미도 내사가 깨끗하게 유지되고 있다고 생각이 든다. 상부에는 태양이 그대로 들어올 수 있도록 필름으로 마감한 것 같았고 내사의 구멍이 두개인것으로 보아 아마도 코모도가 한 마리는 아닌 것 같다. 동남아에서는 코모도의 합사를 간단하게 말하고 유럽과 일본에서는 코모도의 합사가 매우 어렵다는 의견을 들었다. 현지에서는 서로 합사가 되어 살고 있으니 아직은 공부가 필요한 부분이라 생각된다.

Text. 김 승민 / Photo. 김 도윤

1316

퍼스픽 씨 네틀
학명 / *Chrysaora fuscescens*
분포 / 아메리카 동-남부 | 직경 / 80cm

해양 수족관 동물 중에서 뜨거운 주목을 받고 있는 것이 젤리피쉬로 알려진 해파리 종류들이다. 해외에는 인기가 높아지면서 해파리 책이나 해파리 전용 사육 세트 등도 시판되고 수조 안에서 느긋하고 우아하게 헤엄치는 모습으로 치유계 생물로서 아쿠아리스트 뿐만이 아니라 많은 사람들에게 사랑받고 있다. 해파리 종류에서 가장 많이 볼 수 있는 기회가 많은 것이 보름달물해파리이다. 투명감 있는 흰 몸에 클로버 같은 모양을 갖고 우산을 완만하게 수축시켜 수영하는 모습은 남해지역에서 쉽게 볼 수 있다.

해파리의 대부분은 알에서 부화하면 플라눌라(Planua)라는 유생이 되고 잠시 바닷속을 떠돌다가 바위 등에 달라붙어 폴립이라고 불리는 말미잘과 같은 모습으로 변한다. 그 후 몸이 수축되어 꽃이 겹친 것 같은 스트로빌라로 바뀌고 그것이 한장씩 벗겨져 에피라라고 부르는 해파리에 가까운 모습이 되어 바다 속으로 헤엄쳐 나간다.

1개의 스트로빌라에서는 차례차례로 에피라가 분리되어 수많은 해파리를 낳는다. 수족관 등에서는 인공적으로 해파리를 번식시키고 있으며 그 과정을 전시하고 있는 곳도 많다. 비슷한 방법으로 번식된 해파리가 수족관용으로 시판되는 것 외에 스포티드 젤리피쉬나 카시오페아 오르나타 등과 같이 필리핀이나 인도네시아 미국편으로 수입되어 오는 경우도 있다.

두 종류 모두 육식성이며 촉수에는 독을 가진 것도 많기 때문에 보름달물해파리 등 일부 해파리를 제외하고는 맨손으로 집하지 않도록 주의가 필요하다. 사육에 있어서는 브라인 슈림프 등을 먹이로 주고 그 몸이 흡입되지 않도록 흡수구 부분에 스펀지 필터를 붙이는 등의 조취가 필요하다.

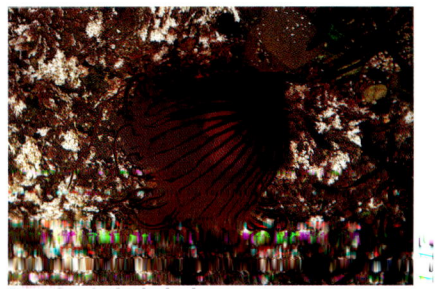

붉은쐐기해파리
학명 / *Chrysaora melanaster*
분포 / 서부태평양 ｜ 직경 / 60cm

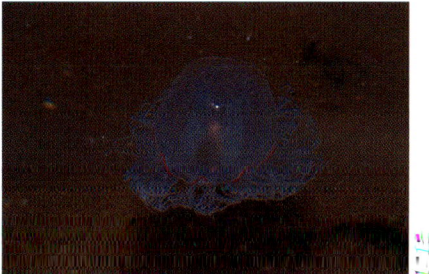

무희나선꼬리해파리
학명 / *Spirocodon saltator*
분포 / 시부태평양 ｜ 직경 / 12cm

보름달물해파리
학명 / *Aurelia aurita*
분포 / 시부태평양 ｜ 크기 / 25cm

카시오페아 오르나타
학명 / *Cassiopea ornata*
분포 / 인도양-서부태평양 ｜ 직경 / 20cm

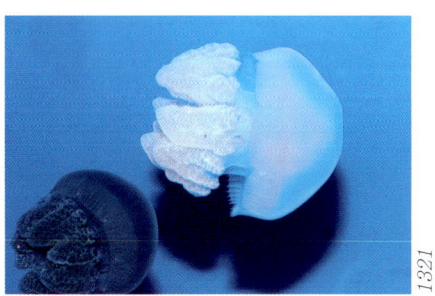

스포티드 젤리피쉬
학명 / *Mastigias papua*
분포 / 인도양-태평양 ｜ 직경 / 10cm

숲뿌리해파리
학명 / *Rhopilema esculenata*
분포 / 서부태평양 ｜ 직경 / 50cm

퍼스픽 씨 네틀
빨간 촉수와 프릴처럼 뻗은 입과 팔은 관람하러 오는 사람들에게 매우 인기가 높다. 우산의 직경이 매우 커지는 종이며 최대 80cm에 이르기도 한다고 한다. 다른 해파리에 비해 북쪽 바다에 살기 때문에 적정온도는 16℃.

붉은쐐기해파리
우산 부분에 붉고 아름다운 무늬가 보이고 거기에서 이름이 붙여졌을 것으로 보인다. 비교적 독이 강하기 때문에 취급에 주의가 필요하다. 주로 플랑크톤이나 작은 물고기를 먹는다.

무희나선꼬리해파리
우산 아래에 미세한 가늘고 긴 촉수를 밀생시키는 아름다운 해파리.

보름달물해파리
투명한 몸과 4개의 리본 모양의 구완, 4개의 생식기관 등이 잘 보인다. 갑자기 많이 발생하여 어업과 발전소의 취수에 심각한 영향을 주는 경우도 자주 있다. 독은 미약해서 찔려도 그다지 아프지는 않다. 주로 플랑크톤과 작은 물고기를 먹는다. 수명은 1~2년.

카시오페아 오르나타
항상 거꾸로 헤엄치는 독특한 수영을 하는 특징이 있다. 우산을 뒤집으면 빨판 모양으로 움푹 들어가 있기 때문에 바닥에도 안정적으로 멈출 수 있다. 플랑크톤 등을 먹지만 구완 부분이나 우산 내면에 공생 조류를 갖기 때문에 광합성으로도 살아갈 수 있다.

스포티드 젤리피쉬
필리핀 등으로부터 일정하게 수입되는 해파리의 일종. 붉은 보라색이나 흰색 블루 등의 컬러 변이도 있다. 사육에는 완만한 수류를 만들어 주고 브라인 슈림프를 먹이로 주면 좋다.

숲뿌리해파리
국내 근해 및 일본등에 서식한다. 촉수 끝으로 플랑크톤등을 포식한다. 그러므로 먹이는 막

티마 포르모사
학명 / *Tima formosa*
분포 / 서부태평양 ｜ 직경 / 8mm

오이빗해파리
학명 / *Beroe cucumis*
분포 / 세계각지 ｜ 직경 / 15cm

부화한 브라인 슈림프가 적합하다.

티마 포르모사
유리세공처럼 투명하고 섬세한 해파리. 성장해도 우산의 직경은 1cm미만이지만 매우 긴 촉수를 가지고 있다.

오이빗해파리
오이 모양을 닮았기 때문에 이 이름이 붙었다. 오이빗해파리의 종류는 다른 자포 동물과 달리 촉수나 구완 등은 없고 빗판이라는 털과 같은 것으로 이동을 한다. 몸에 세로로 붉은 모양과 같은 것이 것이다. 완전히 육식성으로 다른 해파리를 포식한다. 갑자기 입을 크게 벌리고 통째로 마시는 모습을 꼭 한번은 보고 싶다.

노무라입깃해파리
국내 피서객 및 어업에도 피해를 주는 몸집이 큰 해파리. 싱숙하면 직경 1m, 무게는 200kg을 넘기도 한다. 촉수의 독은 사람의 생명을 위협하지 않지만 독으로 새우 및 물고기등을 잡아먹는다. 5월경 국내 인근 해역에서 관찰된다.

유령해파리
몸은 흰편이고 직경이 약 50cm에 이르는 대형종에 속한다. 촉수는 비교적 짧은 편이다.

photo by Eddie K

노무라입깃해파리
학명 / *Nemopilema nomurai*
분포 / 서부태평양 ｜ 길이 / 2m

photo by Wang lei

유령해파리
학명 / *Cyanea nozakii*
분포 / 서부태평양 ｜ 직경 / 30cm

Please do not tap on glass.

독일 프랑크푸르트 동물원

유럽의 1858년에 설립된 동물원이다. 세월이 보이는 만큼 높은 기술과 많은 노하우들이 보였는데 그중 두 가지를 소개하자면 위쪽의 사진은 벌거숭이두더지쥐의 전시관으로 아프리카 초원에 땅속에 살고있는데 자세히 보면 코끼리의 코를 연출하였다. 또한 오른쪽에 개미의 전시는 정말 임팩트가 강했다. 한쪽에는 개미의 먹이를 주고 한쪽에는 개미들이 집을 만들고 있는 구조였는데 곤충을 별로 좋아하지 않는 나에게도 호기심을 유발 시키는 교육방식이었다.

Text. 김 승민 / Photo. 김 승민

TUBE WORMS

1327

팬웜(투톤)
학명 / *Sabella fusca*
분포 / 인도양-서부태평양

튜브웜은 꽃갯지렁이인 다모류의 종류이다. 이러한 환형동물의 종류들은 일반적으로 개체가 성장함에 따라서 환형모양의 체절의 수를 늘려간다. 이에 따라 꽃갯지렁이의 동료들은 점막에 진흙물을 도입한 서관이라 불리는 관모양의 거주지를 길게 만든다. 또 꽃갯지렁이의 동료들은 아가미관이라고 불리는 기관을 서관 밖으로 내놓고 있다. 아가미관이란 수십개의 아가미축이라고 불리는 막대를 축으로 그 양쪽에서 무수한 아가미실을 내어 마치 새의 날개처럼 보이는 기관이다. 이 무수한 새의 날개를 크게 펼쳐 먹이가 되는 플랑크톤 이나 유기물을 잡거나 호흡을 하고 있는 것이다.

꽃갯지렁이나 코코웜, 팬웜의 종류들은 이 아가미관이 크고 아름다운 색채를 가지는 것이 많기 때문에 군생하는 모습은 마치 바위에 핀 꽃밭을 연상케하여 수조내부를 화려하게 연출 하는데 최고의 아이템 라고 할 수 있을 것이다. 또한 이 아가미 관의 축상에는 7~15쌍이 늘어서 있으며 아가미관 전체에서 빛을 느낄 수 있다.
이 세포 덕분에 빛을 차단하듯 그림자를 드리우면 맹렬한 속도로 서관 안으로 숨어 버린다. 이 반응의 속도는 체내에서 수직으로 움직이는 신경 덕분에 거대신경은 인간의 약 100배의 반사신경을 할 수 있다고 한다.

팬웜
학명 / *Sabella fusca*
분포 / 인도양 서부태평양

팬웜(옐로우)
학명 / *Sabella fusca*
분포 / 인도양-서부태평양

팬웜(레드)
학명 / *Sabella fusca*
분포 / 인도양-서부태평양

사벨라의 일종(옐로우)
학명 / *Sabella sp.*
분포 / 서부태평양

사벨라의 일종
학명 / *Sabella sp.*
분포 / 서부태평양

코네의 일종(핑크)
학명 / *Chone sp.*
분포 / 인도양-서부태평양

비스피라 브룬네아(퍼플)
학명 / *Bispira brunnea*
분포 / 카리브해

비스피라 브룬네아(오렌지)
학명 / *Bispira brunnea*
분포 / 카리브해

팬웜

아가미관은 열린 상태에서 직경 6~7cm정도 된다. 몸은 원통형이고 몸 뒷부분은 가늘다. 죽은 산호나 산호암 등에 천공하여 생활하고 있으며 비교적 조수가 잘 통하는 바위 그늘 등에서 많이 볼 수 있다. 수입되는 것은 산호 바위 등 천공한 상태로 수입되는 경우가 많아 수입시의 컨디션이 나쁘면 기초가 되고 있는 산호바위 등에 붙어있는 부위등이 죽고 거기에서 박테리아 군집을 발생시켜 바닷물을 악화시키는 경우도 있으므로 수입 시에는 기초도 잘 관찰할 필요가 있다. 먹이는 액상인 것이 좋으나 다른 무척추동물과 함께일 경우에는 먹이를 주지 않아도 자라는 것 같다. 꽃갯지렁이의 종류는 다모류의 일종으로 육식성 물고기나 새우류의 먹이가 되기 때문에 조합에 주의한다. 칼라변이로 아가미관의 중심부가 붉고 그 바깥쪽이 옐로우로 물드는 아름다운 투톤 타입, 아가미관의 색상은 옐로우 타입, 레드 타입도 알려진다.

사벨라의 일종

마치 마그니피겐트 튜브 웜을 연상시키는 커다란 나선형의 아가미관을 가진 종으로 필리핀 으로부터 드물게 수입되어 온다. 서관은 팬웜

처럼 제법 단단한 것으로 팬웜과 마찬가지로 산호암 등에 천공하여 생활하고 있는 것으로 보인다. 컬러 패턴은 사진과 같은 옐로우 단색과 그 아래 사진과 같은 자주색과 옐로우의 줄무늬가 대부분이며 그 중간 색조의 것도 볼 수 있다. 사육은 산호수족관에서 이 종류에게 장난을 거는 생물과의 합사만 주의하면 비교적 쉽지만 장기 사육에는 액상타입의 푸드를 가끔 주어야 한다.

코네의 일종

아가미관은 로트 모양으로 사진처럼 빨간색이나 핑크새이 미세한 반점이 들어가는 종류가 많은데 화이트 타입도 볼 수 있다. 서관은 가늘고 모래에 깊게 파묻혀 생활하기 때문에 바닥 모래는 약간 두껍게 깔아주면 좋을 것이다. 필리핀, 인도네시아에서 비교적 일정하게 수입된다.

비스피라 브룬네아

미국편으로 수입되는 군체성 팬웜으로 10개체가 1단위로 수입된다. 아가미관은 직경 1~2cm 높이도 5~6cm 정도밖에 되지 않는다. 따라서 물고기뿐만 아니라 갑각류의 먹이가 되는 경우가 많기 때문에 주의해야한다. 칼라 변이는 사진과 같이 보라색이나 오렌지 외에 핑크색이 도는 것으로 알려져 있다.

자이언트 패더 더스터
학명 / *Sabellastarte sanctijosephi*
분포 / 인도양-서부태평양

1336

꽃갯지렁이의 일종
학명 / *Sabellastarte sp.*
분포 / 서부태평양

1337

남색꽃갯지렁이(인도양)
학명 / *Sabellastarte Indica*
분포 / 인도양

1338

비스피라의 일종
학명 / *Bispira sp.*
분포 / 인도양-서부태평양

1339

비스피라의 일종(핑크)
학명 / *Bispira sp.*
분포 / 인도양-서부태평양

1340

띠조름꽃갯지렁이
학명 / *Sabellastarte japonica*
분포 / 서부태평양

1341

마그니피켄트 튜브 웜
학명 / *Protula magnifica*
분포 / 호주

1342

레드 팬웜
학명 / *Protula bispiralis*
분포 / 서부태평양

1343

코코웜(핑크)
학명 / *Protula sp.*
분포 / 인도양-서부태평양

1344

코코웜(오렌지)
학명 / *Protula sp.*
분포 / 인도양-서부태평양

코코웜(레드)
학명 / *Protula sp.*
분포 / 인도양-서부태평양

코코웜(화이트)
학명 / *Protula sp.*
분포 / 인도양-서부태평양

자이언트 패더 더스터
얼룩무늬의 아가미관을 가지며 직경은 10cm 정도가 된다. 아가미실은 곧거나 약간 바깥쪽으로 감기며 이중으로 감겨 전체적으로 깔대기 모양을 이룬다. 칼라 패턴이나 무늬를 넣는 방법에는 변이가 많다.

꽃갯지렁이의 일종
꽃갯지렁이의 종류는 분류가 어려운 것이 많고 사진의 개체도 자이언트 패더 더스터와 매우 유사한 특징을 가지고 있으나 서관이 가늘고 색채도 특이하다.

남색꽃갯지렁이(인도양)
인도양에 분포하는 꽃갯지렁이의 종류로 구형으로 퍼지는 아가미관을 가지고 있다. 컬러 패턴은 오렌지, 보라색, 황색, 흰색등이 많고 단색이며 무늬가 들어가지 않는 것이 많다. 가끔 인도네시아 등에서 수입되어 온다.

비스피라의 일종
이 이름은 관상어 세계에서 사용되고 있는 것으로 공식적인 이름은 확실하지 않다. 아가미관은 나선형으로 감고 있다. 아가미관에 비해 몸은 가늘다. 컬러 패턴에는 갈색이 도는 노멀 타입 외에 사진과 같은 핑크 타입이 있다.

띠조롬꽃갯지렁이
암초성 해안의 조간대에 서식하고 있다. 아가미실의 수가 매우 많고 안쪽으로 감겨 있기 때문에 전체적으로 구형으로 보일 수 있다. 아가미관에는 갈색, 자주색등이 많이 보이는데 흰색이나 핑크, 오렌지, 황색등의 아름다운 개체도 적지만 알려져 있다.

마그니피켄트 튜브 웜
아가미관은 백색 외에 연한 오렌지 개체도 볼 수 있으며 좌우 모두 나선형으로 감는다. 이 종류 중에서는 수입이 적다.

레드 팬웜
아가미관은 흰색과 연한 오렌지 얼룩무늬가 많다. 후흉부에 복강모를 가지며 마그니피켄트

코코웜(투톤)
학명 / *Protula sp.*
분포 / 인도양-서부태평양

튜브 웜과 구별된다. 필리핀 등에서 수입된다.

코코웜(핑크)
주로 인도네시아에서 수입되는 대형 종으로 컬러 패턴이 많고 사진처럼 핑크를 비롯해 레드, 화이트, 오렌지등 외 옐로우타입도 알려져 있다. 사육은 비교적 쉽지만 서관을 부러뜨리지 않도록 취급에는 주의가 필요하다. 또 수입되어 올 때는 서관이 짧게 접혀 있는 것도 많고 바닥에 큰 구멍이 뚫려 있는 것에는 구멍이 묻힐 정도의 산호모래 알갱이를 채워 주면 좋다.

세그멘티드 웜
산호초 지역의 조수가 잘 통하는 곳에 군생하는 종. 붉은 아가미관을 가진 소형 개체가 타워 모양의 군체를 만든다. 서관은 부러지기 쉽기 때문에 취급에는 주의가 필요하다. 비슷한 종류가 여러 종류로 알려져 있다.

스피로브란추스의 일종
인도네시아 등에서 수입되는 소형 종으로 크리스마스트리 웜과 동종으로 취급되고 있지만 차이점이 많아 분류에는 정밀조사가 필요하다.

크리스마스트리 웜
아가미실이 변화하여 생긴 껍데기를 가시고 이것으로 서관을 닫아 몸을 지킨다. 아가미관에는 많은 컬러 변이가 있어 군생한 모습은 매우 아름답고 인기도 높다. 먹이는 액상 먹이면 좋다.

세그멘티드 웜
학명 / *Filogranella elatensis*
분포 / 서부태평양

스피로브란추스의 일종
학명 / *Spirobranchus sp.*
분포 / 인도양-서부태평양

크리스마스트리 웜
학명 / *Spirobranchus giganteus*
분포 / 서부태평양

일본 오모시로 수족관

물고기 빅시회 세그베이 등입하는 새비있는(오모시로) 수족관이다 수족관은 햇닉 화꾜의 힘꼐를 리무빌밍하였는데 이름과 같이 모든 수족관에 개그요소를 넣거나 문제등의 퀴즈를 넣었으며 내부에는 작은 놀이터도 있다. 사진의 타코야키 세팅 수조에는 작은 문어를 전시하고 있는데 그중 하나를 투명하게 만들어서 문어가 들어가 있다. 또한 위험한 물고기나 성게등을 감옥과 같이 세팅하고 위험레벨을 해골로 표기한 재치도 보인다.

Text. 김 승민 / Photo. 김 승민

SHRIMPS, CRABS, HERMIT CRABS

1352

예쁜이줄무늬 꼬마새우
학명 / *Lysmata amboinensis*

분포 / 인도양-서부태평양 | 크기 / 7cm

새우, 게, 소라게의 종류는 다양한 그룹이다. 이 그룹은 어느 종류나 수산 자원으로서 중요하기 때문에 연구도 꽤 진행되고 있고 정보도 많다. 새우의 종류에는 측편형이라고 불리며 수영하는 타입과 모편형이라고 불리며 걷는 타입이 있다.

모편형에 포함되는 스파이니 랍스터, 페인티드 스파이니 랍스터 등은 소형 개체가 수입되어 수조 내라도 좋은 포인트가 되고 있다. 측편형에 포함된 새우는 소형으로 화려한 종류가 많아 진홍색의 몸에 흰 스포트가 들어가 발끝이 흰 양말을 신은 것 같은 파이어 슈림프. 노란 몸에 등부분에 빨간색으로 끼인 화이트 라인이 들어가는 예쁜이줄무늬 꼬마새우등 높은 인기를 가진 종류도 많이 알려져 있다. 또한 산호, 말미잘, 조개류, 성게, 등 다양한 생물과 공생하는 종도 많아 생태상에서도 흥미로운 종이 많이 알려지고 있다.

소라게도 대형 종은 다소 꺼려지기 쉽지만 소형종에는 코발트 블루의 줄무늬 다리를 가진 엘리건트 허밋크랩과 아르구스 허밋크랩 등 다채로운 것이 많아 인기가 높다. 또한 스스로 아름다운 조개를 찾아 수조에 넣어 새로운 집을 주는 것도 재미 있다.

최근에는 단순한 관상용 뿐만 아니라 수조에 깔린 파우더 형태의 산호 모래를 클리닝시키기 위해서 소형의 엘리건트 허밋크랩 등을 레이아웃 수조에 넣는 경우도 많아지고 있다. 99.9% 이상이 오른쪽으로 감기 때문에 소라게의 복부도 오른쪽으로 구부러져 있다. 게의 종류들도 매력적이고 흥미로운 종이 많아 자신의 취향에 맞추어 종류나 크기를 선택해 사육할 수 있는 것이 이들 갑각류를 사육하는데 큰 매력이라고 할 수 있을 것이다.

파이어 슈림프
학명 / *Lysmata debelius*
분포 / 인도양-태평양 　크기 / 8cm

대서양 페퍼민트 슈림프(A)
학명 / *Lysmata wurdemanni*
분포 / 대서양 서부태평양 　크기 / 6cm

대서양 페퍼민트 슈림프(B)
학명 / *Lysmata wurdemanni*
분포 / 대서양-서부태평양 　크기 / 5cm

예쁜이줄무늬 꼬마새우
등에 있는 스트라이프로 인해서 스컹크 슈림프 라는 영명으로도 사랑받는 대중적인 종으로 수 입량도 많다. 클리너 슈림프로도 유명하며 흥미 로운 행동을 수조 내에서도 관찰할 수 있다. 다 만 너무 클리닝 행동이 끈질기면 물고기에게 있 어서 스트레스가 되는 일도 있으므로 조심해야 한다. 사육은 쉽지만 약간 성질이 거칠기 때문에 탈피 중에 잠식될 수 있으므로 주의가 필요하다. 수조 내에서도 쉽게 녹색 알을 낳아 복부에 품지만 조에어 유생 형태로 부화하기 때문에 육성은 어렵다.

파이어 슈림프
선명한 색채로 인기가 높고 수입량도 비교적 많 아 입수도 쉬운 종류이다. 다리 끝이 흰 양말을 신은 것처럼 보인다고 해서 화이트삭스라는 이름으로도 불린다. 동남아산 개체와 인도양산 의 개체사이에는 크기와 색채의 농도가 약간 다르므로 취향에 따라 선택하면 좋을 것이다. 몸에 들어가는 흰 반점의 크기와 수에는 변이가 보인다. 튼튼하고 사육은 쉽다. 먹이는 물고기 용 인공 사료 등을 즐겨 먹는다.

대서양 페퍼민트 슈림프(A)
하와이나 플로리나에서 수입된다. 이름은 본종 과 같은 색모양의 생물에 널리 이용되기 때문에 같은 이름으로 다른 종류가 유통하는 경우도 있다. 인디언라인드 슈림프처럼 투명감이 있는 몸에 들어가는 붉은 줄무늬가 아름답고 키울수 록 이 붉은 색채가 더 선명해진다. 튼튼하고 사육도 쉽다. 먹이는 무엇이든 잘 먹는다.

대서양 페퍼민트 슈림프(B)
일정하게 수입되어 오는 타입의 페퍼민트 슈림 프로 페퍼민트 슈림프(A)와 비교하면 약간 작고 옆에서 보면 가슴 무문에 흰색 밴드가 보인다.

스드라이프 슈림프
붉은 기로 줄무늬기 들어기는 종으로 해안의 바위 틈 등에서 볼 수 있다. 수입 루트에서는

스트라이프 슈림프
학명 / *Hyppolysmata kukenthali*
분포 / 태평양 　크기 / 6cm

슈거케인 슈림프
학명 / *Parhyppolyte mistica*
분포 / 인도양-태평양 　크기 / 7cm

거의 보이지 않는다.

레드락 슈림프
본 속에는 투명한 몸에 붉은 줄무늬가 있는 종류도 많고 본종도 그 중 하나이다. 약간 검붉 은 무늬는 사육하다 보면 선명한 빨간색으로 변화하는 경우가 많다. 사육에 관해서는 페퍼 민트 슈림프에 준해 쉽고 기르기 쉽다.

슈거케인 슈림프
농굴 내 능에 서식하기 때문에 캔디케이브 슈림 프라는 멍싱으로도 신뢱하나. 하와이에서 수입 되는 경우가 많다. 유럽과 미국에서는 홍백의 줄 무늬를 캔디 또는 페퍼민트라고 하기 때문에

레드락 슈림프
학명 / *Lysmata californica*
분포 / 동태평양 　크기 / 6cm

인디언라인드 슈림프
학명 / *Lysmata vittata*
분포 / 태평양 　크기 / 6cm

같은 영명으로 불리는 종류에는 여러 종이 존재 한다. 다소 수질에 민감한 면이 있으나 튼튼하고 사육하기 쉽다.

인디언라인드 슈림프
채집 직후에는 약간 검은 빛을 띤 붉은 색채 이지만 사육하다 보면 그 붉은 빛이 선명해지는 경향이 있다. 근해산 개체의 수입량은 적지만 하와이에서 수입되는 것은 색채가 진하고 인기 도 높다. 튼튼하고 사육은 쉽다. 산호 등으로 레이아웃한 무척수동물의 수조 내에 발생하며 관상에 방해가 되는 Carry Anemone의 제거에 는 매우 효과적이다.

힌지백 슈림프
학명 / *Rhynchocinetes durbanensis*
분포 / 인도양-서부태평양 | 크기 / 5cm

1360

1361

뉴힌지백 슈림프
학명 / *Rhynchocinetes conspiciocellus*
분포 / 인도양-서부태평양 | 크기 / 5cm

1362

캔디스트라이프 힌지백 슈림프
학명 / *Cinetorhinchus hiatti*
분포 / 중서남부태평양 | 크기 / 6cm

1363

헨더손 힌지백 슈림프
학명 / *Cinetorhinchus hendersoni*
분포 / 인도양-서부태평양 | 크기 / 4cm

1364

키네토르힌추스의 일종(A)
학명 / *Cinetorhinchus sp.*
분포 / 인도양-서부태평양 | 크기 / 5cm

1365

키네토르힌추스의 일종(B)
학명 / *Cinetorhinchus sp.*
분포 / 인도양-서부태평양 | 크기 / 5cm

힌지백 슈림프
카멜 슈림프의 명칭으로 해외에서 수입되고 있는 종류는 대부분 본종이다. 수입량도 많고 가격적으로도 저렴하며 튼튼하고 사육도 용이하기 때문에 입문종으로 추천한다.

뉴힌지백 슈림프
동남아시아에서 수입되는 카멜 슈림프에 섞여 수입되는 경우가 많다. 허리 부분에 검은색의 작은점이 들어가는 것이 특징. 비슷한 종으로 R. burucei가 알려져 있다.

캔디스트라이프 힌지백 슈림프
대만, 일본, 하와이등에 분포하고 있는 흰지백 슈림프의 종류이다. 무늬는 그리 복잡하지는 않지만 붉은 빛을 띤 체색이 눈에 잘 띈다. 동남아시아나 하와이에서 수입되기도 하지만 수입량은 적고 입수는 조금 어렵다. 끄덕새우에 비하면 다소 신경질적인 성질이라고 할 수 있다.

헨더손 힌지백 슈림프
몸쪽에는 불규칙한 무늬가 들어가는 것이 특징이다. 밤에는 붉은 빛을 띤 체색이지만 낮에는 녹갈색의 색채를 하고 있다. 수컷의 집게 다리는 암컷에 비해 크게 발달하기 때문에 암수의 판별은 용이하다.

1366

끄덕새우
학명 / *Rhynchocinetes uritai*
분포 / 서부태평양 | 크기 / 6cm

피닛 슈림프
학명 / Saraon rectirostris
분포 / 인도양-중서부태평양　크기 / 4cm

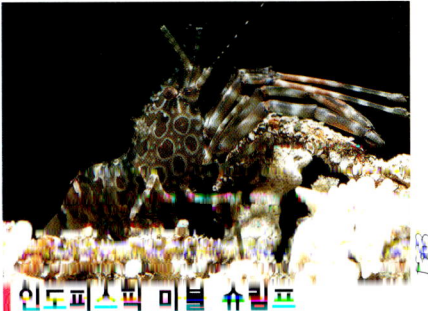

인도피스픽 마블 슈림프
학명 / Saraon marmoratus
분포 / 인도양-중서부태평양　크기 / 4cm

아이스팟 슈림프
학명 / Saraon neglectus
분포 / 서부태평양　크기 / 3cm

파인코네 마블 슈림프
학명 / Saraon inermis
분포 / 인도양-서부태평양　크기 / 4cm

바타에우스의 일종
학명 / Bataeus sp.
분포 / 인도양-서부태평양　크기 / 4cm

절좁은뿔 꼬마새우
학명 / Heptacarpus futilirostris
분포 / 서부태평양　크기 / 4cm

범블비 슈림프
학명 / Gnathophyllum americanum
분포 / 인도양-중서부태평양　크기 / 1cm

혹등좁은뿔 꼬마새우
학명 / Heptacarpus geniculatus
분포 / 태평양　크기 / 4cm

키네로르힌추스의 일종(A)
붉은 빛을 띤 체색과 꼬리에 들어가는 흰 줄무늬가 특징인 종류이다. 이러한 흰지백 슈림프의 종류는 식별이 되지 않고 수입되는 경우도 많기 때문에 수입 시에 잘 고른다면 다른 종류의 컬렉션도 가능하다.

키네로르힌추스의 일종(B)
보라색이 도는 몸에 연한 코발트 블루의 스팟이 있는 아름다운 종. 인도네시아에서 수입되지만 수는 많지 않다.

꼬덕새우
관상어 루트에서 유통되고 있는 것은 대부분이 흰지백 슈림프이므로 본종은 그다지 숍에서 판매되고 있지는 않은 것 같다. 성질도 온화하고 복수 사육도 가능하며 튼튼하여 여름철 남해 동부, 제주도에서 채집하여 즐길 수 있는 종류라고 할 수 있을 것이다. 자세히 관찰하다 보면 이마뿔을 상하로 움직이고 있는 것을 알수 있는데, 이것은 이마뿔의 뿌리에 관절을 갖고 움직일 수 있는 흰지백 슈림프 종류만의 특징이다.

피닛 슈림프
인도양에서 숭시부 태평양에 분포하는 아이스팟 슈림프의 종류. 전체 길이 4cm정도의 소형종으로 새우답지 않은 특이한 형태와 아름나운 색채가 특징이다. 일정한 수입은 없지만 가끔

정리된 수가 수입된다. 이 종류는 암수로 형태가 다르고 수컷의 제 1 흉각이 크게 발달하는 것으로 알려져 있다. 사육은 용이하고 먹이는 물고기용 인공사료 등으로 충분하지만 수조 내에 발생하는 조류도 먹는다.

인도퍼스픽 마블 슈림프
체색은 개체마다 변이가 크고 또한 밤낮으로도 변화하는 것으로 알려져 있다. 수컷은 제3 턱다리가 이마뿔 끝까지 뻗기도 하지만 암컷은 짧다. 동남아시아나 인도양산의 것이 일정하게 수입되어 입수도 용이하다. 사육은 쉽지만 수질의 급변에는 상당히 민감한 면을 가지고 있으므로 주의하고 싶다. 조류를 잘 먹지만 물고기용 인공 사료라도 충분히 사육이 가능하다.

아이스팟 슈림프
보각에 그린 스트라이프가 있는 것이 특징. 수입되는 수는 적다.

바타에우스의 일종
전체 길이 4cm정도의 소형종이다. 드물게 다른 새우에 섞여 수입되는 경우가 전부인 수입량이 적은 종류이다. 수컷의 두 번째 가슴 다리는 큰 집게 다리가 뫼시만 암컷에서는 작다. 사육은 쉽고 먹이는 물고기용 사료 등도 좋다.

파인코네 마블 슈림프
본종도 피닛 슈림프의 이름으로 수입되어 오는

데 수는 본종이 적다. 본종에서는 몸 전체에 오렌지색 스팟이 들어간다.

절좁은뿔 꼬마새우
제주 남제주군에서 볼 수 있는 종으로 보통 녹갈색이지만 칼라 변이도 많고 빨강이나 황색, 그린등의 아름다운 개체도 볼 수 있기 때문에 감상에 적합한 종류이다.

범블비 슈림프
모양과 체형이 귀여운 종류인데 전체 길이 1cm 정도로 매우 소형인 것이 아쉽다. 본종은 불가사리를 먹이로 하고 있는 것으로 알려져 있으며 제1 흉각과 제2 흉각의 날카로운 집게를 이용해 체표를 먹는다. 사육은 쉽지만 평상시는 돌 밑등에 숨어 있으며 소형이고 야행성이기 때문에 관상이라는 점에서는 어려운 종류라고 할 수 있을 것이다. 합사시키는 생물의 종류에는 주의가 필요하다. 비교적 수입량도 많다.

혹등좁은뿔 꼬마새우
연안지역 에서 볼 수 있는 종류로 날씬한 몸의 등부분이 구부러진 것처럼 생긴 체형에서 그 이름이 붙여지고 있다. 체색은 주변 환경에 따라 갈색에서 선명한 녹색으로 변화한다. 자연내 서식하고 있는 개체는 훌륭한 정도의 보호색을 띠고 있어 세세하게 보지 못하면 찾을 수 없다. 수입되는 일은 적지만 튼튼하고 사육도 용이.

우로카리델라의 일종(A)
학명 / *Urocaridella sp*
분포 / 인도양-서부태평양 ｜ 크기 / 2cm

락클리너 슈림프
학명 / *Urocaridella antonbrunii*
분포 / 인도양-서부태평양 ｜ 크기 / 3cm

프라티체레스 슈림프
학명 / *Periclimenus platycheles*
분포 / 인도양-서부태평양 ｜ 크기 / 3cm

섹시 슈림프
학명 / *Thor amboinensis*
분포 / 서부태평양 ｜ 크기 / 1cm

버블 코랄 슈림프
학명 / *Vir phillippinensis*
분포 / 인도양-서부태평양 ｜ 크기 / 1cm

우로카리델라의 일종(B)
학명 / *Urocaridella sp*
분포 / 인도양-서부태평양 ｜ 크기 / 2cm

우로카리델라의 일종(A)
이 종류들은 동남아시아에 널리 분포하고 있다. 자연에서는 산호초나 암초에 서식하며 클리닝 행동을 하는 것으로 알려져 있다. 전체 길이는 2cm정도로 매우 소형이지만 유리세공 같은 몸과 색채가 아름다워 인기가 높다. 이 종류는 닮은 종류가 많으며 학명은 아직 결정되지 않았다. 종류의 동정이 어렵다.

버블 코럴 슈림프
버블 산호에 공생하는 전체 길이 1cm정도의 매우 귀여운 소형종으로 좀처럼 존재를 알 수 없다.

우로카리델라의 일종(B)
호주 북부에 분포하고 있는 종류이다. 전체 길이 2cm정도의 소형종으로 노란 색채가 잘 두드러진다. 다소 수심이 깊은 곳의 바위 구멍 등에 복수로 살고 있으며 클리닝 행동을 하는 것으로 알려져 있다. 이 종류는 다소 입하량이 적기 때문에 보였을 때 구입하는 것을 추천한다.

락클리너 슈림프
암초나 산호초 등에 서식한다. 어류의 몸을 청소하는 행동이 알려져 있다. 몸의 붉은 반점 무늬 수나 이마뿔의 색채 등으로 구별할 수 있다.

프라티체레스 슈림프
투명한 몸의 등 부분에 들어가는 붉은 라인과 길게 뻗은 제 2 흉각이 특징이다. 사육은 어렵지는 않지만 소형종이므로 물고기와의 합사에는 주의가 필요하다.

섹시 슈림프
말미잘 등과 공생하며 촉수 사이나 주위 바위 등에 여러곳에서 서식하고 있다. 꼬리를 위로 올린 독특한 포즈가 귀엽고 범고래 등의 애칭으로도 불린다. 동남아시아에서 일정하게 수입되어 입수도 용이하다.

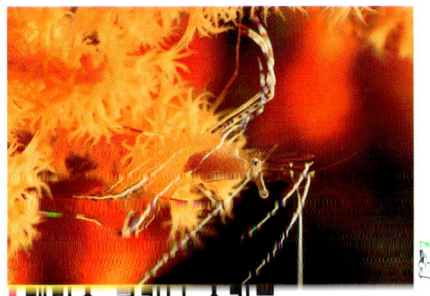

페더슨 클리너 슈림프
학명 / *Periclimenes pedersoni*
분포 / 카리브해-서부태평양 | 크기 / 3cm

피콕테일 아네모네 슈림프
학명 / *Periclimenes brevicarparis*
분포 / 인도양-서부태평양 | 크기 / 4cm

루카시 아네모네 슈림프
학명 / *Periclimenes lucasi*
분포 / 인도양-서부태평양 | 크기 / 3cm

페더슨 클리너 슈림프
미국 항공편에서 수입되는 작은 아네모네 슈림프의 동료. 루카시 아네모네 슈림프와 혼동되며 특히 구별되지 않고 시판되고 있는 경우가 많다. 진정되면 사육은 쉽다.

피콕테일 아네모네 슈림프
말미잘과 공생하며 수컷과 암컷이 쌍으로 있는 경우가 많다. 동남아시아산과 인도양산이 수입되어 사육도 용이하다. 영역 다툼을 하지만 말미잘의 수를 늘려 해결하는 것도 가능하다. 수조내에서 페어를 만들 수도 있다.

루카시 아네모네 슈림프
길이 3cm 정도의 소형종이다. 카리브해편으로 페더슨 아네모네슈림프의 명칭으로 수입되는 경우가 많지만 몸과 다리의 색채로 구별할 수 있다. 투명한 몸에 들어가는 흰색과 보라색의 색채가 유리세공처럼 아름답다. 수입시 상태를 변하지 않으면 사육이 쉽다.

페리크리메네스의 일종(A)
동남아시아에서 수입한 종. 이 종류는 같은 명칭으로 입하해도 다른 종류인 것도 많으며 자세히 보면 컬렉션도 만들 수 있다. 사육에 관해서는 수질 급변에 주의하면 어렵지 않다. 먹이는 물고기용 인공시료를 갈게 썬 깃으로 괜찮을 것이다.

뷰티풀 크리너 슈림프
산호에 공생하는 경우가 많으며, 많은 경우 여러 마리가 함께 서식하고 있다. 물고기와 청소 공생도 한다. 수입량도 많아 사육하기 쉬운 종류라고 할 수 있다. 사육은 다른 새우에 준한다.

마그니피쿠스 아네모네 슈림프
산호와 공생해 촉수 사이나 주위에 숨어 있으며 물고기와 청소 공생도 하는 것이 일러져 있나. 나소 느물시난 농남아시아의 수입 개제가 입수 가능하다.

페리크리메네스의 일종(A)
학명 / *Periclimenes sp.*
분포 / 인도양-서부태평양 | 크기 / 2cm

뷰티풀 크리너 슈림프
학명 / *Periclimenes venustus*
분포 / 인도양-서부태평양 | 크기 / 2cm

마그니피쿠스 아네모네 슈림프
학명 / *Periclimenes magnificus*
분포 / 인도양-서부태평양 | 크기 / 3cm

페리크리메네스의 일종(B)
학명 / *Periclimenes sp.*
분포 / 인도양-서부태평양 | 크기 / 2cm

페리크리메네스의 일종(B)
전체 길이 2cm정도의 클리너 슈림프이다. 암초의 경사면에 서식하는 말미잘에 공생하는 것으로 알려져 있다. 수입은 매우 드물고 가끔 채집 개체가 수입되는 정도이므로 입수는 어렵다.

딥워터 슈림프
수심 20m이상의 말미잘에 공생하고 있는 아틈다운 송뉴이지만 수입되는 경우는 매우 드물다. 운 좋게 입수할 수 있으면 낮은 수온을 유지할 수 있는 환경에서 사육하고 싶다.

딥워터 슈림프
하면 / *Labbeus balssi*
분포 / 서부태평양 | 크기 / 2cm

1389

옐로우드워프 복싱 슈림프
학명 / *Stenopus cyanoscelis*

분포 / 인도양-서부태평양 | 크기 / 3cm

1390

블루 밴디드 코랄 슈림프
학명 / *Stenopus tenuirostris*

분포 / 인도양-서부태평양 | 크기 / 3cm

옐로우드워프 복싱 슈림프
옐로우밴디드 코랄 슈림프나 골드밴디드 코랄 슈림프도 같은 이름으로 불리는 경우가 많으므로 혼동하지 않도록 주의해야 한다. 이름 그대로 본종의 다리는 블루로 물들기 때문에 구분은 용이하다. 동남아시아에서 수입되는 경우가 많고 수입량도 많기 때문에 입수가 용이하다. 사육도 쉽고 소형 수조에서도 즐길 수 있다.

블루 밴디드 코랄 슈림프
복서 슈림프의 종류들 사이에서는 가장 화려하고 아름답다고 하는 종류로 사이즈는 3cm정도로 소형이지만 수조내에서는 한층 눈에 띈다. 바이올렛 복서 슈림프라는 이름으로도 불리고 있다. 수심 20m이상의 비교적 깊은 곳에 서식하고 있으며 개체 자체가 작기 때문에 채집이 어렵고 수입되는 양이 적어 입수는 어렵다. 사육에 관해서는 청소새우에 준한다.

고스트 복싱 슈림프
고스트 슈림프의 이름 등으로 하와이에서 수입된다. 복싱 슈림프의 종류중에서는 가장 대형이 된다. 자연에서는 쌍으로 서식하고 있어 쌍으로 수입되는 경우가 많다. 하얗고 긴 촉각을 흔들며 당당한 행동으로 수조 안을 움직이는 모습은 압권이다. 새롭게 수조에 넣을 때나 환수시의 수질의 급변에 주의한다. 사육은 쉽고 소형의 수조에서도 장기간 즐길 수 있다. 다른 근연종

고스트 복싱 슈림프
학명 / *Stenopus pysonotus*
분포 / 중부태평양   크기 / 7cm

옐로우밴디드 코랄 슈림프
학명 / *Stenopus scutellatus*
분포 / 카리브해-서부태평양   크기 / 3cm

데바네이스 복싱 슈림프
학명 / *Stenopus devaneyi*
분포 / 인도양-서부태평양   크기 / 6cm

과 마찬가지로 곰치의 종류 등의 클리닝을 하는 것이 확인되고 있다.

옐로우밴디드 코랄 슈림프
골든 복서 슈림프의 명칭으로 수입 되기도 한다. 전체 길이 3cm 정도의 소형종으로 입꼬리의 레드 스팟이 특징적이며 다른 종과의 구별도 용이하다. 미국편으로 비교적 평범하게 수입된다. 이 종류 중에서는 상당히 소형이고 세력권도 그다지 넓지 않기 때문에 수조의 크기와 레이아웃을 생각하면 복수 사육도 비교적 용이하고 궁합이 잘 맞는 암수를 얻을 수 있으면 페어링도 가능하다. 사육은 쉽지만 소형이기 때문에 본종만으로 사육하는 것을 추천하고 싶다.

데바네이스 복싱 슈림프
몸 쪽의 스팟 모양이 특징인 종이다. 인기종이지만 수입량이 적기 때문에 가격적으로는 야간 고가인 것이 아쉽다. 사육 자체는 쉽지만 그다지 환경에 적응하지 못하면 바위 그늘에 숨어 있기 때문에 가능한 한 관찰하기 쉽도록 레이아웃을 짜면 좋을 것이다. 운 좋게 구입할 기회가 있으면 차분하게 균형 잡힌 수조에서 사육하는 것이 좋다.

골드밴디드 코랄 슈림프
수염이 붉은 것이 특징인 복싱 슈림프의 종류. 인도네시아와 스리랑카에서 수입되는 경우가 많다. 특징적인 모습으로 다이버에도 인기가 높다. 입하할 때는 몇 마리가 모여 입하하지만 그 수는 많지 않아 비교적 희귀한 종이다. 사진의 개체는 어느 정도 성체에 가깝기 때문에 색이 희미해져 버리지만 3cm정도까지의 작은 개체에서는 흉부가 선명한 금색을 띠고 있기 때문에 이 이름이 붙여지고 있다.

정소새우
해수산 새우 중에서는 수입량도 많아 어느 숍에서도 볼 수 있을 만큼 대중적인 종류이다. 필리핀 등에서 수입되는 것은 가격도 저렴하고

골드밴디드 코랄 슈림프
학명 / *Stenopus zanjibaricus*
문포 / 인도양-서부태평양   크기 / 5cm

입수하기 쉽다. 수조 내에서도 그루퍼등 특정 어종을 세정하는 행동을 관찰할 수 있다. 복싱 슈림프의 종류들에게 공통되는 특징은 동속, 동종간에 세력권 싸움을 하는 것, 난폭하게 그물로 건져 올리거나 수조 내에서 쫓아다니면 집게나 다리가 걸려 떨어지기 쉽다는 것, 짝을 지어 사육하다 보면 수컷이 암컷에게 먹이를 옮기거나 세력권으로 진입해 오는 것을 위협하는 일 등이 있다. 집게다리는 재생하지만 수회 탈피를 하지 않으면 원래의 크기로 돌아오지 않기 때문에 그 동안의 사육에 주의한다. 먹이는 해수어용 플레이크푸드 등을 준다.

천소새우
학명 / *Stenopus hispidus*
분포 / 인도양-중서부태평양   크기 / 5cm

보이그트만니스 리프 랍스터
학명 / *Enoplometopus voigtmani*

| 분포 / 인도양-서부태평양 | 크기 / 14cm |

레드 리프 랍스터
학명 / *Enoplometopus occidentalis*

| 분포 / 인도양-서부태평양 | 크기 / 10cm |

다움스 리프 랍스터
학명 / *Enoplometopus daumi*

| 분포 / 인도양-서부태평양 | 크기 / 9cm |

퍼리 랍스터
학명 / *Palinurellus gundlachi*

| 분포 / 아열대-열대연안부 | 크기 / 22cm |

페인티드 스파이니 랍스터
학명 / *Panulirus bersicolor*

| 분포 / 인도양-서부태평양 | 크기 / 60cm |

리프 랍스터
학명 / *Enoplometopus debelius*

| 분포 / 인도양-서부태평양 | 크기 / 10cm |

다움스 리프 랍스터
색조 등은 리프 랍스터와 비슷하지만 두흉갑의 무늬가 다르기 때문에 구별은 용이하다. 리프 랍스터와 특별히 구별되지 않고 수입되고 있다. 같은 동료끼리는 싸움을 하기 때문에 합사시키지 않도록 주의가 필요하다.

보이그트만니스 리프 랍스터
형태는 레드 리프 랍스터와 비슷하나 모양이 다른 것, 잔털이 적은 것으로 구별할 수 있다. 동남아시아에서는 비교적 일정하게 수입되고 있다.

롱레그지드 스파이니 랍스터
학명 / *Panulirus longipes*

| 분포 / 인도양-서부태평양 | 크기 / 40cm |

밴디드 스파이니 랍스터
학명 / *Panulirus marginatus*

| 분포 / 중부태평양 | 크기 / 25cm |

슬리퍼 랍스터
학명 / *Scyllarides haani*
분포 / 아열대 열대연안부 | 크기 / 30cm

블런트 슬리퍼 랍스터
학명 / *Scyllarides squamosus*
분포 / 인도양-서부태평양 | 크기 / 30cm

컬트리퍼 슬리퍼 랍스터
학명 / *Scyllarus cultrifer*
분포 / 아열대-열대연안부 | 크기 / 6cm

부채새우
학명 / *Ibacus ciliatus*
분포 / 인도양-서부태평양 | 크기 / 17cm

스무스팬 랍스터
학명 / *Ibacus novemdentatus*
분포 / 인도양-서부태평양 | 크기 / 15cm

재패니즈미텐 랍스터
학명 / *Parribacus japonicus*
분포 / 인도양-서부태평양 | 크기 / 15cm

레드 리프 랍스터
인디언 리프 랍스터라는 이름도 가지고 있다. 선명한 빨강과 하얀 스팟무늬가 아름다워 대중적인 종이다. 동남아시아나 하와이로부터 수입량도 많아 입수가 용이. 사육도 쉽고 야행성이지만 익숙해지면 낮에도 믹이를 믹세 된다.

퍼리 랍스터
분포적으로는 광범위하지만 현지에서도 서식수가 적기 때문에 수입량은 적다. 스리랑카 인도네시아에서 수입되는 경우가 많다. 하와이나 플로리다로부터 입하하기도하며, 이쪽 산지의 개체는 보다 오렌지색이 강하다. 사육은 쉽다.

페인티드 스파이니 랍스터
동남아시아에서는 개체수도 많아 시장에서 흔히 볼 수 있는 대형 랍스터이다. 맛이 별로 좋지 않기 때문에 식용으로는 인기가 낮다. 반면 관상용으로는 화려한 색채와 복잡한 무늬로 인기가 높으며, 10cm이하의 소형 개체는 소형수조에서도 사육할 수 있어 특히 인기가 높다.

리프 랍스터
형태와 크기는 레드 리프 랍스터와 매우 비슷하지만 이름처럼 꼼쪽에 늘어가는 퍼플 스팟 무늬가 특징이다. 동남아시아에서 보통 수입되어 상섭에서 몰 기회도 많은 종류다. 사육에

관해 서는 레드 리프 랍스터에 준한다.

롱레그지드 스파이니 랍스터
등딱지에 있는 빨간색과 흰색의 작은 반점 무늬가 특징이다. 남쪽 새우답게 강한 색채를 띠고 있기 때문에 수 cm크기의 것은 관상용으로시 인기가 높고 동남아시아로부터 일정하게 수입된다. 사육은 쉽고 사육 방법 등 페인티드 스파이니 랍스터와 같다.

밴디드 스파이니 랍스터
하와이 제도 주변의 특산물로 신축성 있는 무늬를 한 중형 랍스터이다. 현지에서는 중요한 식용새우로 포획되지만 관상어 루트로 드물게 수입된다. 비교적 비싸지만 랍스터 팬들 사이에서는 꽤 인기가 높다.

슬러퍼 랍스터
대형의 종류로 채집량은 적다. 식용으로도 이용되고 있다. 미국에서 수입되는 대형 개체는 색채도 아름답고 관상 가치는 높다. 힘이 강하기 때문에 사육시에는 암석의 강도 등에 주의해야 한다. 육식성이 강하며 먹이는 새우나 생선 등을 좋아한다.

블런트 슬리퍼 랍스터
체형등의 이미지가 곤충과 비슷하다. 야행성으로 낮에는 바위 구녕 등에 숨어있는 경우가 낳

다. 대형이 되고 힘도 강하기 때문에 사육 시에는 레이아웃의 바위구조 등이 무너지지 않도록 주의해야 한다.

컬트리퍼 슬리퍼 랍스터
이 종류에서는 소형으로 길이 8cm정도밖에 되지 않는다. 언뜻 보면 새우같지 않은 기묘한 형태는 관상용으로도 재미있다. 야행성 때문에 낮에는 바위 그늘 등에 숨어 있다. 동남아시아에서 수입되는 경우도 많고 입수가 용이하다. 커지지 않아서 소형 수조에서도 즐길 수 있다.

부채새우
근해에도 서식하지만 다소 깊은 곳이어서 채집이 어렵다. 편평한 체형이 특징이다. 맛있어서 식용으로도 이용되기 때문에 그러한 방면에서의 입수가 용이할지도 모른다.

스무스팬 랍스터
부채새우를 비슷하지만 두흉갑의 측부 가장자리의 절단 수에 따라 쉽게 구별 할 수 있다. 야행성인데다 서식 수심이 깊다. 부채새우처럼 맛있다고 알려져 있다.

재패니즈미텐 랍스터
편평한 체형이 특징이다. 근해에서 산호초 지역의 얕은 바다에 서식하지만 관상용으로서의 수입은 그다지 많지 않다.

타이거 피스톨 슈림프
학명 / *Alpheus bellulus*

분포 / 인도양-서부태평양 | 크기 / 6cm

플랫헤드 스냅핑 슈림프
학명 / *Alpheus bisincisus*

분포 / 인도양-서부태평양 | 크기 / 4cm

란다일 피스톨 슈림프
학명 / *Alpheus randall*

분포 / 인도양-서부태평양 | 크기 / 4cm

불스아이 스냅핑 슈림프
학명 / *Alpheus soror*

분포 / 인도양-서부태평양 | 크기 / 5cm

스냅핑 슈림프의 일종
학명 / *Alpheus sp.*

분포 / 인도양-서부태평양 | 크기 / 4cm

란다일 피스톨 슈림프
인도양에서 서부 태평양에 분포하는 매우 아름다운 피스톨 슈림프의 종류. 전체 길이는 4cm 정도로 작고 귀엽다. 체색이나 모양의 패턴이 흡사한 고비와 공생하는 것으로 알려져 있다. 인도네시아등 동남아시아에서 수입되고 있으며 최근에는 수입량도 늘어나 입수는 비교적 쉬워지고 있다. 고비류와 공생하는 종으로서 경계심이 강하고 민감하여 고비보다 훨씬 빨리 굴에 숨어 버리기 때문에 채집도 어려운 것 같다. 수조에서의 사육도 용이하고 굴을 만들어 고비와 공생하는 모습을 관찰할 수 있다. 먹이는 잘게 썬 한 인공사료등을 주면 될 것이다.

타이거 피스톨 슈림프
고비와 공생하는 것으로 유명한 인기종이다. 산호초 지역의 모래바닥에 굴을 파고 외부의 적이 가까워지면 공생하고 있는 고비가 지느러미 진동으로 위험을 알리고 재빨리 굴에 숨는다. 수조 내에서도 공생 관계를 관찰할 수 있으므로 미세한 산호모래를 깔아 놓은 수조를 추천한다. 동남아시아에서 비슷한 종류(학명 미상)가 같은 이름으로 수입된다. 고비와 공생하는 흥미로운 행동을 즐겨보도록 하자. 바닥 모래 먼지에 주의를 기울이면 튼튼하고 사육은 쉽다. 먹이는 물고기용 인공사료 등을 준다.

플랫헤드 스냅핑 슈림프
서부 태평양에 널리 분포하는 종류. 전체 길이는 4cm정도로 좌우 제1흉각의 형태나 크기는 다르다. 몸에 들어가는 작고 하얀 스팟 무늬는 개체에 따라 상당히 차이가 있으며, 서식지 환경에 따라 전체 색조에도 차이가 보인다. 다고비류와의 공생관계는 알려져 있지 않으며 굴을 파지 않고 바위 밑이나 틈새에 숨어 있는 경우가 많다.

레드 피스톨 슈림프
학명 / *Alpheus sp.*

분포 / 인도양 | 크기 / 6cm

할리퀸 슈림프(안다만 제도)
학명 / *Hymenocera picta*
분포 / 홍서부태평양　크기 / 6cm

할리퀸 슈림프(스리랑카)
학명 / *Hymenocera picta*
분포 / 인도양-서부태평양　크기 / 6cm

할리퀸 슈림프(하와이)
학명 / *Hymenocera picta*
분포 / 중서부태평양　크기 / 6cm

불스아이 스냅핑 슈림프

인도양~서부 태평양에 분포하는 5cm정도의 소형종이다. 필리핀, 인도네시아에서 수입되며 몸 쪽의 모양이 특징이다. 고비와의 공생관계는 알려져 있지 않고 수조내에서도 단독으로 바위 그늘에 숨어 있는 경우가 많다. 잡식성으로 사육은 쉽지만 성질은 매우 겁쟁이로 호기심이 강한 생물과 합사시키면 스트레스를 증가시켜 버리므로 주의한다.

스냅핑 슈림프의 일종

플랫헤드 스냅핑 슈림프를 많이 닮은 종이지만 꼬리절의 밑부분이 하얗게 빠져 몸쪽에도 하얀 스팟이 늘어서 있다. 이 종류는 많은 종류가 알려져 있으며 동정이 어려운 것도 가끔 수입된다

레드 피스톨 슈림프

인도양산의 종류로 스리랑카 루트에서 수입되는 경우가 많다. 붉은 체색이 눈에 잘 띄는 종류로 인기도 높다. 고비류와의 공생은 하지 않고 바닥 모래 위에 미세한 산호암 조각을 놓아두면 아래에 굴을 만드는 행동을 관찰할 수 있다. 튼튼하고 사육은 쉽지만 좁은 수조에 복수를 합사시키면 영토 싸움을 하는 일이 있으므로 주의해야 한다.

할리퀸 슈림프

불가사리를 먹는 새우로 많이 알려진 할리퀸 슈림프는 인도 태평양 지역에 널리 분포하는 아름다운 해양 새우이다. 예전에는 하와이안 할리퀸 슈림프를 Hymenocera picta로 하였고 인도 서태평양 지역에 분포하는 종류를 Hymenocera elegans로서 구별하여 기재되었으나 현재는 picta종으로 통일되어 있다. 실제로 동부 태평양의 수중사진에서 아름다운 와인레드의 얼룩무늬를 가진 하와이안 할리퀸 슈림프와 푸른 얼룩무늬를 가진 개체가 쌍으로 하나의 불가사리 위에 올라탄 사진이 있어 얼룩무늬의 색소에 의한 구별을 할 수 없을 것이다. 발달하는 제 2 흉각은 흔들리는 소매처럼 화려하며 몸

할리퀸 슈림프(필리핀)
학명 / *Hymenocera picta*
분포 / 인도양-서부태평양　크기 / 6cm

전체에 있는 얼룩무늬도 우아하다. 필리핀, 인도네시아, 스리랑카에서 1cm정도의 개체에서 4cm에 이르는 대형 개체까지 수입되며 쌍으로 판매되는 경우도 적지 않다. 성질은 강하지 않고 암수를 갑자기 같은 수조에 넣어도 다투는 일 없이 쌍이 되는 것이 대부분이다. 암수의 판별은 암컷이 두흉갑의 폭이 넓고 복절도 큰 점에서 구별할 수 있다. 또 암컷은 각 복부에 인반히 2개 있으므로 흰 복부의 수컷과의 판별은 아래에서 봐도 쉽다. 다만 그 특징은 유체에서의 판별은 어렵다. 40cm정도의 작은

수조에서도 유체라면 복수 사육도 가능하고 한쪽의 큰 집게를 잃어버리는 투쟁은 있을지도 모르지만 지금까지 쓰여져 있듯이 복수 사육을 할 수 없다고는 생각되지 않는다. 다만 먹이가 되는 불가사리를 반드시 사육하는 수의 절반 정도는 넣어 두는 것이 중요하다. 쌍이 형성되면 그 쌍만을 신속하게 꺼내면 또 새로운 쌍이 형성되는 모습을 관찰하는 것도 가능하다. 매우 깅긴긴 마린 슈림프의 일종으로 먹이를 빠뜨리지 않으면 거의 3주마다 사람, 조에어를 방출하는 것도 관찰할 수 있다.

리프 박스 크랩
학명 / *Calappa hepatica*

분포 / 인도양-서부태평양	크기 / 8.5cm

스포티드 박스 크랩
학명 / *Calappa philargius*

분포 / 인도양-서부태평양	크기 / 15cm

범무늬만두게
학명 / *Calappa lophos*

분포 / 인도양-서부태평양	크기 / 15cm

재패니즈 박스 크랩
학명 / *Calappa japonica*

분포 / 인도양-서부태평양	크기 / 15cm

카리코 박스 크랩
학명 / *Hepatus epheliticus*

분포 / 서부태평양	크기 / 16cm

도르미아 스펀지 크랩
학명 / *Dromia dormia*

분포 / 인도양-서부태평양	크기 / 15cm

밤게
학명 / *Philyra pisum*

분포 / 인도양-서부태평양	크기 / 2cm

긴이마밤게
학명 / *Leucosia anatum*

분포 / 인도양-서부태평양	크기 / 3cm

포르투니다에의 일종
학명 / *Portunidae sp.*

분포 / 서부태평양	크기 / 3cm

테트라고날 피들러 크랩
학명 / *Uca tetragonon*

| 분포 / 서부태평양 | 크기 / 3cm |

퍼플 피들러 크랩
학명 / *Uca dussumieri*

| 분포 / 서부태평양 | 크기 / 3cm |

페르플레싱 피들러 크랩
학명 / *Uca perplexa*

| 분포 / 인도양−서부태평양 | 크기 / 3cm |

오렌지 피들러 크랩
학명 / *Uca vocans*

| 분포 / 서부태평양 | 크기 / 2.5cm |

흰발농게
학명 / *Uca lactea lactea*

| 분포 / 서부태평양 | 크기 / 3cm |

시크레그지드 피들러 크랩
학명 / *Uca crassipes*

| 분포 / 서부태평양 | 크기 / 3cm |

스포티드 박스 크랩
이름 그대로 눈 바로 뒤의 등딱지에 안경 같은 무늬가 들어가서 안경이라는 별명도 붙어있다. 모래땅에 서식하며 강력한 집게로, 소라 등의 껍질도 손쉽게 깨뜨려 먹어 버린다.

리프 박스 크랩
산호초의 모래지역에서는 흔히 볼 수 있는 종으로 필리핀 등에서도 자주 수입된다.

범무늬만두게
깊은 모래땅에 서식하기 때문에 좀처럼 수입되지 않지만 인기가 있어 영명으로는 "셰임 페이스드 클럽"이라고 불리고 있다. 사육은 쉽고 살아있는 조개를 능숙하게 뜯어 먹는다.

재패니즈 박스 크랩
보라색 테두리의 여드름이 가득해 보이는 종. 수심 30~100m의 모래땅에 서식하기 때문에 수입은 적지만 트롤 그물이나 모래지역의 어망에 의해 잡힌다고 한다.

카리코 박스 크랩
미국에서 수입되는 다소 대형 박스 크랩의 종류이다. 수조 사육의 경우 크기에 맞춰 약간 얕게 바다 모래를 깔아두면 몸 뒤쪽 절반을 능숙하게 숨기고 눈만 두리번거리는 모습을 관찰할 수 있다. 탈피를 하면 원래 크기가 믿을 수

없을 정도로 커진다. 튼튼하고 사육도 쉽지만 수질의 악화에는 주의가 필요하다.

도르미아 스펀지 크랩
뒤의 2쌍의 짧은 다리가 약간 등 쪽에 있으며 선단의 집게로 해면류를 짊어지고 있다. 수조 내에서 해면류가 없는 경우에는 다른 것으로 대용하는 일도 있지만 잘 맞지 않으면 짊어지는 것을 그만둔다.

밤게
갯벌에서 가장 흔하게 볼 수 있는 종. 커져도 등딱지의 길이는 2cm. 쌍이 있는 경우가 많다.

긴이마 밤게
회색의 몸에 오렌지와 흰색이 포인트로 들어가는 밤게의 종류. 비교적 깊은 모래지역에서 볼 수 있지만 수심 1~2m의 얕은 장소에서도 볼 수 있다. 튼튼하고 사육은 용이.

포르투니다에의 일종
연산호의 촉수 사이에 숨어 사는 종.

테트라고날 피들러 크랩
선명한 코발트 블루의 색채를 지닌 아름다운 종으로 진흙 같은 장소보다는 바다에 가까운 모래 바닥에 서식한다.

퍼플 피들러 크랩
하구지역에 서식하며 맹그로브의 뿌리

부근에서 많이 볼 수 있다. 어린 몸의 등딱지는 선명한 코발트 블루를 하고 있지만 성장함에 따라 검은 색으로 변한다.

오렌지 피들러 크랩
칼라 변이가 풍부한 종. 서식지역은 넓다.

페르플레싱 피들러 크랩
장소에 따라 등딱지의 모양등에 변형이 보인다.

흰발농게
수컷의 큰 집게발이 흰색이라는 것에서 이름이 만들어 졌다. 수컷의 집게는 다른쪽에 비해 2배이상으로 큰 경우도 있는데 집게발 크기에는 변이가 많다. 하구역에 서식하고 있으며 개펄 바닥에 수직으로 구멍을 파고 살고 있으며 시각이 발달하여 외부에서 침입자가 보이면 구멍으로 순신간에 숨어버린다. 국내와는 다르게 일본 쪽에서는 약간 모래 같은 장소에 서식하고 있다. 국외 일본, 타인완, 홍콩, 뉴기니등에 서식하고 있다. 현재 환경부 지정 멸종위기 야생 생물 2급으로 보호되고 있어 채집 및 사육은 금지됨.

시크레그지드 피들러 크랩
선명한 붉은 색채가 특징적인 종으로 개체에 따라서는 등딱지에 고발트 블루 색채가 들어가는 개체도 볼 수 있다. 필리핀 등에서 수입되어 오지만 대부분이 암컷 개체이다.

벨크로 크랩
학명 / *Camposcia retusa*
분포 / 인도양-태평양 | 크기 / 4cm

뿔물맞이게
학명 / *Pugettia quadridens*
분포 / 인도양-태평양 | 크기 / 2.5cm

아케우스게
학명 / *Achaeus japonicus*
분포 / 인도양-중부태평양 | 크기 / 2cm

소프트 코랄 크랩
학명 / *Hoplophrys oatesii*
분포 / 인도양-서부태평양 | 크기 / 2cm

외뿔게
학명 / *Huenia proteus*
분포 / 인도양-태평양 | 크기 / 3cm

복서 크랩
학명 / *Lybia tesselata*
분포 / 인도양-태평양 | 크기 / 1cm

마르가리이타타 크랩
학명 / *Liomera margariitata*
분포 / 인도양-서부태평양 | 크기 / 1cm

레드에그 크랩
학명 / *Atergatis integerrimus*
분포 / 인도양-서부태평양 | 크기 / 8cm

루가타 크랩
학명 / *Liomera rugata*
분포 / 인도양-서부태평양 | 크기 / 3cm

라이트블루 솔져 크랩
학명 / *Mictyris longicarpus*
분포 / 인도양-서부태평양 | 크기 / 2cm

자게
학명 / *Platylambrus validus*
분포 / 서부태평양, 호주 | 크기 / 6cm

넓적콩게
학명 / *Ilyoplax pusilla*
분포 / 인도양-서부태평양 | 크기 / 2cm

엽낭게
학명 / *Scopimera globosa*
분포 / 인도양-서부태평양 | 크기 / 2cm

벨크로 크랩
해초, 해면, 쓰레기등을 몸에 붙여 의태하고 있으며 이름도 그러한 이유에서 만들어 졌다. 이 부착물들은 탈피할 때마다 새로운 것으로 교체한다. 동남아시아에서 일정하게 수입되며 입수도 쉽다.

뿔물맞이게
보통은 다갈색의 색채를 가지지만 사진처럼 아름다운 그린의 색채를 지닌 것도 볼 수 있다. 등딱지에 해조를 묻혀 위장하기도 한다.

아케우스게
자연에서는 해면류를 몸에 두르고 의태하고 있다. 비교적 깊은 곳에 서식하고 있으며 정해진 수는 유통하지 않는다. 비교적 사육하기 쉬운 게류다.

소프트 코랄 크랩
수지맨드라미류에 공생하는 종류로 의태는 조금 떨어지면 구분할 수 없을 정도. 단품으로 수입되는 것은 거의 없지만 드물게 수지맨드라미류 등에 포함되어 수입되는 경우가 있다.

외뿔게
넓은 범위에 서식하지만 해초에 의태하기 때문에 찾기 어렵다. 의태가 능숙하고 색이나 형태의 개체 차이가 크다. 수입은 적으며 제주도 지

1448

사슴게
학명 / *Eplumula phalangium*
분포 / 인도양-서부태평양 | 크기 / 1cm

1449

애로우 크랩
학명 / *Chirostylus ortmanii*
분포 / 인도양-서부태평양 | 크기 / 1cm

1450

아네모네 크랩
학명 / *Neopetrolisthes ohshimai*
분포 / 인도양-서부태평양 | 크기 / 2cm

1451

옐로우라인 애로우 크랩
학명 / *Stenorhynchus seticornis*
분포 / 카리브해-서부태평양 | 크기 / 2cm

1452

크리노이드 스쿼트 랍스터
학명 / *Allogalathea elegans*
분포 / 서부태평양 | 크기 / 1cm

역 암초 및 자갈 바닥등에 서식 하고있다.

복서 크랩
양 집게로 말미잘을 잡고 그것을 방어에 사용한다. 하와이에서 수입되는 것이 색채와 무늬가 화려하다. 사육은 쉽다.

마르가리이타타 크랩
산호암의 오목한 곳이나 산호 뿌리에 서식하는 깨끗한 게로 단독으로 수입되는 것은 별로 없고 라이브 락이나 산호에 붙은 채 수족관에서 발견되는 경우가 많다. 이러한 종류는 수족관에서 방해가 되는 경향이 있지만 종류도 많고 아름다운 것도 적지 않기 때문에 작은 격리 케이스 등으로 컬렉션하는 것도 재미있다.

레드에그 크랩
등에 흰 반점이 있는 종류로 낮에는 돌 밑이나 바위의 틈등에 숨어 있다.

루가타 크랩
붉은 보라색의 아름다운 색채를 가진 종류. 아름다운 종이지만 레이아웃 수조에서는 산호 를 떨어뜨리는 골칫거리가 되기 때문에 소형 수조나 산란 케이스에서의 사육이 적합하다.

라이트블루 솔져 크랩
맹그로브 일대의 하구부의 모래 진흙에 서식해 무리로 출현한다고 하여 "솔져클럽"이리고도 불린다. 마린 테라리움에서의 사육은 쉽지만 수중 사육은 어렵다.

자게
마름모모양의 등딱지를 가진 게. 몸이나 다른 다리에 비해 이상하게 큰 집게다리가 방해하고 있는 움직임은 어색하다. 수수한 색채로 아름답다고는 할 수 없지만 수조 내에서 서투르게 먹이를 줍는 모습은 유머러스하다. 수입량은 적다.

넓적콩게
낙동강 하구~갯벌에 서식하는 소형종으로 많은 곳에서는 콩을 뿌린 것처럼 군생하는데 이것은 먹이를 먹을 때 모래와 함께 입에 넣은

뒤 먹이만 삼키고 모래는 덩이로 뱉어 내었기 때문이다. 엽낭게와 비교해 진흙 같은 장소에 서식하고 집게다리의 손부분은 흰색이므로 엽낭게와의 구별은 용이.

엽낭게
낙동강 이남으로 넓은 분포를 보이는 소형종으로 갑장은 1cm정도이다. 하구나 내만의 갯벌 주위에 모래단고를 쌓아 약 5mm정도의 굴을 만든다. 사육에 있어서는 모래로 육지를 만들어 주면 좋다. 국내외 일본, 중국, 내만등에 서식한다.

사슴게
작은 몸에 가늘고 긴 다리를 가진 게의 종류. 완전한 개체의 입수는 어렵다.

애로우 크랩
가지 산호 사이에 서식하고 있는 것으로 유명하며 사슴게와 닮았지만 본종은 게가 아니라 소라게에 가까운 종류이다. 수심 15~70m에서 서식하기 때문에 관상어의 루트에서 판매되는 것은 매우 드물다. 갑장의 10배 정도 되는 가는 다리를 능숙하게 구부리면서 돌아다니는 모습은 보고 있으면 즐겁다. 사육에는 서 수온이 조건이다.

아네모네 크랩
아네모네 크랩이라는 이름을 가지고 있지만 게가 아니라 소라게에 가까운 종류이다. 말미잘류에 공생하고 있으며 대부분의 경우 수컷과 암컷이 쌍으로 서식하고 있다. 수조 내에 말미잘이 하나밖에 없는 경우는 쌍 이외의 복수 사육은 어렵지만 큰 말미잘이라면 가능할 것 같다. 수질이나 환경의 급변에 약하기 때문에 주의해야 한다. 닮은 종으로 몸에 들어가는 붉은 반점이 보나 미세한 *Neopetrolisthes maculatus*가 알려져 있으며, 둘 종 모두 필리핀이나 인도네시아에서 일정하게 수입되어 온다.

옐로우라인 애로우 크랩
미국에서 수입되는 종으로 이마 모서리 모양에서 이 이름이 있다. 사육은 쉽지만 성질이 다소 거칠기 때문에 동종의 복수 사육은 적합하지 않다. 또한 소형 갑각류도 먹이가 될 위험이 있으므로 주의가 필요하다.

크리노이드 스쿼트 랍스터
바다나리류에 기생하는 아름다운 종류로 색채에는 몇 가지의 변형이 알려져 있다. 본 종만으로도 가끔 수입되지만 작은 개체는 바다나리류에 포함되어 수입되어 오는 경우도 있다.

엘리건트 허밋크랩
학명 / *Calcinus elegans*

분포 / 인도양-서부태평양 | 크기 / 2cm

라인레그지드 허밋크랩
학명 / *Calcinus lineapropodus*

분포 / 인도양-태평양 | 크기 / 2cm

청색가로가위집게
학명 / *Clibanarius virescens*

분포 / 인도양-서부태평양 | 크기 / 1cm

아르구스 허밋크랩
학명 / *Calcinus argus*

분포 / 중부태평양 | 크기 / 2cm

레드레그지드 허밋크랩
학명 / *Paguristes cadenati*

분포 / 카리브해-서부태평양 | 크기 / 2cm

블루아이 허밋크랩
학명 / *Calcinus laevimanus*

분포 / 인도양-서부태평양 | 크기 / 2cm

케이지스 허밋크랩
학명 / *Pylopaguropsis keijii*

분포 / 서부태평양 | 크기 / 1cm

베리헤어 허밋크랩
학명 / *Dardanus lagopodes*

분포 / 인도양-서부태평양 | 크기 / 4cm

오렌지레그지드 허밋크랩
학명 / *Pylopaguropsis speciosa*

분포 / 서부태평양 | 크기 / 4cm

아네모네 허밋크랩
학명 / *Dardanus pedunculatus*

분포 / 증부태평양 | 크기 / 4cm

스타그혼 허밋크랩
학명 / *Manucomplanus varians*

분포 / 멕시코-유카탄반도 | 크기 / 4cm

엘리건트 허밋크랩
허밋크랩의 종류에서 가장 아름답다고 알려져 있으며 일본에서는 규슈와 오키나와 지방에서 채집도 가능하다. 어느 정도 모아진 수량이 수입되지만 그다지 일정하진 않다. 튼튼하고 사육하기 쉽지만 장기간의 사육에는 굴을 준비하고 복수 사육할때에는 경쟁에 주의해야 한다. 하와이에서는 파란색 부분이 붉은 종류들이 수입되어 온다.

갯가재
학명 / *Oratosquilla oratoria*
분포 / 인도양-시부태평양 　크기 / 15cm

타이거 맨티스 슈림프
학명 / *Lysiosquilla maculata*
분포 / 인도양-서부태평양 　크기 / 30cm

피콕 맨티스 슈림프
학명 / *Odontodactylus scyllarus*
분포 / 인도양-서부태평양 　크기 / 15cm

맨티스 슈림프의 일종(A)
학명 / *Gonodactylaceus sp.*
분포 / 인도양-태평양 　크기 / 8cm

맨티스 슈림프의 일종(B)
학명 / *Gonodactylaceus sp.*
분포 / 인도양-태평양 　크기 / 8cm

필리핀 맨티스 슈림프
학명 / *Gonodactylaceus falcatus*
분포 / 인도양-태평양 　크기 / 6cm

오렌지스팟 맨티스 슈림프
학명 / *Gonodactylaceus ternatensis*
분포 / 인도양-태평양 　크기 / 8cm

라인레그지드 허밋크랩
흰색 몸에 분홍색과 빨간색 그리고 흰색으로 염색 된 다리를 가진 아름다운 허밋크랩의 종류. 수심 10m부근의 바위지역대에 서식하고 있지만 그다지 수는 많지 않은 것 같고 수입되는 것은 매우 드문 종류이다. 잡식성으로 무엇이든 먹는다.

청색가로가위집게
허밋크랩의 종류와 함께 수입되어 오는데 본종은 집게의 크기가 좌우 같은 크기이기 때문에 크리바나리우스의 종류인 것을 알 수 있다. 사육은 쉽고 색채도 아름답다. 제주도에서 서식하고 있다.

아르구스 허밋크랩
빨강에 노란색 스팟이 들어가는 매우 아름다운 허밋크랩의 종류. 수입되지 않기 때문에 입수는 어렵다. 일본에서는 이즈반도에서 발견된다.

레드레그지드 허밋크랩
미국에서 수입되는 붉은 다리를 가진 종류. 파구리스테스의 종류도 좌우의 집게 다리가 같은 크기를 하고 있으며 수조내의 이끼를 먹어주기 때문에 산호를 레이아웃한 암초 아쿠아리움에는 최적인 종류라고 할 수 있다. 수입은 적다.

블루아이 허밋크랩
서식수가 많은 허밋크랩의 종류. 특히 왼쪽의 집게가 크고 소라에 파묻혀 있는 상태에서도 그 집게가 뚜껑처럼 보이기 때문에 바로 알 수 있다. 사육은 쉽다. 일본 오키나와 지역에서는 쉽게 발견할 수 있다.

케이지스 허밋크랩
매우 아름다운 보라색 보각과 붉은 집게다리를 가진 종류. 이 종류는 아름다운 종류가 많아 인기가 높지만 수입은 어렵다.

베리헤어 허밋크랩
털이 많은 다리를 한 소라게로 산호초 주변에서

채집할 수 있다. 비교적 껍데기를 가리지 않는 종류로 껍질 내부가 편평한 홍합에 들어가 있는 경우도 있다. 튼튼하고 사육하기 쉬운 소라게이다.

오렌지레그지드 허밋크랩
케이지스 허밋크랩와 같이 동굴 안이나 바위의 틈에서 서식하는 종으로 선명한 오렌지색의 보각에 핑크의 집게 다리를 가지고 있다. 인기있는 종이지만 유통 루트에는 구하기 어렵다.

아네모네 허밋크랩
약간 대형 소라게로 집으로 하는 소라에 여러 개의 말미잘류를 붙이고 있다. 소라를 이사할 때는 능숙하게 말미잘을 떼어내고 새로운 소라로 이동시킨다.

스타그혼 허밋크랩
멕시코에 서식하는 희귀종. 길게 뻗은 것은 산호의 골격으로 보통 소라게는 소라를 숙소로 하지만 본종은 실아있는 산호를 숙소로시 이용한다. 상세한 생태는 불명하다.

갯가재
쏙이라는 이름으로 더 알려져 있는데 여러 가지 요리에 사용되는 유명종이다. 국내 개체가 수출되어 일본에서는 초밥에 재료 등에 사용되고 있다. 일반적으로 보관은 저온으로 하지만 사육에 있어서는 저온이 아닌곳에서 더 움직임이 활발하다. 육식성이 특히 강하고 갑각류, 작은 물고기, 연체 동물등 무엇이든 잘 먹는다.

타이거 맨티스 슈림프
멋진 호랑이 무늬가 박진감 넘치는 대형이 되는 갯가재이다. 서식지가 비교적 얕은 곳이고 동남아시아에서 대량으로 포획되어 필리핀등에서 식용되고 있다. 대형종이기 때문에 넓고 튼튼한 수조가 필요하지만 사육 자체는 용이하나. 먹이의 갑각류와 작은 물고기를 수내 실보기와는 달리 빠르게 헤엄쳐 포각하여 끼워 먹는다.

피콕 맨티스 슈림프
갑각류 팬들에게 꾸준한 인기를 얻고 있는 갯가재의 종류로서 가장 아름답다고 알려져 있다. 개체에 따라 빨간색이 강한 것, 황색이 강한 것 등 다양하다. 수질의 급변을 피하면 든든하고 사육은 쉽다. 수cm사이즈에서 10cm가 넘는 것까지 비교적 안정적으로 수입되므로 입수도 용이하며 어느 지역의 개체도 모두 아름다와 안심하고 구입할 수 있다. 본종을 포함하여 중~대형의 갯가재의 종류는 사육할 때 공통적으로 주의해야 할점은 수조의 강도와 단독 사육을 해야 한다는 것이다. 갯가재의 종류는 포각력이 특히 강하기 때문에 얇은 아크릴이나 유리 수조에서 사육하고 있으면 두들겨 깨뜨리는 경우도 발생할 수 있다. 또한 플라스틱 격리 케이스를 사용해도 하룻밤 동안 부수고 탈주하여 다른 생물에게 방해를 줄 위험이 있는데 작은 갑각류와 작은 물고기등은 모두 위험해 진다.

맨티스 슈림프의 일종
이 종류는 매우 비슷한 종이 많이 알려져 있으며 종의 분류는 매우 어렵다. 이 종류들도 꼬리가 굵고 견고하기 때문에 맨손으로 잡으면 뜻밖의 부상을 입을 수 있으므로 주의가 필요하다.

부채게
학명 / *Leptodius exaratus*
분포 / 서부태평양 | 크기 / 3.5cm

1471

플랫 락크랩
학명 / *Percnon planissimum*
분포 / 인도-태평양 | 크기 / 3.5cm

1472

금게
학명 / *Matuta lunaris*
분포 / 서부태평양 | 크기 / 4cm

1473

매끈이송편게
학명 / *Atergatis floridus*
분포 / 서부태평양 | 크기 / 5cm

1474

무늬발게
학명 / *Percnon planissimum*
분포 / 아시아 | 크기 / 3cm

1475

참집게
학명 / *Pagurus filholi*
분포 / 서부태평양 | 크기 / 1cm

1476

붉은눈자루 참집게
학명 / *Pagurus japonicus*
분포 / 서부태평양 | 크기 / 2cm

1477

털다리 참집게
학명 / *Pagurus lanuginosus*
분포 / 서부태평양 | 크기 / 3cm

1478

갯가게붙이
학명 / *Petrolisthes japonicus*
분포 / 중-서부태평양 | 크기 / 2cm

부채게
등딱지의 모양이 부채를 닮았다고 해서 이 이름이 붙여졌으며, 걷는다리에 비해 집게다리가 크기 때문에 유머러스한 모습으로 보인다. 움직임은 느리며 만져지거나 외적을 만나면 모든 다리를 몸에 붙이고 굳어진 것처럼 의사행동을 취한다. 개체 변이가 많아 다양한 색채형을 볼 수 있으며 조간대 암석 또는 자갈지대의 돌아래와 돌틈에서 발견된다. 제주도에 다수가 있고 추자군도 및 거제도인근 갈도에서도 채집기록이 있다. 국내외 일본, 인도, 아프리카, 하와이등 온난해역에 광범위지역에 분포한다.

플랫 락크랩
편평한 몸으로 돌 사이를 미끄러지도록 이동한다. 체색도 아름답고, 사육도 어렵지는 않지만 민첩하기 때문에 취급에 주의가 필요하다.

금게
맑고 얕은 바다의 모래지역에 서식하며, 낮에는 모래에 숨고 야간에 활동한다. 무늬도 아름답고 관상용으로도 충분히 매력적이다. 국내외 일본, 동남아시아, 홍해, 인도양, 태평양 연안에 광범위하게 분포하고 있다.

매끈이송편게
둥그스름한 등딱지 표면이 매끄러워 이 이름으로 불린다. 독을 가진 게로 알려져 있지만 그 독은 체내에 있어 닿는 부분에는 전혀 문제는 없다. 본종을 먹어 치우는 생물이 아닌 한 사육은 쉽다. 국내에서는 제주도 서귀포시 앞바다에서 잡힌 적이 있다. 인도양과 태평양의 온대에서 열대역까지 폭넓은 지역에서 볼 수 있다.

무늬발게
조수웅덩이에서 가장 흔하게 볼 수 있는 게로, 바위 틈이나 전석 아래 등 좁은 장소를 좋아한다. 붉은 보라색을 띤 체색과 걷는 다리에 들어가는 짙은 녹색의 줄무늬가 특징이다. 직장에 만각류의 공생하는 것을 볼 수 있다. 매우 튼튼하고 무엇이든 잘 먹기 때문에 사육은 쉽지만, 완전 수중은 아니고 오히려 육지 부분을 넓게 취한 아쿠아 테라리움과 같은 레이아웃에서의 사육에 적합하다. 입체활동도 잘하기 때문에 사육조에는 뚜껑이 필수품이다.

참집게
동해 및 제주도 연안의 암반 조간대에서 극히 일반적으로 볼 수 있는 소라게로 촉각의 전체적으로 짙은 초록색을 띠며 집게다리의 끝부분은 흰색을 띠고 털이 거의 없다. 끝부분은 흰색과 청색 또는 오렌지색의 줄무늬가 잘 눈에 띤다. 간조 시에는 다수의 개체가 좁은 범위에 모여 있는 경우도 있다. 포란기는 2~6월로 알려지고 있으나 8~10월에도 포란 개체가 보이기도 한다.

붉은눈자루참집게
붉은 빛을 띤 체색과 적백의 촉각으로 참집게와는 구별할 수 있다. 앞바다외에도 다소 깊은 곳에 서식하는 경우가 많다.

털다리 참집게
대중적인 집게로 참집게와 매우 흡사하지만 촉각이 빨간색인 것으로 구별할 수 있다. 소라게를 사육할때는 성장에 맞춰 크기가 다른 조개껍질을 준비해 두면 좋다. 국내외 일본 및 러시아에도 분포한다.

갯가게붙이
외형은 게 같지만 걷는다리가 6개 밖에 되지 않아, 그 이름에서 알 수 있듯이 게가 아니라, 소라게의 종류이다. 많이 돌아다니지는 않고 조수웅덩이의 돌아래 등에 숨어 있다. 턱에 붙어 있는 부채 모양의 털로 부유 생물을 모으는 플랑크톤 식이므로 사료에 신경을 써야한다. 서해남부, 남해, 제주도에 분포한다. 채집시 바위 틈으로 빠르게 도망가기 때문에 채집도 어렵고 집게다리도 쉽게 떨어진다.

■아라마루 특수동물보호소 - 노킬(NO kill)정책

독일은 동물보호소에 '노킬(no-kill) 정책'을 정립시킨 대표적인 나라입니다. 노킬이 적용된 동물보호소에서 관리되고 있는 동물들은 안락사 당하지 않고 자연사되는 날까지 치료와 관리를 받으며 보호소에서 지내게 됩니다.

국내에 일반 동물보호센터는 유기/보호 중인 동물에 대해서 일정기간이 지난 뒤에 안락사를 시키고 있지만 저희 아라마루 특수동물보호센터는 유기/보호된 특수동물들에 대해서 안락사 시키지 않고 유럽 보호소처럼 자연사까지 사육하는 방식을 채택하여 보호합니다. 아라마루 특수동물보호센터에서는 가정에서 사육되는 거북이와 환경부지정 생태계교란종 거북이, 국제적 멸종위기종의 파충류를 보호/관리합니다.

현재 우리나라 하천등에 생태계교란종 거북(붉은귀거북,리버쿠터,늑대거북,악어거북,중국줄무늬목거북,플로리다붉은귀거북)등이 방류됨에 따라서 생태계에 막대한 피해와 아이들에 안전사고도 발생될 우려가 있습니다. 또한 국내환경에서 서식이 불가능한 국제적 멸종위기종이 유기되어 폐사되는 경우도 발생하고 있습니다.

저희 아라마루 아쿠아리움은 생태계교란 및 가능성이 있는 거북의 무단방생을 막고 유기되어 폐사되는 국제적 멸종위기종을 보호하기 위해 특수동물보호센터를 운영하고 있습니다. 앞으로도 생태계 및 멸종 위기종의 보호를 위해 앞장서 동물들을 보호하고, 유지하기 위해 노력할 것임을 약속드립니다.

붉은귀거북

늑대거북

리버쿠터

영주 무섬교 하천에 1m 악어가 산다?...목격 신고에 "수색 중"

울산 남구, 생태계교란 붉은귀거북 퇴치 나서

생태계 교란생물 늑대거북·돼지풀아재비 허가 안 받고 키우면 처벌
4월 27일 유예 기간 끝나기 전 사육·재배 유예 허가 신청 받아야

전국 많이 보는 기사

*기사 참고 :
https://www.hanl.co.kr/artl/area/yeongnam/1096056.html (한겨레 이유진 기자)
https://www.news1.kr/articles/5053527 (울산=뉴스1 임수정 기자)
http://www.kookje.co.kr/news2011/asp/newsbody.asp?code=0300&key=20230320.99099005835 (국제신문 이진규 기자)

■아라마루아쿠아리움은 노킬정책으로 동물보호센터를 운영하고 있습니다.

1479

파란선 문어
학명 / *Haplochlaena fastigiata*
분포 / 서남부태평양 　　　크기 / 10cm

해양 수족관에서 문어, 오징어, 조개종류, 민달팽이등 연체동물도 독특한 캐릭터가 많고 인기있는 종이 많다. 그 중에서도 문어의 동료들은 연체동물이면서도 물고기를 능가하는 고도의 지능을 가지고 있다. 그래서 사람에게 잘 길들여져 수조에 사람이 접근하기만 해도 굴에서 튀어나와 먹이를 달라고 조르게 된다. 낙지등은 수면에서 손을 뻗어 먹이를 받는 행동조차 보이게 되는 등 그 행동은 단순한 관상생물로서가 아니라 애완동물로서의 요소를 많이 가지고 있다. 수많은 수생생물 중에서도 이처럼 애완동물 감각으로 사육을 즐길 수 있는 생물은 몇 안 된다고 할 수 있을 것이다.

문어와 같은 두족강에 포함된 오징어의 동료들도 독특한 캐릭터를 가진 종류가 많지만 문어와 비교하면 일반적으로 사육이 어렵고 수질에는 상당히 민감하다.

같은 연체동물이라도 민달팽이의 종류들은 아름답고 매력적인 종이 매우 많아 다이버에게 인기가 높은 생물로 최근들어 특히 주목받기 시작했다. 그러나 사육에 있어서는 식성에 상당한 편식성이 보이며 그 중에는 말미잘이나 연산호 등을 먹이로 먹는 종류도 있으므로 주의가 필요하다.

그 외의 종류에 있어서도 먹이 확보가 장기 사육의 열쇠가 된다. 그 외 클램 등 조개의 종류도 아름다운 종류가 많다. 일반적으로 문어나 앵무조개의 종류들은 수온과 수질이 어느 정도 조절되면 장기 사육은 가능하고 종에 따라서는 번식 행동도 보여준다. 또 크램의 종류도 태양광에 가까운 조명을 사용함으로써 수 년 단위로의 사육도 가능해 졌다.

주꾸미
학명 / *Octopus ocellatus*
분포 / 태평양   크기 / 20cm

미지트 옥토퍼스
학명 / *Octopus brenice*
분포 / 인도양-서부태평양   크기 / 4cm

문어류의 신종
학명 / *Octopus sp.*
분포 / 인도양-태평양   크기 / 30cm

낙지
학명 / *Octopus minor*
분포 / 인도양-태평양   크기 / 30cm

왜문어
학명 / *Octopus vulgaris*
분포 / 서부태평양   크기 / 40cm

락 옥토퍼스
학명 / *Octopus oliveri*
분포 / 서부태평양   크기 / 40cm

파란고리 문어
학명 / *Haplochlaena maculosa*
분포 / 인도양-서부태평양   크기 / 12cm

피그미 제브라 옥토퍼스
학명 / *Octopus chierchiae*
분포 / 인도양-태평양   크기 / 20cm

파란선 문어
황갈색 몸에 코발트 블루의 표범 무늬를 가진 매우 아름다운 종으로 성장해도 10cm정도의 소형 종이다. 맹독을 가진 종으로 유명하며 물리면 매우 위험하다. 필리핀이나 인도네시아에서는 블루 무늬가 링 모양이 되는 근연종의 블루링 옥토퍼스가 수입되어 온다. 특히 호주에 분포하는 블루링 옥토퍼스의 독은 가장 강력하고 사망사례도 많이 보고되고 있다.

주꾸미
모래지에 서식하는 소형종으로 눈 밑 주변 우산막에 뚜렷한 눈모양반섬이 있어 외적 능에 게 습격당하면 우산막을 펼쳐 큰 생물의 얼굴처럼 보이게 하고 위협하는 행동이 관찰되고 있다. 체내에 알을 가진 가을부터 겨울에 걸쳐 낚시가 유명하다. 산란은 초여름에 행해져 모래지에 있는 대형 조개의 껍질 속에 산란한다. 낚시로 잡은 것은 바늘에 걸린 것이라도 그 부위가 다리 등일 경우에는 피해도 적기 때문에 뚜껑이 달린 양동이등으로 에어레이션을 해서 수송하면 사육할 수 있다.

미지트 옥토퍼스
바위가 많은 해안가의 조간대에 많이 서식하고 있는 소형종으로 수입되는 경우는 거의 없으며, 사육은 주꾸미에 준한다.

옥포퍼스의 종류
피그미 제브라 옥토퍼스와 매우 비슷한 종으로 처음에는 동종으로 생각되었지만 무늬나 피부 감등에 차이가 있어 별종으로 생각된다. 입하는 피그미 제브라 옥토퍼스처럼 아주 적다.

낙지
모래지나 진흙바닥에 서식하는 종으로 다른 문어에 비해 긴 다리를 가지고 있어 해외에서는 긴다리문어라는 이름으로도 불린다. 야간에 먹이를 찾아 암벽 등에 온 것을 그물이나 긴 막대기에 바늘을 달아서 쉽게 건져낼 수 있다. 횟집능에서는 산낙지를 식용으로서 판매하기도 하므로 그러한 곳에서도 구할 수 있다.

왜문어
국내 전 연안에 걸쳐 널리 서식하며 주로 식용으로 취급되는 수산상 중요한 문어류이다. 성장하면 대형이 되고 체표도 미세한 그물 모양의 무늬만 있을 뿐 수수하기 때문에 관상용으로 사육하는 사람은 별로 없지만 소형의 것을 선택해 사육하면 사육자에게도 잘 익숙해져 유머러스한 행동을 보여준다. 새우나 게등의 갑각류를 좋아하는 깃외에 조개등의 생먹이에 익숙해질 수 있다.

락 오토퍼스
필리핀이나 인도네시아에서 가장 많이 수입되는 문어의 종류로 이 종류에서는 가장 사육이 쉬운 종이다. 문어의 종류를 사육할 때는 수조에 단단히 뚜껑을 닫는 것이 중요하며 약간의 틈이라도 다리가 하나 지나가는 크기가 있으면 수조에서 도망치는 일이 있다. 또한 오징어만큼은 아니더라도 수질은 항상 청정히게 유지해야 한다. 먹이는 살아있는 게와 새우 소라게 등이 최적이며 익숙해지면 생선 조개류도 먹게 된다.

파란고리 문어
인도양~서부 태평양 열대 해역에 분포하는 종. 파란선 문어와 비슷하지만 몸에 들어가는 블루 무늬가 본종은 링 모양이 되는 점에서 구별이 된다. 작고 아름다운 무늬를 갖고 있기 때문에 인기가 높지만 두 종 모두 맹독을 가지고 있으며 물리면 죽을 수도 있어 매우 위험하다. 따라서 취급에는 충분한 주의가 필요하다. 필리핀과 인도네시아에서 수입된다.

피그미 제브라 옥토퍼스
다갈색과 흰색의 제브라 무늬가 매우 아름다운 문어의 일종. 몸통부에 비해 다리가 매우 길고 우산막을 이용해 바다뱀 등 다양한 생물에 의태를 하는 문어로 유명해서 다이비에게도 인기가 높다. 인도네시아에서 수입되지만 그 수는 그리 많지 않다. 게 등을 즐겨 먹고 수질만 신경 쓰면 사육은 그리 어렵지 않다.

팔라우 앵무조개
학명 / *Nautilus belauensis*
| 분포 / 팔라우 | 크기 / 15cm |

페이트팟 커틀피쉬
학명 / *Metasepia tullbergi*
| 분포 / 인도양-서부태평양 | 크기 / 12cm |

흰꼴뚜기
학명 / *Sepioteuthis lessoniana*
| 분포 / 인도양-서부태평양 | 크기 / 40cm |

꼬마오징어
학명 / *Idiosepius paradoxus*
| 분포 / 인도양-서부태평양 | 크기 / 4cm |

애기갑오징어
학명 / *Sepia kobiensis*
| 분포 / 인도양-서부태평양 | 크기 / 7cm |

스트라이프 파자마 스퀴드
학명 / *Sepiolodidea lineolata*
| 분포 / 호주남부 | 크기 / 6cm |

귀오징어
학명 / *Euprymna morsei*
| 분포 / 인도양-서부태평양 | 크기 / 5cm |

에로사리아 이노셀라타
학명 / *Erosaria inocellata*
| 분포 / 서부태평양 | 크기 / 4cm |

마우리티아 아라비카
학명 / *Mauritia arabica*
| 분포 / 서부태평양 | 크기 / 6cm |

니비노부라 푼그타비
학명 / *Diminovula punctata*
분포 / 서부태평양   크기 / 1cm

페나코볼비아 론기로스트리스
학명 / *Phenacovolvia longirostris*
분포 / 서부태평양   크기 / 5cm

리마 스카브라
학명 / *Lima scabra*
분포 / 대서양   크기 / 7cm

헤리아쿠스 바리에가투스
학명 / *Heliacus variegatus*
분포 / 인도양-서부태평양   크기 / 2cm

페둠 스폰디로이데움
학명 / *Pedum spondyloideum*
분포 / 열대해지역   크기 / 8cm

명주고둥
학명 / *Chlorostoma xanthostigma*
분포 / 서부태평양   크기 / 3cm

팔라우 앵무조개
살아있는 화석으로 유명한 종으로 수심 150~200m에 서식한다. 입하는 비교적 일정하고 사육은 비교적 쉽고 새우등의 갑각류나 조개류를 즐겨 먹는다. 수온을 18~20℃로 설정하는 것이 중요하며 넓은 수조라면 복수의 사육도 가능하고 번식 가능성도 있다.

페이트팟 커틀피쉬
빨간색과 노란색 색채가 들어가는 매우 아름다운 소형 오징어로 필리핀과 인도네시아 등에서 드물게 수입된다. 사육은 비교적 쉽고 수조 내 번식도 가능하다.

흰꼴뚜기
외투 길이 40~45cm까지 성장하는 대형 오징어. 겨울에 심층에서 지내고 봄에 수심 20~80m에서 산란회유를 한다. 여름에는 얕은 바다에서 소형 개체가 군을 만들고 있는 것을 볼 수 있으며 수송에는 다소 약한 면이 있으므로 주의한다. 이 종류는 수질 악화에 약하기 때문에 사육에 있어서는 청정한 수질을 유지해야한다.

꼬마오징어
등에는 점착 부분을 가지며 연안의 거머리말 등의 해초에 붙어 있는 경우가 많다. 성장해도 4cm 성도의 소형종으로 사육은 비교석 쉽다. 입수는 채집에 의한다.

애기갑오징어
남해 연안 수심 10~30m정도의 수층에서 서식하며 다이버들에게도 인기가 있다. 전체 길이 7~10cm정도까지 밖에 성장하지 않는 소형의 갑오징어 종류이다. 본종은 오징어의 종류 중에서는 사육하기 쉽지만 역시 수입은 적고, 숍에서 볼 기회도 많지 않다.

스트라이프 파자마 스퀴드
호주 남부 지역에 서식하고 있는 소형 오징어의 종류로 흰색 몸에 검은색 줄무늬가 들어가 있어 아름답다. 수온은 20℃ 이하에서 사육하는 것이 바람직하다.

귀오징어
지느러미가 귀 처럼 보이기 때문에 이 이름이 붙여지고 있는 소형종으로 외투질에 발광 박테리아를 공생시키고 있다. 모래에 숨어있는 습성이 있으므로 사육에는 미세한 모래를 깔아주면 좋다.

에로사리아 이노셀라타
하얀 스팟이 흩어져 있는 아름다운 종류.

마우리티아 아라비카
검은 외투막을 가지고 있다. 필리핀 등에서 비교적 일정하게 수입되어 온다.

디미노부라 푼크타타
수지맨드라미류에 기생하는 소라의 일종으로 숙주와 같은 색채의 외투막을 가진다. 숙주를 먹이로 하고 있기 때문에 숙주와 함께 사육하지 않으면 장기 사육은 어렵다.

페나코볼비아 론기로스트리스
가시 산호류 비교적 폴립이 큰 빨산호에 기생하여 그 폴립을 먹는 골뱅이의 일종으로, 이 동료는 수많은 종류가 알려져 있으며 모두 아름다운 외투막을 가지고 있다.

리마 스카브라
조개를 격렬하게 여닫고 헤엄치는 것으로 유명한 조개 종류이지만 바위등 마음에 드는 장소에 자리잡으면 발실을 내고 그 자리에 고착한다.

헤리아쿠스 바리에가투스
껍데기 길이는 2cm정도로 소형 소라로 아름다운 무늬를 가지고 있지만 말미잘류를 먹으므로 주의가 필요하다.

페둠 스폰디로이데움
경산호 사이로 들어가 고착하여 생활하고 있다. 오른쪽 껍질은 평평하고 미세한 방사형 줄무늬가 있으며, 왼쪽 껍질은 오른쪽 껍질을 감싸는 U자형 족사개구를 가지고 있다.

명주고둥
조간대 근처에서 쉽게 채집할 수 있는 고둥이다. 이끼잡이 역할을 해주기 때문에 수조 내에 여러 개 넣어 두면 매우 편리하다.

1504

스몰 자이언트 크램(골든)
학명 / *Tridacna maxima*
분포 / 인도양-태평양 | 크기 / 25cm

1503

스몰 자이언트 클램(블루)
학명 / *Tridacna maxima*
분포 / 인도양-태평양 | 크기 / 25cm

1505

스몰 자이언트 크램(블랙)
학명 / *Tridacna maxima*
분포 / 인도양-태평양 | 크기 / 25cm

1507

플푸티드 자이언트 클램(그린스팟)
학명 / *Tridacna squamosa*
분포 / 인도양-태평양 | 크기 / 25cm

1506

플푸티드 자이언트 클램(블루스팟)
학명 / *Tridacna squamosa*
분포 / 인도양-태평양 | 크기 / 25cm

1508

플푸티드 자이언트 클램
학명 / *Tridacna squamosa*
분포 / 인도양-태평양 | 크기 / 25cm

1509

플푸티드 자이언트 클램(골든)
학명 / *Tridacna squamosa*
분포 / 인도양-태평양 | 크기 / 25cm

1510

데라사 클램(그린)
학명 / *Tridacna derasa*
분포 / 인도양-태평양 | 크기 / 70cm

1511

데라사 클램
학명 / *Tridacna derasa*
분포 / 인도양-태평양 | 크기 / 70cm

트리다크니 클램의 일종
학명 / *Tridacna sp*
| 분포 / 인도양-태평양 | 크기 / 15cm |

스트로베리 클램
학명 / *Hippopus hippopus*
| 분포 / 팔라우 | 크기 / 70cm |

자이언트 클램
학명 / *Tridacna gigas*
| 분포 / 인도양-태평양 | 크기 / 70cm |

크로세아 클램(블루)
학명 / *Tridacna crocea*
| 분포 / 인도양-태평양 | 크기 / 15cm |

크로세아 클램(그린)
학명 / *Tridacna crocea*
| 분포 / 인도양-태평양 | 크기 / 15cm |

크로세아 클램(골드)
학명 / *Tridacna crocea*
| 분포 / 인도양-태평양 | 크기 / 15cm |

스몰 자이언트 클램
언뜻 보면 플푸티드 자이언트 클램와 닮았지만 플푸티드 자이언트 클램에 비해 지느러미 모양의 돌기가 눈에 띄고 껍질에 색이 없다는 점에서 구별할 수 있다. 또한 본종은 경산호 속에 들어가서 생활하고 있지 않다. 최근 양식된 아름다운 개체들이 수입된다.

플푸티드 자이언트 클램
이름 그대로 껍질에는 큰 지느러미 모양의 홈이 새겨져 있으며 이 종류에서는 다소 대형이 된다. 마샬의 것은 아름다운 칼라 번이가있다.

데라사 클램
자이언트 클램 다음으로 커지는 클램으로 껍질에는 지느러미 모양의 홈이 보이지 않는다. 최근에는 양식된 것이 입하한다.

트리다크나 클램의 일종
플푸티드 자이언트 클램에 가까운 특징을 가지고 있지만 더 둥글다. 플푸티드 자이언트 클램와 스몰 자이언트 클램의 교잡종일 가능성이 높으며 시진처럼 아름다운 개체도 많다.

스트로베리 클램
껍질은 두껍고 마름모꼴에 가까운 형상을 하고 있으며 다른 클램저림 속사상을 갖지 않는다. 영양원의 대부분을 갈충조류에 의존하기 때문에 사육에는 빛이 중요하다.

자이언트 클램
이 종류 중에서 가장 큰 종으로 유명하며 팔라우와 호주 그레이트 배리어 리프에서는 양식도 이루어지고 있다. 현재는 전시 아쿠아리움 무역이 대부분이지만 향후 브리딩된 개체가 수입될 가능성은 높다. 황색 외투막에 블루 스팟이 들이가는 것이 특징.

크로세아 클램
CITES류에 해당하기 때문에 수입되는 것은 모두 양식된 것이나. 외투막이 보라색녹색황색 등 다양한 컬러 번이로 인기가 있다.

필리놉시스 가르디네리
학명 / *Philinopsis gardineri*

분포 / 인도양–서부태평양	크기 / 4cm

에리시아 크리스파타
학명 / *Elysia crispata*

분포 / 카리브해	크기 / 4cm

윌란스 크로모도리스
학명 / *Chromodoris willani*

분포 / 서부태평양	크기 / 4cm

크로모도리스의 일종
학명 / *Chromodoris sp.*

분포 / 서부태평양	크기 / 4cm

아프리카나의 근연종
학명 / *Chromodoris cf. africana*

분포 / 서부태평양	크기 / 4cm

크로모도리스 오브소루타
학명 / *Chromodoris obsoluta*

분포 / 서부태평양	크기 / 4cm

퍼플 슬러그
학명 / *Chromodoris lubocki*

분포 / 인도양–서부태평양	크기 / 5cm

점점갯민숭달팽이
학명 / *Chromodoris aureopurpurea*

분포 / 서부태평양	크기 / 4cm

아르데아도리스 에그레타
학명 / *Ardeadoris egretta*

분포 / 서부태평양	크기 / 12cm

필브로시 ...에트니니
학명 / *Nombrotha cristata*
분포 / 인노양-서부태평양 | 크기 / 13cm

스페니쉬 댄서
학명 / *Hoxabranchus sanguinous*
분포 / 서부태평양 | 크기 / 30cm

필브로시 슬러그의 일종
학명 / *Nombrotha sp.*
분포 / 인노양-서부태평양 | 크기 / 4cm

베리어블 네온 슬러그
학명 / *Nembrotha kubaryana*
분포 / 인도양-서부태평양 | 크기 / 4cm

화이트 씨 슬러그
학명 / *Jorunna funebris*
분포 / 인도양-서부태평양 | 크기 / 5cm

삼엽갯민숭달팽이
학명 / *Ceratosoma trilobatum*
분포 / 서부태평양 | 크기 / 11cm

안경무늬흑갯민숭이
학명 / *Phyllidia ocellata*
분포 / 서부태평양 | 크기 / 5cm

혹투성이갯민숭달팽이
학명 / *Phyllidia pustulosa*
분포 / 서부태평양 | 크기 / 6cm

필리디아 바리코사
학명 / *Phillidia varicosa*
분포 / 서부태평양 | 크기 / 10cm

필리놉시스 가르디네리

이 종류들은 편형동물을 먹는 것이 많은데 본종도 산호수족관에서 종종 크게 발생하는 작은 편형동물을 먹어 주기 때문에 인기가 높다. 필리핀이나 인도네시아에서 적은 수가 수입된다.

에리시아 크리스파타

수조 안에 자라는 파래등의 녹조식물을 먹어주기 때문에 최근 인기가 높다. 카리브에서 수입.

윌란스 크로모도리스

바다운덩이에서 흔히 볼 수 있는 애벌레와 비슷한 종으로 본종도 비교적 대중적인 슬러그 중 하나. 필리핀에서 수입된다.

크로모도리의 일종

흰색 몸에 크게 들어가는 붉은 반점이 특징인 종으로 본종도 필리핀 등에서 다른 슬러그에 섞여 수입되지만 수는 적다.

아프리카나의 근연종

노란색과 검은 색의 색채가 특징적인 슬러그의 종류. 필리핀에서 컬러 슬러그의 이름으로 수입되는 가운데 섞여 들어온다.

크로모도리스 오브소루타

조간대 깊은 곳에 서식하는 슬러그의 종류로 등에는 붉은 그물 모양의 무늬가 있고 둘레에 미세한 황색씨가 있다. 수입수는 적나.

퍼플 슬러그

비교적 일정하게 수입되는 슬러그의 종류이다. 해면의 종류를 주식으로 하고 있는 것 같지만 아직 뚜렷한 식성은 밝혀지지 않았다.

점점갯민숭달팽이

흰색을 바탕으로 한 몸에 노란색의 미세한 스팟과 가장자리에 들어가는 핑크의 스팟이 아름다운 종류로 필리핀으로부터 가끔 수입 된다.

아르데아도리스 에그레타

본종도 하얀 몸에 얇은 오렌시색의 테두리가 들어가는 슬러그로 이 종류 중에서는 약간 대형.

넴브로사 크리스타타

독특한 아름다움을 가진 슬러그이다. 아직 식

성에 관해서 상세한 것은 알 수 없지만 해면의 종 류등을 먹는 것으로 보인다. 이 종류도 촉감이 딱딱한 종류이다.

스페니쉬 댄서

조하대에 서식한다. 성장하면 30cm정도가 되는 대형종류로 체색에는 다양한 변형이 있다. 몸을 비틀고 헤엄치는 모습에서 이름이 만들어 졌다.

넴브로사 슬러그의 일종

이국적인 아름다움을 가진 슬러그이다. 그러나 장기 사육은 어렵고 먹이로는 해면류를 일정하게 주는 것이 좋을 것이다.

베리어블 네온 슬러그

이 종류에는 매우 많은 종류가 알려져 있어 분류가 어렵다. 본종은 온몸이 녹색으로 물드는 종으로 색채 등의 특징은 N. milleri와 매우 비슷.

화이트 씨 슬러그

Jorunna funebris와 닮은 종으로 흰 몸에 큰 흑색 반점이 들어간다. 필리핀이나 인도네시아에서 이 이름으로 비교적 일정하게 수입된다.

삼엽갯민숭달팽이

색채 변이가 많은 종으로, 자주 볼 수 있는 것은 선명한 오렌지에 노란색의 작은점이 뿌려져 있는 것이 많다. 이 종류 중에서는 비교적 촉감이 딱딱한 슬러그이다.

안경무늬흑갯민숭이

조하대에 서식한다. 체색은 황색을 바탕색으로 하고 검은색의 크고 둥근 반점이 산재한다. 필리핀에서는 컬러 슬러그로 입하한다.

흑투성이갯민숭달팽이

조하대나 암초지에 서식한다. 체색은 검고 돌기는 적갈색으로 정점이 약간 희고 탁한 것이 특징이다. 수입 수는 적다.

필리디아 바리코사

조하대에 서식한다. 몸은 단단하고 등에 검은 세로줄이 간헐적으로 3~4개 들어가며 황색의 돌기가 다수 보인다. 이 종도 컬러 슬러그로 수입한다.

블루 드래곤
학명 / *Pteraeolidia ianthina*
분포 / 인도양–서부태평양 | 크기 / 7cm

흰갯민숭달팽이
학명 / *Chromodoris orientalis*
분포 / 서부태평양 | 크기 / 4cm

파랑갯민숭달팽이
학명 / *Hypselodoris festiva*
분포 / 서부태평양 | 크기 / 4cm

구름갯민숭달팽이
학명 / *Platydoris speciosa*
분포 / 서부태평양 | 크기 / 10cm

파래날씬이갯민숭붙이
학명 / *Elysia ornata*
분포 / 서부태평양 | 크기 / 3cm

잎갯민숭이
학명 / *Melibe papillosa*
분포 / 서부태평양 | 크기 / 10cm

군소
학명 / *Aplysia kurodai*
분포 / 서부태평양 | 크기 / 25cm

울타리고둥
학명 / *Mononodonta labio*
분포 / 서부태평양 | 크기 / 2.5cm

갈고둥
학명 / *Nerita(Heminerita) japonica*
분포 / 인도양–서부태평양 | 크기 / 2cm

블루 드래곤
자포생물을 포식하고 자신이 그 자포를 저장하여 외적과 싸우는 것이 알려져 있다. 체내에 갈충조류가 공생하고 있기 때문에 충분한 광원을 만들어 주는 것이 좋다.
흰갯민숭달팽이
초봄부터 초여름에 걸쳐 많이 볼 수 있다. 밝은 색채가 특징적이다. 본종은 해면류를 먹이로 하고 있으므로 먹이주기는 주의가 필요하다.
파랑갯민숭달팽이
조수웅덩이에서 가장 잘 보이는 슬러그로 특히 이른 봄부터 많이 볼 수 있게 되며 여름철에는 교접하고 있는 개체도 많다. 해면류를 먹이로

삼고 있기 때문에 사육시 먹이주기가 어렵다.
구름갯민숭달팽이
암석 틈이나 돌밑 등에 있는 경우가 많기 때문에 별로 볼 기회는 많지 않다. 배쪽이 화려한 색채를 띠고 있으며 경계색이 된다.
파래날씬이갯민숭붙이
녹조류등에 서식하고 있는 것이 많으며 체색이 보호색이 되고 있다. 의외로 움 직임이 빠르다.
잎갯민숭이
매우 기묘한 형태를 한 종류로 생김새와 달리 절지동물 등을 먹는 육식성의 종류이다. 체색이나 체표의 형태 등은 매우 변이가 풍부하다.
군소

바다 웅덩이에서는 흔히 볼 수 있는 보통종. 자극을 주면 보라색 액체를 내는 것으로 잘 알려져 있다. 대형 개체는 버겁지만 소형 개체는 수조 내에서 사육도 가능하다.
울타리고둥
조간대의 바위나 자갈 바닥에 서식하며 많은 지역에서 볼 수 있다. 식용하고 있으며 국내외 일본, 필리핀, 인도, 태평양등에 분포한다.
갈고둥
만조 때만 물이 드는 조간대 윗부분 바위나 자갈에서 비교적 많이 볼 수 있다. 껍질은 석회질로 두툼하다. 수조 내에 발생하는 조류 등의 제거에도 효과적이다. 제주에 분포

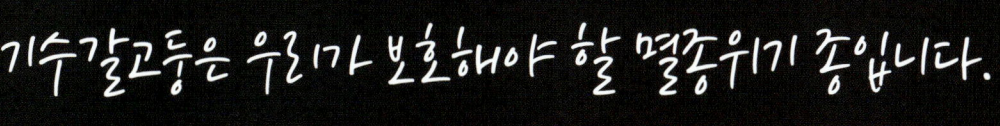

////////////////////////// 기수갈고둥이란 ? //////////////////////////

분류군 : 무척추동물

학명 : Clithon retropictus (von Martens, 1879)

생물학적 분류 : 갈고둥과(Neritidae)

지위 : 환경부 멸종위기 야생생물 II급 , 한국 적색목록 취약(VU)

갈고둥과에 속하는 고둥이다.

기수갈고둥(Clithon retropictus)은 바닷물이 섞여 염분 농도가 높은 하천에서 살아가는 1~2㎝의 작은 크기의 민물고둥이에요.
이처럼 바닷물(海水)과 민물(淡水)이 만나 섞이는 지역을 기수(汽水) 지역이라고 하는데, 일반적으로 강의 하구에 해당한답니다.
기수갈고둥은 유속이 일정하고 수질이 깨끗한 기수지역의 자갈에 붙어서 살아요.
기수 지역의 독특한 환경에 적응해서 살아가는 생물들이 적지 않은데, 기수갈고둥도 바로 그런 생물이랍니다.
보통 고둥류는 수명이 길지 않은 데 비해 기수갈고둥은 약 12년이나 장수하는 종으로 알려져 있어요. 껍데기의 높이와 폭이 약
10~15mm 정도로 아주 작고 동글동글하며, 갈색 바탕에 삼각형 모양의 노란색과 검은색 반점이 있는 모양새가 특징이랍니다.

////////////////////////// 아라마루 기수갈고둥 알리미 //////////////////////////

안내패널 제작

안내패널 설치

기수갈고둥 분포파악

기수갈고둥 서식지

1545

레드 초코렛칩 스타피쉬(풀레드)
학명 / *Protoreaster alveolatus*
분포 / 인도양-서부태평양 | 크기 / 5cm

스타피쉬라고 불리는 불가사리의 종류. 마치 밤송이처럼 몸에 가시를 밀생시키는 성게의 종류. 괴기하고 이상스러운 모습을 가지면서 식용으로서도 인기가 높은 해삼의 종류. 이들 종류는 생김새는 전혀 다르지만 모두 극피동물로 분류되는 생물로서 수많은 종류가 해양 수족관용으로 수입된다.

불 가사리의 종류로는 아름다운 블루 색채를 가진 블루 씨스타와 붉은 색으로 물들인 소형의 레드 프로미아 스타피쉬, 몸에 혹 같은 돌기를 가진 초코렛칩 스타피쉬등이 대중적이며 그 밖에도 다양한 종류가 수입되고 있다. 특히 초코렛칩 스타피쉬는 대중적이고 가격도 저렴하기 때문에 불가사리를 먹는 생물의 먹이로도 사용되고 있다.

불가사리의 종류들은 육식성으로 조개나 물고기 조각을 즐겨 먹는 것 외에도 물고기에게 준 잔반 먹이도 먹어주는 편리한 것도 있지만 종류에 따라서는 산호 등을 먹어버리는 것도 있기 때문에 라이브 코럴을 메인으로 한 산호수족관에서의 사육에는 주의가 필요하다.

성게의 종류들도 가끔 수입되어 오지만 포큐파인 씨얼친 같은 가늘고 긴 가시는 찔리기 쉽고, 찔리면 체내에 부러져 남아 있기 때문에 꽤 위험하다. 또한 겉보기에는 찔릴 것 같지 않은 모습을 하고 있는 나팔 분홍성게도 독침을 가지고 있고 그 독성은 포큐파인 씨얼친 보다 강력하다. 따라서 이러한 성게를 취급할 때는 세심한 주의가 필요하고 또한 그물로 건져내면 가시가 걸리기 쉬우므로 플라스틱 케이스 등으로 가시가 부러지지 않도록 주의해서 잡아 주면 좋을 것이다.

해삼의 종류는 관상하기에 적합한 해삼은 씨애플등의 몇 종류에 불과하지만 최근에는 수조 내의 모래를 청소시키기 위해 흑 해삼등도 인기가 높아지고 있다.

여기에 그룹은 다르지만 해면류의 종류들도 정리해서 소개하기로 하자.

레드 초코렛칩 스타피쉬
학명 / *Protoreastor alveolatus*
분포 / 인도양-서부태평양 | 크기 / 5cm

초코렛칩 스타피쉬
학명 / *Protoreastor nodosus*
분포 / 인도양-서부태평양 | 크기 / 15cm

프로미아 스타피쉬의 일종
학명 / *Fromia sp*
분포 / 인도양-서부태평양 | 크기 / 4cm

펜타고나스테르 두베니
학명 / *Pentagonaster dubeni*
분포 / 호주 | 크기 / 12cm

넥클리스 스타피쉬
학명 / *Fromia monilis*
분포 / 중부태평양 | 크기 / 4cm

레드 프로미아 스타피쉬
학명 / *Fromia milleporella*
분포 / 인도양-서부태평양 | 크기 / 3cm

레드 프로미아 스타피쉬의 일종
학명 / *Fromia milleporella var*
분포 / 인도양-서부태평양 | 크기 / 4cm

스트라이프 스타피쉬
학명 / *Nardoa fraianti*
분포 / 인도양-서부태평양 | 크기 / 10cm

루존 씨스타
학명 / *Echinaster luzonicus*
분포 / 인도양-서부태평양 | 크기 / 8cm

빨간등거미불가사리의 일종
학명 / *Ophiomastix mixta var.*
분포 / 인도양-서부태평양 | 크기 / 15cm

블루 씨스타
학명 / *Linckia laevigata*
분포 / 열대해역에 분포 | 크기 / 20cm

레드 초코렛칩 스타피쉬
초코렛칩 스타피쉬와 비슷하지만 그보다 선명한 색채를 가진 종으로 칩의 크기나 색채에는 변형이 보인다.

초코렛칩 스타피쉬
해초가 자라는 내만과 초지 등의 모래땅에 사는 대형 불가사리. 관상용으로 수입되는 것은 소형이지만 커지면 손바닥 이상이 된다. 모양이 잘 잡혀 있어서 인기가 높다. 필리핀 등에서 일정하게 수입되는 대중종이다.

프로미아 스타피쉬의 일종
다른 주즈베리 불가사리와 섞여 수입되었다.

펜타고나스테르 두베니
다소 폭넓은 모습을 보이며 가장자리를 모양을 잡듯이 테두리로 붉고 큰 사마귀처럼 나타나 있고, 몸에도 작은 붉은 사마귀가 전체에 들어가지만 표면은 매끄럽고 그리 돌출하지 않는다.

넥클리스 스타피쉬
이 종류에서는 비교적 대중적인 종으로 작고 아름답기 때문에 인기도 높다. 팔의 뿌리와 팔끝이 붉은 것이 특징. 본종도 인도네시아나 필리핀에서 가끔 수입되어 온다.

레드 프로미아 스타피쉬
암초 연못 산호의 틈새에 사는 소형 불가사리. 붉은색 체색을 띠고 등에 있는 돌기가 어두운 색을 하고 있기 때문에 어두운 점이 흩어져 있는 것처럼 보인다. 필리핀 등에서 비교적 일정하게 수입되어 온다.

레드 프로미아 스타피쉬의 일종
등쪽부분이 평평한 소형 불가사리이다. 레드 프로미아 스타피쉬와 비슷한 종이지만 팔에는 푸른점이 들어간다. 인도네시아 등에서 수입되는 아름다운 종이지만 수입이 일정하진 않다.

스트라이프 스타피쉬
색채로는 다소 수수하지만 몸 표면이 사마귀로 뒤덮는 것이 특징인 불가사리의 종류. 필리핀이나 인도네시아 등에서 다른 불가사리에 섞여 수입되어 오는데 수는 그리 많지 않다.

루존 씨스타
푸른 불가사리와 비슷한 형상의 종으로 팔의 수는 4~7개. 컬러 변이도 많다.

빨간등거미불가사리의 일종
얕은 바다의 바위 아래에 사는 중형 거미불가사리의 종류. 수요가 그리 많지 않기 때문인지 수입량은 적나. 모래 속 유기물을 먹는나.

블루 씨스타
초지에서 매우 일반적으로 볼 수 있으며 인도네시아에서 비교적 많이 수입된다. 체색은 정색에서 회갈색 등 변이가 있어 사육은 용이하다.

부로잉 씨얼친
학명 / *Echinometra mahtaei*
분포 / 인도양-서부태평양 | 크기 / 4cm

턱시도 얼친
학명 / *Mespilia globulus*
분포 / 인도양-서부태평양 | 크기 / 3cm

흰수염 분홍성게
학명 / *Tripenustes gratilla*
분포 / 인도양-서부태평양 | 크기 / 10cm

블루블랙 씨얼친
학명 / *Echinothrix diadema*
분포 / 인도양-태평양 | 크기 / 5cm

포큐파인 씨얼친
학명 / *Diadema setosum*
분포 / 서부태평양 | 크기 / 9cm

롱스핀 씨얼친
학명 / *Diadema savignyi*
분포 / 서부태평양 | 크기 / 9cm

나팔 분홍성게
학명 / *Toxopneustes pileolus*
분포 / 인도양-서부태평양 | 크기 / 10cm

이코노메트라 자포니카
학명 / *Iconometra japonica*
분포 / 서부태평양 | 크기 / 5cm

부로잉 씨얼친
얕은 바다 산호초 지역에서 가장 흔하게 볼 수 있는 중형 성게. 벌거벗은 껍질이 완벽한 원이 아니라 옆으로 긴 타원형을 하고 있는 것이 특징이다. 일정하게 수입되고 있기 때문에 입수는 용이하지만 산호수족관에서는 라이브 록 등의 석회 조류를 먹어 버리기 때문에 넣지 않는 것이 좋다.

턱시도 얼친
얕은 바다 산호초 지역의 바위 아래에 사는 소형 성게. 껍질 높이가 다른 성게에 비해 높다.

페더 스타
학명 / *Comanthina schlegeli*
분포 / 서부태평양 | 크기 / 15cm

메타크리누스 로툰두스
학명 / *Metacrinus rotundus*
분포 / 서부태평양 | 크기 / 15cm

1567

피티로카우리스의 일종
학명 / *Ptilocaulis sp*
분포 / 대서양

1568

오렌지컵 스펀지
학명 / 불명
분포 / 인도양-태평양

1570

오렌지 스펀지
학명 / 불명
분포 / 인도양-태평양

1569

로우포어 로프 스펀지
학명 / *Aplvsina cauliformis*
분포 / 서부태평양

1571

테시야의 일종
학명 / *Tethya sp*
분포 / 인도양-태평양

1572

씨애플
학명 / *Pseudocolochirus axiologus*
분포 / 호주　　　크기 / 12cm

1573

블랙 롱 씨큐컴버
학명 / *Holothuria leucospilota*
분포 / 인도양-태평양　　　크기 / 30cm

최근에는 리프 수족관에 발생하는 이끼를 먹어 주기 때문에 인기가 높다.

흰수염 분홍성게
이름 그대로 희고 가는 가시를 가진 대형 성게 이지만 색채에는 변이가 많이 보이며 흰 가시를 가지지 않는 것도 볼 수 있다. 성게 중에서는 아름답고 감상 가치가 높지만 커지기 때문에 대형 수조에서 사육하는게 적합하다.

블루블랙 씨얼친
포큐파인 씨얼친와 매우 비슷하지만 포큐파인 씨얼친와 비교하여 가시가 짧고 두꺼운 것이 특징. 같은 특징을 가지는 종류로서 Echino-thrix calamaris가 알려지며 가시의 끝이 둥글게 부풀어 오르는게 특징이다. 본종은 같은 굵기로 자라기 때문에 구별이 된다.

포큐파인 씨얼친
초지에 사는 대형 성게로 군생하는 경우가 있다. 가시는 찔리기 쉽고 게다가 찔리면 끝이 부러져 피부 안에 남아 통증을 동반하므로 취급에 충분한 주의가 필요하다.

롱스핀 씨얼친
외관적으로는 포큐파인 씨얼친와 매우 비슷하지만 본종은 사진에서 부는 바와 같이 껍질에 푸른 무늬가 들어가기 때문에 구별이 된다. 포큐파인 씨얼친와 같이 가시는 가늘고 길어서 부러지기 쉽기 때문에 찔리지 않도록 취급에는 주의가 필요하다. 사진과 같이 희끗희끗한 가시 외에 포큐파인 씨얼친와 같은 검은 가시를 가진 것도 있다.

나팔 분홍성게
나팔 모양의 가시를 가지기 때문에 이 이름이 붙어있는 약간 대형 성게의 종류. 이 가시에는 독을 가지고 있기 때문에 맨손으로 접하지 않도록 주의가 필요. 사진은 배쪽이고 입 근처에 얼룩밀새가 기생하고 있을 수 있다.

메타크리누스 로툰두스

화석생물로 알려진 종으로 화석의 모습 그대로 현존하는 살아있는 화석이다. 수심 150m이상에서 서식하고 있어 살아있는 모습을 보는 것은 어렵다. 사진의 개체는 일본에서 채집된 것으로 깊은 곳에서 낚시를 하고 있을 때 바늘에 걸려 올라온 것이다. 수온 20℃의 수조에서 장기간 살아있는 모습을 보인 것으로 알려진다.

이코노메트라 자포니카
가지 산호등에 서식하는 소형의 바다나리류로 일본에 서식한다. 칼라변이는 많고 가지 산호를 레이아웃한 수조에서의 사육이 적합하다.

페더 스타
본종을 포함해 바다나리류의 종류는 색채적으로도 아름다운 것이 많아 인기도 높지만 수질이 악화되면 팔이 잘리고 떨어져 나가기 때문에 사육에 있어서는 수질 등에 주의가 필요하다. 먹이는 부화시킨 브라인 슈림프 등을 스포이드로 천천히 수류에 흘려주면 좋다.

피티로카우리스의 일종
미국에서 레드 스폰지의 이름으로 수입된다. 즈정확한 명칭 등은 불분명하다.

오렌지컵 스펀지
동남아시아에서 '오렌지컵 스펀지'라는 이름으로 수입된다. 사육 초기에는 주변부가 약간 길어져서 성장하는 것처럼 보이지만 곧 쇠퇴해 버린다. 무언가가 결핍되어 있는 것일지 모르지만 불행히도 아직 확실한 것은 알 수 없다.

로우포어 로프 스펀지
길쭉한 모습을 가진 보라색 해면류의 일종으로 인도네시아 등에서 블루 스폰지에 섞여 수입되어 오는데 수는 그리 많지 않다.

오렌지 스펀지
오렌지 스펀지의 이름으로 유통한다. 슬러그의 종류들이 즐겨 먹기 때문에 주의가 필요하다.

데시야의 일종
오렌지색이나 붉은 색채를 가시는 구형의 형상

을 가진 해면류의 일종으로 직경 3~5cm 정도의 소형인 것이 많다. 몇 가지 혼동되어 수입되지만 비슷한 종이 많아 종 분류는 어렵다.

씨애플
호주나 인도네시아에서 수입되는 색채가 선명한 해삼의 종류. 죽으면 독을 낼 수 있으므로 상태가 나빠 보일 경우 수조 내의 다른 생물에 악영향을 주지 않기 위해 격리할 필요가 있다.

블랙 롱 씨큐컴버
전체가 검은색인 해삼 종류. 산호수족관 등에서 바닥 모래를 청소시기기에 최적의 종으로 인기가 높은 해삼.

별 불가사리
학명 / *Asterina pectinifera*

분포 / 중서부태평양	크기 / 6cm

1574

팔손이 불가사리
학명 / *Coscinasterias acutispina*

분포 / 중서부태평양	크기 / 7cm

1575

빨강 불가사리
학명 / *Certonardoa semiregularis*

분포 / 서부태평양	크기 / 8cm

1576

거미 불가사리의 일종
학명 / *Ophioplocus sp*

분포 / 중서부태평양	크기 / 1cm

1577

아무르 불가사리
학명 / *Asterias amurensis*

분포 / 북서태평양	크기 / 12cm

1578

하리프라넬라 리네아타
학명 / *Haliplanella lineata*

분포 / 서부태평양

1579

별불가사리
조수웅덩이에서 흔히 볼 수 있는 팔 길이가 짧은 독특한 형태를 한 불가사리로 오각형의 몸을 가지고 있고 팔은 보통 5개나 4개 또는 6개인것도 보인다. 감색몸에 불규칙한 붉은 무늬가 들어가지만 개체 차이가 심하다. 육식으로 고둥, 갯지렁이, 성게류 및 수생동물을 잡아먹는다. 알은 6~7월에 발생하며 비핀나리아 유생기를 거쳐 성장한다. 전국 연안의 얕은 바다의 암초 및 모래자갈에서 볼 수 있다. 국내외 일본등에 분포한다.

팔손이 불가사리
흔히 볼 수 있는 종이다. 보통의 불가사리류와 달리 팔이 6~12개이며 보통 이름 그대로 8개의 팔을 가져 이름이 만들어 졌다. 팔이 많아지는 것은 일부가 끊어지면 거기에서 재생되며 때로는 8개 이상의 팔을 가진 개체가 나오기 때문이다. 입 주변에 고둥 등이 기생하며 살기도 한다. 동해 및 남해 연안에 서식한다. 6월 말 알을 낳고 비핀나리아 유생을 거쳐 성체가 된다.

빨강 불가사리
긴팔에 전형적인 별 모양의 불가사리이다. 밝은 오렌지색 몸은 수조 내에서도 물속에서도 눈에

빨강해변말미잘
학명 / *Actinia aquina*

분포 / 전세계 온대

띄는 존재이다. 다소 커지므로 대형 수조에서 사육해야 한다.

거미 불가사리의 일종
긴팔이 거미를 연상시키기 때문에 그 이름이 있다. 물 웅덩이 바위나 돌 아래 등에 서식하며 돌을 일으키면 당황해서 움직이는 모습을 관찰할 수 있다.

아무르 불가사리
제주도 남부를 제외한 전 연안에 분포하며 흔히 볼 수 있는 종류이다. 체색은 보통 청자색과 황

풀색꽃해변말미잘
학명 / *Anthopleura fuscoviridis*

분포 / 전세계 온대

색이 섞인 것이지만 전체가 황색개체도 자주 보인다. 큰 개체의 경우 30cm도 발견되며 산란기는 3~4월 이다. 먹이로는 대형 이매패류 및 고둥, 게, 따개비류등 거의 모든 종류를 먹기 때문에 패류 양식장에 피해를 주기도 한다.

하리프라넬라 리네아타
아주 평범하게 볼 수 있는 소형의 말미잘이다. 노란색에서 오렌지색 라인이 다수 몸에 들어가는데 이것은 촉수를 줄인 상태일 때가 더 잘 보인다.

사천아라마루
상상이 가득한 초양놀이터

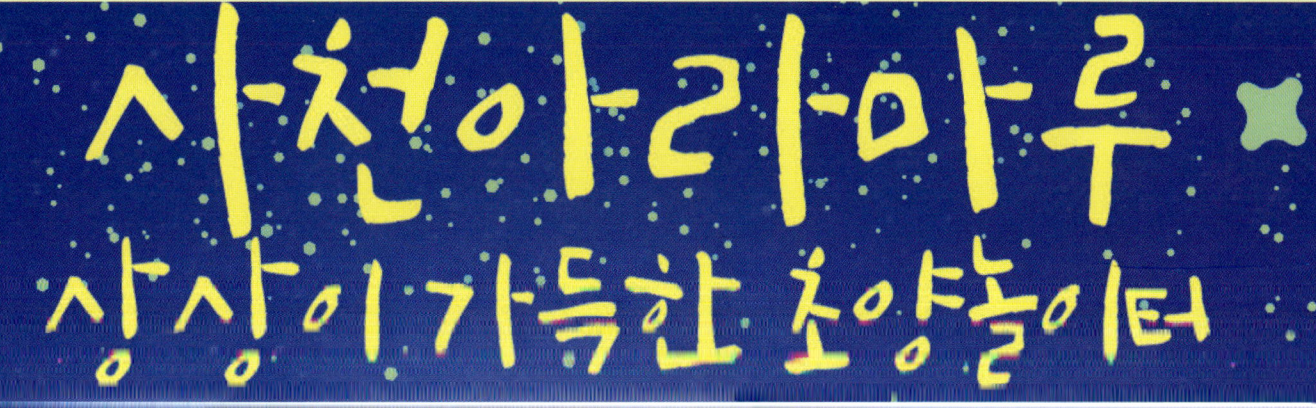

★ 아라마루아쿠아리움

경남 유일 대형수족관!
전국 4번 째 규오!

공룡의 후예 슈빌, 초대형 하마 등
보기힘든 희귀동물과 400여종의 다양한 희귀어종을 가까이서 만나볼 수 있습니다

★ 아라마루동물원

바다위의 동물원
섬에 사는 동물친구들

세상에서 가장 귀여운 양 '블랙발렛노즈', 아프리카에 사는 '치카스펭귄' 등
바다위의 동물원에 사는 다양한 동물을 만나 볼 수 있습니다

★ 아라마루대관람차   아라마루회전목마

남해안 한려수도를 한눈에 바라볼 수 있는 '대관람차'
아이들과 함께 즐기는 '회전목마'를 만나 볼 수 있습니다

1580

학명
Halophila ovalis
분포 / 서부태평양

담수성 열대어의 세계에서는 수초가 수조를 아름답게 장식하고 수질을 안정시키는 데 있어서도 중요한 역할을 하고 있다. 또한 최근에는 수초를 메인으로 즐길 수 있는 레이아웃 수조도 조용한 붐을 일으키고 있으며 수많은 수초가 수족관을 수놓고 있다. 해양 수족관에서 산호수족관은 담수성 열대어의 수초 레이아웃 수조에 해당하지만 산호수족관에서도 일부 해초를 제외하고는 해초를 사용하는 것은 적은 것 같다. 그 이유로는 수조에서 사육되는 대부분의 해초의 종류는 성장이 빠르고 그에 비해 비교적 성장이 느린 경산호나 일부 연산호가 덮이도록 번성해 버리면서 그들의 성장을 저해하기 때문이다. 그러나 물고기를 메인으로 한 수조에서 차분한 환경을 만들어 내기 위해 해초는 중요한 아이템이라고 할 수 있다.

그러나 물고기를 메인으로 한 수조에서 차분한 환경을 만들어 내기 위해 해초는 중요한 아이템이라고 할 수 있다. 정어리 종류를 중심으로 홍조, 녹조류, 석회조등 상당히 많은 재배 가능종이 수조로 도입되어 버터플라이피쉬와 엔젤피쉬등 산호수족관에는 적합하지 않은 많은 물고기에게 차분한 환경을 제공하고 있다. 어떤 종을 재배하든 역시 식물이기 때문에 육성 조건에는 빛이 상당한 역할을 차지한다. 가능한 한 태양광에 가까운 광원을 만들어 주는 것이 좋다. 또한 계절에 따라 번식과 쇠퇴를 반복하는 종도 있기 때문에 미세한 조건에 따라 엽형이나 조류 자체의 형상을 변화시켜 버리는 경우도 있다. 그러나 상태 좋게 자란 조류는 훌륭하다. 또한 질산엽 등의 질소 화합물을 흡수해 주는 것도 고맙다.

학명
Caulerpa racemosa var. lamourouxii
분포 / 서부태평양

학명
Caulerpa racemosa var. clavifera
분포 / 서부태평양

학명
Caulerpa racemosa var. laetevirens
분포 / 서부태평양

학명
Caulerpa peltata var. nummularia
분포 / 서부태평양

학명
Caulerpa webbiana f. tomentella
분포 / 서부태평양

학명
Caulerpa peltata var. peltata
분포 / 서부태평양

Halophila ovalis

본종은 해초와는 달리 바다에 자라는 풀의 종류에 해당된다. 군배형의 투명하고 밝은 초록의 잎을 줄기에서 한 장씩 늘린다. 비교적 얕은 모래 땅에 군생하기 때문에 아름답게 육성시키기 위해서는 메탈 등의 강한 조명이 필요하다.

C. racemosa var. lamourouxii

변종 관계에 있는 종으로 죽음산호 사이의 바위 구덩이에 서식한다. 몸은 약간 단단하고 튼튼하다. 직립하는 줄기는 길쭉하고 약간 평평하며 가장자리에서 가지 모양의 잔가지가 불규칙하게 여러 개 나온다.

C. racemosa var. clavifera

해수면이 가장 낮아지는 곳부터 낮은 산호 지대나 바다웅덩이 내에 서식한다. 사진과 같은 컴팩트하게 정리된 모습을 유지하려면 메탈등의 강한 조명이 필요하다. 직립하는 줄기에는 가지 모양 또는 구형의 잔가지가 붙는다. 필리핀에서는 식용으로 인기가 있다. 주로 인도네시아에서 수입된다.

C. peltata var. nummularia

암초 외연의 바위 위나 죽은 산호 위에 서식한다. 산가시는 위에 있는 부피가 큰 잎에서 나올 수 있으며 끝에서 더 부피가 커질 수 있다.

변종으로 알려져 있지만 동종일 가능성도 높다. 인도네시아 등에서 수입되어 온다.

C. racemosa var. laetevirens

해수면이 가장 낮아지는 곳부터 낮은 산호 지대에 서식한다. 직립하는 줄기는 미세한 나뭇가지가 밀생하고 있고 전체적으로는 굵고 짧은 긴 모양이 된다. 본종도 인도네시아에서 수입되어 오지만 본종을 포함한 이 종류들은 수질 악화, 비중 변화, 빛 변화, 수온상승등과 같은 환경의 변화로 하룻밤 사이에 엽록소가 빠져 녹을 수 있으며 시들어 버리는 일이 있다. 이러한 상태가 되면 수조는 백탁이 나타나며 수질을 악화시키기 때문에 육성에 있어서는 가능한 한 환경을 양호하게 유지할 필요가 있다. 또 녹기 전에 윤기가 없어지고 녹색 색소가 곳곳에서 모이는 상태가 되므로 이러한 상태가 확인하면 신속하게 수조 밖으로 내보내도록 하는 것이 좋다. 또 지나치게 증식해도 이러한 상태에 빠지기 쉬워지기 때문에 적당히 트리밍하여 밀생하지 않도록 하는 것도 중요한 포인트라고 할 수 있을 것이다.

C. webbiana f. tomentella

열대어 수초도 인기가 높은 윌로모스를 연상시키는 일종. 다소 짙은 녹색의 잔잎을 무성하게 하고 이끼처럼 바위 위를 덮듯이 번성한다. 본종도 아름다운 모습을 유지하기 위해서는 세심한 트리밍이 필요하다. 이 종류는 본종도 포함해 환경이 급변하면 녹듯이 시들어 버리기 때문에 수질악화 등에는 주의가 필요하다.

C. peltata var. peltata

해수면이 가장 낮아지는 곳부터 낮은 산호 지대의 죽은 산호 위 등에 서식한다. 직립하는 줄기에 붙는 산가시는 섭시를 엎은 듯한 모양을 하고 있다.

학명
Caulerpa lentillfera
분포 / 서부태평양

학명
Caulerpa sertulariodes f.
분포 / 인도양-서부태평양

학명
Caulerpa serrulata var. serrulata
분포 / 서부태평양

학명
Caulerpa cupressoides
분포 / 서부태평양

학명
Caulerpa mexicana
분포 / 멕시코, 카리브해

학명
Caulerpa sertulariodes
분포 / 인도양-서부태평양

학명
Caulerpa brachypus
분포 / 서부태평양

학명
Caulerpa prolifera
분포 / 지중해-대서양

학명
Caulerpa serrulata var. boryana
분포 / 서부태평양

Caulerpa lentillfera
조간대 하부 깊은 곳의 모래지나 바위에 고착해 서식한다. 직립하는 줄기에는 작은 공모양의 가지가 밀생하고 있다. 바다의 보물이라고 명칭과 바다포도라는 별칭으로 불리며 경남에서 첫 배양에 성공하였다. 비교적 튼튼한 종류 얕은 바다에서도 볼 수 있다.

Caulerpa sertulariodes f.
인도네시아로부터 가장 많이 수입되어 오는 대중종으로, 근연종의 타입이라고 생각되며 잔가지가 평평한 것이 특징. 이 종류에서는 튼튼한 종으로 일단 수조에 안정되면 강하다.

Caulerpa mexicana
해수면이 가장 낮아지는 곳부터 낮은 산호 지대의 죽은 산호나 바위 위에서 자란다. 모양은 잔가지에서 분지하는 작은 잔가지가 굵은 것이 특징. 색채도 약간 짙은 녹색이 된다. 미국 항공편으로 수입되는 해조류 중 하나.

Caulerpa serrulata var. serrulata
해수면이 가장 낮아지는 곳 모래 바닥, 바위 위에서 자라며 초지내의 얕은 곳에서도 흔히 볼 수 있는 종이다. 육성에 있어서는 메탈등의 밝은 조명이 적합하다. 몸은 다소 단단하고 튼튼하다. 직립하는 줄기는 밴드모양으로 양쪽 가장자리에 톱니 모양의 들쭉날쭉함이 있어 나선형

학명
Halimeda discoidea
| 분포 / 서부태평양

학명
Halimeda macroloba
| 분포 / 서부태평양

학명
Halimeda incrassata
| 분포 / 서부태평양

으로 비틀어지지만 수조내에서는 조명이 약한 탓인지 이 비틀림이 잘 보이지 않는 것이 많다

Caulerpa cupressoides
해수면이 가장 낮아지는 부근이나 모래 위에 생육한다. 직립하는 줄기의 뿌리는 원통형이지만 상부는 빗 모양의 나뭇가지가 2열, 4열 혹은 그 이상의 열로 규칙적으로 나온다. 이 종류는 비교적 튼튼한 종이지만 재배에는 강한 빛이 필요하고 충분한 빛을 얻을 수 없는 환경에서는 녹듯이 말라 버린다.

Caulerpa sertulariodes
해수면이 가장 낮아지는 부근의 바위 위나 암초 위의 바다웅덩이 내에 자란다. 가는 줄기와 아름다운 새의 날개와 같은 부분으로 이루어지기 때문에 "깃털 더스터"라고 불린다. 조금 밝은 환경을 선호하며 환경의 변화에 다소 약하다.

Caulerpa brachypus
해수면이 가장 낮아지는 곳이 바위 위에서 자라며 큰 군체를 만드는 경우가 많다. 직립하는 줄기는 가늘고 가장자리는 느슨하게 물결치고 있다. 수심 1~5m정도의 바위 위에 수십 cm정도의 덩어리로 육성하고 있는 경우가 많다. 성장도 빠르지만 다소 녹기 쉬운 면을 가진다. 수입은 비교적 많고 입수하기 쉬운 종이나.

Caulerpa serrulata var. boryana
변종으로서 잎이 비틀리지 않는 것이 특징이지만 Caulerpa serrulata도 수조 육성하면 비틀림이 적어 구별하기는 어렵다. 육성은 비교적 쉽지만 환경 악화에 의해 녹는 것이 많다.

Caulerpa prolifera
유럽 등에서는 꽤 오래전부터 수조에 사용되고 있던 종으로 얇은 주걱 모양의 잎을 가지는 특징적인 종이다. 해수면이 가장 낮아지는 곳부터 낮은 바위 위에 서식한다. 수조 육성에 가장 적합한 종으로 매우 튼튼하다.

Halimeda discoidea
초지 내에서 암초외연까지 넓은 범위에서 생육

학명
Halimeda opuntia
| 분포 / 서부태평양

한다. 몸은 부채꼴의 원반모양 부분이 여러 개의 연결된 형태를 하고 있다. 몸에는 많은 석회분을 포함해 산호초를 만드는 역할을 한다.

Halimeda macroloba
초지내나 바다웅덩이내의 모래지역에서 자란다. 몸은 부채꼴 원반형의 부분이 다수 연속된 형상이며 뿌리 부분을 모래지에 꽂고 서 있다. 재배에는 강한 빛과 이산화탄소가 좋다.

Halimeda incrassata
해수면이 가장 낮아지는 부근에서 위쪽 모래 위로 자라며 종종 큰 군락을 만든다. 몸은 비교적 작고 하부는 잔뿌리가 모래를 휘감으면서 굵은 원통형이 되어 모래 속에 파묻혀 있다.

Halimeda opuntia
해수면이 가장 낮아지는 부근에서 바위 위, 바위 그늘에서 자란다. 몸은 반원형의 평평한 부분이 다수 연속된 형태를 띠고 있고 중간에 가지가 갈라지는 경우도 있다. 잎 표면은 석회질의 침착에 의해 약간 희끗희끗한 녹색을 띠고 있고 기부는 확실히 바위 등의 기질에 고착한다. 육성에는 어느 정도의 광량이 필요하고 이산화탄소의 첨가는 유효. 또 이 종류는 성상이 비교적 완만하고 다른 생물을 가릴 정도로 번성하는 일은 적기 때문에 산호수족관 등도 가능.

학명
Carpopeltis sp
분포 / 인도양-서부태평양

갈래곰보
Meristotheca papulosa
분포 / 인도양-서부태평양

학명
Chlorodesmis fastigiata
분포 / 인도양-서부태평양

레드글라스
불명
분포 / 인도양-서부태평양

학명
Corallina sp.
분포 / 인도양-서부태평양

학명
Neomeris annulata
분포 / 서부태평양

굵은 염주말
Chaetomorpha crassa
분포 / 서부태평양

학명
Dictyospha versluysii
분포 / 서부태평양

학명
Codium pugniforme
분포 / 태평양

Carpopeltis sp.
레드알지의 이름으로 인도네시아에서 수입되어 온다. 튼튼하고 육성은 비교적 용이하다.

갈래곰보
본종도 레드알지의 이름으로 수입되어 오는 해초로 제주도에서 서식하며 해조샐러드등에 사용되어 식용으로 사용되고 있다. 육성은 쉽고 평평한 몸은 곳곳에서 분기된다.

레드 글라스
작은 붉은 알을 늘어놓는 홍조류의 일종으로 인도네시아 등에서 일정하게 수입되어 온다. 성장은 느리지만 튼튼하다.

Neomeris annulata
해수면이 가장 낮아지는 부근에서 수심 40m 까지의 전석, 바위, 죽은산호 위에서 자란다. 몸은 원기둥 모양으로 가늘고 길쭉한 모양을 하고 있다. 몸 끝에 털 같은 잔가지가 다발로 되어 나와 있다. 주로 인도네시아나 필리핀 등에서 돌 등에 착생한 것이 수입되고 있다.

굵은 염주말
해수면이 가장 낮아지는 부근에서 깊어지는 지역에 서식하는 해초 위에서 자란다. 몸은 단단하고 뻣뻣하다. 다른 해초의 몸에 얽혀 생육

한다. 튼튼한 해초로 비교적 환경을 가리지 않고 성장한다.

Chlorodesmis fastigiata
선명한 녹색을 띤 실 모양의 부드러운 해초로 조간대의 바위 위에 육성한다. 인도네시아 등에서 헤어글라스의 이름으로 수입되어 온다. 육성에는 밝은 환경이 적합하다.

Corallina sp.
석회질의 몸을 가진 해초의 종류로 살아있을 때에는 사진과 같은 아름다운 핑크색을 하고 있지만 죽으면 흰 석회질만이 남는다. 상대적으

로 튼튼하지만 밝은 환경을 선호한다.

Dictyospha versluysii
해수면이 가장 낮아지는 부근에서 하부 바위 위에 자라는 종류. 체표를 잘 관찰하면 세포가 많이 모여 "거북이"와 같은 모양을 만들어 보인다.

Codium pugniforme
해수면이 가장 낮아지는 부근의 바위 위, 전석 위에 자란다. 몸은 인간의 주먹과 같은 형태로 바위 위에 부풀어 오르도록 자란다. 표면이 울퉁불퉁한 것이 특징이다.

캐나다 밴쿠버 아쿠아리움

밴쿠버 아쿠아리움은 비영리 단체로 토지는 밴쿠버시가 소유하고 있으며 매우 많은 시의 지원과 기부금을 받고 운영되고 있다. 교육과 환경등에 많은 포커스를 둔 수족관으로 박물관 느낌이 강했는데 관을 이동하며 마주친 계단 옆 컨셉이 큰 감탄을 주었다.

Text. 김 승민 / Photo. 김 승민

하

WORLD
SALT
WATER
FISH
1600

값 44000 원

06490

9 791197 867705

ISBN 979-11-978677-0-5

초판 1쇄 발행 2024년 01월 20일

발 행 처 주식회사 인원출판사

출판신고 2022.03.03
신고번호 제 2022-000003호
주　　소 경남 사천시 서포면 잔드리길 312
대표번호 055.835.5579
홈페이지 www.aramaruaquarium.com
이 메 일 inonep@naver.com

인원출판사
INONE PUBLISHING COMPANY

엮은이　　　　　김 승 민

사진가　　　　　Masayuki Abe
　　　　　　　　　Michinobu Kobayashi
　　　　　　　　　Atsushi Morioka
　　　　　　　　　Ryu Uchiyama
　　　　　　　　　Akihiro Sato
　　　　　　　　　Koji Yamazaki
　　　　　　　　　kiyoshi Endo
　　　　　　　　　Naoto Tomizawa
　　　　　　　　　Noriaki Yamamoto
　　　　　　　　　Takayuki Odagaki
　　　　　　　　　Yasuyuki Toyama
　　　　　　　　　Atsushi Koizumi
　　　　　　　　　Fumitoshi Mori
　　　　　　　　　Seung-Min KIM